吴 恒 胥 辉 等编著

森林资源调查监测关键技术及应用

中国林业出版社
China Forestry Publishing House

图书在版编目(CIP)数据

森林资源调查监测关键技术及应用 / 吴恒等编著.
—北京：中国林业出版社，2023.6(2025.1 重印)
ISBN 978-7-5219-2214-1

Ⅰ.①森… Ⅱ.①吴… Ⅲ.①森林资源调查-监测
Ⅳ.①S757.2

中国国家版本馆 CIP 数据核字（2023）第 093298 号

策划编辑：肖 静
责任编辑：肖 静
封面设计：时代澄宇
宣传营销：王思明

出版发行：中国林业出版社
(100009，北京市西城区刘海胡同 7 号，电话 83143577)
电子邮箱：cfphzbs@163.com
网址：www.forestry.gov.cn/lycb.html
印刷：中林科印文化发展(北京)有限公司
版次：2023 年 6 月第 1 版
印次：2025 年 1 月第 2 次
开本：787mm×1092mm 1/16
印张：19.5
字数：450 千字
定价：78.00 元

编辑委员会

主　　编： 吴　恒　胥　辉

副 主 编： 欧光龙　康　乐　田相林

参编人员： 陆　驰　罗春林　孔　雷　张小鹏
郭小阳　张　锋　胥　晓

编制单位： 西南林业大学
国家林业和草原局西南调查规划院
国家林业和草原局华东调查规划院
西北农林科技大学

作者简介

吴恒，1990 年生，云南曲靖人。现为国家林业和草原局西南调查规划院监测评价室主任，高级工程师，注册咨询工程师(投资)，视距内无人机驾驶员。主持或参与完成各类项目 25 个，作为主要完成人参与监测区级调查监测项目 9 个。以第一完成人取得软件著作权 4 项，取得实用新型专利权 3 项，获云南省工程咨询行业科技成果三等奖 1 次，获院科技进步奖和优秀工程咨询奖 10 次。围绕森林资源储量及碳汇潜力、生长收获建模及数据更新、空间格局及抽样技术等方面发表学术论文 40 余篇(第一作者 32 篇)，出版专著 3 部。2021 年获国家林业和草原局林草生态综合监测评价工作贡献突出个人荣誉称号。

胥辉，1960 年生，四川盐亭人。现为西南林业大学二级教授，博士生导师，中国林学会古树名木分会理事长，全国高校首批“黄大年式教师团队”西南林业大学林学教师团队负责人。享受国务院政府特殊津贴，为云南省有突出贡献优秀专业技术人才，云南省高等学校教学名师。主持国家自然科学基金项目 3 项、林业公益性行业专项项目 2 项等纵向科研项目 10 余项。主编出版 10 余部专著，发表森林资源调查与监测、森林可持续经营管理方面的科研论文近 200 篇。获国家科学技术进步奖二等奖 1 项、云南省科学技术进步奖二等奖 1 项、中国林学会梁希林业科学技术奖三等奖 1 项。获国家教学成果二等奖 1 项，云南省省级优秀教学成果一等奖 3 项、二等奖 2 项。

前 言

从世界林业发展的进程看，一般都要经历森林原始利用、木材过度利用、森林恢复发展、多功能利用和可持续发展五个阶段。党的十八大以来，我国加快推进生态文明建设，认真践行绿水青山就是金山银山理念，全面推行林长制，统筹山水林田湖草沙系统治理，全面加强生态系统保护修复，着力推进科学绿化，森林面积蓄积量稳步增加，森林资源不断增长，森林生态系统步入健康状况向好、质量逐步提升、功能稳步增强的发展阶段。

力争2030年前实现碳达峰、2060年前实现碳中和，是以习近平同志为核心的党中央统筹国内、国际两个大局作出的重大战略决策，是着力解决资源环境约束突出问题、实现中华民族永续发展的必然选择，是构建人类命运共同体的庄严承诺。2021年9月，中共中央、国务院印发《关于完整准确全面贯彻新发展理念做好碳达峰碳中和工作的意见》，同年10月，国务院印发《2030年前碳达峰行动方案》，明确要求加强生态系统碳汇基础支撑。掌握森林资源现状及其动态变化对促进人与自然和谐发展具有重要意义。森林资源调查监测是了解森林资源现状及其动态变化的主要方式，可为各级森林管理者和政府决策者提供科学、合理的森林资源信息和系统的数据支持。

森林资源调查监测是指利用各种技术方法和先进手段，对一定空间范围内的森林资源进行定期的调查、统计、分析和评价的过程。本书在借鉴国外森林资源调查监测方法及技术的基础上，充分吸纳了我国的森林资源监测技术研究成果和实践经验，结合生态建设、经营管理和生产实践的现实需求，总结分析了调查技术、抽样技术、模型技术、遥感技术和评价技术在森林资源调查监测中的实际应用，以期提高调查监测的时效性、现势性、协同性以及监测工作的应变能力，满足生态文明建设需求。本书得到了中国国家留学基金资助和国家林业和草原局西南调查规划院科技项目“基于区域化特征分析的森林碳储量年度监测抽样设计优化研究”(2023-09)资助。

鉴于作者的水平有限，书中难免有不足之处或错误，诚请读者批评指正。

编著者

2023年4月

目 录

第一章 监测体系

第一节 发展历程

一、全国森林资源数据的整理统计

20世纪60年代，我国开展了有史以来第一次大面积森林资源调查成果的统计汇总工作，对1950—1962年12年期间所开展的各种森林资源调查资料进行整理、统计，最后进行全国汇总。

二、最大规模的全国森林资源清查

1973—1976年，以县为单位组织开展了第一次全国森林资源清查，即"四五"清查。这次清查侧重于查清全国森林资源现状，除部分地区按林班、小班开展资源调查外，大部分采用了抽样调查方法。

三、建立国家森林资源连续清查体系

1977—1981年，组织开展第二次全国森林资源清查，采用世界公认的"森林资源连续清查(CFI)"方法，建立了以抽样技术为理论基础、以省(自治区、直辖市)为抽样总体的森林资源连续清查基本框架。1978年，制定并颁布了《全国森林资源连续清查技术规定》。

四、实施国家森林资源动态监测

1983年建立了全国森林资源数据库，1984—1988年，开展了第三次全国森林资源清查工作，即森林资源连续清查第一次复查工作，以后每5年开展一次连续清查。

五、连续开展国家森林资源动态监测

从20世纪80年代，各省(自治区、直辖市)相继开展了森林资源规划设计调查，成为地方监测体系的基础。1989年，林业部下发的《关于建立全国森林资源监测体系有关问题的决定》指出，全国森林资源监测体系包括国家监测体系和地方监测体系。截止2019年年底，我国共完成了一次全国森林资源整理统计汇总和9次全国森林资源清查，是全球建立国家森林资源清查体系较早的国家之一。经过数十年的发展，清查方法和技术手段与国际接轨，组织管理和系统运行也规范高效。

第二节 体系构成

森林资源调查监测形成了由森林资源连续清查(一类调查)、森林资源规划设计调查(二类调查)和作业设计调查(三类调查)等构成的相对完备体系。此外，2010年后，全国开展了林地落界工作，形成了森林资源管理“一张图”，并从2011年开展年度更新；2015年，原国家林业局开展基于遥感大样地调查的森林资源宏观监测。2020年，开展北京、浙江、广西、重庆4省(自治区、直辖市)森林资源年度监测评价试点工作。

一、森林资源连续清查

森林资源连续清查是指以宏观掌握森林资源现状及其动态变化，客观反映森林的数量、质量、结构和功能为目的，以省(自治区、直辖市)或重点国有林区管理局为单位，以设置固定样地为主进行定期复查的森林资源调查方法，简称一类调查。基于抽样调查理论，采用以省为总体范围，设置固定样地(或配置部分临时样地)进行定期复查。清查周期是每5年一次，为制定和调整林业各类管理、保护、利用方针和政策，编制林业发展规划、国民经济和社会发展规划等提供科学依据，为国家层面的宏观决策管理提供数据支撑。

二、森林资源规划设计调查

森林资源规划设计调查，是以森林经营管理单位或行政区域为调查单位，查清森林、林木和林地资源的种类、分布、数量和质量，客观反映调查区域森林经营管理状况，为编制森林经营方案、开展林业区划规划、指导森林经营管理等需要进行的调查活动，简称二类调查。调查指标落实到每一个山头地块，调查周期为每10年一次，调查成果是建立或更新森林资源档案、进行林业工程规划设计和森林资源管理的基础，也是制定区域国民经济发展规划和林业发展规划、实行森林生态效益补偿和森林资源资产化管理、指导和规范森林科学经营的重要依据。

三、作业设计调查

作业设计调查是林业基层单位为满足造林设计、伐区工艺设计、抚育采伐设计等需要而进行的调查活动，简称三类调查。调查成果是开展造林设计、伐区工艺设计、抚育采伐设计等经营活动的基础。

第三节 新时代监测

一、总体思路

紧密结合新时代森林资源监测评价的新要求，在国家森林资源连续清查体系和国家森林资源管理智慧平台的基础上，建立了全国森林资源年度监测评价体系。将全国森林资源管理“一张图”与国家森林资源连续清查有机结合起来，聚焦森林资源面积构成和森林储量构成调查，重点关注森林资源的结构、质量和功能，利用高分定量遥感、卫星精准定位、无人机快捷核实以及大数据与模型技术，通过优化抽样设计、调整调查时序、改进调查方法，构建点面结合、上下联动、数图衔接的全国森林资源年度监测评价体系。

2021 年，国家林业和草原局组织开展了林草生态综合监测评价工作，基于国家森林资源连续清查体系，每年调查 1/5 地面样地，遥感判读核实和模型更新 4/5 样地，然后按“1/5+4/5”联合估计方法进行统计汇总得到全国各省森林碳储量数据。国家林草生态综合监测优化了固定样地调查组织方式，按照年度之间变动最少的原则，将各省的样地数均匀分为 5 组，5 年为一个调查周期，实现年度出数。利用现代技术和抽样理论，将全国森林资源管理“一张图”与国家森林资源连续清查体系有机结合起来，按照大数据理念和方法，逐步形成全国森林资源监测“一盘棋”“一套数”“一张图”，为林业现代化和生态文明建设，提供时间基准点统一、国家和地方数据衔接、应变能力强、可视化程度高的信息服务。

二、优化内容

(一) 调查范围

将调查范围从国土面积范围调整为林地及林地外森林，聚焦森林资源面积构成和森林蓄积构成调查，重点关注森林资源结构、质量和功能，以及严格资源保护、科学经营管理的信息需求，增强森林资源监测评价的针对性，有效减少了固定样地数和野外工作量。

(二) 抽样设计

森林资源面积构成与森林蓄积构成调查相对分离。森林资源面积构成调查，以全国森林资源管理“一张图”更新为基础。森林蓄积及其构成(包括林木生长量和消耗量)调查，在国家森林资源连续清查抽样框架基础上，通过固定样地复查和模型更新的方法开展。

(三) 统一时点

改变了国家森林资源清查每年只复查 1/5 省份的调查工作时序组织模式，每年对各省固定样地和校验样地均开展调查(核实)或更新，将全国及各省的森林资源监测数据统一落实到 1 个年度，有效增强了监测结果的时效性，为森林资源保护发展目标责任制考核评价提供更加科学的基础数据，为国民经济和社会发展规划制定和实施评价提供更加精准的数据支撑。

(四) 防偏能力

通过“一张图”更新和“一类清查”有机结合，将固定样地复查数据、校验样地判读数据以及“一张图”更新数据相互间的差异统计量分析，可以及时评估人为特殊对待引起偏估的风险，验证监测数据的精准性，从理论和技术层面解决体系防偏的问题。

(五) 技术运用

这些监测数据通过模型技术(包括生长模型、储量模型等)，利用大数据和云计算，深度融合到全国森林资源管理“一张图”上，减弱了清查体系的惯性，增强了体系运行的灵活性，极大地拓展了高新技术应用空间。

三、监测成果

2021年10月，林草生态综合监测评价工作领导小组办公室组织局直属院、中国科学院、中国林科院、中国农科院、北京林业大学等单位的152名专家和技术人员，成立汇总工作组，历时100天，对全国样地数据和图斑数据进行了认真审核、汇总分析，涉及数据量达600亿组；研究建立了生长模型、更新模型、反演模型、评价模型等各类模型1297套，开展了样地、图斑数据更新和生态功能效益评价；汇总各省森林、草原、湿地数据与国土“三调”对接融合成果，统一标准化处理，关联上图，建立林草资源数据库，形成涵盖空间位置、管理属性、自然要素、资源特征等信息的林草资源图，产出了样地调查和图斑监测相结合、国家和地方相衔接的林草资源一套数；编写了《2021年中国林草资源及生态状况》，制作了各类林草专题图件和宣传材料。

林草生态综合监测评价工作整合了监测资源，实现了单项监测向综合监测转变，创新技术方法，形成了国家和地方一体化监测模式，拓展了监测评价内容，在生态系统评价方面取得突破性进展。综合监测全面摸清了林草资源本底及其生态状况，成果客观翔实、准确可靠，可为推动山水林田湖草沙系统治理提供科学依据，对促进林草事业高质量发展、推动生态文明建设具有重要意义。

第二章 调查技术

第一节 调查概述与技术发展

一、森林调查概述

森林资源调查可以简单描述为以林地、林木以及森林范围内生长的动、植物资源及其环境条件为对象的林业调查。具体而言，森林资源调查是根据林业和生态建设、生产经营管理、科学研究等的需要，采用相应的技术方法和标准，按照确定的时空尺度，在特定范围内对森林资源分布、数量、质量以及相关的自然和社会经济条件等数据进行采集、统计、分析和评价工作的全过程。森林资源调查是一门内容广泛、技术性和政策性较强的学科，而且要求综合应用林学专业各方面的技术和知识。因此，在掌握各项方针、政策的同时，要求面向基层，深入实际，经过科学的分析和综合的研究，在实践中不断地摸清林业生产的客观规律，采用先进技术，努力提高森林资源调查水平。

森林资源调查与其他学科有着非常密切的关系。因为森林资源调查是一项复杂的综合性工作，依存于一系列的林业科学知识和生产实践，牵涉面较广，需要很多学科紧密配合。如在研究单木生长模型时，需要植物生理学和统计学等支撑，又如为了评价立地质量，又需要运用土壤学的知识，调查森林面积时需要掌握测量技术和知识，同时与造林学、森林病虫害防治等专业基础知识的关系也较为密切。随着信息技术和统计学科的发展，森林资源调查还与运筹学、地理信息学、生态学和经济学等深度融合，所以森林资源调查广泛应用各学科的有关理论和实践技能。

森林资源监测是指在一定时间和空间范围内，利用各种信息采集和处理方法，对森林资源状态进行系统的测定、观察、记载、分析和评价，以揭示区域森林资源变动过程中各种因素的关系和变化的内在规律，展现区域森林资源演变轨迹和变化趋势，满足对森林资源评价的需要，为合理管理森林资源，实现可持续发展提供决策依据。监测是一个持续、系统收集相关资料，解释、评估资料的过程，也可概括为收集、分析、反馈和利用信息的全过程。监测是对观察对象的动态了解，是一个跟踪和衡量的过程。它重点关注衡量目标实现的各种指标的变化，并由此判断进展情况是否按预期目标进行。因此，从森林资源调查到森林资源监测概念的转变，反映了人们对森林资源开发、利用和保护观念的发展过程，体现了森林资源经营管理从单目标到多目标、从静态掌握现状到动态反馈和控制过程的思想转变。

二、调查监测的重要意义

（一）制定政策和科学决策的根本保证

国家制定林业方针政策和科学决策必须以客观、真实、准确的森林资源与生态状况信息为基础，以科学的预见性为前提，以系统的全局观为准则。森林的生态、社会、经济功能都取决于森林资源的数量、质量、分布及其健康状况。增加森林资源数量，提高森林资源质量，改善森林的空间分布及其健康状况，保证森林生态系统的生产力和长期健康稳定，是实现林业可持续发展的物质基础，也是实现人与自然协调发展的必备条件。为适应新时期林业发展和乡村振兴的要求，只有建立科学、高效的森林资源调查监测体系，增强宏观调控和微观管理的预见性、科学性、有效性，才能从林业和生态建设的整体出发，准确预测森林资源和生态状况的发展趋势，提供客观、及时和准确的森林资源与生态状况信息，为制定政策和科学决策提供根本保证。

（二）生态安全和系统保护修复的基础

建立和完善国土生态安全体系需要创新发展思路、发展体制和发展模式，适应生态建设和市场变化，深化产权制度改革，推动林业产业重组，优化资源配置，加快森林资源培育，在环境保护工作中实施环境容量总量控制，以环境容量控制生产过程的排放量，有效地减少环境污染。森林资源调查监测有利于全面、准确地掌握森林资源和生态状况的变化，建立高效、顺畅的森林资源和生态状况的信息采集、更新、加工、传输、开发和服务的长效机制，准确掌握森林资源和生态状况的动态信息，为建立和完善生态安全体系和系统保护修复提供决策依据。

（三）林业可持续经营和发展的战略需求

林业可持续发展已经成为全球范围内广泛认同的林业发展方向，也是各国政府制定林业政策的重要原则。森林资源可持续经营是林业可持续发展的根本，森林经营管理是林业工作的核心，而森林资源调查监测是林业经营管理的基础。森林资源调查监测信息可用于监测应对气候变化的全球森林目标和具体目标，以及国家自主贡献进展情况。为此，必须建立完善的森林资源调查监测体系，对森林资源和生态状况实施全局、系统、综合和长期的动态监测，以满足可持续发展的需要。

（四）生态产品价值实现机制的必要手段

2021 年 4 月，中共中央、国务院印发《关于建立健全生态产品价值实现机制的意见》，要求开展生态产品信息普查，摸清各类生态产品数量、质量等底数，建立动态监测制度。立足新发展阶段，完整、准确、全面贯彻新发展理念，落实绿水青山就是金山银山理念，把生态产品价值核算作为推进生态文明建设、促进高质量发展的重要抓手就需要建立科学规范的生态产品价值核算体系，而森林资源调查监测是科学规范森林生态产品价值核算的基础。

(五)服务碳达峰碳中和战略的重要支撑

力争2030年前实现碳达峰、2060年前实现碳中和，2021年9月，中共中央、国务院印发《关于完整准确全面贯彻新发展理念做好碳达峰碳中和工作的意见》。同年10月，国务院印发《2030年前碳达峰行动方案》，明确要求加强生态系统碳汇基础支撑，依托和拓展自然资源调查监测体系，利用好国家林草生态综合监测评价成果，建立生态系统碳汇监测核算体系，开展森林、草原、湿地、海洋、土壤、冻土、岩溶等碳汇本底调查和碳储量评估、潜力分析，森林资源调查监测是服务“双碳”战略的重要支撑。

三、森林资源调查技术的发展

森林资源调查技术产生于中世纪的欧洲，初期为目测调查，随着测树技术的发展，出现了实测的技术方法。20世纪20年代之前，森林调查技术基本都是采用地面测量求算森林面积和绘制森林专题图件，采用目测法或带状标准地实测法推算森林的蓄积量。20年代后，随着数理统计学和航空摄影测量与航空照片判读理论技术引入森林调查工作，使森林调查技术得到重大改进和飞速的发展。从世界范围看，形成了森林调查技术上的两大体系。以德国为代表的西欧，基本上采用逐个小班调查和代表性选样的求算森林蓄积量的方法，按小尺度(行政或自然区域)进行调查，然后通过累积的方法取得大尺度或全国的森林资源数据和图件。以美国为代表的北美(含北欧)，在21世纪初采用抽样调查方法，进行大尺度的森林资源控制性调查。然后，根据需要和财力采用补充调查法(如加密样地)来获取小尺度的森林资源数据。20世纪后半叶，在抽样调查控制的同时，也采用了小班调查方法。一般地说，前者较适于森林经营集约程度比较高的地区或国家，后者适于森林经营集约程度中等或偏低的地区或国家。

在中国，有记述的森林调查技术雏形可以追溯到竹农计数，采用标号隔年逐株连查的方法对新竹进行计数。20世纪30年代，中山大学在广州白云山林场，用区划小班的方法做过森林调查。自20世纪50年代初以来，中国森林资源调查经过了目测调查(含踏查)、航空调查、以小班为基础的抽样调查、以地形图为基础的小班调查和以高分卫星遥感图像为基础的小班调查等发展阶段。

(一)目测调查

中华人民共和国成立之初，国家建设需要大量木材，因此早期的森林资源调查实际上是为服务林区开发而开展的。受当时科学技术水平限制，加上调查用图和材积表等基础技术资料缺乏、专业人才少、经验不足等原因，调查方法以目测调查为主。目测调查是20世纪50年代初期至60年代中期森林资源的主要技术方法，调查的深度和广度都有限，调查精度不高，调查结果普遍存在偏差。但在当时经济社会发展和科学技术水平下，基本上摸清了我国主要林区的森林资源概况，为重点林区开发乃至国民经济建设作出了重大贡献。主要技术方法包括以下3种。

1. 地形图勾绘

用1：5万或1：10万地形图的地区，以地形图为工作底图，实地勾绘森林小班，通过目测方法记录小班优势树种、林分平均高、平均直径和单位面积蓄积量等调查因子。

2. 实测方格林班网

在地形平缓的东北林区，引进苏联的实测方格林班网法，采用经纬仪按 6km×6km 测设分区，内部用罗盘仪按 1km×1km 测设林班网，作为工作底图进行目测调查。调查内容除林分调查因子外，还记录地形、地物、道路、河流等，最后得到森林调查基本图等资料。

3. 自然区划

在山区采用自然区划法区划林班(如两坡夹一沟等)，沿山脊、河谷、道路等自然地物，用经纬仪导线测量界线和分区线，用罗盘仪测量林班线，得到工作底图后进行目测调查。

(二) 航空调查

航空调查是 20 世纪 50 年代森林资源调查的先进技术。由于交通极不发达，加上调查任务繁重和时间紧迫，航空调查成为当时最好的技术选择。最具代表性、最有影响的项目是 1954—1955 年大兴安岭森林航测项目，是苏联援助我国的项目，于 1954 年 6 月开始实施，9 月完成航空调查外业，次年 3 月完成全部内业，调查面积 1180 万 hm^2，出版了详尽的大兴安岭森林资源调查报告 8 卷。此外，还编制了生长过程表、材种等级表、材积表和出材量表，完成了林型、天然更新、病理、土壤调查报告。由于时间短、任务巨大，加上技术手段本身的限制，调查质量不高，但对于国家百废待兴、急需摸清资源、急待开发的东北林区，这是一种有效技术手段。该项目的重要意义不仅仅是在当时条件下完成了大兴安岭的森林航空调查，更在于引进了当时世界上先进成熟的森林资源调查技术，培养了相当数量的航空摄影、航空调查和专业调查的技术骨干，为此后我国在东北、西北和西南林区开展中比例尺航空摄影测量奠定了坚实的基础。

(三) 抽样调查

由于目测调查受调查员的理论技术水平和经验积累影响很大，调查质量参差不齐，调查数据存在偏差，20 世纪 60 年代初期在森林调查中进行了以数理统计学理论为基础，以航测制图与航空照片判读技术为手段的分层抽样调查方法的试验研究。1973—1976 年国家林业主管部门部署开展了全国性森林资源清查(“四五”清查)，调查以县(集体林区)或林业局、林场(国有林区)为总体进行。

在总体范围内，通过机械或随机方法布设样地开展实测调查(部分地区实行目测调查)，将样地实测材料按小班相同的分层规则进行分层，计算各层的单位面积蓄积量均值。各小班的单位面积蓄积量为其所属层样地调查值的均值。“四五”清查基本实现了除中国台湾、西藏麦克马洪线以南地区外的覆盖，通过抽样方法有效控制了总体蓄积量。此外，还试验和应用了两阶抽样、角规双重抽样等多种抽样方法，对推动抽样理论的认识、理解及应用起到了极大的促进作用。

(四) 小班调查

我国于 1956 年引进角规，1957 年开始在森林资源调查中推广应用。在很多地方，角规测树代替了小班目测调查，森林资源调查技术取得较大进步，小班调查因子的精度得到了较大幅度的提高，角规测树至今仍是我国森林资源调查的主要技术手段之一。20世纪80年代初至21世纪前10年，我国大部分地区森林资源调查都是采用1:1万地形图勾绘小班，采用角规测树方法得到小班林分平均高、平均直径、断面积和蓄积量等调查因子，森林面积调查精度得到了一定的提高，但仍存在着工作量大、劳动强度高、效率低、调查质量难以控制等问题。

1982年，原林业部颁发了《森林资源调查主要技术规定》，对小班划分条件、调查内容和方法、调查的详细程度和质量要求、调查成果构成等作出了较为全面和详细的规定，此后虽经1986年、1996年、2003年和2011年修订，但主要技术规定未有实质性改变。随着20世纪80年代末数据库技术的普及和90年代末地理信息系统(GIS)的应用，森林资源调查的数据处理技术出现了根本性变化。

(五)遥感调查

1972年，世界上第一颗地球资源卫星(ERTS-1，后改称陆地资源卫星Landsat)在美国升空，开启了地球观测新时代。1977年，利用影像进行西藏森林资源清查。1978年，对大兴安岭森林分布图进行了更新，并利用影像进行判读。20世纪90年代中后期至21世纪初，云南、内蒙古、广西、贵州、青海、大兴安岭等地较大规模地尝试采用Landsat 5TM(分辨率为30m)开展森林资源调查，在计算机地理信息系统(GIS)平台上进行小班区划和判读，然后在实地进行小班调查。

2000年以后，IKONOS(分辨率为1m)、Quick Bird(分辨率为0.61m)、SPOT5(分辨率为2.5m)等高空间分辨率卫星陆续发射，具有较好的性价比。SPOT5影像开始大规模应用于森林资源调查，经过编辑后通过纸质底图或平板电脑在外业进行核对修正，极大提高了小班区划的效率和精度。自2010年以来，随着国产天绘一号、资源三号、北京二号、高分一/二号卫星的陆续升空，森林资源调查大量采用了高空间分辨率卫星数据。

(六)雷达调查

激光雷达测量技术作为当前最先进的森林资源调查监测技术，必将在今后森林资源调查中得到广泛应用。空中激光雷达为森林资源调查提供了良好的技术支撑。为保证数据获取的完整性，ALS的飞行高度一般为400~700m，其在飞行过程中重叠度要求为50%。ALS系统通常分为离散波形和全波形，全波形激光扫描仪是最常用的ALS系统，能够穿透森林冠层，获取森林植被垂直结构且可生成3D点云模型，对其点云数据进行处理，可提取高程及森林因子参数，如树高、断面积、冠层结构、生物量等。该技术在大尺度的林分因子的提取中运用较多。

地面激光雷达具有较高的点云密度，精度可达毫米级，在森林资源调查中可直接提取单木的测树因子属性，如树高、胸径、树木位置、立木材积、叶面积指数、生物量等。中型的地面激光雷达设备扫描范围可达800m，通常森林样地扫描范围小于100m，获取数据后可通过后处理软件提取树木参数，为森林资源调查提供了一种新的方式。

第二节　调查方法

一、样地调查

（一）角规样地

1. 角规点数的确定

一般采用典型取样的方法，角规点要选在对林分有代表性的位置，避免将角规点设在林分过疏或过密处，角规点实地确定后，应在对应的小班地图上标出该点在小班中的大致位置。

2. 角规常数的选择

角规测树通常采用杆式角规。角规常数(F)即断面积系数(basal area factor，缩写为BAF)，意义是每株相割的树干直径相当于每公顷有F平方米的断面积。选择不同的角规缺口与尺长的比值，即可得到不同的角规常数(F)。

3. 角规绕测技术

立于观测点上，把无缺口的一端紧贴于眼下，选一起点，用角规依次观测周围所有林木的胸高部位，并按下列规则计数。

(1)凡林木直径大于缺口宽的(相割)，计数为1；

(2)凡林木直径等于缺口宽的(相切)，计数为0.5；

(3)凡林木直径小于缺口宽的(相余)，计数为0。

绕测技术是影响角规测树精度的主要因素，必须严格要求，认真操作。绕测时，绕测员说出树种和割切，记录员复述一遍并记录；角规点的位置不能任意移动，眼睛观测点与地面样点保持一致，当遇到树木被遮挡时，可向左右适当移动，但应保持该树至样点的间距相同，观测后仍回原点再继续绕测；消除漏测与重测，通常用正绕与反绕两次结果进行检验，当计数株数相差超过1时，应该重新绕测，否则取两次的平均数；认真确定临界树，对于相切的树木，必须认真观测，如距离较远不易判断时，应采取实测距离进行判断。

4. 林缘误差的消除

在典型取样调查时，角规点尽量不要选在靠近林缘处。如果靠近林缘，则绕测时样圆可能会超出林地边界范围，造成林缘误差。

5. 胸径和树高的测定

分别树种测定平均胸径、平均地径和平均高，并测定林分中优势木的胸径、地径和树高。

(1)平均胸径

林分平均断面积所对应的直径，是林木胸径平方的平均数。需要分别树种测定每株树的胸径，然后计算得到。

(2)平均树高

每个树种选取3~5株相当于平均胸径大小的树木测树高，平均值为平均树高。

（3）优势树高

在林分中选择3株树高最高、树冠完整的树木作为优势木，测定其树高。

（二）块状样地

1. 固定样地的寻找

到达任务区时，首先要熟悉前期的固定样地资料，按前期样地记录寻找样地位置。样地西南角采集坐标和航迹的，直接使用GNSS手持机导航、结合地形图和前期地方参与调查的人员导航等寻找样地位置。上期没有回采到坐标、采用引线方法确定西南角的样地，本期仍采用罗盘仪引线法复测或由向导带路寻找样地。

2. 边界复位与测量

（1）样地角点复位

用GNSS导航或引线等方法查找的目标位置，可能与上期确定的样地西南角存在误差，需利用样地西南角点前期设置的定位物（树）方位角和距离，或采用后方交会的方法结合西南角下的埋藏物综合确定样地西南角准确位置，并复核和重新记载样地西南角RTK（real-time kinematic）载波相位差分定位坐标。西南角定位物未保存的，应根据样地边界砍号、直角槽、西南角外的其余三个角的定角物、上期样地内的定位样木等标志综合确定样地西南角的准确位置。利用前期在西北角、东北角、东南角的定位物方位角和距离，利用后方交汇确定样地西北角、东北角、东南角点。

（2）样地周界复位

确定了样地四个角点具体点位的样地，结合样地周界砍号标志，角角联测复位样地周界。样地四角定位联测周界应转抄或复制上期的周界测量记录；复测的样地进行逐站复测并记录相应项目，复测周界应达到精度要求。因地势原因，样地西南角、西北角、东北角、东南角4角中个别角实地设置不了的，应利用其他已确定具体点位的角点结合样地周界砍号标志恢复样地周界，并修复有关标志；要注意区分前期的界外木和界内样木，涉及边界附近有样木进出时，原则上应以前期为准；避免因周界产生位移而出现漏测木和多测木。

（3）样木和胸高横线复位

样地周界复位后，对样地内的前期活立木和本次新增样木进行对照复位和调查，前期活立木主要根据铝牌树号、胸高油漆线、样木方位角和水平距、样木位置图、树种、前期胸径等要求综合复位样木。

（4）改设和增设样地规定

对于不能复位可改设的样地、首次实测的样地，可以采用RTK直接定位西南角位置，但必须确保RTK处于定位状态且信号稳定。

3. 样地因子调查

样地因子调查项目包括样地基本属性、地貌地形、地表形态、土壤特性、植被覆盖、经营管理、林分因子、森林生态和其他因子等9方面内容，实际生产科研中可根据调查目的对样地调查因子进行增减。

（1）基本属性

调查因子包括样地号、样地类别、理论纵坐标、理论横坐标、RTK横坐标、RTK纵坐标、县代码。

(2)地貌地形

调查因子包括地貌、海拔、坡向、坡位、坡度。

(3)地表形态

调查因子包括基岩裸露。

(4)土壤特性

调查因子包括土壤类型、土壤质地、土壤砾石含量、土壤厚度、腐殖质厚度、枯枝落叶厚度。

(5)植被覆盖

调查因子包括植被类型、灌木覆盖度、灌木平均高、草本覆盖度、草本平均高、植被总覆盖度、森林覆被类型、土地利用类型。

(6)经营管理

调查因子包括林地保护等级、土地权属、林木权属、森林类别、林种、公益林事权等级和保护等级、商品林经营等级。

(7)林分因子

调查因子包括起源、优势树种、平均年龄、平均胸径、平均树高、平均优势高、龄组、径组、经济林产期。

(8)森林生态

调查因子包括群落结构、树种结构、林层结构、林龄结构、郁闭度、自然度、可及度、森林灾害类型和灾害等级、森林健康等级、毛竹株数、其他竹株数、抚育措施、人工林类型、天然更新等级。

(9)其他因子

包括连片面积等级、覆被类型变化原因、有无特殊对待、调查日期和备注。

4. 跨角林调查

跨角林样地是指优势森林覆被类型为非乔木林和非疏林，但跨有外延面积 0.0667hm^2 以上有检尺样木的乔木林或疏林的样地。如果优势森林覆被类型也是乔木林或疏林，但与跨角的有检尺样木的乔木林或疏林分界线非常明显，且树种不同或龄组相差 2 个以上，不宜划为一个类型时，也应当跨角林样地对待。

跨角林样地除调查记载优势森林覆被类型的有关因子外，还需调查跨角乔木林或疏林的面积比例、森林覆被类型、权属、林种、起源、优势树种、龄组、郁闭度、平均树高、径组、林龄结构、树种结构等因子，填写跨角林样地调查记录表。表中的跨角地类序号为跨角乔木林或疏林的标识号，应与每木检尺记录表中的跨角地类序号保持一致。

5. 样木因子调查

调查对象为乔木，起测胸径为 5.0cm。主要为测树因子调查包括样木号、立木类型、检尺类型、树种名称、胸径、林层、跨角地类序号、方位角、水平距离和备注。实际生产科研中可根据调查目的对样木调查因子进行增减，如树高测定和林木分级等。

6. 样木位置图绘制

对于复测样地先应检查原样木位置图中样木相对位置的正确性，修改完善原位置的错误，然后再确定本期样地内的进界木、新增检尺木、漏测木的位置。

(1)直接绘制

在检尺过程中，直接利用数据采集软件功能结合测距直接绘制位置图的方法。确定边界木，沿边界检尺和绘图，避免由于复测样地的样地形状变异而部分样木绘于样地外。样地内部样木位置以与相邻样木的相对位置关系绘制。

(2)罗盘仪测定

用罗盘仪测定西南角点至各固定样木的方位角和距离。以样地中心点和4个角点为测点，实测固定样木的位置(方位角和水平距离)。以固定样地两条对角线的交点为测点，实测固定样木的方位角和距离，两条对角线的交点应埋标。

(3)激光测距仪测定

对于通视条件好的样地，可以使用手持激光测距仪测定样木位置。需要注意的是避免枝丫、灌木的遮挡。不管采用哪种方法，均应在"固定标志说明"中作详细的记载，样木相对位置准确，保证下期调查时样木能够复位。

7. 其他调查

其他调查包括树(毛竹)高测量调查、森林灾害情况调查、植被和下木调查、天然更新情况调查、样地变化情况调查、未成林造林地调查等，可参考角规样地部分。

8. 材料自检与提交

在离开每个样地之前，利用数据采集软件进行调查资料完备性检查，应将该样地的每木检尺及其他调查材料进行全面自检，确保调查记录记载不错不缺，检尺不重不漏，签名、调查日期齐全。在离开每个宿营地之前，对在该宿营地所完成的样地材料再全面自检一次，发现错误或遗漏，应去现地核实改正补充，确认样地调查记录是完整、正确时才能迁到下一个宿营地。样地调查记录自检无误，返回驻地后要及时备份数据，按要求分期分批送交专职检查组检查。应组织专人及时对调查数据进行检查与验收。

(三)带状样地

带状样地分工与临时块状样地调查相同，可看作是由小块状样地边界相互拼接而成的大样地。根据小班形状、林分特点和地形条件，由调查员在工作底图上设计有代表性的样带，样带与等高线斜交，贯穿全小班，每个小班样带不少于2条，带间平行。样带面积不小于小班面积的3%。样带用罗盘仪定向，测绳量距，坡度≥5°需要改平。采用边线法或中线法测量，带宽以10m为宜。样带内分树种按径阶进行每木检尺。在边线上的林木按测线方向左取右舍。分树种每个径级测3株径级平均木的树高，算术平均得到该树种的径级平均高。用样带内各树种的平均胸径(用样木平均断面积反算)、平均高代入形高公式计算形高值，形高值与每公顷断面积的积为各树种每公顷蓄积。

1. 基线设置

带状抽样中，抽样单元是按预定的间距及统一的宽度来布设的连续样带，链宽一般为20m，对于面积较小的密林使用10m，面积大的疏散林分使用40m，带间距由抽样强度和扩大系数求出。确定链宽和链间距后，用100m(小班较大选用200m)测绳沿平行于等高线的方向牵拉测绳，形成一条基线。根据链宽和链间距确定第一条带的带边界起始点，用森林罗盘仪确定第一条带的边界终止点(如有坡度需进行改正)。

2. 起始边确定

确定带的边界起始点后，用森林罗盘仪进行带下边界方位角的确定(基线的方位角加减90°)，然后沿着森林罗盘仪的方向牵拉100m测绳，根据样段长度进行坡度改正后定点，到山脊后不满一个样段长度的量出实际距离后进行坡度改正并作记录。

3. 终止边确定

起始边界确定后，到山脊用森林罗盘仪进行样带上边界的确定(方位角为基线的方位角)。终止边的确定由一人用手持罗盘仪(方位角为基线方位角减加90°)，在上边界点的位置由山脊向坡地牵拉100m测绳，直到第一条链的终止点，终止点的位置上可以站一个人进行引导。

二、区划调查

(一)经营区划调查

1. 区划要求

(1)区划系统

采用四级区划系统。国有按县(区)—林场(或森林公园、自然保护区、风景名胜区)—管护站(或工区、功能分区)—林班进行小班区划，可参照上期森林资源规划设计调查区划结果，一般情况下不应变动；集体或城镇按县(区)—乡镇(街道办事处)—村(社区)—社进行小班区划；集体林场按县(区)—乡镇—林班村—林班(社)进行小班区划。

(2)区划方法

以自然区划为主，可以采用自然区划、人工区划或综合区划。

自然区划：以各种山脊、河流、陡岩等自然地形为主进行区划。

人工区划：不考虑自然地形因子，按经营者主观意愿确定各级区划界线。

综合区划：结合自然地形和人为经营意愿进行区划。

(3)区划要求

应充分利用上期森林资源规划设计调查区划成果或约定范围，一般不再进行区划。在县境内林场境界应与山脊、河流等自然地形相适应，按有利于经营、方便管理的原则，以天然林为主的林场一般控制在1万~3万hm^2为宜；以人工林为主的林场经营面积一般不少于700hm^2。在林场辖区内，按便于生产作业要求，以山脊、支沟等自然界线划分工区。天然林区工区面积一般为2000hm^2，最大不超过4000hm^2；人工林区工区面积一般为300~600hm^2。森林资源零星分散的可根据实际情况就近挂靠工区或因地制宜独立划分工区。

独立的森林公园或自然保护区，则应单独区划，与林场平级，单独作为一个总体进行调查。在区划时，国家级别的自然保护区、风景名胜区、森林公园的范围界线、功能分区不能变，其他的原则上不变；林场下设的森林公园或自然保护区，只作为与管护站(或工区)平级的单位区划出来。非林地以社为单元，按耕地、建设用地、水域、难利用地及其他非林地进行区划。

(4)林班区划

林班既是一级林地区划单位，又是森林资源统计基本单位。在管护区(或工区、功能分区)范围内，林班境界应同自然地形一致，允许两坡夹一沟，切勿“两沟夹一山”。林班面积一般为100~200hm^2。少林地区、自然保护区和近期不开发林区的林班面积根据需要可以适当放宽。

(5)小班区划

小班是森林资源规划设计调查、统计和经营管理的基本单位。小班划分应尽量以明显地形地物界线为界(如山脊线、山沟线、道路等)，同时兼顾资源调查和经营管理的需要，并考虑权属、地类、林地保护等级、森林类别、林种、优势树种、起源、公益林事权等级、保护等级、林业工程类别、龄级、产期、郁闭度和立地类型等。

小班区划面积一般不大于10hm^2，成片林小班最小面积为0.067hm^2，商品林小班最大面积不超过20hm^2，公益林小班最大面积不超过35hm^2。集体林以村、国有林以林班为单元进行统一编号，按从上到下、从左到右依次进行。

2. 判读区划

(1)建立解译标志

遥感影像解译标志又称判读标志。它指能够反映目标地物信息的遥感影像各种特征，这些特征能帮助判读者识别遥感图像上目标地物或现象，包括色调与颜色、阴影、形状、纹理、大小、位置、图形等直接判读标志和目标地物成因、成像时间等间接解译标志。按照遥感信息与地学资料相结合，室内解译与专家经验、专题资料相结合，综合分析与主导分析相结合，类型全面性与代表性、典型性相结合，地物影像特征差异最大化与特征最清晰化相统一等原则建立解译标志。

在全面观察调查区遥感影像，了解调查区地貌、气候、植被等概况的基础上，根据解译任务制定统一的分类系统，并选择已知或典型的判读类型，预判勾绘不同判读类型的图斑。按照类型与特征齐全、典型性强、资料丰富、交通方便等原则，选取调查(踏查)线路，在每条调查线路上按地类、树种(组)、龄组、坡向等类型选取调查点，调查记载室内预判图斑的现地信息，利用全球定位系统(GPS)采集其坐标，并拍摄实物照片，建立起影像特征和地物间的关系库。

依据现地调查(踏查)确定的影像和地物间的对应关系，借助有关辅助信息(专业调查图件、资料及地形、物候等)，建立遥感影像图上反映的色彩、形态、结构、相关分布、地域分布等与判读类型的相关关系。通过现地调查(踏查)和室内分析对判读类型的定义、现地实况形成统一认识，并把遥感影像、实地照片和特征描述等综合成直观影像特征(色彩、形状、纹理、位置、分布等)和地面实况(类型、大小等)的对应关系，即遥感影像解译标志。随时复核检查遥感图像解译标志的准确性，不断修改完善遥感图像解译标志。

(2)判读区划原则

判读区划时，首先要了解影像图框外提供的各种信息，包括图像覆盖的区域及其所处的地理位置、影像比例尺、影像重叠符号、影像注记、影像灰阶等内容。对判读区划影像作整体的观察，了解各种地理环境要素在空间上的联系，综合分析目标地物与周围环境的关系。在判读区划过程中要及时进行多个波段、不同时相、不同地物等多方面的对比分析，充分利用现有成果。

(3)判读区划方法

直接判读法根据遥感影像解译标志，区划人员在数字正射遥感影像图上直接判读区划图斑，并记载图斑的地类、树种(组)、坡向等判读结果。

对比分析法包括同类地物对比、空间对比和时相动态对比。同类地物对比分析法是在同一景遥感影像图上，区划人员综合运用其他各种可参考的辅助信息、专业知识和直接判读经验，由已知地物推出未知目标地物的方法。

信息覆合法是利用其他专业调查成果图或透明地形图与遥感图像重合，根据其他专业调查成果图或地形图提供的多种辅助信息，识别遥感图像上目标地物类型与范围的方法。

综合推理法是综合考虑遥感图像多种解译特征，区划人员结合其他各种可参考的辅助信息、专业知识、判读和调查经验，分析、推断某种目标地物类型与范围的方法。

相关分析法根据判读类型中各种要素之间的相互依存、相互制约的关系，借助专业知识，分析推断某种类型状况与分布的方法。

(4)判读区划步骤

采用遥感判读区划软件，添加处理好的遥感影像，叠加到村或社行政界线，在判读区划工作底图上，利用直接判读、对比分析、信息覆合、综合推理和相关分析等判读区划方法对调查区域进行判读区划，做到区划图斑界线与遥感影像图上不同类型相吻合且闭合，目的类型的图斑不重不漏。当一个图斑跨两景以上遥感影像时，将图斑所涉及的各景遥感数据调在同一屏幕上进行判读区划，作到无缝连接。填写判读区划信息。

对于判读区划结果，需要进行现地核实，以检验目视判读的质量和解译精度，修正区划界线。对于判读区划中出现的疑难点、难以判读的地方，则需要在现在核实过程中完善。同时，通过村小组的行政界线、地类、树种等小班区划条件形成小班，并结合现地验证调查各种内容和因子。

3. 小班调查

(1)小班因子调查

小班应按调查卡因子详细调查填记，可充分利用前期正确的调查结果和小班经营档案，以提高调查精度和效率，保持调查的连续性。因上期调查或填写不属实或间隔期内经营活动、自然因素(如自然生长、自然灾害)使小班调查因子发生明显变化的，则该小班必须重新区划调查，尤其是地类或龄组发生变化时，有关因子应随地类和龄组的变化需重新调查填记。公益林小班应侧重于生态相关的因子调查，测树因子可简化调查，用材林小班应侧重测树因子和蓄积量的调查。

(2)测树因子调查

小班蓄积量的调查可采取实测与目测相结合的方法进行。

①目测调查

当林况比较简单时，具有5年以上的调查资历的调查员方可采用此法。目测调查员要通过不同类型目测调查练习，并经过考核，各项调查因子目测数据80%项次以上达到精度要求时，才允许进行目测调查。目测时必须深入小班内部，选择有代表性的调查点进行调查。对人工林小班可采取先调查平均每亩株数、平均胸径，求算亩平蓄积的方法进行。

②角规调查

对林况比较复杂和中龄林以上的林分，为了使调查符合精度要求，应利用角规样地作为主要辅助手段进行。角规点个数视小班面积不同作如下规定：小班面积小于 50 亩①的不少于 2 个点，小班面积 50 至 100 亩的不少于 3 个点，小班面积 100 至 150 亩的不少于 4 个点，小班面积 150 亩以上的不少于 5 个点。

③航片调查

林分单纯、规律性较强、航片比例尺大于 1∶10000 时可采用此法。调查前，划分森林类型或树种抽取数量不少于 50 个有蓄积小班，判读各小班的平均树冠直径、平均树高、株数、郁闭度等，然后实地调查各小班的相应因子，编制航片树高表、胸径表、航片数量化蓄积量表。为了保证估测精度，必须选设一定数量的样地对数表(模型)进行检验，达到 90%以上精度时方可使用。航片估测时，利用判读结果和所编制的航片测树因子表估计小班的各项测树因子。然后，抽取 5%~10%的判读小班到现地核对，各项测树因子判读精度达到 90%时可以通过。

④卫片调查

当卫片的空间分辨率达到 3m 以上时可以采用卫片估测法，且应根据调查单位的森林资源特点和分布状况，以及当地植被的物候期和季相选择适宜的时间或季节获取卫星数据。在实地验证时，典型选取不同类型有蓄积量的小班现地调查其单位面积蓄积量，或利用抽样控制样地资料，建立判读因子与单位面积蓄积量之间的数量化模型，将各小班判读因子代入模型计算相应的小班蓄积量。

(3)其他因子调查

毛竹林小班要调查毛竹株数、各龄组株数百分比，分别进行记载。灌木林和毛竹林小班中混生的乔木树种蓄积作为散生木蓄积调查。

4. 蓄积量调查

森林资源规划设计调查要求按小班提供蓄积量的同时，要以经营单位或县级行政单位为总体进行总体蓄积量抽样控制(调查面积小于 5000 hm^2 或森林覆盖率小于 15%的单位可以不进行抽样控制)。总体抽样应满足活立木蓄积量抽样精度的要求，并与小班调查汇总得到的活立木蓄积对比，满足规定要求。临时控制样地可采用方形样地、角规控制检尺样地，但总体内应为相同标准的样地。在总体内可采取系统抽样分层抽样、成群抽样等抽样方法进行总体抽样控制。

(1)系统抽样控制

根据踏查或资料确定的变动系数，用以下公式计算所需样地数，计算结果并增加 10%~15%的安全系数后，作为系统抽样确定的布点样地数。一般应按总体所需样地数在省级或地级森林资源连续清查体系的基础上，结合点间距在地形图公里网交叉点上系统加密布设，临时控制样地可根据点间距随机确定起点后布设。

(2)分层抽样控制

分层抽样的方法很多，常用的是按面积比例配置样地的分层抽样法。将总体按预先确

---

① 1 亩 = 1/15hm^2。以下同。

定的分层因子(如优势树种、龄组、郁闭度等)分为L层，可利用近期卫星影像、航片进行判读勾绘分层。用求积仪或网点法求算各层面积，获得各层的面积权重或成数。

(3)角规控制检尺

用GPS等手段定位样地位置后，所有总体样地均选择K值为1的角规切口，在样点上对胸径≥5cm的林木的胸高位置进行角规控制检尺，计数相切和相割的样木株数推算断面积。为了确保不缺不漏测样木，对模糊样木必须用皮尺量测样点与林木的距离和林木胸径 D_i，确定相切、相割、相离的情况。

(4)遥感调查控制

采用遥感调查方法时，应对调查总体活立木蓄积和有林地面积进行双重控制，把样本实测结果作为森林资源遥感调查的地面支撑。

5. 株数调查

(1)株数调查对象

平均直径<5cm的乔木林、疏林地小班和经济林、竹林小班。除要求进行林况、地况调查外，还应调查株数。

(2)株数调查方法

调查方法采用小样方法，按小班选设有代表性的正方形样方1~3块(50亩以下设1块，51~100亩设置2块，>100亩设置3块)，每块样方面积在10m×10m。

6. 生长消耗调查

利用固定样地复查数据，用样木前后期胸径对应值计算生长量和消耗量。样木复位率高的经营单位可以按样地为样本单元计算总体生长量、消耗量、净增量、采伐量。样木复位率低的经营单位用两期复位保留木建立生长量模型计算生长率和生长量；用两期活立木蓄积相减计算净增量；用净增量和生长量推算消耗量。

7. 四旁树调查

(1)范围对象

包括村旁、宅旁、水旁、路旁及其他(城镇、工矿等建设用地)等非林地上的林木属四旁树调查范围。对象为生长在以上范围内的乔木、经济林树种和竹类均作为调查对象。

(2)调查方法

达到有林地标准的片林、林带，应逐块、逐片、逐段实地按小班调查记载；零星四旁树调查采用典型抽样方法调查。以行政村为单位，抽取部分自然村开展四旁树调查，推算全行政村的四旁树株数和蓄积。行政村范围内自然村(小组)数的30%，最少不能少于3个。抽样时按自然村四旁树株数分布的多、中、少三种类型确定样本单元。抽中的自然村小组调查全部四旁树株数，乔木树种调查胸径5cm以上树种的蓄积。根据抽样调查数据，用算术平均数推算全村(行政村)四旁树株数和蓄积，填写在其对应的土地类型面积的小班调查因子登记表上。

(二)图斑更新调查

1. 遥感诊断

(1)变化图斑自动提取

利用时相相近和空间分辨率相同的两期遥感影像，根据遥感影像特征和植被覆盖变化情况，分区域进行植被覆盖遥感影像变化标定。根据区域的遥感数据情况，选择对应的神经网络模型，同时对区域遥感影像进行切块处理(相邻切块间要有5%以上重叠)，由神经网络模型预判出变化地块及变化类型，再对预判结果进行拼接、矢量化，合成出区域变化图斑矢量及变化类型属性。对于预判出的变化地块，图斑面积低于400m^{2}的，融合到空间相邻的变化地块图斑；对融合后仍然达不到400m^{2}的细碎变化图斑进行删除。

(2)变化图斑人工诊断

在地理信息系统中将本期遥感影像叠加到上一年度的资源图和前期遥感影像上，比对分析两期影像色调、纹理、大小、几何形状等的特征变化，结合专家经验知识，对人工智能识别提取的变化图斑进行修改完善和补充区划，初步诊断并记载变化类型。对于两期遥感影像特征没有反映变化，但根据资源信息确认有变化的图斑，也应补充区划，记载变化类型。对于因季节性涨水、遥感影像阴影、卫星侧视角及影像校正误差、落图位移等引起而识别出的变化图斑，但现地未发生变化的，根据实际情况诊断。变化图斑人工诊断采取一人判读勾绘、另一人复核的方法，两人判读结果不一致的，采用会审的方式联合诊断。对初步诊断的变化图斑按顺序编码，并记录变化图斑所处位置、面积、变化类型等属性因子。

2. 验证核实

(1)室内验证

收集变化年度的森林经营管理相关资料，主要包括建设项目使用林地可行性报告以及相关审核审批资料和图件；主伐、抚育、低产(效)林改造、更新等林木采伐设计(图)和检查验收资料；土地整理的规划设计及检查验收资料；人工造林、封山育林、飞播造林等作业设计(图)及检查验收资料；引起林地利用状况(地类)变化的破坏资源案件卷宗和相关勘查资料；森林火灾、地质灾害、病虫害等灾害调查资料；森林分类区划界定成果(图)、林地权属发生变化的证明材料、自然保护地界线等管理属性变化的相关资料等。对收集的纸质资料，根据其管理方式及技术条件，采用不同方法，将纸质资料记录的图斑进行矢量化处理，形成电子数据，并录入有关信息。对收集的电子资料，采用坐标系转换和投影转换的方法将其统一到CGCS2000、1985国家高程基准投影坐标系下，形成统一标准的电子数据，并转录有关信息。

将初步诊断的变化图斑与收集处理的电子数据逐一进行核对。对与电子数据全部或者部分重叠的变化图斑，首先根据电子数据和遥感影像修正变化图斑界线，并同步更新相关属性信息。根据收集资料对管理属性进行变更，收集处理的电子数据证明已经发生变化，但初步诊断未区划出的变化地块，应利用两期遥感影像再次判读核实，经核实确实发生变化的应当补充区划为变化地块，并进行更新。

(2)野外核实

经人工初步诊断及通过资料补充区划的变化地块，室内无法确定变化原因或无法获取相关因子属性信息的，均属于野外验证图斑。根据野外验证图斑的分布情况，结合交通状况，按照尽量少走重复路的原则，设计野外验证路线。有条件的，优先采用无人机拍摄方式，修正变化图斑界线，核实记载变化后的地类、植被覆盖类型、变化原因、相关属性等。在开展野外验证过程中，发现现地已经发生变化但未区划出的地块，应现场补充区划变化图斑，并记载变化后的地类、植被覆盖类型、变化原因、相关属性因子等。

3. *数据更新*

(1)界限更新

各级行政界线采用全国国土调查及其年度变更成果的界线不作修改，经营管理界线更新收集最新森林经营管理界线矢量数据，检查坐标系和投影方式，按数据结构对各级行政界线和经营管理界线属性数据进行整理，生成联合数据层。将最新行政界线数据与森林资源现状数据库(含更新县及周边相邻县)进行空间联合，生成联合数据层。联合数据层处理，删除县级行政界线外的图斑，按照空间相邻、类型一致的原则，对面积小于400m^2的细碎图斑及狭长图斑进行归并，完成行政界线的更新。图形检查及处理，对重叠、空隙、多部件、自相交等图形错误进行检查，并作相应的处理。

变化图斑界线更新将经验证核实的森林资源变化图斑与资源现状数据库进行空间联合，生成联合数据层。按照空间相邻、类型一致的原则，对面积小于400m^2的细碎图斑及狭长图斑进行归并，完成变化图斑界线更新。对重叠、空隙、多部件、自相交等图形错误进行检查，并作相应的处理。

(2)属性更新

变化图斑属性更新将经验证核实的变化图斑与森林资源现状数据库进行空间关联，更新森林资源现状属性数据。提取行政界线更新的变化图斑，利用最新行政界线数据对县、乡、村等属性进行赋值。提取经营管理界线更新的变化图斑，对经营管理界线范围内图斑，利用最新资料对林业局(场)、林场(分场)等属性进行赋值；对经营管理界线范围外，属于因经营管理界线更新调出图斑，对记载的原经营管理单位属性信息进行删除。根据森林分类区划界定成果(图)或调整成果、林地权属变化的证明材料、自然保护地界线等管理属性变化的相关资料，按数据结构对管理属性数据进行整理后，与森林资源现状数据库进行空间关联，转录相关属性因子。

蓄积量更新利用固定样地数据，根据优势树种(组)的不同，以公顷蓄积量为因变量，以平均胸径、公顷株数、郁闭度为自变量，或以起源、龄组、郁闭度为自变量，构建蓄积量预估模型。公式如下：

$$V = a \times D^b \times N^c \times P^d$$

$$V = (a_0 + a_{1i}x_{1i} + a_{2j}x_{2j} + a_{3k}x_{3k}) P^{(b_0 + b1ix_{1i} + b2jx_{2j} + b3kx_{3k})}$$

式中：V为每公顷蓄积量(m^3/hm^2)，D为平均胸径(cm)，N为每公顷株数(株/hm^2)，P为郁闭度(按小数表示)，x_{1i}表示优势树种(i=1，2，3，…)，x_{2j}表示起源(j=1，2，分别表示天然林和人工林)，x_{3k}表示龄组(k=1，2，3，4，5，分别表示幼龄林、中龄林、近熟林、成熟林和过熟林)，a、b、c、d、a_0、b_0、a_{1i}、a_{2j}、a_{3k}、b_{1i}、b_{2j}、b_{3k}为模型参数。除以上2个基本模型外，还可根据各省图斑因子的支撑程度，构建其他形式(如基于公顷断面积G和平均高H)的蓄积量预估模型。

建模样本量原则上需大于50，样本量不足50可归并到相近的优势树种(组)。基于定量因子的蓄积量预估模型，决定系数(R^2)原则上需大于0.8；基于定性因子或分类因子的蓄积量预估模型，R^2原则上需大于0.5。

$$R^2 = 1 - \sum_{i=1}^{n}(y_1 - \hat{y}_i)^2 / \sum_{i=1}^{n}(y_1 - \bar{y}_i)^2$$

式中：y_i 是实际观测值，$\hat{y}_i$ 是基于模型所得到的估计值，$\bar{y}$ 为样本平均值，n 为样本单元数。

采用统计软件进行回归分析，得到模型预估参数值，再根据图斑的优势树种(组)、起源、龄组、平均胸径、郁闭度、公顷株数等因子，计算得出图斑公顷蓄积及图斑蓄积。完成图斑蓄积预估后，以根据各省固定样地计算得到的总蓄积量为控制，逐级分解落实并平差到各图斑，完成蓄积量的更新。

生物量更新利用固定样地数据，按照蓄积量预估模型的建模总体划分情况，以公顷生物量为因变量，公顷蓄积量为自变量，构建一元线性生物量预估模型或生物量转换因子模型。公式如下：

$$B = BEF \times V$$

式中：V 为公顷蓄积量(m^3/hm^2)，B 为公顷生物量(t/hm^2)，BEF 为生物量转换因子(t/m^3)。

决定系数(R^2)原则上需大于0.9。得到生物量转换因子 BEF 后，即可根据图斑的公顷蓄积量计算得出图斑公顷生物量。以各省根据固定样地计算得到的总生物量为控制，平差到各图斑，以完成生物量的更新。

碳储量更新采用更新后的图斑生物量乘以优势树种(组)的平均含碳系数更新图斑碳储量。公式为：

$$C = Cf \times B$$

式中：C 为碳储量，Cf 为含碳系数，B 为生物量。以下同。

各省主要优势树种组或森林类型的平均生物量转换因子和含碳系数 Cf，一般基于同一套建模样本数据，由以下三储量联立模型得出：

$$\begin{cases} \hat{V} = f(x) \\ \hat{B} = BEF \cdot \hat{V} \\ \hat{C} = Cf \cdot \hat{B} \end{cases}$$

相当于联合构成，可通过联立方程组方法估计其模型参数。其他属性因子更新如平均胸径、公顷株数等因子，也可尝试开展模型更新。对属性数据完整性、正确性进行检查。

(三)监督管理调查

以遥感判读变化图斑，或遥感判读变化图斑外发现的破坏森林资源问题为线索，结合对接融合成果、森林资源管理“一张图”和森林资源档案等有关资料进行内业核实，并结合必要的现地核实，查清图斑核实变化原因，按照实际变化范围进行修正、勾绘，填写属性因子，提交森林监督管理检查成果。

1. 图斑获取

以县为单位，在判读完成一个县后将判读结果上传至《森林督查暨林政执法综合管理系统》，各派出机构和地方林草部门根据权限下载监督区和行政范围内的遥感判读变化图斑。在遥感判读变化图斑外发现的破坏森林资源问题，纳入森林督查调查范围。

2. 资料收集与核对

(1)资料收集

收集资源包括制度建立情况，如人民代表大会、政府、林业和草原主管部门出台的地方性林地林木管理法规、制度情况，林地保护利用规划编制和实施情况；对接融合成果、相关年度森林资源管理“一张图”；建设项目使用林地可行性报告以及相关审核(批)资料和设计图，伐区调查设计、伐区检查验收资料；破坏森林资源案件卷宗和相关勘查资料；森林火灾、地质灾害、病虫害等灾害调查资料；各级各类自然保护地资料及其他相关资料。

(2)资料核对

在对照相关资料后，可以准确判断实际情况的图斑，可根据相关资料填写森林督查核实因子；无法准确判断或有疑问的图斑，进行现地调查核实。

3. 现地调查

现地调查图斑变化原因、变化范围等，拍摄现地照片。重点查清建设项目使用林地、土地整理和毁林开垦等林地使用以及林木采伐情况。根据相关资料和现地调查情况，整理完善数据库，上传相关佐证资料，编写报告。

三、专项调查

(一)森林土壤调查

森林土壤调查的目的主要是为了了解森林土壤与森林分布、林木生长发育的关系；了解森林土壤的发生类型及其分布规律，为划分立地类型、编制立地类型表、评价地力等级、合理经营利用林地、适地适树造林提供依据。一般采用线路调查与标准地调查相结合的方法。调查样地每个土壤亚类设置的典型剖面不少于3个，并根据需要采集适当数量的比样标本和分析标本。

土壤容重指自然结构状况下单位体积土壤的烘干重量，通常以 g/cm^3 表示。一般用环刀法测定。土壤总孔隙度是指土壤中的总孔隙量占土壤总体积的百分率，包括毛管孔隙和非毛管孔隙。土壤最大持水量(饱和持水量)是指土壤中的全部孔隙都充满水分时的土壤含水量。土壤自然含水量(质量%)是指单位体积的自然土壤中的水分含量与同体积的干土质量之比。

1. 土壤剖面及取样

(1)在标准地旁边挖一土壤剖面，深及母质层(C层)，土层厚者挖1.0m深。记录土壤类型、发生层次(A、AB、B、C)、厚度、质地、石砾含量(石砾量占该土层体积的%)等项目，填写表8土壤剖面调查表。

(2)在土层0~10cm、10~20cm、20~40cm、40~60cm、60~80cm、80~100cm的中间分别用环刀采取土样(保证环刀内的土壤结构不受破坏)，用锋利的土壤刀削平环刀表面，盖好，用天平测其鲜重(供计算容重和孔隙度用)；各层另取少量样品(10~40g)放入铝盒(供测含水量用)，在现地用天平测其鲜重。

(3)在野外估测土壤质地的方法：取少量土壤，加水湿润，然后揉搓，搓成细条并弯成直径2.5~3cm大小的土环，根据以下所表现的性质确定质地。

沙土：不能搓成细条。

沙壤土：只能搓成细条。

轻壤土：能搓成3mm直径的条，但易断裂。

中壤土：能搓成完整的细条，但弯曲时易断裂。

重壤土：能搓成完整细条，弯成圆圈时易断裂。

黏土：能搓成完整细条，并能弯成圆圈。

2. 水分及物理性质的测定

(1) 将装有湿土的环刀揭去上下底盖，仅留一填有滤纸的有网眼的底盖，放入平底方形塑料盆(盆高15 cm)中，注入并保持盆中水层的高度至环刀上沿为止，使其吸水达12h(质地黏重的可放时间长些)，盖上上、下底盖，水平取出，立即称重(A)，即可算出最大持水量(%)。

(2) 将上述称重量(A)后的环刀去掉底盖，将其放置在铺有干沙的平底方形塑料盆中达2h，此时环刀土壤中的非毛细管水分已全部流出，但环刀中的毛细管中仍充满水分，盖上底盖，立即称重(B)，即可算出毛管持水量(%)，进而推算出非毛管持水量(容积,%)。

(3) 将铝盒内土壤样品，放入105℃经8h烘干后，称其干重，求算水分换算系数。

3. 土壤调查计算

(1)水分换算系数(K1)=烘干土样重/湿土样重

环刀内湿土重×K1=环刀内烘干土重

土壤含水量(质量%)=[(环刀内湿土重-环刀内干土重)/环刀内干土重]×100%

土壤容重(g/cm^3)=环刀内烘干土重/环刀容积

土壤含水量(容积%)=土壤含水量(质量%)×土壤容重(g/cm^3)

土壤自然贮水量(mm)= 0.1×土壤含水量(容积%)×土层厚度(cm)

(2) 最大持水量(%)=[(浸润12h后环刀内湿土重(A)-环刀内干土重)/环刀内干土重]×100%

最大持水量(mm)=0.1×土层厚度(cm)×土壤容重(g/cm^3)×最大持水量(%)

(3)毛管持水量(%)=[(在干沙上搁置2h后环刀内湿土重(B)-环刀内干土重)/环刀内干土重] ×100%

毛管持水量(mm)=0.1×土层厚度(cm)×土壤容重(g/cm^3)×毛管持水量(%)

(4)毛管孔隙度(%)=毛管持水量(%)×土壤容重(g/cm^3)

(5)非毛管孔隙度(%)=土壤总孔隙度(%)-毛管孔隙度(%)

注：土壤总孔隙度(%)可以根据土壤容重的测定结果查土壤容积与总孔隙度关系表获得。

(二)森林植被调查

1. 植被样方选取

(1)根据当地的主要立地-植被类型，选择典型地段，对灌丛植被、草坡进行样方调查。

（2）立地类型划分可以优先考虑海拔、坡向、坡位或土层厚度等主要立地因子。

（3）分不同的立地-植被类型设置样地或样方，灌丛样方面积为5m×5m，草坡样方面积1m×1m。每种类型选设样方3~5个。

（4）对于有明显时间影响的植被类型，可以分年龄阶段布设样地或样方。

（5）另外，灌丛样方中应该再选取有代表性的20cm×20cm枯枝落物样方1~3个。

2. 样方基本情况

调查样地位置（林场、林班、小班），地理坐标［记录全球定位系统（GPS）读数］、立地因子（海拔、坡向、坡度、坡位、土壤厚度等），灌丛和草坡的土地利用历史和现利用方式、年龄、分布、平均高度、丛径、地径、覆盖度等。填写灌丛草坡样地封面。

3. 生物多样性

分别记录1m×1m、5m×5m样方内所有（或主要）草本植物和灌木种类、数量、平均高度、盖度以及草本总盖度，填写草本及灌木样方调查记录表。

4. 生物量调查

（1）分别采集样方外1m×1m和5m×5m临时样方内的草本和灌木各若干株用于生物量的计算。

（2）其中，草本分地上部分和地下部分，灌木分离叶、枝、须根（直径≤2mm）、细根（直径为2~10mm）和粗根（直径≥10mm），用密封袋密封，带回实验室。

（3）用分析天平称各部分的鲜重，60℃烘干后测算含水率以换算标准地内的灌、草总生物量干重。

（4）填写灌草生物量记录表，并建立地上-地下等各部分间的生物量关系。

（三）森林更新调查

森林更新调查是了解调查地区天然更新、人工更新的情况，评定更新等级，及其与立地条件、更新方式、采伐年龄、森林经营水平和造林技术措施的关系，为营林规划设计和组织林业生产提供依据。森林更新调查包括林冠下更新、迹地更新和无林地人工更新。主要调查对象为天然近、成、过熟林，疏林，采伐迹地，火烧迹地，林中空地和未成林造林地。

森林天然更新调查主要内容包括树种、目的树种、株数、频度、树高、树龄、起源及生长状况。人工更新调查内容包括造林树种、种苗来源、造林方式方法、混交方式、苗龄、造林时间、造林密度、整地方式方法、抚育管理措施、生长状况及保存率，人工促进天然更新参照天然更新和人工更新的调查内容。在5m×5m的乔木更新样方内，对直径小于起测径阶（5cm）的所有幼苗幼树，分别记录其树种、起源（人工/天然、实生/萌生）、树高和年龄等信息。填写更新调查表。

（四）枯落物调查

（1）在5个20cm×20cm的样方内，测定枯枝落物层的厚度，区分出未分解层、半分解层和已分解层，精确到0.1cm。

（2）并按照分层获取一些样品，装入塑料带内带回实验室，称取鲜重，60℃烘干衡重以后称取干重，称量到0.1克，填写枯落物层调查记录表。

（五）森林灾害调查

1. 火灾调查

了解森林火灾发生的时间、次数、种类、起因、气象因素、各次延续时间、火烧程度和火烧面积、扑救方法、劳力物资消耗、树种抗火性能、森林资源的损失及其他危害等。林木遭受火灾危害的严重程度，按受害立木株数占总株数百分比及受害后林木能否存活和影响生长的程度，分无、轻、中、重4个等级。

2. 病虫害调查

森林病虫害调查是为了了解调查地区森林病虫害的种类、数量、危害程度和分布情况，分析病虫害发生与森林环境条件的关系等，根据调查结果提出有效的防治措施。林木受各种病害、昆虫危害（含树叶、枝梢、果实、树干）的严重程度，按受害立木株数百分率，分为无、轻、中、重4个等级。

3. 气象灾害调查

林木受风、雪、冻、水灾等危害程度，按受害（死亡、折断、断梢、翻倒等）立木株数占总株数百分比，分无、轻、中、重4个等级。

（六）生态状况调查

森林生态因子是指对森林有作用的环境因子。一般包括气候、土壤、生物和地形四类。主要调查单一生态因子对森林的作用和综合因子对森林的作用和森林对水、热、气、土壤的作用及森林群落和生态系统结构等。

第三节 统计分析

一、数据库建立

数据库包括遥感影像数据库、资源数据库、支撑数据库、其他数据库等。遥感影像数据库包括卫星遥感数据、航空遥感数据、地基摇感数据等。资源数据库包括图斑监测和样地监测数据库。支撑数据库包括数表、参数、模型等数据库。其他数据库包括统计表、文本、专题图件和多媒体数据库等。以森林资源规划设计调查数据库建立为例，将小班因子调查记录表、样地因子调查记录表、样地每木检尺记录表、乡镇场级代码对应表、村级代码对应表等输入计算机并建立森林资源数据库。在小班数据库的基础上，根据林改宗地图与小班区划图，把小班数据库分解成宗地数据库。小班属性与空间信息数据库利用地理信息系统软件建立，可使用信息管理系统平台进行数据库建立，数据库格式、属性代码等应与森林资源数据库统一；建立数据库前，各小班记录、外业区划图整理应由作业者百分之百地自检，专职质量检查人员检查验收后，方能作为数据库建立的资料；数据库建立后要开展属性与空间的对应检查，编制逻辑检查程序进行逻辑检查，对存在的问题进行处理。

二、统计表编制

统计表编制应以数据库作为原始数据，采用计算机软件进行计算和统计。森林资源连续清查统计报表以省及副总体为单位分别编制，主要包括33个报表；森林资源规划设计调查统计报表统计到乡(镇、场)，乡(镇、场)统计表统计到村(分场)，各级统计表汇总均应在小班的基础上逐级进行，原国家林业局规定(林资发〔2003〕61号)13个主要统计表；使用林地统计表附在建设项目使用林地可行性报告后面主要包括7个表。

(一)森林资源连续清查统计报表

1. 各类土地面积按权属统计表
2. 各类林木蓄积按权属统计表
3. 乔木林各龄组面积蓄积按权属和林种统计表
4. 乔木林各龄组面积蓄积按优势树种统计表
5. 乔木林各林种面积蓄积按优势树种统计表
6. 天然林资源面积蓄积按权属统计表
7. 天然乔木林各龄组面积蓄积按权属和林种统计表
8. 天然乔木林各龄组面积蓄积按优势树种统计表
9. 天然乔木林各林种面积蓄积按优势树种统计表
10. 人工林资源面积蓄积按权属统计表
11. 人工乔木林各龄组面积蓄积按权属和林种统计表
12. 人工乔木林各龄组面积蓄积按优势树种统计表
13. 人工乔木林各林种面积蓄积按优势树种统计表
14. 竹林面积株数按权属和林种统计表
15. 经济林面积按权属和类型统计表
16. 疏林地各林种面积蓄积按优势树种统计表
17. 灌木林地各林种面积按权属和类型统计表
18. 各类土地面积动态表(1)/(2)
19. 各类林木蓄积动态表(1)/(2)
20. 乔木林各龄组面积蓄积动态表
21. 乔木林各林种面积蓄积动态表
22. 乔木林针阔叶面积比重按起源动态表
23. 乔木林质量因子按起源动态表
24. 天然林资源动态表
25. 天然乔木林各龄组面积蓄积动态表
26. 天然乔木林各林种面积蓄积动态表
27. 人工林资源动态表
28. 人工乔木林各龄组面积蓄积动态表
29. 人工乔木林各林种面积蓄积动态表

30. 林木蓄积年均各类生长量消耗量统计表
31. 乔木林各龄组年均生长量消耗量按起源和林种统计表
32. 乔木林各龄组年均生长量消耗量按优势树种统计表
33. 总体特征数计算表

(二)森林资源规划设计调查统计报表

1. 各类土地面积统计表
2. 各类森林、林木面积蓄积统计表
3. 林种统计表
4. 乔木林面积蓄积按龄组统计表
5. 生态公益林(地)统计表
6. 用材林面积蓄积按龄组统计表
7. 用材林面积蓄积按龄级统计表
8. 用材林近成过熟林面积蓄积按可及度、出材等级统计表
9. 用材林近成过熟林各树种株数、材积按径阶组、林木质量统计表
10. 用材林、一般生态公益林异龄林面积蓄积按大径木比等级统计表
11. 经济林统计表
12. 竹林统计表
13. 灌木林统计表

(三)建设项目使用林地可行性报告统计表

1. 项目使用林地按使用林地类型面积蓄积统计表
2. 项目使用林地按地类面积蓄积统计表
3. 项目使用林地按森林类别面积蓄积统计表
4. 项目使用林地按林地保护等级面积统计表
5. 项目使用林地分森林类别按地类面积统计表
6. 项目使用重点生态区域林地面积统计表
7. 项目使用林地森林植被恢复费测算表(表格格式自行设计)。

三、专题图制作

(一)基本图

基本图按国际分幅编制，一律使用1：1万比例尺地形图。采用符合精度要求的近期国家出版的1：1万地形图进行外业区划图的转绘，编制基本图。基本图内容应包括境界线(行政区界及林场、固定小班界线)、道路、居民点、独立地物、地貌(山脊、山峰、陡崖)、水系、地类、小班号、面积注记等。各种图面资料的图式均按《林业地图图式》规定执行。

(二)林相图

以乡镇(林场)为单位，用基本图为底图进行绘制，比例尺与基本图一致。凡有林地小

班应进行全小班着色，按优势树种确定色标，以龄组确定色层，并用分子式表达小班主要调查因子，其他小班仅注记小班号及地类符号。

（三）森林分布图

以经营单位或县级行政区域为单位，用林相图缩小绘制。比例尺一般为 1∶5 万或 1∶10 万。其绘制方法是将林相图上的小班进行适当综合。凡在森林分布图上大于 $4mm^2$ 的非有林地小班界均需绘出。但大于 $4mm^2$ 的有林地小班，则不绘出小班界，仅根据林相图着色区分。

（四）分类经营区划图

以经营单位或县级行政区域为单位，利用林相图缩绘，比例尺一般为 1∶5 万或 1∶10 万。以反映森林类别、生态公益林事权等级和保护等级为主要内容，确定林种界线并按林种着色，以经营类型确定色层。

（五）其他专题图

主要包括天然林、人工林、国有林、集体林、国家级公益林等资源分布及其变化图，生态系统生产力、生态系统健康、森林碳密度等生态评价图 。

第四节　调查装备

一、定位设备

随着手机和平板电脑等电子设备的普及，森林资源调查的无纸化工作已经成为主流，但是目前常用的手机、手持 GPS 接收机和平板电脑内置的全球导航定位装置只能提供单点解。受限于定位设备，无论是北斗定位系统还是 GPS 定位系统，目前单点解理论定位精度都在 10m 左右。在某些偏远地区或者郁闭度较高的林分内部，定位精度甚至在 10～20m。为提高森林资源调查的精度，森林资源调查监测中应用测地型 RTK 进行精确定位，可实现森林资源调查监测的精确定位。

（一）引点辅助定位

1. 引点选择

需要利用引点定位的固定样地，引点定位标桩位置在地形图上误差不超过 1mm，引线方位角误差小于 1°，引点至样地的距离测量误差小于 1/100。在地形图和影像图上，根据固定样地纵横坐标找出样地所处位置，找距离样地较近、易于通视的明显地形地物作为引线起始点。引点所采用的地形地物应是永久性的明显地物标，如国家测量三角点、水准点、孤立山峰、独立建筑物、河沟交叉口及道路明显转弯处、交叉口等。地形图或影像图上无明显地物标或地物标离样点位置太远时，可在距理论位置 50～100m 范围内实地确定合适的引点位置，应设置引点标志，并说明引点的有关特征。

2. 方位角和水平距计算

在地形图或影像图上从引点量取引线起点到样点的连线并延长，再以样点为顶点，以坐标线的北端为0°，用量角器顺时针方向量取样点至引点延长线的方位角，加减180°，即为引点至样点的坐标方位角，罗盘仪测量方向角=坐标方位角±方向改正角+罗差；用三角板量取引点至样点的距离，并按比例尺进行换算，得到引线的水平距离。

3. 引线测量

用罗盘仪定向、测绳或皮尺量距的方法，从引点测至样地西南角点位置。引点位置误差不得大于图上(1∶5万)距离1mm，即实地50m。引线距离建议在300m以内。填记“引线测量纪录”，方位角记到分，距离记到米，保留1位小数。测线接近样地或测线经过样地时，应特别注意不要砍倒或损伤样地内的样木。在到达样地西南角位置之前，如果出现悬崖峭壁或大的沟壑而无法通过时，要考虑是否引点方向选择不当(换个方向可引点到达)，若是，则应重新引测。

(二)GPS辅助定位

采用传统的勘测方式无论从速度、精度、人力、物力成本还是现阶段修建和长远发展需求来看，都无法达到预期目标。利用GPS技术则具有高速、高精度、高性价比等优点，可满足森林资源调查监测辅助定位的需求。GPS辅助定位必须在样地理论位置附近确定辅助引点(可以是明显地物点，也可以是图上没有标出的地物，如独立石头、独立树和特别明显的大树，周边地物要在样地材料中详细记载且在工作图上进行标注)，再用罗盘仪引线定位。GPS参数要与以往调查使用参数一致。辅助引点应埋设引点标，引点标设置要求同引点定位。

数据采集器与GPS手持机须按照地形图投影带区域为单位，进行坐标系转换和校正后方能用于生产作业。当工作区域转移或跨到另一地形图投影带时，应重新设置转换参数。应随时检查参数的正确性。在工作过程中尽量避免强光直晒，避开定位点上方遮盖物，避免雷雨天气和高磁场环境使用。数据采集器采集的样地数据与图片应及时备份和上交，坚持单个样地备份。

(三)RTK辅助定位

GPS手持机已经在林业调查领域中得到广泛应用，虽然携带方便但定位精度低，一般手持GPS定位精度在5~10m，已无法满足对森林资源精准定位的要求。GNSS RTK是一种新的卫星定位测量方法，以前的静态、快速静态、动态测量都需要事后进行解算才能获得厘米级的精度，而RTK技术是能够在野外实时得到厘米级定位精度的测量方法，尤其是网络RTK无需架设本地基准站，在网络覆盖范围内，直接使用网络的高精度差分信息，提高了作业效率，在森林资源调查监测中能发挥极大的作用。

GNSS使用时应使用前期的修正参数进行修正，将上期回采的样地纵、横坐标输入GNSS手持机，利用导航功能直接寻找样地。用GNSS导航或引线等方法查找的目标位置，可能与上期确定的样地位置存在误差，需利用样地前期设置的定位物(树)方位角和距离，采用后方交会的方法，结合地下的埋藏物，综合确定样地准确位置，并复核和重新记载样地RTK坐标。

二、测量仪器

伴随着科技的发展，电子学、计算机科学等多学科的先进技术和方法被引入林木测量中，促进了电子测量工具和智能测量工具的产生和发展，也体现出林业信息化建设过程中林木测量工具的发展趋势，即在构造上，从传统机械式向电子化方向过渡，以数字化存储代替人工记录；在测量方式上，从传统的接触式测量逐步向遥感测量发展。电子测量工具和智能测量工具较之机械式测量设备优势明显，这不仅体现在测量效率上的提高，更重要的是测量数据的数字化省去了对传统纸笔记录的数据进行校对的麻烦。

(一)传统测量

传统调查测量主要是利用简单的测树设备对立木因子进行直接或者间接测量，如胸径尺、测高器和罗盘仪等，可以实现胸径、树高及立木位置的获取。传统的测量设备以其便携性、低成本等特点仍受青睐。随着森林资源调查的需求不断提高，国内外众多学者都对测树设备进行了研究。我国测树设备于 20 世纪中后期逐渐开始研制，如林分速测镜设备，进一步推动了测树设备的发展。

测树仪器的发展极大地推动了我国森林资源调查中设备的进步，虽然胸径尺、测高器等传统调查设备仍是目前森林资源调查中常用设备，但这些测树仪器功能单一，仅可对某一因子进行估测，难以利用同一设备同时测量多个单木因子，在现场测量的过程中，受地形限制导致部分同一样地中的立木不能完全测量。此外，利用传统调查设备受主观因素影响较大，即便是经验丰富的观测者，测量结果也不尽相同，因此测量结果存在较大的主观性。同时，在样地调查中，需要大量的人力、物力，耗时较长，效率较低。

围绕森林调查中立木因子测量问题，林业调查设备研发对测树设备进行了不同程度的创新，如电子经纬仪、电子角规、全站仪、测树型超站仪、布鲁莱斯测高器、阿布尼水准仪、PDA、测树枪等。这些新型森林资源调查装备的研发，很大程度上改善了森林资源调查外业工作的效率和质量，但仍存在一些不足，要么体积和重量较大、便携性差，要么操作方法繁琐、不利于缩短外业时间，在一定程度上限制了新设备在森林资源调查领域的推广应用。

(二)摄影测量

摄影测量技术主要是搭载相机传感器，获取物体的空间及物理信息，以其快速获取图片信息，实时、无限期存储的能力成为具有潜力的技术之一。林业也是最早使用航拍照片制作森林和树冠的 3D 模型的领域之一。根据搭载的平台的不同，可分为航空摄影测量和地面摄影测量技术。航空摄影测量技术在林业中的应用始于 20 世纪前期的德国。航空摄影测量灵活性较高、成本相对较低，使其在近些年快速发展，在森林参数提取的应用中也逐渐增多。航空数码相机的发展使得能够轻松获取重叠照片的集合，并且计算能力的提高使得复杂的图像匹配算法得以实现。基于航空摄影测量的调查技术可以获取高分辨率的影像，获取森林树高及其他结构因子，可和 ALS 技术相结合生成冠层高度模型，成本与激光雷达设备相比较低。地面摄影测量为森林资源调查提供了一种便捷、低成本的调查方式。

随着计算机视觉技术的发展，利用运动恢复结构(Structure from Motion，简称 SfM)、视觉里程计(Visual Odometry，简称 VO)、视觉即时定位与构图(Visual Simultaneous Localization and Mapping，简称 V-SLAM)三种视觉定位技术并结合摄影测量技术，可通过数码相机进行拍摄获取具有较高重叠度的图像即可恢复样地内图像的位姿信息，不需要利用 GNSS 信号，通过对给定位姿的图像数据，再利用多视图立体摄影测量(Multi-View Stereo-photogrammetry，简称 MVS)算法即可生成稠密点云，进而提取立木参数。

(三)雷达测量

激光雷达(Light Detection and Ranging，LiDAR)为主动遥感技术，主要通过传感器发出的激光来测量传感器和目标物体之间的距离。激光脉冲可穿透森林冠层，可获取森林结构的水平和垂直信息，是目前森林资源调查监测中一种快速高效的调查方式。激光雷达主要是通过不同的激光扫描仪直接获取立木或者样地的点云数据，进行森林因子的提取，如树高、胸径、生物量等，是一种高精度的提取方式。根据不同的搭载平台，可将激光雷达分为地面激光雷达和空中激光雷达。在地面激光雷达的发展过程中，因其便携性及高效性，又逐渐产生了移动激光雷达的分支。

此外，地面激光雷达设备便携性较差，不易携带，系统的可移植性较低，对操作者的专业知识要求较高。即便移动激光雷达技术便携性较高，但在其移动系统过程中需 GNSS 卫星信号，通过附近基站进行精确定位，而在林下，环境复杂，GNSS 信号较弱或者丢失，导致移动激光雷达技术目前在森林调查监测中尚处于发展阶段。

三、记录装备

传统调查采用纸质卡片进行数据记录，调查结束后再电子化，数据采集器(平板)具备数据获取、存储、导出等功能，从而省去将传统纸质信息信息化处理的工作，大大减少工作并杜绝相关操作错误的出现。现地调查录入数据，故需要进行平板应用程序开发，要求对数据采集的工序进行质量跟踪与检查，提高了调查工作效率。同时，数据采集器还可对样地、样方拍照和定位，拍摄景观照、近景照、全貌照，丰富了调查成果。

运用数据采集器进行调查也存在平板电量不足、易损坏，以及软件系统错误导致的数据无法录入、编辑、导出和存储等问题，故外业调查中应携带一份空白调查卡片。同时，由于预置数据量较大，包括前期样地数据、地形图和遥感影像、技术文档等，数据采集器要求计算速度较快、存储容量大。调查离开样地前，要对调查软件中的样地各项信息进行检查，确保无误后，及时在平板软件中对调查数据进行备份处理，防止数据丢失，结束当天调查任务后，及时上传数据。

第五节　森林变化图斑现地复核系统

一、系统简介

(一)系统介绍

森林变化图斑现地复核软件(Forest Inspection Subcompartment Review Software，简称

FISRS)是运行在Android、鸿蒙OS系统上的调查监测软件，旨在对森林变化图斑进行现地复核，对变化图斑现状进行现地调查和复核，产出复核信息数据。软件数据处理结果符合森林调查监测要求，遵循森林资源调查技术规程，具有数表查询、图层渲染操作、导航定位、导入导出Shape、小班信息录入、区划小班边界、图斑信息查看等功能，为森林图斑现地提供了快捷、简便的数据处理工具。

(二)软件特点

1. 界面友好，易于操作。
2. 算法简单，事件处理速度快。
3. 数据处理过程流程化。
4. 功能人性化。
5. 对硬件要求不高，能够流畅地运行于2015年之后的平板电脑。
6. 兼容性好，完全兼容Android和鸿蒙系统。

(三)软件功能

1. 项目管理。
2. 图层渲染。
3. 小班区划。
4. 图斑属性录入。
5. 数表查询与系统设置。
6. 导航定位。

二、软件安装

(一)运行环境

1. 硬件需求

(1)CPU

最低要求：华为海思麒麟930以上或同等性能的处理器。

建议配置：华为海思麒麟980以上或同等性能的处理器。

(2)RAM

最低要求：2GB内存。

推荐：4GB内存。

(3)硬盘

剩余空间不小于2GB。

(4)显示器

10.1寸及以上显示器，推荐分辨率使用1980×1020或2560×1600，32位色。

(5)其他

平板电脑手写笔或者其他定点设备，平板电脑需自带GNNS定位装置才能独立定位。

2. 操作系统需求

图斑现地复核软件能够在以下操作系统运行，平板电脑的操作系统满足华为 HarmonyOS 2.0 及更新版本的鸿蒙系统或者 Android 5.0 及更新版本的 Android 系统，推荐使用 HarmonyOS 2.x 系列或者 Android 10.0 以上版本。

(二)安装软件

森林变化图斑现地复核软件安装包是后缀名为 apk 的文件格式，请联系软件开发人员提供。软件安装时，直接点击运行安装文件中的“图斑现地复核软件 .apk”文件，根据安装向导提示，一步一步往下安装，安装过程出现“同意”“拒绝”按钮时，请仔细阅读许可文字后，选择“同意”按钮进行下一步操作。

安装软件过程中，软件的安装程序会提示需要一定的运行权限，如获取定位状态、访问存储卡、访问 WIFI 状态等信息。这些信息是系统必须的，请同意系统获取这些权限。特别说明的是，系统不会收集平板硬件状态、用户状态信息，不会上传任何信息。

(三)运行软件

安装完毕后，在屏幕上会有“图斑现地复核软件”的图标，点击此图标进入系统。如果在安装过程中，未同意获取存储卡、GPS 访问权限等，启动过程将会弹出获取权限提示；如果出现获取权限信息提示，请点击“同意”。点击“图斑现地复核软件”进入系统。

三、软件界面

进入系统后，系统运行界面如下图所示。其中左侧为导航定位状态栏，右侧为软件操作界面。软件操作界面含有五个主要菜单，分别是数表查询、图层操作、主菜单、小班操作和属性录入。系统是通过点触对应的按钮来进行操作的。

四、数据预处理

在进行操作前，需要将数据导入系统。现有的平板电脑性能有限，无法快速解析大容量的遥感影像、Shape 文件等，为提高运行速度，需要将 TIF、IMG、Shape 格式数据转换成能快速处理的数据格式。为此，提供了对应的数据导入导出工具进行数据导入操作。数据格式转换有两种方法：一种是用数据转换工具转换；另外一种是通过内嵌在 ESRI ArcGIS 的工具进行转换。下面重点介绍通过内嵌在 ESRI ArcGIS 的工具进行转换。

(一) 内置转换工具

平板电脑数据可以通过内置的数据转换工具转换，转换工具与“图斑现地复核软件.apk”一并分发，将所有数据放在同一个文件夹下，选择转换目录进行转换。需要注意的是，所有的数据应是同一个坐标系统，否则转换后的数据有可能产生偏移。

(二) 其他转换工具

对于林业行业，桌面端往往应用 ArcGIS 进行数据处理。为此，也提供了内嵌在 ArcGIS 的数据转换工具进行转换。操作步骤如下。

1. 安装转换工具

联系开发人员获取平板电脑安装工具，将“平板电脑安装环境”拷贝到 D 盘根目录解压，不改变文件夹名称。双击“Java 运行环境配置.exe”安装运行环境。根据提示安装所有必须的插件。安装完毕后，点击关闭。安装好后，以下操作在 ESRI 公司的 ArcGIS 软件下操作完成。

2. 使用数据转换工具

数据转换工具依赖 ArcGIS 10.2 以上版本的系统，因此桌面端安装 ArcGIS 10.2 以上版本的软件。

3. 在 ArcGIS 找到数据转换工具

安装完毕后，启动 ArcGIS。在工具栏空白区域点击右键，在工具栏中找到“调查数据转换工具”，并选中，显示该工具栏。

4. 数据预处理

先在 ArcGIS 中配置好要外业调查的数据，矢量数据必须先在 ArcGIS 导出成 Shape 格式，所有图层必须要有完全一样的坐标系统。配置好后，进行数据预处理操作。

数据预处理用于检查外调图层是否存在，是否存在对应的字段，图层坐标系是否一致(注意：所有的图层坐标系统必须一致)。在工具栏选中对应的“数据预处理”按钮，进行操作。点击后，将会弹出“外业数据预处理”对话框，数据预处理界面有“图层检查”和“预处理”两个功能。

“图层检查”用于检查所有的图层坐标系统是否一致，外调图层是否存在，林地征占用字段是否存在。“预处理”按钮用于对外调图层进行预处理操作，如添加必须字段等。

5. 平板数据转换

预处理完毕后，点击第二个按钮，进行转换。导出数据选择“当前文档可见图层”，将会导出 ArcGIS 中所有的可见图层，导出前请确保所有的图层坐标系统一致，否则放到平板中将可能不可见。

6. 数据复制

将转换好的数据，拷贝到平板电脑内存卡目录。拷贝前，先安装“图斑现地复核软件”，并运行一次，拷贝目录放在内存卡的 ForestSurvey/Data 文件夹。如果在平板电脑找不到目录，重启平板电脑，或者应用厂商提供的平板电脑数据导入导出工具(如华为手机助手、360 手机助手等)，复制数据时，务必确保数据能够复制完全。

五、系统功能

(一)项目管理

轻轻点触系统左侧的“项目管理”，系统将会弹出项目管理菜单。数据管理包含对整个系统文件的操作，主要功能包括打开项目、保存项目、备份项目、导出小班、导入 Shape、查看操作细则、系统设置等信息。系统数据管理界面如下图所示。

1. 打开项目

轻轻点触“打开项目”，系统将弹出打开项目列表界面，“打开项目”将会选择存储在平板电脑上已有的项目。

点击需要打开的项目，系统将自动打开已有项目。比如，轻轻点击上图中的“宣威市森林督查核实”，将会弹出宣威市的森林核实项目。在打开项目过程中，如果现有项目有变动，系统会提示“是否保存当前项目”。

2. 项目保存

将当前项目保存到平板电脑存储卡。需要注意的是，保存项目只是保存项目的状态，如当前显示位置、图层渲染信息等。

3. 备份与恢复

点击“备份项目”菜单，将会弹出“备份管理”界面，将当前项目备份到平板电脑。

在“备份管理”界面右上角，依次是“备份项目”、“恢复项目”、“删除备份”和“关闭”按钮，可以通过这些按钮操作项目备份。

点击“备份项目”按钮，开始进行项目备份，项目备份将会持续一段时间。

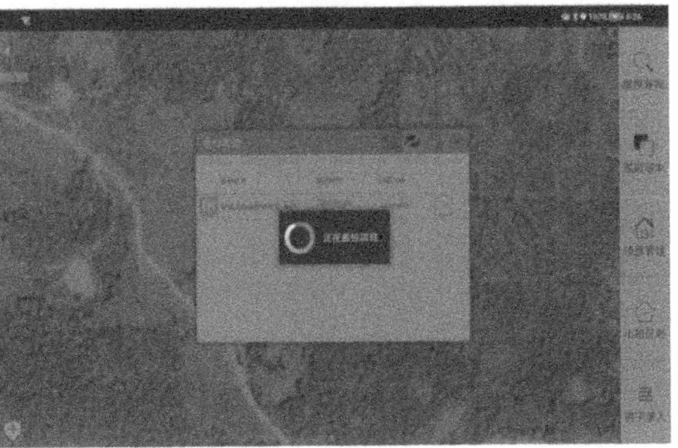

项目备份完成后，备份界面将会显示刚刚备份好的项目。如下图所示。

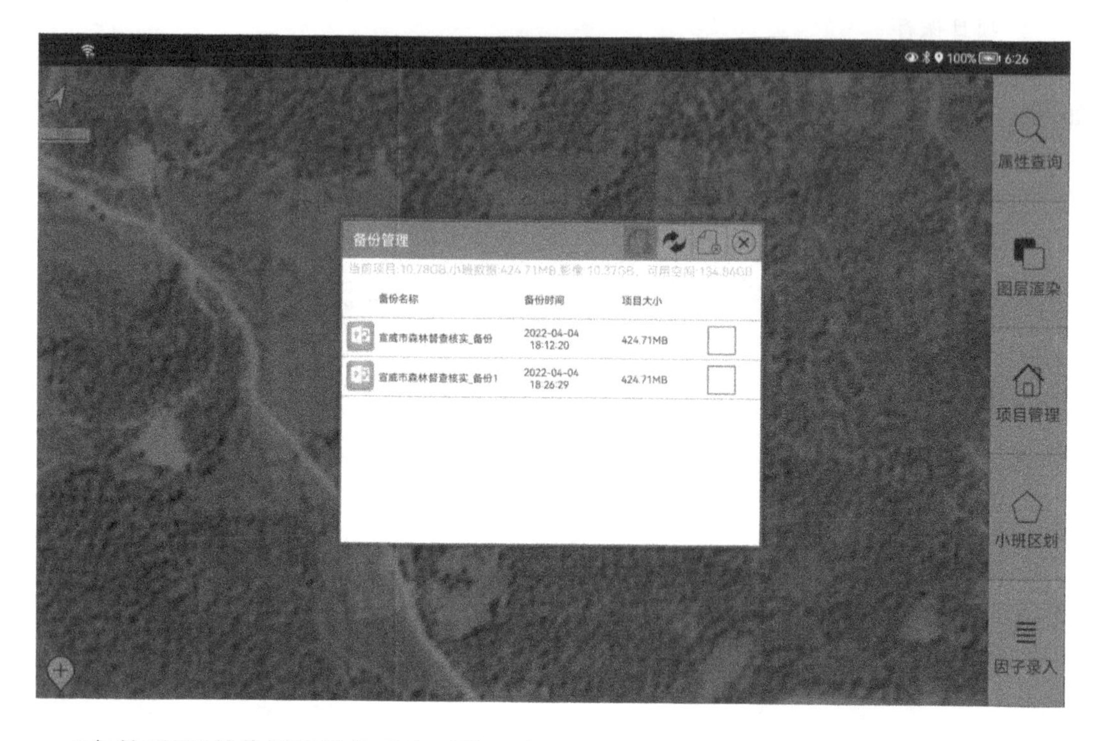

“备份项目”的位置因操作系统而异。对于 Android 系统，项目备份的位置在“存储卡/ForestSurvey/Data”目录下；对于鸿蒙系统，项目备份位置在“存储卡/Android/Data/com. jcc. forestgd/”目录下。

如需要恢复之前备份的项目，点击“恢复项目”按钮。软件进入恢复项目状态，恢复完成后，项目回退到备份时的状态。恢复项目时将会弹出项目恢复提示信息，点击“恢复项目数据”开始恢复项目(注意：恢复项目主要用于项目发生重大操作失误需要恢复时，该操作将会覆盖备份时间点之后的所有更改，操作务必慎重)。

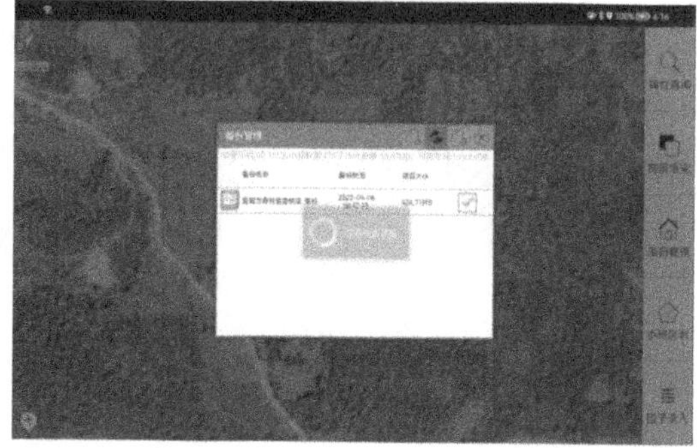

4. 导出小班

导出小班功能将当前调查小班导出到平板电脑存储卡，导出格式为 Shape 文件格式，导出结果存储在项目所在目录下。一般是“存储卡/ForestSurvey/data/某某项目名称/小班导出＊＊＊”文件夹。

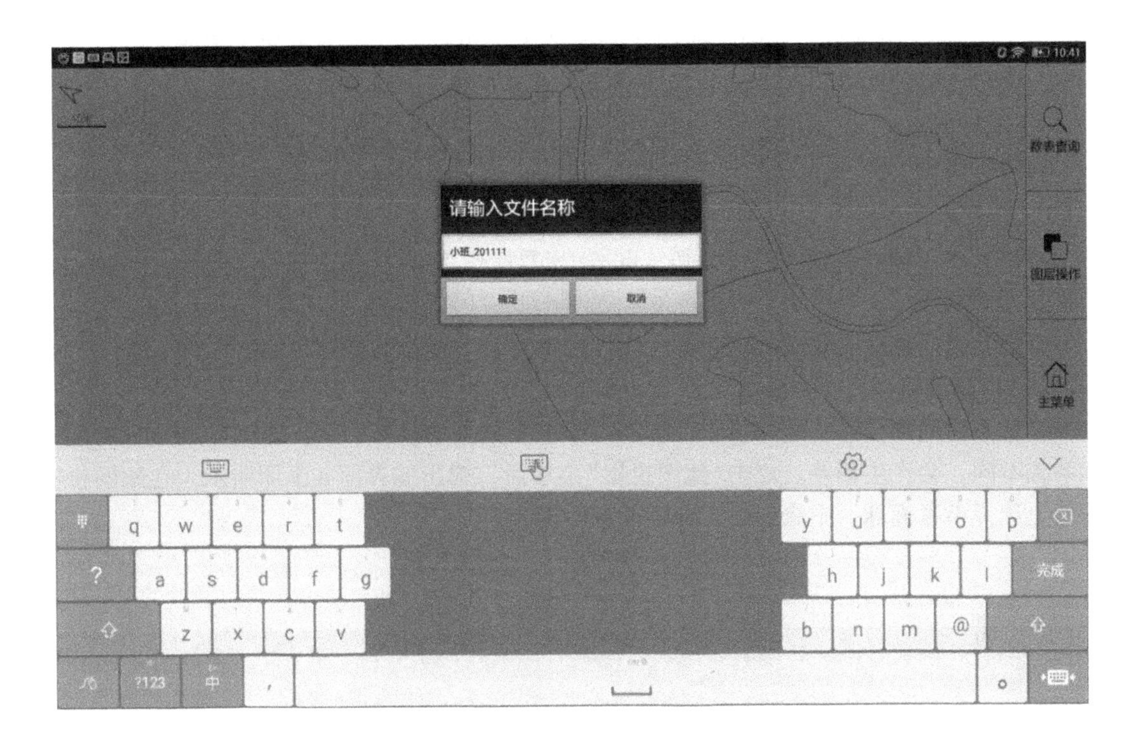

如上图所示的数据导出，导出数据存储在“ForestSurvey/data/小班_ 201111 导出”文件夹下面。

内部存储 ▸ ForestSurvey ▸ data ▸ 宣威市森林督查核实 ▸　　搜索 宣威市森林督查核实

名称 ↑	类型	修改日期
2019影像	文件夹	2022-02-12 21:49:34
2020影像	文件夹	2022-02-12 21:51:33
Google	文件夹	2022-02-12 21:53:27
survey	文件夹	2022-04-04 18:16:29
二调小班图片	文件夹	2022-04-04 18:16:29
小班_202244导出	文件夹	2022-04-04 18:44:15
map.dat	DAT 文件	2022-04-04 18:23:11
map.idx	IDX 文件	2022-04-04 18:16:28
map.ini	配置设置	2022-04-04 18:16:28
map0.bin	BIN 文件	2022-04-04 18:16:29
project.xml	XML 文档	2022-04-04 18:16:29
shp.idx	IDX 文件	2022-04-04 18:16:29
shp.ix2	IX2 文件	2022-04-04 18:16:29

导出的数据格式是 Shape 文件，共有四个子文件，后缀名分别是 .dbf、.shp、.shx、.prj，这四个文件需要同时使用才能保证不会出错。文件列表如上图所示。需要说明的是文件创建时间是平板电脑的系统时间，通过系统设置可以自行更改。

5. 导入 Shape

将平板电脑上的 Shape 文件导入系统，成为系统下的图层。

6. 查看操作细则

系统集成了调查监测的操作细则，点击“查看操作细则”进行查看。

7. 系统设置

系统设置功能包含设置地图投影、GPS 转换参数、系统属性等功能。

(1)投影设置

设置系统地图投影，地图投影设置的投影应和数据的投影一致，否则导航定位时因坐标系统不同，会产生偏差。点击“地图投影”菜单后，弹出的界面如下图所示。在地图投影界面上选择参考椭球、中央经线、分带信息等内容。

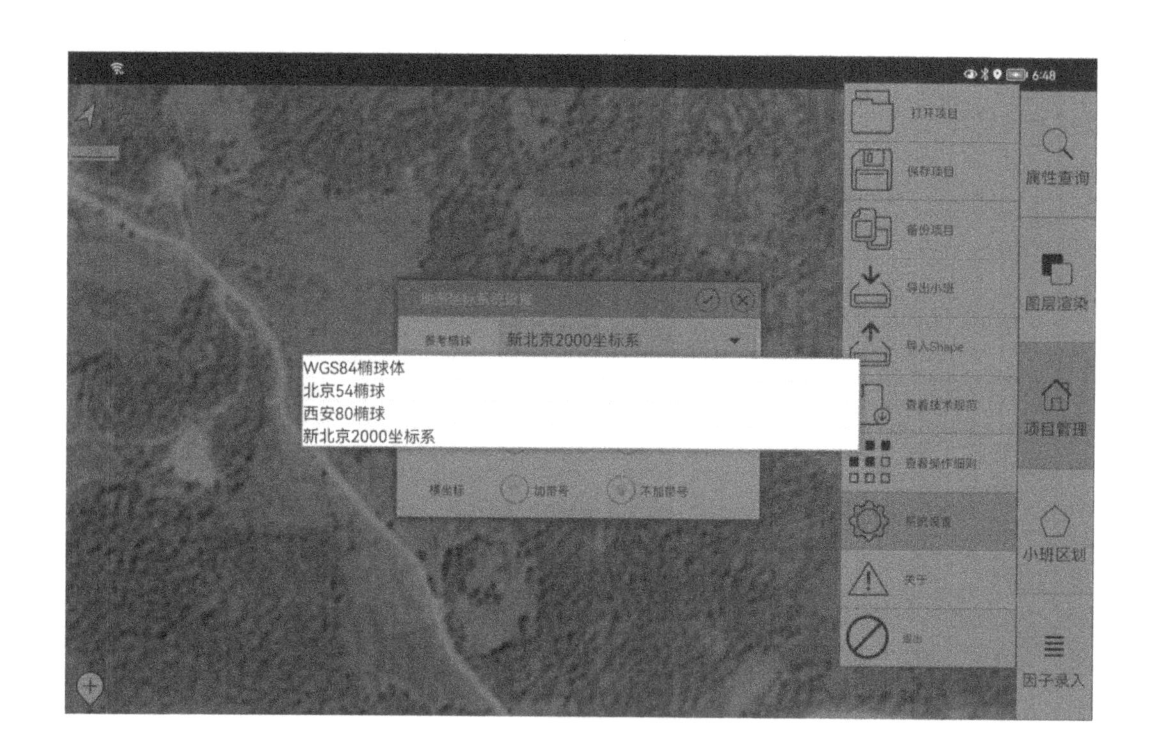

(2)GPS 转换参数设置

点击“GPS 转换参数”菜单后，设置系统的 GPS 转换参数，在不同坐标系统下才需要设置 GPS 转换参数。如数据是 80 坐标、54 坐标的情况下，就需要设置 GPS 转换参数。如果数据已经是 2000 坐标或者 WGS84 坐标，无须设置坐标转换参数。

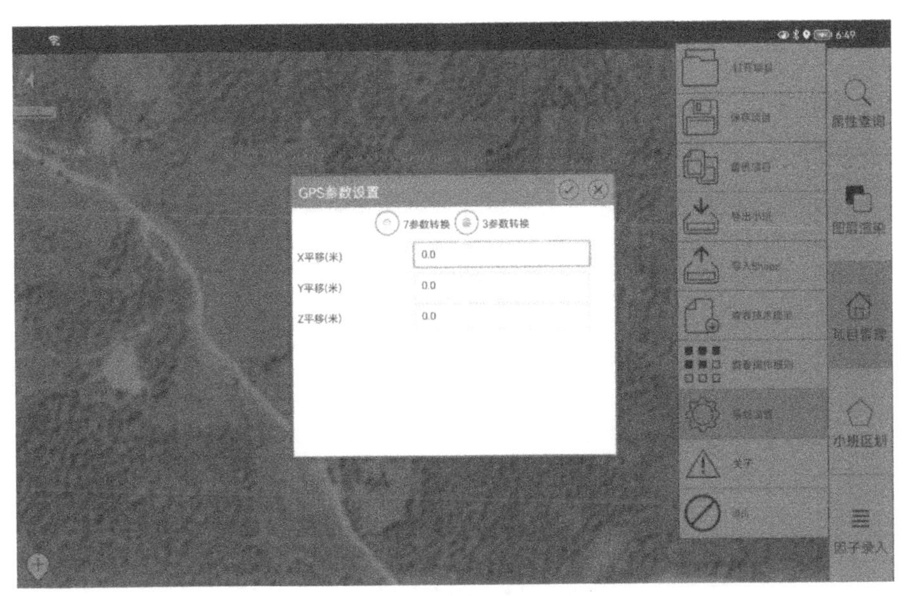

(3)系统属性设置

点击“系统属性”将会弹出系统属性设置界面，系统属性设置界面主要是设置操作的参数，如选择线颜色、小班分割时分割线的颜色等内容，系统属性设置的操作界面如下图所示。

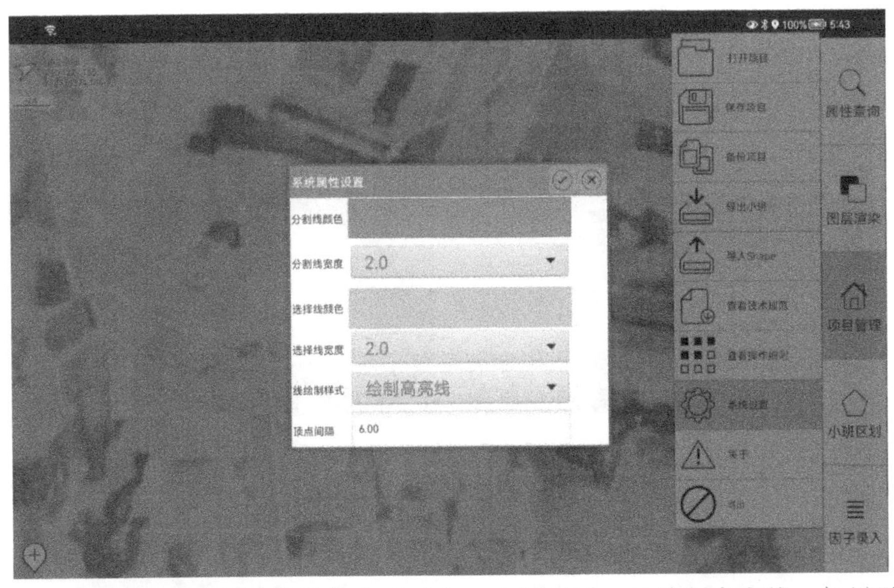

以设置线绘制样式为例，默认状态下选中一个图斑时，只绘制高亮线。如果需要绘制顶点，点击上图中的线绘制样式，在线绘制样式中选择“绘制高亮线”、“顶点”、“点号”或“顶点坐标”。

然后随便选中一个小班，将会绘制小班的顶点。也可以设置选择线的颜色，选择线的颜色默认是蓝色，如果需要设置成其他颜色，可以点击系统属性里面的“选择线颜色”进行重新设置。

(二)图层渲染

图层渲染功能用于操作系统的数据图层，包含影像卷帘、全图显示、渲染、标注、空间量算、拉框缩放、视图变换等功能。图层操作界面如下图所示。

1. 影像卷帘

影像卷帘功能用于在多期影像图层互相覆盖时进行对比显示，便于查看前后两期影像的不同。点击“卷帘”菜单，将会弹出“卷帘”操作界面，在操作界面选择需要对比显示的影像。

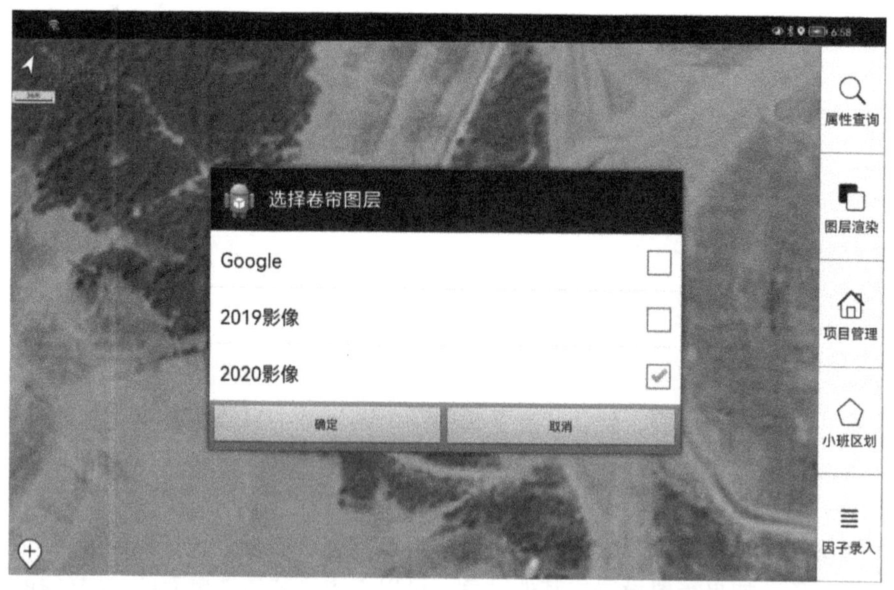

选择影像后，用触控笔或手指在屏幕左右两侧或上下方向轻轻滑动，软件将会进行卷

帘操作。操作实例如下图所示。

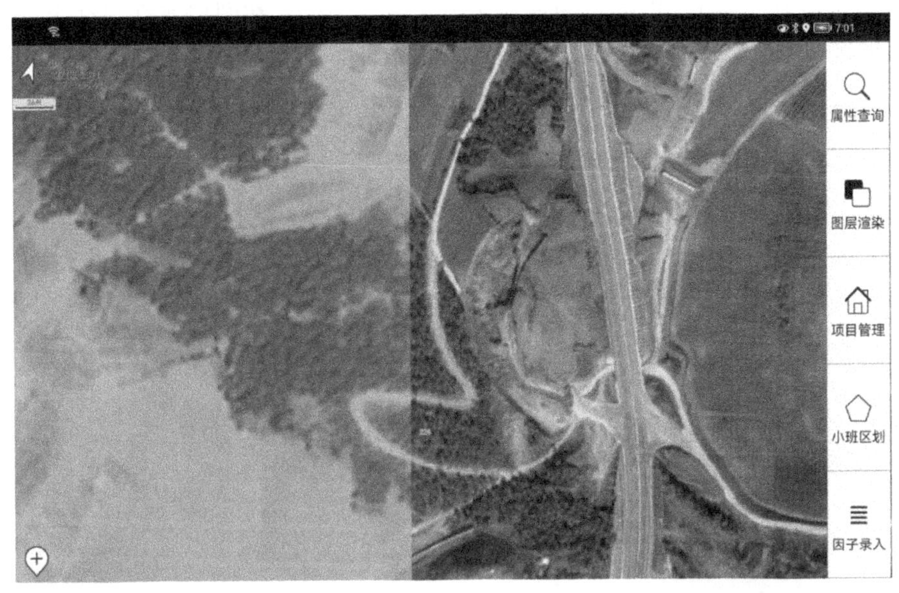

2. 显示比例

当需要设置成指定比例尺（如 1∶5000、1∶10000）显示时，设置影像的显示比例尺。有多个显示比例尺可供选择。

3. 全图显示

设置当前数据全屏幕显示（在数据量较大时，显示速度可能会比较慢）。

4. 渲染控制

项目中有多个图层时，对图层的显示方式进行控制。点击“渲染”将会弹出图层渲染界面。

在图层渲染界面可以关闭或打开图层，设置图层的显示方式(如线宽、填充色、透明度、图层显示比例尺等)。以矢量图层显示方式设置为例，在图层属性界面上，点击“属性”，系统将会弹出“图层渲染”界面。在界面上选择填充颜色、透明度、线宽等内容，然后点击“确定”按钮，完成图层渲染设置。

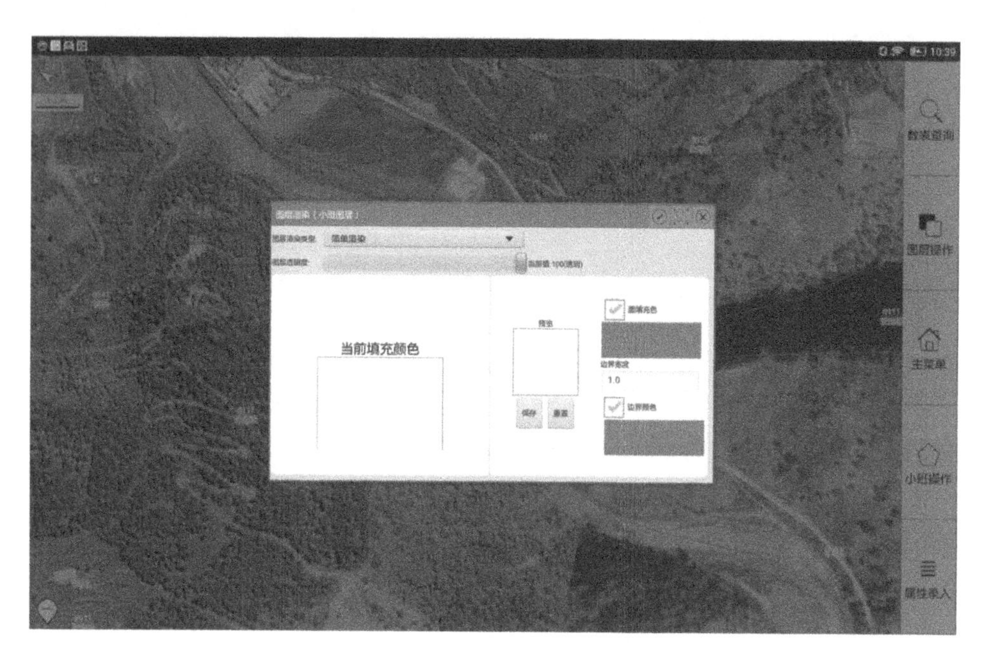

5. 图层标注

图层标注功能用于设置矢量图层的标注字体、标注字号、标注字段等内容。点击菜单上的图层标注，弹出图层标注界面。

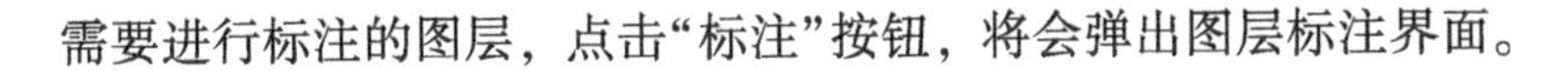

需要进行标注的图层，点击“标注”按钮，将会弹出图层标注界面。

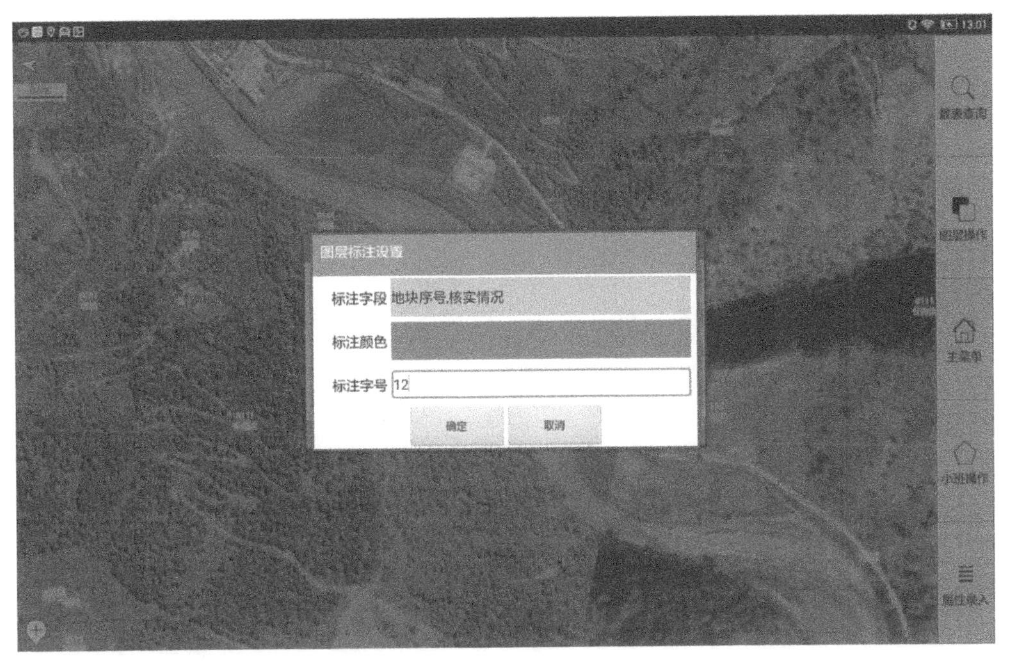

点击界面上的标注字段、标注颜色，可以指定图层的标注方式。以标注字段为例，点击标注字段右边的输入框，弹出标注字段界面。标注字段列出了需要标注的字段列表，最多可以选择两个标注字段信息。

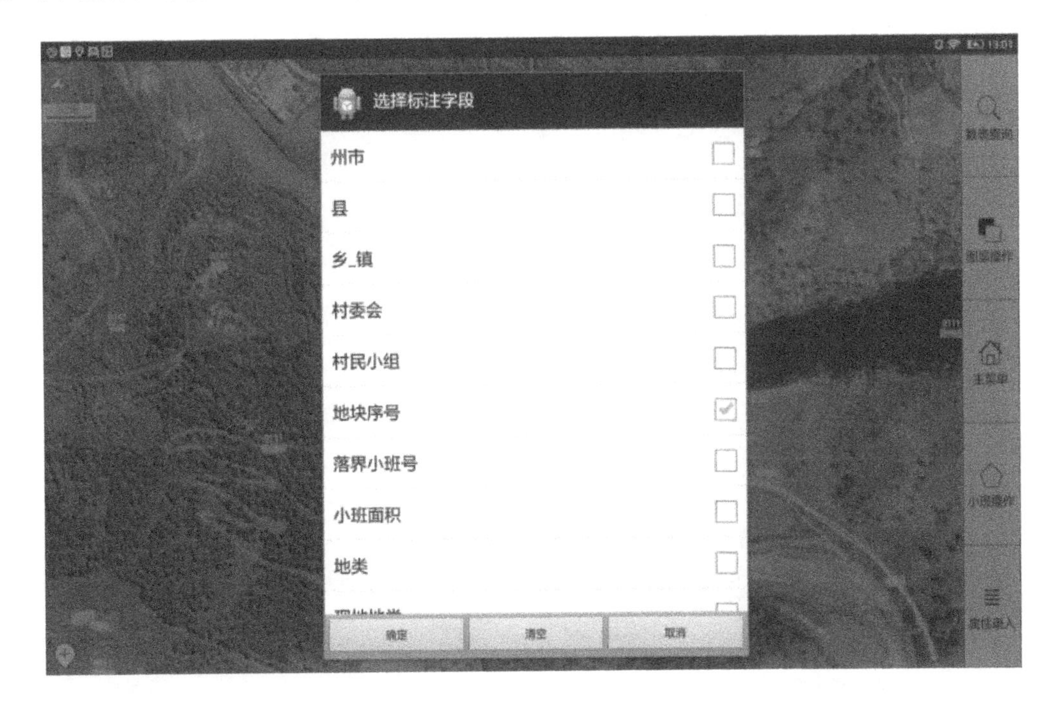

选择标注颜色，可以自定义图层标注字体颜色。具体颜色选择如下图所示。

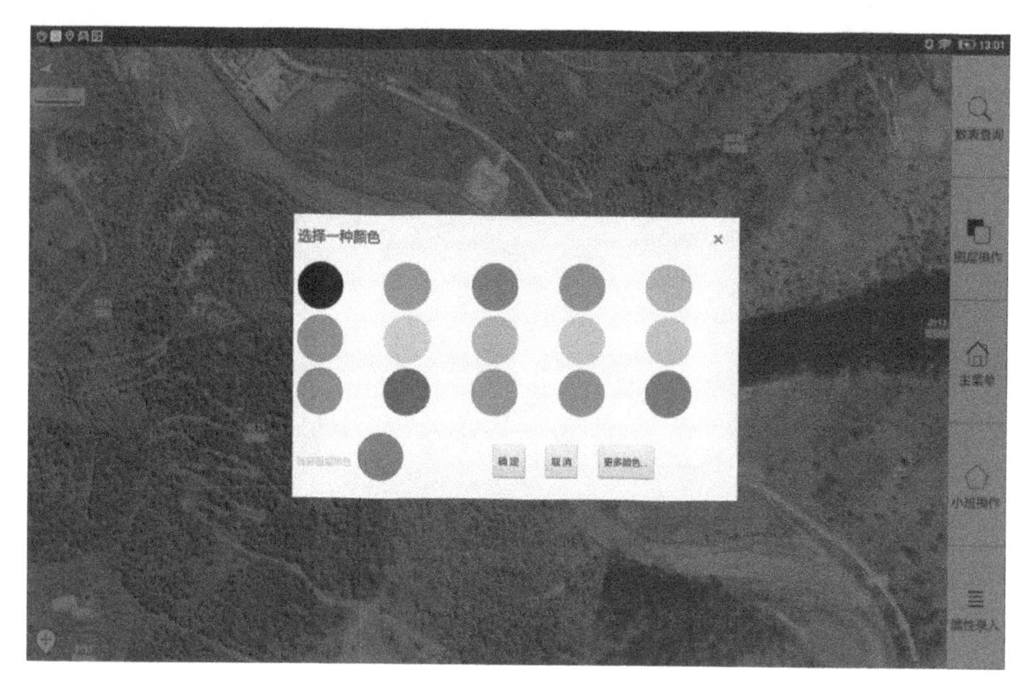

6. 空间量算

空间量算功能用于对距离、面积等进行量算操作。点击空间量算功能后，将会弹出“空间量算”工具栏。在工具栏上，先点击相应的按钮，然后在屏幕上绘制线、面，完成量算操作。

(三)小班区划

小班区划是对小班图形进行勾绘等操作。点击操作菜单，将会弹出小班区划子菜单，小班操作菜单有切割、合并、删除、修边、GPS 绕测 5 个功能。具体选项如下图所示。

1. 切割

切割功能是对已有小班进行分割。在野外调查过程中，可能会发现部分小班区划不到位，需要对已有小班进行切分。具体操作过程是：点击“小班操作/切割”，系统将会弹出图斑切割工具栏，通过小班切割工具栏完成对应小班的切割操作。小班切割过程中，可以撤销、回退等。

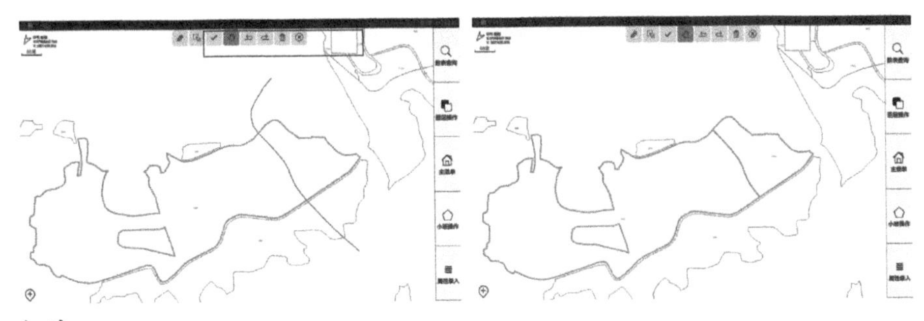

2. 合并

选中两个小班完成小班合并功能。

3. 删除

删除选中的小班。

4. 修边

对区划不到位的小班进行修边。

5. GPS 绕测

现地根据 GPS 绕测图形形成面或线，用于确定图斑面积和范围。

(四)属性录入

在现地复核过程中，需要对森林小班属性重新修改。系统提供了属性录入功能，对小班属性进行重新录入。点击“属性录入”界面，将会弹出属性录入工具栏。选择对应的小班，录入森林更新调查因子。

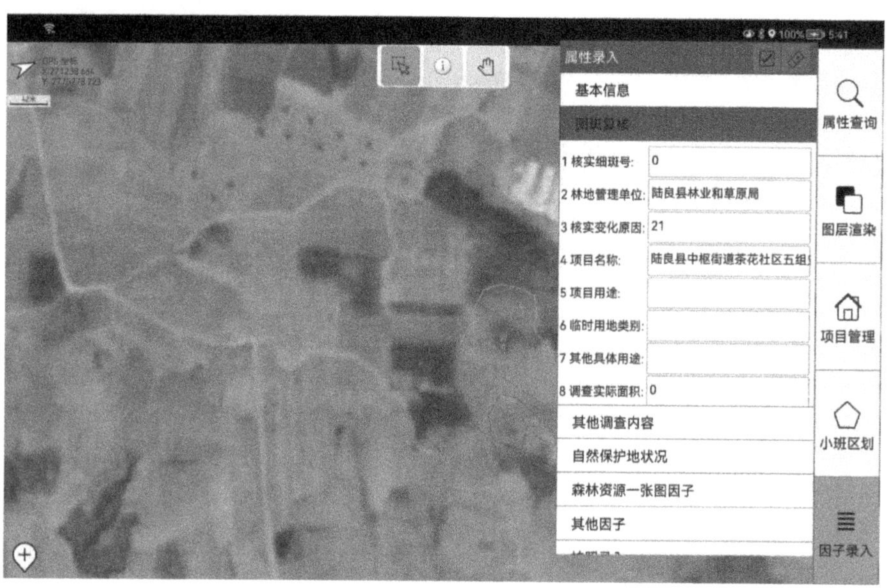

因现地复核图斑有多个属性，属性录入是分类别的，点击对应的类别名称找到属性进行录入。属性录入时按照录入字典进行设置。如实际采伐蓄积录入，选择对应的小班，点击“其他调查内容”进行录入。可以点击向前、向后录入属性。

(五)数表查询

数表查询功能用于按属性搜索指定的图层。点击“数表查询”菜单，完成数表查询功能。具体操作如下。

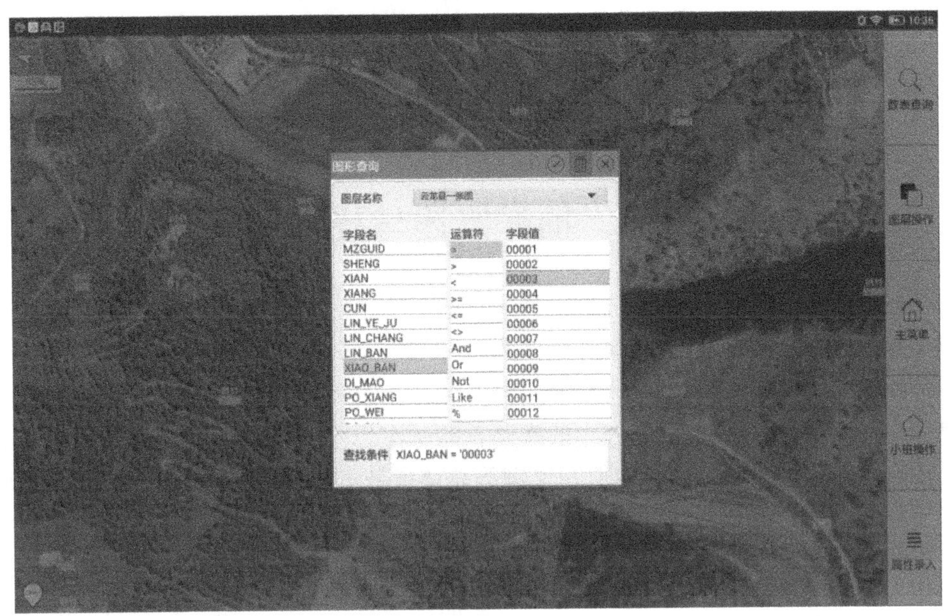

点击右上角的确定按钮，完成图形搜索操作。

六、注意事项

从电脑复制数据到平板时，尽量通过华为手机助手、360 手机助手等软件进行复制，通过 windows 文件复制粘贴的方法，容易导致数据中断。项目备份时因不同的系统而异，备份文件存放在不同的文件夹。对于 Android 系统，项目备份的位置在“存储卡/ForestSurvey/Data”目录下；对于鸿蒙系统，项目备份位置在“存储卡/Android/Data/com. jcc. forestgd/”目录下。外业核查过程中应经常备份项目，并及时将备份项目导出到 PC 端，防止因平板电脑损坏等造成数据丢失。

第三章　抽样技术

第一节　抽样概述与技术发展

统计学是通过搜索、整理、分析、描述数据等手段，以达到推断所测对象的本质，甚至预测对象未来的一门综合性科学。统计调查可以分为全面调查和非全面调查。全面调查对总体的每个单元都进行调查，非全面调查仅对部分单元进行调查，非全面调查又可以分为典型调查、目的调查和抽样调查。抽样调查的基本思想就是通过非全面的调查资料(样本信息)构建调查总体的总量、均值和比例等总体参数和精度指标的估计。抽样调查经过100多年的发展，已经成为一门成熟的统计学分支学科。1895年，在第五次国际统计学会上，挪威统计学家卡尔(A. N. Kiaer)的报告《对代表性调查的研究和经验》中提出“用代表性样本方法代替全面调查”的建议，被认为是抽样调查历史的开端；1925年，在第16次国际统计学会上“抽样方法应用研究会”从理论和实践上充分肯定了抽样方法的科学性，随后被广泛运用于社会、经济、资源和环境等各领域。

抽样理论中有基于设计推断和基于模型推断2个主要的推断学派，其中，基于设计的抽样推理方法包括了概率抽样和非概率抽样。概率抽样又可以分为等概率抽样和不等概率抽样。最基本的抽样方法有简单随机抽样、系统抽样、分层抽样、整群抽样和多阶抽样5种方法。在调查实践中，具体执行的抽样方法又是由5种基本抽样方法相互组合，并配合对应的抽样估计方法，形成高效的抽样设计。非概率抽样依赖主观经验，不能计算精度和信度，没有比较客观的评价标准。主要的抽样方法有经验抽样、便利抽样、自愿抽样、滚雪球抽样和配额抽样等。

抽样调查方法和技术是获取森林资源信息的关键技术。等概率抽样作为经典的调查抽样方法，已经得到广泛的运用。不等概率抽样、空间抽样调查和稀疏总体分布抽样等方法运用于森林资源储量调查更具有针对性。普适性为基础和针对性为补充进行抽样技术的优化整合，形成系统化的调查监测抽样技术体系，是森林生态系统动态监测管理的发展趋势。

一、应用现状

抽样、调查和估计是抽样调查的3个主要步骤。而抽样技术就是组织调查样本和由样本估计总体特征的技术，是森林资源调查监测的关键技术。经典的抽样方法包括简单随机抽样、系统抽样和分层抽样。简单随机抽样是经典抽样中最基本、最简单的抽样方法。根据总体情况和调查规定的精度要求计算样本量，然后从总体中随机抽取样本，依据样本的调查信息对总体进行统计推断。系统抽样也称机械抽样，是抽样调查中最常用的方法，具有较好的代表性，用于监测格网抽样。分层抽样将总体分成若干相互独立的副总体，分层是应做到层内方差小、层间方差大，从而提高抽样效率。但分层抽样的层数和各层的总体数量不合理可能会导致分层提高的抽样效率被完全抵消。

美国、加拿大、德国和瑞士等林业发达国家区域尺度森林资源调查监测采用的抽样方法包括分层抽样、三阶抽样、分层双重抽样、双重分层抽样等，具有各自的优缺点，但抽样技术均呈现年度化和综合化发展趋势。角规测树是抽样技术在我国森林资源调查中的最早应用，随后开展了大量的森林资源分层抽样、多阶抽样、双重回归抽样等研究和实验，为建立国家森林资源调查监测体系奠定了基础。森林资源连续清查以系统抽样布设样地；森林资源规划设计调查采用抽样控制总体法，抽样方法包括分层抽样、群团抽样和角规线抽样等；作业设计调查主要采用实测法。

我国是全球建立国家森林资源清查体系较早的国家之一。经过多年的发展，不仅清查方法和技术手段与国际接轨，而且组织管理和系统运行也规范高效。2021 年，国家林业和草原局组织开展了林草生态综合监测评价工作，基于国家森林资源连续清查体系，每年调查 1/5 地面样地，遥感判读核实和模型更新 4/5 样地，然后按"1/5+4/5"联合估计方法进行统计汇总得到全国各省森林资源数据。林草生态综合监测评价整合监测资源，实现了单项监测向综合监测转变，创新技术方法，形成了国家和地方一体化监测模式，拓展了监测评价内容，但抽样设计仍有优化和创新空间。

二、影响因素

随机分布、均匀分布、聚集分布和镶嵌分布是森林资源空间分布格局的四种类型。一般情况下，森林资源较少出现随机分布。因为在较大区域尺度上，土壤、海坡、坡度、坡向、光照和水源等生境因子极小概率出现均匀一致的情况。生境因子的异质性使森林资源一般呈现非随机的空间分布状态，仅在森林演替的初始阶段可能出现随机分布模式。均匀分布指森林均匀地分布于水平空间中，由于环境资源的限制和林分竞争等因素，森林资源一般也不会呈现均匀分布。在较小区域的特定时期，灌木化的乔木树种和大面积的人工造林幼林时期，可能呈现一定程度的均匀分布。聚集分布的主要特征是森林资源空间分布呈群团状的密集分布，天然林分或次生林分多数呈现聚集分布。

空间自相关概念提出以来，被广泛用于社会科学、生态环境、林业等领域，主要包括全局空间自相关性 Moran's I、增量空间自相关性分析、局部空间自相关性分析等方法。主要的代表学者包括克利夫(Cliff)、谷德切尔(Goodchild)、安瑟琳(Anselin)、菲袭尔(Fisher)和汉宁(Haining)等。在森林资源的调查监测中，可以根据调查的样地资料或者小班矢量资料对储量进行空间自相关分析，描述森林资源的分布格局信息。Gilbert 和 Lowell 利用 Moran's I 指数分析了不同类型的森林群落内存在的空间自相关性，结果表明，在高蓄积量的森林群落中存在较强的空间正自相关性。毛学刚利用遥感，计算了全局 Moran's I 指数，对大兴安岭地区 3 个时期的森林生物量进行了异质性和空间自相关性分析，表明森林生物量存在空间自相关性。

森林资源连续清查体系抽样技术和估计方法的前提假设是抽样单元间是相互独立的。

但随着人们对地理空间事物空间自相关性和空间变异性的深入研究发现，生境因子的异质性使森林资源储量一般呈现非随机的空间分布状态，这就导致传统的等概率抽样和估计方法在实际应用中存在一定的局限性。在相同的抽样精度要求下，考虑抽样单元空间变异性的空间抽样方法所需要的样本容量明显少于传统抽样方法。不同的森林储量时空分布格局就应采用与之相适应的抽样设计，才能提高抽样方案的针对性、科学性和可行性。

三、抽样效率

抽样效率是精度与费用的综合。影响森林资源储量抽样效率的因素包括区域储量总体变动幅度、样本单元数、抽样方式、样本组织形式和样本单元的形状和大小。储量调查总体的标准差较大，那么样本统计量的估计值方差也会偏大，导致抽样误差的增大。样本单元数也影响着抽样精度。如果抽取样本量少，对储量总体估计量的代表性就差，抽样精度就低。抽样方式也影响着抽样效率，样本单元的组织形式也会对储量调查总体的代表性产生影响，针对某一区域相同的抽样单元数量，放回抽样的估计误差大于不放回抽样的估计误差。当抽样方式和样本单元都一致的情况下，样本单元的面积和形状等也会对抽样效率造成不同程度的影响，如相同测量周界，圆形样地的面积大于正方形，正方形大于长方形，从而包含的森林储量信息存在差异。同时，由于样本单元调查引起的误差传导到区域尺度储量估计将产生更大的不确定性和误差的传导。

美国国家森林资源清查与我国相近，美国森林资源清查始于 1931 年，1977 年建立国家森林资源清查与分析(FIA)统计系统。1998 年，美国决定将森林清查与分析(FIA)和森林健康监测(FHM)合并为森林清查与监测(FIM)。并把按州依次调查 5~10 年的间隔，改为每年调查东部州 15%样地和西部州 10%样地，研究设计了航空相片和卫星图像样地，与地面调查样地相结合的三相抽样方法，但年度出数对美国森林清查与监测(FIM)也是难题。目前，美国森林资源调查方法以州为调查总体，五年为一个调查周期，每年调查全州样地总数的五分之一，最后综合五年的调查数据，运用基于后分层系统抽样估计调查因子的总体参数，在州与县两个调查水平论证了降低年度调查抽样误差的可行性，讨论了运用基于遥感辅助数据的估计方法探索解决估计精度问题。基于抽样技术的敏感性分析，优化抽样设计如样本组织、抽样方法、辅助信息等，将有助于森林资源储量调查效率的提高。

四、体系优化

等概率抽样每个样本单元的地位都相等，方法简单且容易设计，如简单随机抽样和系统抽样在传统的森林资源调查领域被广泛地运用。简单随机抽样得到的样本单元较为分散，不利于实际森林资源调查工作的开展，且精度依赖于样本单元的数量。相较于随机抽样，系统抽样的样本组织操作简便，且能降低人为干扰对随机抽样的影响。当系统抽样的样本单元间储量标准差较大，即使按照系统抽样的方法组织样本，估计结果也更接近简单随机抽样，要保证抽样调查结果的精度就需要增加样本单元。当前，运用森林资源连续清查样地调查数据估计区域尺度森林资源储量是国际最多采取的途径。而森林资源连续清查固定样地设置主要以系统抽样为主，提高森林储量年度监测效率，科学的抽样设计就显得尤为的重要。

与随机抽样相比，分层抽样往往具有显著的潜在统计效果。分层抽样效果一定程度上取决于先验信息的准确性，关键在于根据属性特征的类型划分，同一层内样本单元间的方差应尽可能小，不同层间样本单元的方差应该尽可能大。当总体储量标准差较大，分总体间标准差较小的情况下，运用分层抽样的估计精度大于简单随机抽样的估计精度，如森林资源规划设计调查中往往采用分层抽样调查森林蓄积量。整群抽样将调查总体划分为互不相交的群体，然后全面调查。通过增加相邻样本的调查单元数量提高精度、节省时间，有助于抽样效率的提高，在一些群团分布的森林资源调查中具有广泛的运用。

曾伟生和夏锐采用系统抽样和随机抽样方式各抽取5套样本，分别利用联合估计方法和双重回归方法，统计产出了第一个年度的森林蓄积量估计值及其精度结果表明，按系统抽样抽取的样本，其代表性要好于按随机抽样抽取的样本。进行系统抽样时是按样地蓄积量从大到小排序后，等间隔抽取样地，从1组到5组的样本均值分别为1.4801万m^3、1.4679万m^3、1.4593万m^3、1.4491万m^3和1.4454万m^3，呈依次下降趋势；1/5样本的估计总体相对误差分别为1.35%、0.52%、-0.07%、-0.77%和-1.02%，由正向误差转为负向误差，且具有一定的对称性。此方法具有一定的分层抽样特征，不是以样地号或者空间排列等非特征值进行等间隔取样，而是以估计的特征值进行细微差异的分层，这也从侧面反映了不等概率抽样潜在的估计效果。

等概率抽样在满足规定的精度与可靠性前提下确定的样本单元数仍较多且分散，增加了储量调查的难度，受调查成本和时间等客观条件的限制，每年组织大规模的调查工作存在一定局限性。不等概率抽样适用于抽样单元在总体中的地位不一致或者调查的总体单元与抽样总体的单元不一致等情况，由每个单元的辅助信息来确定样本单元的入样概率。尤其当森林资源储量总体差异较大时，必然导致等概率抽样的精度较差，这时就需要牺牲“简单”来提高效率。

五、监测需求

（一）有效提高抽样效率

与等概率抽样相比，不等概率抽样编制抽样框的过程要更加复杂，优点是能提高估计精度，降低抽样误差。森林资源调查中的PPES抽样和PPP抽样就是不等概率抽样理论的实际运用。20世纪70年代，林业开始运用不等概率进行抽样设计。角规测树是森林资源调查不等概率抽样的典型运用实例，计算计数木的胸高断面积，根据形高法计算森林蓄积量，角规点抽样与一般的矩形样地相比简单易行且抽样效率较高。不同的样本组织形式和不等概率抽样结合形成了不同的抽样设计方案。如整群抽样中的群团样本往往大小不一，规定不同大小群团的入样概率，利用不等概率进行抽样可以在较少抽样单元的情况下，保证抽样估计的精度。

从20世纪90年代适应性抽样设计的提出，样本组织形式、估计方法和实际运用等均得到了改进和完善。由于传统抽样方法没有考虑资源储量不同群团间对总体估计的贡献不一致，采用系统抽样等传统方法可能导致抽样效率和估计量精度的降低。不等概率抽样在抽样框的设计和入样概率确定比等概率抽样复杂，但能有效提高调查效率。对稀疏分布总体采用适应性抽样设计依赖样本单元间的关联程度能有效减少抽样单元数量，提高抽样效率。对聚集分布总体采用传统的群团抽样可能导致估计偏差。

(二)关键技术和方法

分层和不确定性估计是空间抽样的两项关键技术。Ripley's K(d)分析、聚集指数分析、最近邻体分析和空间自相关性分析是目前主要的空间格局分析方法。最近邻体分析依次选取和测量每个基础单元与其最近基础单元之间的距离，然后计算区域内全部基础单元的最近邻体距离平均值，再与随机分布的期望平均值进行比较。聚集指数是采用与相邻样本单元间的距离进行指数计算和分析，描述生物量的空间分布集聚状态。Ripley's K(d)可以针对不同尺度的生物量分布格局进行精确分析。空间自相关性分析样本单元间的空间自相关性，能够有效减少样本冗余，降低调查成本。

在空间抽样中，通常将地理区域上分布的研究对象分到不同的地理区域里，称为地理分层。地理分层是提高空间抽样效率的一种重要方法，如何根据先验信息进行空间分层就尤为的关键。当前的分层方案主要包括直接采用已有的分区数据对样本划分，如行政区划、生态分区和土地利用类型等，或者采用一定的分类依据变量进行分层。依据不同的先验信息和参考数据，采用不同的分层策略估计效果是不一样的。抽样调查的最终目的是产出总体估计和总体估计的不确定。总体估计的不确定性来源于调查对象的真实随机场性质、样本的空间布置方式、样本的空间密度和统计方法，还来源于每个样本的代表性、不确定性、单点尺度和重要性等。

第二节　调查抽样方法

抽样是以概率论和数理统计为基础，根据非全面的调查资料来推断(估计)全面的情况，即按照一定的程序，从全体调查对象(总体)中抽取一部分(样本)单元进行实际调查，并依据所获得的资料，对总体的特征值做出有一定可靠程度的估计和判断，以达到认识总体的目的。在实际生产和生活中，一个项目具体的抽样方案大多是由几种基本抽样方法组合而成的。1925 年，在罗马举行的第 16 次国际统计学会上，“抽样方法应用研究会”从理论和实践上充分肯定了抽样方法的科学性。1940 年以后，被世界各国普遍采用，广泛应用于社会调查、经济调查、人口及自然资源与环境调查等领域。抽样调查被认为是非全面调查方法中用来推算总体的最完善、最有科学依据的统计调查方法。与全面调查相比，抽样调查具有成本低、速度快、精度高、有概率保证、灵活性强、适应范围广的特点。

一、基本抽样方法

(一)随机抽样

简单随机抽样又称单纯随机抽样，应用非常广泛，日常生活中采用的“抓阄”和“摇号”等都是简单随机抽样方式。简单随机抽样是随机等概率从含有 N 个单元的总体中抽取 n 个元素组成样本的最基本抽样方法，适用于空间样本点分布均匀、变化平衡的区域，成本低、灵活性好，但样本变异系数通常较大。采用简单随机抽样，首先要将总体中全部单元进行编码，然后按随机抽样方法抽取若干个单元，由抽中的单元组成样本。常用的抽取方法有以下几种。

1. 抽签法

抽签法是一种传统方法。首先对总体单元进行编号，然后用一般抽签法从中抽取 n 个单元，被抽中的单元即为样本单元。这种方法简便易行，但当调查总体较大时，编号抽签的可行性就会降低，通常不采用此方法。

2. 计算机模拟法

计算机模拟法用于已编号的总体单元，按计算机产生的随机数字，确定相应的样本单元。计算机模拟产生的随机数字有正态分布和均匀分布等，需要根据调查监测的需求进行有区分的运用。

3. 随机数表法

随机数表法是调查和检查等实际生产中经常运用到的一种简便而广泛的方法。随机数字表是由 0，1，2，…，9，这 10 个数字组成的。每个数字出现的概率都等于 1/10，并且表上数字组成的各种多位数也都有相同的出现概率。

4. 滚球法

滚球法经常用于如福利彩票和体育彩票等博彩活动中。在一个容器中装有 10 个小球，球上标有 0，1，2，…，9，共 10 个数字，圆球容器每摇滚一次，滚出一个带某一数字的球，这样与摇出小球数字相应的总体单元号即作为样本单元。

（二）系统抽样

系统抽样又称机械抽样或等距抽样。将总体单元按一定顺序排列，然后按一套规则抽取样本单元。其最大优点在于样本组织简便，外业易于实施。在设计抽样方案和抽取样本时，只要具备所调查总体的基本资料，如总体单元的编号、坐标或其他标志值等便可以构造抽样框，在抽样框中按预先规定的间隔距离抽取样本单元。森林连续清查、社会经济调查以及产品质量检验等方面广泛采用系统抽样方法代替简单随机抽样。系统抽样能保证样本单元较均匀地分布在总体内，从而提高了样本对总体的代表性，有利于提高抽样效率，取得良好的抽样估计效果。

系统抽样应用于野外调查的优越性更加明显，长期以来被世界上许多国家所采用，如挪威、芬兰、瑞典等国家的森林资源清查都采用了等距抽样方法。我国森林资源连续清查体系也采用了公里格网交叉点为样地点位的等距抽样。但系统抽样也存在着抽样误差不能合理估计和周期性影响两方面的缺陷，尤其周期性影响可能导致较大偏差，使抽样失效。

1. 无关标志排队

系统抽样的等距抽取样本是不考虑总体单元的标志值与调查总体的特征指标间是否存在联系的总体抽样框。也就是说，总体 N 的排序完全是随机的。如森林资源调查中蓄积量调查，按照样地号排名抽样或样地坐标抽样，称无关标志排队的等距抽样，可视为一种简单随机抽样。

2. 有关标志排队

在有些情况下，编制抽样框采用有关标志排队的方法，即排队的标志与总体的调查指标有着一定的关系。如森林蓄积量调查中，采用样地的蓄积量指标进行排队构造抽样框，再进行等距抽样会比按公里格网或样地号排队抽样效果好得多，对于抽样方案设计、提高抽样估计效果很有益处。

(三)分层抽样

分层抽样指将总体单元分成若干相互独立的层(或类型)，然后在各层中进行简单随机抽样或者系统抽样等，各层加权估算总的值，又称分类抽样。总体分层后，每一个层就成为一个独立的抽样总体，所以层又可称副总体。在森林资源调查中，常利用历史调查资料或者遥感影像进行分层，按照总体单元调查标志值或与这个标志值有关的影响因素把总体单元分类，分层的结果应使同一层内单元值保持差异不大，这就要掌握某些影响抽样结果的主要因素，如年龄、树种、树高、密度、立地质量等。分层因素越多，层划分亦越多，抽样误差就越小，但相应的工作量和调查费用也会增加。常用的确定各层样本数的方法有：

1. 定比分层

即各层样本数与该层总体数的比值相等。例如，样本大小 $n=100$，总体 $N=1000$，则 $n/N=0.1$ 即为样本比例，每层均按这个比例确定该层样本数。

2. 奈曼法

即各层应抽样本数与该层总体数及其标准差的积成正比。

3. 非比例分配法

当某个层次包含的个案数在总体中所占比例太小时，为使该层的特征在样本中得到足够的反映，可人为地适当增加该层样本数在总体样本中的比例，但这样做会增加推论的复杂性。

(四)整群抽样

整群抽样又称成群抽样或群团抽样，是将总体单元分成若干个初级单元，按某种方式抽取次级单元，然后对抽中的次级单元内所有样本单元进行全部调查。整群抽样对总体划分次级单元要求群与群之间不能有重叠，也不能遗漏。分层抽样的目的是缩小总体，达到减小层内变动系数。而整群抽样划分次级单元的目的是扩大总体“单元”，抽取的单元不是一个单元，而是总体内“群单元”，对抽中的这些群中的全部样本进行调查，具有节省人力、物力和时间，在经费增加不多的条件下，提高总体估计效果，设计和组织抽样比较方便等优点。总体单元分布越不均匀，用整群抽样就越有利。由于这种抽样组织形式可以节省调查费用和时间，故可以适当地增加样本单元数，以达到降低抽样误差的目的。根据群内所含单元数的不同，整群抽样可分为以下几种类型。

1. 等群抽样

等群抽样是指总体单元划分成若干群后，各群含的单元数相同。这种组织样本的方法和分析计算都很方便。它主要适用于总体单元已知，可以人为划分为等单元群的情况，尤其是在地理区域性调查中运用较广，可以提高整群抽样的估计效率。

2. 不等群抽样

在实际调查中，多利用自然或行政区划单位为群的抽样，群内样本单元数量一般都不相等。如森林资源调查，以林班为单元抽取，各林班内所含小班数量也不相同。这种不等群的抽样，组织样本的方法比等群的方便，但估计方法比等群抽样复杂。

3. 与群内单元数成比例的抽样

这种组织样本的方法是先将总体划分若干次级单元，抽取样本群之后，不是全部调查这些群内的单元，而是按一定比例从样群中抽取单元数，即群内单元数多的就多抽取，少的就少抽取。实质上这是一种不等概率抽样，在国民经济调查中广泛应用，是一种高效率的抽样方法。

(五) 多阶抽样

多阶抽样是将总体单元分成若干个初级单元，初级单元分成若干个次级单元，直到能直接实施最后一级单元调查，广泛用于总体单元可按区域划分的情景，有利于抽样调查的组织与实施，有利于降低调查成本，提高估计效率，也有利于满足各阶对调查资料的需求。如在面积辽阔、森林树种分布相同的林区，由于交通不便，采用多阶抽样能克服随机或系统抽样带来的许多困难。

1. 二阶抽样

二阶抽样是将总体划分为若干部分，称一阶单元，而每个一阶单元又都包括许多单元，称二阶单元。二阶抽样是从总体中抽取若干个一阶单元，再从抽中的各一阶单元中抽取若干个二阶单元，进行调查观测和抽样估计总体特征数，二阶抽样又称两阶段抽样或两级抽样。二阶抽样有类似于分层抽样和整群抽样的面，但二阶抽样又明显地不同于分层抽样，后者是从每个层中进行简单随机抽样，而二阶抽样只是抽取部分一阶单元，从抽中的一阶单元内再进行随机抽样。整群抽样是从总体次级单元中进行随机抽样，对抽中的群内所有单元进行全面实测调查。

2. 多阶抽样

三阶以上的抽样称多阶抽样。多阶抽样各阶段单元中所含有的次一阶单元数，可以相同，也可以不同。而各阶样本单元的抽取方法，可以采用随机等概率的，也可以是不等概率的；可以用简单随机抽样，也可以用系统抽样或 PPS(Probability Proportionate to size，按规模大小成比例的概率)抽样。如我国 1984 年曾用多阶抽样调查全国农作物产量，全国以省为总体，省下属的县为第一阶单元，县内的乡为第二阶单元，乡里的村为第三阶单元，村里的各地块为第四阶单元，地块中的各样方为第五阶单元。对抽中样方的产量进行实际调查，用以估计总体。

二、空间抽样理论及方法

(一) 地统计学原理

空间抽样以地统计学为理论基础，地统计学也称为地质统计学。因首先在地学领域如采矿学和地质学中应用而得名地统计学，是在法国著名统计学家马特龙(G. Matheron)的大量研究工作基础上形成的一个新统计学分支。20 世纪 40—50 年代，南非的矿山工程师克立格(D. G. Krige)和思尔(H. S. Sichel)提出了用样品的空间位置和相关程度来估计块段品位及储量。G. Matheron 在 D. G. Krige 和 H. S. Sichel 的基础上开展了大量理论和实践研究，于 1962 年提出了区域化变量概念，并出版了《应用地统计学导论》一书，将地统计学定义为"以随机函数的形式体系在勘查与估计自然现象中的应用"，到 1970 年又重新定义为"以区域化变量理论在评估矿床上的应用(包括采用的各种方法和技术)"。

70 年代以后，地统计学被应用于土壤学和水资源研究。1993 年，在美国第 78 届生态学年会上，美国生态学会以"地统计学与生态学"为主题，阐明地统计学在生态学理论和实践研究中的潜力和前景。生态系统是由生物群落及其生存环境共同组成的动态平衡系统，具有高度的空间和时间异质性。地统计学与经典统计学的主要区别包括四方面，一是地统计学研究的变量不是经典统计学的纯随机变量，而是区域化变量，是随机变量与位置相关的随机函数。既有随机性，也有结构性；二是经典统计学的研究变量理论上可以无限次地重复实验，而地统计学研究的变量则不能进行这样的重复实验，即区域化变量取值仅有一次；三是经典统计学的抽样必须是相互独立的，而地统计学中的区域化变量具有某种程度的空间相关性；四是经典统计学以频率分布图为基础研究样本的各种数字特征，地统计学更主要的是研究区域化变量的空间分布特征。空间抽样技术与经典抽样技术的不同之处在于考虑研究对象的空间自相关性，在自然资源调查监测领域具有广阔的应用前景。

(二)样本布局方法

样本优化布局的目的是合理选择并分配样本点，充分挖掘先验信息，使所含信息量最大，实际中先验信息的给出形式是多种多样的。按样本选择的逻辑顺序可以分为三类。

1. 基于前向抽样的样本布局

前向抽样是指逐渐增加样本点最终形成所需最优样本的抽样方式。这类抽样是最常见也是应用最广泛的抽样方法。基于前向抽样的最优样本布局主要是在未抽样点中探寻具有最大信息含量的样本点位置，每增加一个样本点均能使由已知样本点推断出的总体表面精度有显著性的提高。当增加的样点不能使精度提高显著或已达到所需的精度要求时，抽样即停止。

2. 基于后向抽样的样本布局

后向抽样是指在已有的样本中逐渐消除信息含量较低的冗余样本点以形成最终样本的抽样方式。

3. 基于双向抽样的样本布局

前向抽样与后向抽样均是单向抽样方式。即抽样过程中是单纯地添加信息量最大的样本点或单纯地消除最冗余的样本点。如果在抽样中，抽样起始时有部分样点已知，且在抽样过程中样点的添加或删除均存在，样本点的添加或删除主要是根据各样点对形成的总体表面精度的贡献大小决定，即为双向抽样的样本布局。

(三)样本抽取方法

组合样本点的选择问题比较复杂，在计算机学科里通常被称为完全 N-P 难题，没有能针对大规模样本达到完全最优的行之有效的解决办法。目前，常见的解决办法是启发式

(序贯选择)或演化算法(模拟退火、遗传算法)等。

1. 随机选择法

随机选择法是指从所有未抽样点随机选取样点的方式，每次随机抽样后，将抽取后的样点与前面已抽样的样点组成样本。若由样本估算的总体精度达到要求或新增加的样点不能显著提升总体精度，则抽样停止。所有已抽取样点的集合即为最优样本。这类方法没有考虑抽样总体的空间结构规律，效率最低，可以用于量化评价其他样点选择方法的效率。

2. 枚举法

枚举法是最直接、简单的一类最优样本点选择的抽取方法。它是将基于抽样总体的样本点集所有可能的样本全部列举出来，然后从其中选取在某一优化准则下最优的样本。由于它将所有可能的组合全部进行了比对并从中进行选优，因此是全局最优的。枚举法适用于抽样总体规模较小的情况，在实际中应用范围较窄。

3. 序贯法

序贯法又称为贪婪法，是利用前面已抽取的样点得到每个未抽样点的权重，选取权重最大的点，如此重复，直到由所有已选样点得到的总体精度达到给定水平或新样点不能显著提升总体的精度。序贯法最终选择的样本及其分布对起始样本很敏感，不同的起始样本所形成的最终样本会截然不同。这类方法实现比较容易，时间复杂度不高。但由于样点是单向增加的，不能回溯，容易陷入局部最优。

4. 模拟退火法

模拟退火法应用过程先随机选择一个样本，随机扰动后生成新样本，对比扰动前后的两个样本，如果扰动后的样本比扰动前的样本更优，则用扰动后的样本替代扰动前的样本。否则，以一定概率使扰动后的样本替代之前的样本，如此重复多次。如果连续拒绝的次数达到一定数量，则算法终止，最后一次扰动前的样本即为最优布局样本。这类方法在空间样本最优化布局中具有重要的作用。

5. 空间均衡法

空间均衡法涉及对样本空间的改造，将样本空间从二维平面映射到一维空间上，并且给每个样本一个空间地址坐标。通过阶层随机化方法，将地址随机排序。通过空间均衡布样方法构造一维样本空间，并且给每个样本在一维空间中一个对应的编码，通过这个编码可以将样本重新定位到二维表面上。

6. 适应性抽样

索普森(Thompson)指出适应性抽样首先将抽样空间网格化，然后根据概率框架选择一定数量的样本，把这一步得到的样本记为初始样本。如果初始样本第 i 个样本格网中的目标数量超过预先设定的值，则以此样本 i 为中心，对其周围的格网采样，以此类推。最后计算的时候，只计算初始的样本和满足条件的扩展样本。所有达到要求的样本单元构成了一个网络，从网络中的任何一点都可以到其他的达到要求的点。对具有聚类特征的总体，抽样临近单元具有较高的同一性可能，因此周围单元的信息较少，在抽样时，被抽取抽样单元周围的样本都不会被抽到。

三、其他抽样方法

（一）成数抽样

总体中具有某种特点的单元数与总体单元数之比值，被称为具有某种特点单元的总体成数，成数又被称为频率或百分比。成数抽样调查各类土地面积的基本原理是以抽样理论为基础，结合地面抽样进行面积估计的方法。适合于总体面积较大、面积估计精度要求不高的情况，具有速度快、成本低、误差可以控制等优点。主要缺点是不能获得各地类面积的空间分布图，不能落实到山头地块。我国以省为总体的森林资源连续清查体系，森林覆盖率的估计就是应用成数点抽样估计法调查的。按照样本单元的不同形状和估计过程又可分为以下几种抽样调查方法。

1. 样点成数法

以样点作为单元，从总体中随机地抽取样点，以估计总体内各类面积成数的方法被称为成数点法，又称样点法。由于点在理论上没有面积概念，实际中往往会出现样点落入某地类中小片空地上，如样点恰恰落在森林中的林中空地上，其处理方法通常是由外延 1 亩的植被覆盖决定。一般采用公里网交点为样点或根据计算的样点间距在总体范围内布设。

2. 影像判读成数法

用遥感影像进行成数点抽样，根据遥感影像判读确定地类成数及面积，由于节省外业调查费用，可以抽取较多的样点，是一种较为理想的方法。为修正样点判读错误，可以通过地面样点检验，修改判读成数及面积，不仅能获得各地类面积，同时还可得到各地类分布的图，为森林资源落地上图管理提供依据。

3. 截距成数抽样法

截距抽样是在用截距法测定图面面积的基础上发展起来的，即在总体内随机地抽取 n 条线段，观测每条线段上不同地类所占长度，用地类所占长度与线段全长之比，来估计该地类的成数，从而估计总体各地类面积。此类方法适用于地类分布零散、插花的总体，但对于地势起伏大、通视条件不良的地区不宜采用。

4. 面积成数抽样法

以面积为单元估计总体成数，其抽样效率较其他几种方法高。在总体地类单纯且成大面积连片情况下，用面积相等的样地较合适。在总体内地类复杂、变动较大、零星分布的情况下，用较大面积样地调查各地类成数或产量较为有利。用面积作单元估计成数的方法有两种，优势地类法按照样地内各地类的面积占比，根据优势地类确定该样地点的地类归属，样本单元的观测值取值 1 或 0。当采用地类优势法估计地类成数时，其总体成数估计与样点法相同。另一种是分别测定样地内不同地类的面积，就是说样本单元的观测值是用连续变量表示属于某地类的面积值。这种方法称为面积成数抽样估计。

（二）点抽样和 3P 抽样

点抽样是由沃特·比特利奇（Walter Bitterlich）于 1948 年提出，属于不等概率抽样。角规测树法打破了长期以来用固定面积标准地每木检尺测定林分断面积的传统，引起了森林调查工作中许多理论与实践的变革，可用于大面积的森林资源规划设计调查和小面积的小班调查。在点抽样基础上，美国格鲁森堡 1963 年提出 3P 抽样，即“抽样概率与预估数量大小成比例的抽样”。3P 抽样是在比例概率抽样的基础上提出的一种抽样调查方法。在森林调查中点抽样和 3P 抽样一起结合起来应用。

点抽样的理论是严谨的，对总体参数估计是无偏的。点抽样不仅可以测定林分每公顷胸高断面积、蓄积量、株数、平均胸径、平均高等林分调查因子。20 世纪 90 年代后，点抽样技术还应用于森林资源动态监测、森林生物量调查与评价等新领域。角规测树技术虽然简单、易行，但操作技术必须熟练、规范化才能获得高精度的结果。

（三）线截抽样

线截抽样是稀疏总体的调查方法，是一种有放回不等概率抽样方法。设某区域内一条线，则与该线相交的所有目标入样，每棵树的概率取决于入样线长度 L 和树的有效长度 l，线截抽样类型包括直线型、L 型、Y 型等。稀疏总体调查包括生物多样性的调查、病虫害发生分布调查、林下非木质资源调查、森林中的倒木和珍贵濒危树种分布的调查等。

（四）两相抽样

两相抽样也称双重抽样。对总体进行一次以上的抽样，第一次抽中的样本单元是调查一些可通过较小的工作量快速获得的辅助信息，然后在获得辅助信息的基础上，再开展一个样本量较小的调查，获取总体信息。主要目的是用一个比较理想的辅助因子，在不增加费用的条件下，提高估计精度。在设计和实施某些抽样方案时，一个变量的估计值常常利用另一个与其有相关关系的变量获得。当主要变量的费用高或难以获得时，另一个变量即相关变量更容易获得，或者费用较低。采用双重抽样才是有利的。

在森林资源调查监测中常用的有双重分层抽样、双重比估计、双重回归估计和双重点抽样。我国森林资源连续清查实质上是双重回归估计，即初查样本为第一重样本，各样本单元的观测值为辅助因子，复查样本为第二重样本，各样本单元的观测值为主要因子，用初查和复查同一固定样地的观测值组成成对数值，以配制回归方程估计总体。对于较复杂的总体可以从第二重样本中再抽取第三重、第四重样本，这就形成多重抽样。

第三节　抽样调查复杂性及可靠性

一、复杂系统特征

抽样技术优化应该考虑复杂系统退化失效和突发失效对森林资源储量抽样调查可靠性影响。如森林资源连续清查固定样地因为人为干扰和特殊保护等不确定性使得样地的代表性逐次下降，导致调查抽样系统退化失效；森林资源规划设计调查控制样地与山脊平行，导致抽样设计突发失效等假设，进行抽样设计的可靠性评估。辅助调查资料，运用空中抽样的方法，采用多阶不等概率抽样布设样地，估算森林资源储量，以满足不同区域尺度和空间分布特点的森林资源储量估测的实际需要。

二、不确定性及处理

（一）非抽样误差

抽样调查中的误差包括抽样误差和非抽样误差。抽样误差是由于抽样的随机性所引起的样本统计量的数值与总体目标变量真值之间的差异，在概率抽样的条件下可以计量并加以控制，前提假定是调查样本的数据准确获取。实际生产中，除了抽样误差以外，还存在大量的非抽样误差。非抽样误差的不确定性导致了调查抽样的不确定性，往往造成了估计量的有偏。可以分为以下三类。

1. 抽样框误差

抽样框误差是由不完善的抽样框引起的误差。抽样调查中有一个完善的抽样框当然最好，但在实践中，出于种种原因，特别是资料方面的原因，构造出完善的抽样框并不容易。不完善抽样框的主要问题是总体中单元数不准确，利用样本统计量对总体参数进行估计就可能产生估计偏差。这种误差并不是来自抽样的随机性，而是产生于不完善的抽样框，所以抽样框误差是一种非抽样误差。

抽样总体的具体表现是抽样框。理想抽样框的标志是目标总体和抽样总体完全重合，也就是说目标总体单元和抽样总体单元呈完全对应的关系。否则，抽样框就是不完善的，这意味着有可能出现抽样框误差。有些抽样框误差来自构成抽样框资料本身，抽样框中的问题有些容易被发现，因此对于年度性的森林资源调查监测来说，抽样框的维护和修正是十分必要的。对不完善的抽样框进行修补、调整主要取决于抽样框的误差程度、修改后所提高的估计效率、为此所付出的时间和费用，抽样框误差在有些场合下会被解释为其他类型的非抽样误差。

2. 无回答误差

由于各种原因未从调查样本单元获得调查结果，造成调查数据缺失，由于数据缺失造成估计量的偏误称为无回答误差，是一种重要的非抽样误差，对调查数据的质量有重要影响。从内容上看，可以分为单元无回答和项目无回答，单元无回答指被调查单元没有参与或拒绝接受调查，如森林资源连续清查中的放弃样地。项目无回答指被调查单元虽然接受调查，但对其中的一些调查项目没有回答，如森林资源连续清查中的目测样地和特殊对待样地。与单元无回答相比，项目无回答或多或少提供了一些信息。

有意无回答如特殊对待样地对数据质量的影响很大，样本单元间存在系统差异，这种无回答不仅减少了有效样本量，造成估计量方差增大，而且会带来估计偏差。无意无回答如由于不可抗力导致的放弃样地可以看成是随机的，这种无回答虽然会造成估计量方差大，但通常被认为不会带来估计偏差。根据调查中所得到的辅助变量信息，将样本单元进行事后分层，然后在各层中使用随机插补法调整无回答样本，会有更好的调整效果。

3. 计量误差

计量误差指由于各种原因，调查数据与其真值之间不一致造成的误差，所以计量误差涵盖的内容非常广泛。计量误差的主要成因来自以下几个方面：设计不周引起的误差（由设计方面的原因造成计量失真，如森林资源调查中指标设计）、被调查者误差（被调查提供失真的数据，如森林资源调查中枯立木假死的现象）、调查者误差（由现场调查人员造成的误差，如森林资源调查中胸径测量误差）和其他误差（如森林资源调查装备导致的计量误差）。

（二）离群值处理

离群值是调查数据集里的极端值，是指和其他数据明显不一致的观测值。对离群值的检查是一项重要的步骤，对其进行检测和处理的方法与技术是衡量一个调查机构数据处理水平的重要标准。调查异常值可以分为极端观测值和影响较大的观测值。如果一个观测值和抽样权数的组合对估计有较大的影响，我们说该观测值有较大影响，一个极端值不一定是有较大影响的观测值，但如果有较大影响的观测值是极端值即离群值，问题就显得十分严重。

离群值可分为单变量离群值和多变量离群值。如果一个离群值对应一个变量，该观测值就是一个单变量离群值。如果一个离群值对应两个或多个变量，该观测值则是一个多变量离群值。例如，调查样木云南松树高是30m，这种情况可能不多见，不妨认为这是一个单变量离群值。如果云南松样木树高是30m，但胸径只有5cm，这种情况更罕见，这就是一个多变量离群值的例子。在每项调查中都会有离群值，一些看起来值得怀疑的东西也许是真实的。

对于在调查过程中发现的离群值，可以用几种方法来处理。如果在调查进行中发现离群值，就要及时处理，例如重返现场，严重的整个工组返工，对错误加以更正。如果在调查完毕后的内业检查中发现离群值，重返现场核实已不可能，通常将离群值剔除，然后使用插补法调整。有些情况下，如果离群值不影响整体估计，也可以对离群值不做任何处理。这样数据处理者的主观判断就非常重要，因为忽略或纠正离群值对数据的质量有较大的影响。

对在检查时没有进行处理的离群值可以在估计的时候处理。忽略未处理的离群值会影响估计的效果，使估计结果产生偏差，并导致估计量的方差增大。处理的目的就是要在不引入较大偏差的前提下，减少离群值对估计量抽样误差的影响。估计时处理离群值的方法包括改变数值、调整权重、进行稳健估计。如果离群值的出现是由某些变量的极值导致的，应该用改变数值或进行稳健估计的方法处理。如果离群值的权重很大，即离群值影响较大的，则应该考虑修改其权重，并采用一种客观的估计方法来减轻它的影响。

三、可靠性评估

（一）退化失效可靠性评估

针对复杂系统具有的失效渐进性和不可逆等特点，如固定样地因为人为干扰和特殊保护等不确定性使得样地的代表性渐进性下降，导致调查抽样系统退化失效。可以选择Gamma分布建立退化失效的可靠性评估模型，可表示随使用时间增加而单调下降的变化特性，比其他随机过程更能满足运行过程中关于复杂系统运行退化失效的假设。在实际使用中，针对历史调查数据，应预先检验是否符合 Gamma 过程假设。假设 t 时刻复杂系统的性能退化量为 $d_{(t)}$，失效阈值为 l，即当 $D_{(t)} \geqslant l$ 时，复杂系统发生退化失效。假设复杂系统的初始性能退化记为 D_0，则表示到 t 时刻复杂系统累积的退化量。由于退化量单调上升，对于任意的 t_i 和 t_j，如果 $t_j>t_i$，则必有 $w(t_j)-w(t_i)>0$。假设退化量服从 $Ga(a, b)$，其密度函数为：

$$f_w(\xi;\ a,\ b)=\frac{b^2}{\Gamma(a)}\xi^{a-1}e^{-b\xi}$$

式中：a 和 b 分别为形状参数和尺度参数。

抽样调查退化失效的可靠性为：

$$R_d(t)=P\{T>t\}\Rightarrow P\{w(t)<\varepsilon\}$$

式中：ε 为复杂系统的失效阈值。抽样系统退化失效的可靠度为：

$$R_d(t)=\int_0^{\varepsilon} f_w(\zeta)=\int_0^{\varepsilon}\frac{b^2}{\Gamma(a)}\xi^{a-1}e^{-b\xi}d\xi$$

（二）突发失效可靠性评估

抽样调查中抽样设计不合理，可能导致估计值与真值相差较大，从而造成调查结果不可靠。Weibull 分布是森林经营管理领域广泛使用的一种模型，可以通过对其参数的不同取值，近似接近其他分布形式，具有良好的适应性，可以采用 Weibull 分布建立针对突发失效的调查抽样可靠性评估模型。针对复杂系统突发失效的假设，可体现突发失效自身的机理及由退化失效到一定程度后引发的突发失效表现形式，反映了退化失效对监测变化规律的影响，因此在一定程度上可以描述出抽样调查退化失效和突发失效之间的相互关系。

假设抽样调查突发失效的时间变化规律符合 Weibull 分布，其概率密度函数表达式为：

$$f(t;\ \alpha,\ \beta)=\frac{\beta}{\alpha}\times\left(\frac{t}{\alpha}\right)^{\beta-1}\times e^{-\left(\frac{t}{\alpha}\right)^{\beta}},\ t>0$$

式中：$\alpha>0$，$\beta>0$ 分别为尺度参数和形状参数。

形状参数一般反映退化失效对突发失效的影响，可以通过退化量 w 进行描述。在形状参数已知的情况下，系统突发失效的可靠性评估可以转化为对尺度参数 α 的计算。假设尺度参数具有共轭 Gamma 先验分布，即

$$\pi(\alpha \mid c,\ d)=\begin{cases}\dfrac{d^c}{\Gamma(c)}a^{c-1}e^{-d\alpha},\ \alpha>0\\ 0,\ \alpha\leqslant 0\end{cases}$$

式中：c 和 d 是尺度参数的共轭先验的超参数。通过采集尺度参数的先验均值和方差，得到超参数 c 和 d 的取值，进一步可计算出尺度参数的后验均值和方差，实现突发失效的可靠性评估。

针对更加普遍的情况，通过数据学习可确定突发失效关于退化量的条件概率，用来分析退化失效对突发失效的影响。考虑到退化量的特征分布是时间函数，上述过程可以简化。通过基于退化量突发失效的条件概率和突发失效概率分布的联合分布函数计算可靠

度，相关求解方法可用蒙特卡洛仿真实现。突发失效可靠度为：

$$R_s = 1 - \int_0^t \frac{\beta}{\alpha} \times \left(\frac{t}{\alpha}\right)^{\beta-1} e^{-\left(\frac{t}{\alpha}\right)^{\beta}} \times dt$$

(三)基于贝叶斯模型平均的可靠性评估

贝叶斯模型平均是一个结合多个统计模型进行联合推断和预测的统计后处理方法。令 $f=(f_1, f_2)$ 表示复杂系统运行可靠性的评估模型，f_1 表示退化失效可靠性评估模型，用 Gamma 过程描述，f_2 表示突发失效可靠性评估模型，用 Weibull 分布描述。传统的贝叶斯平均模型是针对多个正态分布模型进行平均的，两个可靠性评估模型分布形式不一致，考虑 Weibull 分布本身具有很大的适应性，假设运行可靠性符合 Weibull 分布。系统运行可靠性评估的表达式为：

$$\rho[R \mid (M_1, M_2, R^T,)] = \sum_{j=1}^{2} \rho_j \rho_j(R \mid M_j, R^T)$$

式中：M_j 表示需经平均的各个不同可靠性评估模型，$\rho_j(R \mid (f_j, R^T))$ 是与单个失效模式相联系的概率密度失效函数，表示在已知系统运行可靠性 R 的情况下，失效模式 $j(=1, 2)$ 的概率密度函数，以表明失效模式 j 影响系统运行可靠性的可能性；ρ_j 表示失效模式 j 为最佳失效模式的后验概率，非负且满足 $\sum_{j=1}^{2} \rho_j = 1$，反映每种失效模式对系统运行可靠性的贡献程度。

经贝叶斯模型平均后，后验的期望和方差为：

$$E(R \mid D) = \sum_{j=1}^{2} \rho_j M_j$$

$$Var(R \mid D) = \sum_{j=1}^{2} \rho_j (M_j - \sum_{j=1}^{2} \rho_j M_j)^2 + \sum_{j=1}^{2} \rho_j \sigma_j^2$$

第四节　空间分层抽样优化实例

一、森林资源清查体系

森林资源清查是运用数理统计理论、以抽样技术为手段而开展的固定样地重复与对比调查，属于森林资源清查体系中级别最高的宏观森林资源监测调查。其主要目的是掌握森林资源的动态变化，评价一定时期内自然条件、人为活动对森林资源的影响结果。森林资源清查是四川森林资源调查监测体系的延续，也是国家森林资源清查体系的重要组成部分。四川省森林资源清查体系始建于 1979 年，以全省为总体，采用系统抽样，按 4km×4km 和 8km×8km 两种间距系统布点，总体范围面积为 5660.79 万 hm^2(包括重庆)，共布设 23588 块样地作为地面调查样地。在此后，分别于 1988 年、1992 年、1997 年、2002 年、2007 年、2012 年和 2017 年相继连续进行了清查，对清查体系逐步进行了优化和完善。

前 3 次清查都是采用总体划分副总体、实测与改算的办法进行连续清查工作，即全省为一个总体，划分3个副总体，第一副总体实测、第二和第三副总体资源改算，样地间距调整为4km×8km，统一设置样地17731块。样地2/3为固定、1/3为临时。样地形状正方形，边长31.62m、面积0.1 hm^2。固定样木区布设于样地西南角，面积200m^2，边长为西边20m、南边10m。2002年第6次清查时，四川省实现了固定样地调查全覆盖、样木调查的全固定，即以全省组织一个总体，面积为4837.44万hm^2(由于行政区划调整，原重庆市连同万县、涪陵两市和黔江地区从四川划出组建成立重庆直辖市，四川森林资源清查体系总体发生变化)，采用系统抽样理论按统一的4km×8km和8km×8km两种点间距相间排列布点，共布设10098个地面实测固定样地。每个固定样地为边长25.82m、面积0.0667hm^2的正方形样地，样地内实测调查每株样木树种名称、大小、位置等特征，即样地内的每株样木全部固定。

二、数据处理与方法

(一)分布检验与数据变换

1. 正态分布检验

空间自相关分析要求属性数据是正态分布的，否则可能会产生比例效应。采用样地蓄积量、生物量和碳储量密度数据进行柯尔莫洛夫-斯米洛夫(Kolmogorov-Smirnova)检验和夏皮罗-威尔克(Shapiro-Wilk)检验。若$P<0.05$，表示数据不服从正态分布；$P>0.05$，表示数据服从正态分布。

2. 数据正态变换

数据的转换处理一般有幂函数转换(power transformation，或称“箱式定向转换”box-cox transformation)、对数转换(log transformation)、反正弦转换(arcsine transformation)、正态转换(normal score transformation)等。对于不符合正态分布的数据，本研究采用正态转换对原始数据进行正态性转换，对于比例估计和正态得分，可以选择比例估计公式包括Blom、Tukey和Rankit等。

$$R=\frac{r-3/8}{w+1/4}$$

$$R=\frac{r-1/3}{w+1/3}$$

$$R=\frac{r-1/2}{w}$$

$$R=\frac{r}{w+1}$$

式中：w是个案权重的总和，r是等级，范围从1到w。

(二)空间自相关性计算

1. 全局空间自相关计算

全局空间自相关分析是对研究区域进行总括上的分析，反映整个区域内研究对象总的空间聚类模式，通常以全局莫兰指数(Global Moran's I)为衡量指标。全局莫兰指数的取值一般在-1~1，大于0表示正相关，等于0表示不相关，小于0表示负相关，公式为：

$$I=\left(\frac{n}{\sum_{i=1}^{n}\sum_{j=1}^{n}w_{ij}}\right)\times\frac{\sum_{i=1}^{n}\sum_{j=1}^{n}w_{ij}(x_i-\bar{x})(x_j-\bar{x})}{\sum_{i=1}^{n}(x_i-\bar{x})^2}$$

式中：I 为全局莫兰指数，n 是变量 x 的观测数，x_i、x_j 分别为位置 i 和位置 j 的观测值，$\bar{x}$ 是所有观测值的平均值，w_{ij} 是空间权重矩阵值。

全局莫兰指数的取值含义需要结合 *z-score* 值进行解释，计算公式为：

$$z\text{-}score=\frac{I-E(I)}{\sqrt{Var(I)}}$$

式中：$E(I)$ 为指数值 I 的期望值，$Var(I)$ 为指数值 I 的方差。

当 $I<0$，$z\text{-}score<-2.58$ 时表示观测值间存在极显著的空间负相关关系，表现为相异聚集(也称异常值)，即高观测值与低观测值或低观测值与高观测值聚集在一起；当 $I>0$，$z\text{-}score>2.58$ 时表示观测值间存在极显著的空间正相关性，呈相似聚集，即高观测值和高观测值或低观测值与低观测值之间聚集在一起；$I=0$ 或 -2.58，$z\text{-}score\leqslant 2.58$ 则表示观测值间不存在空间相关性，呈完全的空间随机分布模式。

2. 增量空间自相关计算

运用 ArcGIS 的增量空间自相关工具计算一系列不断递增的空间距离得到全局莫兰指数，并测定相应距离的空间聚类模式程度，以 *z-score* 值为纵坐标，空间距离为横坐标，绘制曲线图，曲线的第一个峰值所对应的距离即为空间聚类模式最显著的距离，该距离可作为局部空间自相关分析的尺度参数。

3. 局部空间自相关计算

将增量空间自相关工具计算得出的空间聚类模式最显著的距离设置为局部空间自相关分析的参数，使用 ArcGIS 的聚类与异常值分析工具计算局部莫兰指数(Local Moran's I)，公式为：

$$I_i=\left(\frac{n^2}{\sum_{i}^{n}\sum_{j}^{n}w_{ij}}\right)\times\frac{(x_i-\bar{x})\sum_{j}^{n}w_{ij}(x_j-\bar{x})}{\sum_{i}^{n}(x_i-\bar{x})^2}$$

式中：I_i 为局部莫兰指数，n 是变量 x 的观测值，x_i、x_j 分别为位置 i 和位置 j 的观测值，$\bar{x}$ 是所有观测值的平均值，w_{ij} 是空间权重矩阵值。

与全局莫兰指数一样，局部莫兰指数也需要结合 $z\text{-}score_{I_i}$ 值对其取值进行说明，公式为：

$$z\text{-}score_{I_i}=\frac{I_i-E(I_i)}{\sqrt{Var(I_i)}}$$

式中：$E(I_i)$ 为指数值的数学期望，$Var(I_i)$ 为指数值的方差。

4. 空间自相关性差异分析

分析森林资源蓄积量、生物量和碳储量空间自相关性间的差异，将高值聚集、低值聚集、相异聚集和随机分布的分析结果运用于抽样。采用增量空间自相关工具计算得出的空间聚类模式(类别变量)，进行斯皮尔曼(Spearman)等级相关系数计算和卡方检验(交叉分析)。

(三)储量密度动态变化分析

采用指数模型及其变形拟合储量密度分布规律，根据模型拟合决定系数、标准估计误差、德宾-沃森(Durbin-Watson)统计量和方差常数检验(Constant Variance Test)来进行模型检验。

$$P=a_1+a_2\times e^{a_3\cdot D}$$

$$P=a_4+a_1\times e^{-a_2\cdot D}+a_3\times D$$

$$P=a_1\times e^{-a_2\cdot D}+a_3\times e^{-a_4\cdot D}$$

式中：P 为储量密度概率，D 为储量密度，a_1、a_2、a_3、a_4 为参数。

(四)抽样设计和估计方法

1. 抽样设计

(1)抽样框架

本研究基于国家森林资源连续清查的抽样框架，固定样地按照系统抽样布设在公里格网上，四川省共布设 10098 个固定样地，其中，历次清查以来放弃样地 135 个。固定样地的形状为正方形，样地面积为 0.0667hm^2(1 亩)，得到系统抽样单元，调查间隔周期为 5 年；为了实现年度动态监测出数，将入样的系统抽样单元分成 5 组年度抽样单元，每年调查其中的 1 组样本；在被抽中的 1/5 样本中，结合储量空间自相关性分析，再按照分层抽样在 1/5 样本中抽取部分样本组成年度抽样样本，优化年度监测的样本单元数量；并对抽中的 1/5 样本或年度样本做全面调查。以 1/5 样本为基础的均值和方差公式为：

$$E(\hat{\theta})=E_1\times E_2(\hat{\theta})$$

$$V(\hat{\theta})=V_1\times E_2(\hat{\theta})+E_1\times V_2(\hat{\theta})$$

式中：E_1、V_1 为森林资源连续清查抽样体系样本的均值和方差，E_2、V_2 为固定初级单元时 1/5 样本的均值和方差。

(2)1/5 样本组织

1/5 样本分别采用系统抽样、随机抽样和整群抽样等三种方法进行组织。系统抽样为随机抽样的一种形式，系统抽样能够克服人为随机抽样对总体的估计误差。整群抽样的优点是实施方便、节省经费，缺点是往往由于不同群之间的差异较大，由此而引起的抽样误差往往大于简单随机抽样，且样本分布面不广、样本对总体的代表性相对较差。系统抽样、随机抽样和整群随机抽样均为 1/5 样本的随机抽样，则样本次级单元均值是总体次级单元均值的无偏估计量，样本次级单元方差是总体次级单元方差的无偏估计量。即：

$$E(\bar{\bar{y}})=\bar{\bar{Y}}$$

$$V(\bar{\bar{y}})=\frac{1-f_1}{n}S_1^2+\frac{1-f_2}{nm}S_2^2$$

其中，S_1^2 和 S_2^2 分别为：

$$S_1^2=\frac{1}{N-1}\sum_{i=1}^{N}(\bar{Y}_i-\bar{\bar{Y}})^2$$

$$S_2^2=\frac{1}{N}\sum_{i=1}^{N}S_{2i}^2=\frac{1}{N(M-1)}\sum_{i=1}^{N}\sum_{j=1}^{M}(Y_{ij}-\bar{Y}_i)^2$$

$$v(\bar{\bar{y}})=\frac{1-f_1}{n}s_1^2+\frac{1-f_2}{mn}s_2^2$$

其中，s_1^2 和 s_2^2 分别为：

$$s_1^2=\frac{1}{n-1}\sum_{i=1}^{n}(\bar{y}_i-\bar{\bar{y}})^2$$

$$s_2^2=\frac{1}{n}\sum_{i=1}^{n}s_{2i}^2=\frac{1}{n(m-1)}\sum_{i=1}^{n}\sum_{j=1}^{n}(y_{ij}-\bar{y}_i)^2$$

式中：总体由 N 个初级单元组成，每个初级单元都含有 M 个次级单元，从 N 个初级单元中简单随机抽取 n 个初级单元，在每个被抽中的初级单元中简单随机抽取 m 个次级单元。$\bar{Y}$ 为总体初级单元均值，$\bar{y}$ 为样本初级单元均值，$\bar{\bar{Y}}$ 为总体次级单元均值，$\bar{\bar{y}}$ 为样本次级单元均值。

推导过程一：样本次级单元均值是总体次级单元均值的无偏估计量

$$E(\bar{\bar{y}})=E_1[E_2(\bar{\bar{y}})]$$

$$=E_1\left[E_2\left(\frac{\sum_{i=1}^{n}\sum_{j=1}^{m}y_{ij}}{nm}\right)\right]=E_1\left[E_2\left(\frac{\sum_{i=1}^{n}\bar{y}_i}{n}\right)\right]$$

$$=E_1\left[\frac{\sum_{i=1}^{n}E_2(\bar{y}_i)}{n}\right]=E_1\left[\frac{1}{n}\sum_{i=1}^{n}\bar{Y}_i\right]=\bar{\bar{Y}}$$

推导过程二：样本次级单元方差是总体次级单元方差的无偏估计量

$$V(\bar{\bar{y}})=V_1\left[E_2\left(\frac{1}{n}\sum_{i=1}^{n}\bar{y}_i\right)\right]+E_1\left[V_2\left(\frac{1}{n}\sum_{i=1}^{n}\bar{y}_i\right)\right]$$

$$=V_1\left(\frac{1}{n}\sum_{i=1}^{n}\bar{y}_i\right)+E_1\left[\frac{1}{n^2}\sum_{i=1}^{n}\frac{1-f_2}{m}\times\frac{\sum_{i=1}^{M}(Y_{ij}-\bar{Y}_i)^2}{M-1}\right]$$

$$=\frac{1-f_1}{n}S_1^2+\frac{1-f_2}{nm}E_1\left[\frac{1}{n}\sum_{i=1}^{n}S_{2i}^2\right]$$

$$=\frac{1-f_1}{n}S_1^2+\frac{1-f_2}{nm}\times\frac{1}{N}\sum_{i=1}^{N}S_{2i}^2$$

$$=\frac{1-f_1}{n}S_1^2+\frac{1-f_2}{nm}S_2^2$$

s_2^2 是 S_2^2 的无偏估计量

$$E(s_2^2)=E_1E_2(s_2^2)$$
$$=E_1E_2\left[\frac{1}{n(m-1)}\sum_{i=1}^{n}\sum_{j=1}^{m}(y_{ij}-\bar{y}_i)^2\right]$$
$$=E_1\left\{\frac{1}{n}\sum_{i=1}^{n}E_2\left[\frac{1}{m-1}\sum_{j=1}^{m}(y_{ij}-\bar{y}_i)^2\right]\right.$$
$$=E_1\left\{\frac{1}{n}\sum_{i=1}^{n}\left[\frac{1}{M-1}\sum_{j=1}^{M}(Y_{ij}-\bar{Y}_i)^2\right]\right.$$
$$=E_1\left(\frac{1}{n}\sum_{i=1}^{n}S_{2i}^2\right)=\frac{1}{N}\sum_{i=1}^{N}S_{2i}^2=S_2^2$$

$\hat{S}_1^2$ 是 S_1^2 的无偏估计量

$$E=(s_1^2)=E_1E_2(s_1^2)$$
$$=S_1^2+\frac{1-f_2}{m}S_2^2$$

故：$\hat{S}_1^2=s_1^2-\frac{1-f_2}{m}s_2^2$

故：$v(\bar{\bar{y}})$ 是 $V(\bar{\bar{y}})$ 的无偏估计量

(3)抽样设计优化

①样本特征值推导

在 1/5 样本组织方法的对比分析的基础上，对年度样本抽取的方法进行优化，基于储量空间自相关性分析结果，对每组 1/5 样本进行空间分层抽样。对年度样本组织，根据科克伦(Cochran W. G.)给出样本均值和方差计算公式，推导分层抽样年度样本均值和方差。

$$E(\bar{X})=\sum_h W_h^2\left[\frac{\sigma_{1h}^2}{n_{1h}}\left(1-\frac{n_{1h}}{N_{1h}}\right)+\frac{\sigma_{2h}^2}{n_{1h}\bar{n}_{2h}}\left(1-\frac{\bar{n}_{2h}}{\bar{N}_{1h}}\right)+\frac{\sigma_{3h}^2}{n_{1h}\bar{n}_{2h}\bar{n}_{3h}}\left(1-\frac{\bar{n}_{3h}}{\bar{N}_{3h}}\right)\right]$$

$$W_h=\frac{N_h}{\sum_h N_h}$$

其中，σ_{1h}^2 的样本估计量

$$S_{1h}^2=\frac{1}{n_{1h}-1}\sum_{i=1}^{n_{1h}}(\bar{X}_{ih}-\bar{X}_h)^2$$

σ_{2h}^2 的样本估计量

$$S_{2h}^2=\frac{1}{n_{1h}}\sum_{i=1}^{n_{1h}}\frac{1}{n_{i2h}-1}\sum_{j=1}^{n_{i2h}}(\bar{X}_{ijh}-\bar{X}_{ih})^2$$

σ_{3h}^2 的样本估计量

$$S_{3h}^2=\frac{1}{n_{1h}}\sum_{i=1}^{n_{1h}}\frac{1}{n_{i2h}-1}\sum_{j=1}^{n_{i2h}}\frac{1}{n_{ij3h}-1}\sum_{k=1}^{n_{ij3h}}(y_{ijkh}-\bar{X}_{ijh})^2$$

式中：将总体划分成若干层，第 h 层包含 N_h 个个体，由 N_{1h} 个群组成，h 层第 i 群由 N_{i2h}

个小群组成，h 层平均每一群包含 $\bar{N}_{2h}$ 个小群；h 层第 i 群第 j 小群由 N_{ij3h} 个体组成，h 层平均每一小群包含 $\bar{N}_{3h}$ 个个体。

②估计总体样本均值时最优样本数量

C 为调查总费用，C_{0h} 为调查 h 层的基本费用，C_{1h} 为 h 层每调查一个群的平均基本费用，C_{2h} 为 h 层每调查一个小群的平均基本费用，C_{3h} 为 h 层每调查一个样地的平均直接费用，构建费用函数为：

$$C = \sum_h C_{0h} + \sum_h C_{1h}n_{1h} + \sum_h C_{2h}n_{1h}\bar{n}_{2h} + \sum_h C_{3h}n_{1h}\bar{n}_{2h}\bar{n}_{3h}$$

限定 $E(\bar{X})$ 使 C 达到最小，变形得到：

$$E(\bar{X}) = \sum_h W_h^2\left[\frac{1}{n_{1h}}\left(\sigma_{1h}^2 - \frac{\sigma_{2h}^2}{\bar{N}_{2h}}\right) + \frac{1}{n_{1h}\bar{n}_{2h}}\left(\sigma_{2h}^2 - \frac{\sigma_{3h}^2}{\bar{N}_{3h}}\right) + \frac{\sigma_{3h}^2}{n_{1h}\bar{n}_{2h}\bar{n}_{3h}} - \frac{\sigma_{1h}^2}{N_{1h}}\right]$$

最优样本数量就是三元函数在约束方程下条件极小值点，令：

$$F = \sum_h C_{0h} + \sum_h C_{1h}n_{1h} + \sum_h C_{2h}n_{1h}\bar{n}_{2h} + \sum_h C_{2h}n_{1h}\bar{n}_{2h}\bar{n}_{3h} + \lambda(E(\bar{X}) - X)$$

得到：

$$\begin{cases}\dfrac{\partial F}{\partial n_{1h}} = C_{1h} - \dfrac{\lambda W_h^2(\sigma_{1h}^2 - \sigma_{2h}^2/\bar{N}_{2h})}{n_{1h}^2} = 0\\[2ex] \dfrac{\partial F}{\partial n_{1h}\bar{n}_{2h}} = C_{2h} - \dfrac{\lambda W_h^2(\sigma_{2h}^2 - \sigma_{3h}^2/\bar{N}_{3h})}{n_{1h}^2\bar{n}_{2h}^2} = 0\\[2ex] \dfrac{\partial F}{\partial n_{1h}\bar{n}_{2h}\bar{n}_{3h}} = C_{3h} - \dfrac{\lambda W_h^2\sigma_{3h}^2}{n_{1h}^2\bar{n}_{2h}^2\bar{n}_{3h}^2} = 0\end{cases}$$

解得：

$$n_{1h} = \frac{W_h\sigma_{3h}}{\bar{n}_{2h}\bar{n}_{3h}}\sqrt{\frac{\lambda}{C_{3h}}}$$

$$\bar{n}_{2h} = \sqrt{\frac{\sigma_{2h}^2 - \sigma_{3h}^2/\bar{N}_{3h}}{\sigma_{1h}^2 - \sigma_{2h}^2/\bar{N}_{2h}} \times \frac{C_{1h}}{C_{2h}}}$$

$$\bar{n}_{3h} = \sqrt{\frac{\sigma_{3h}^2}{\sigma_{2h}^2 - \sigma_{3h}^2/\bar{N}_{3h}} \times \frac{C_{2h}}{C_{3h}}}$$

且 $E(\bar{X}) = X$ 得

$$\sqrt{\lambda} = \frac{\sum_h W_h\dfrac{\sqrt{C_{3h}}}{\sigma_{3h}} \times \left[\bar{n}_{2h}\bar{n}_{3h}\left(\sigma_{1h}^2 - \dfrac{\sigma_{2h}^2}{\bar{N}_{2h}}\right) + \bar{n}_{3h}\left(\sigma_{2h}^2 - \dfrac{\sigma_{3h}^2}{\bar{N}_{3h}}\right) + \sigma_{3h}^2\right]}{X + \sum_h W_h^2\sigma_{1h}^2/N_{1h}}$$

限定 C 使 $V(\bar{X})$ 达到最小，当限定调查的费用 C 使 $V(\bar{X})$ 达到最小的最优样本大小就是函数在约束方程条件下的极小值点。令：

$$F = V(\bar{X}) + \lambda(\sum_h C_{0h} + \sum_h C_{1h} n_{1h} + \sum_h C_{2h} n_{1h} \bar{n}_{2h} + \sum_h C_{3h} n_{1h} \bar{n}_{2h} \bar{n}_{3h} - C)$$

得到：

$$\begin{cases} \dfrac{\partial F}{\partial n_{1h}} = \lambda C_{1h} = \dfrac{W_h^2(\sigma_{1h}^2 - \sigma_{2h}^2 / \bar{N}_{2h})}{n_{1h}^2} = 0 \\ \dfrac{\partial F}{\partial n_{1h} \bar{n}_{2h}} = \lambda C_{2h} = \dfrac{W_h^2(\sigma_{2h}^2 - \sigma_{3h}^2 / \bar{N}_{3h})}{n_{1h}^2 \bar{n}_{2h}^2} = 0 \\ \dfrac{\partial F}{\partial n_{1h} \bar{n}_{2h} \bar{n}_{3h}} = \lambda C_{3h} - \dfrac{W_h^2 \sigma_{3h}^2}{n_{1h}^2 \bar{n}_{2h}^2 \bar{n}_{3h}^2} = 0 \end{cases}$$

解得：

$$\begin{cases} n_{1h} = \dfrac{W_h \sigma_{3h}}{\bar{n}_{3h} \bar{n}_{3h}} \sqrt{\dfrac{1}{\lambda C_{3h}}} \\ \bar{n}_{2h} = \sqrt{\dfrac{\sigma_{2h}^2 - \sigma_{3h}^2 / \bar{N}_{3h}}{\sigma_{1h}^2 - \sigma_{2h}^2 / \bar{N}_{2h}} \times \dfrac{C_{1h}}{C_{2h}}} \\ \bar{n}_{3h} = \sqrt{\dfrac{\sigma_{3h}^2}{\sigma_{2h}^2 - \sigma_{3h}^2 / \bar{N}_{3h}} \times \dfrac{C_{2h}}{C_{3h}}} \end{cases}$$

将式代入得：

$$\frac{1}{\sqrt{\lambda}} = \frac{C - \sum_h C_{0h}}{\sum_h W_h \left[\sqrt{C_{1h} \times (\sigma_{1h}^2 - \sigma_{2h}^2 / \bar{N}_{2h})} + \sqrt{C_{2h} \times (\sigma_{2h}^2 - \sigma_{3h}^2 / \bar{N}_{3h})} + \sqrt{C_{1h} \times \sigma_{3h}}\right]}$$

③总体率时最优样本数量

估计总体率时，在限定抽样误差使调查费用最小及限定调查费用使抽样误差最小的最优样本大小计算公式及推导过程，与估计总体均值时完全相同。p_h 为 h 层的样本率，p_{ih} 为 h 层第 i 个抽中群的样本率，p_{ijh} 为 h 层第 i 群第 j 小群的样本率。

$$S_{1h}^2 = \frac{1}{n_{1h} - 1} \sum_{i=1}^{n_{1h}} (p_{ih} - p_h)^2$$

$$S_{2h}^2 = \frac{1}{n_{1h}} \sum_{i=1}^{n_{1h}} \frac{1}{n_{i2h} - 1} \sum_{j=1}^{n_{i2h}} (p_{ijh} - p_{ih})^2$$

$$S_{3h}^2 = \frac{1}{n_{1h}} \sum_{i=1}^{n_{1h}} \frac{1}{n_{i2h}} \sum_{j=1}^{n_{i2h}} p_{ijh}(1 - p_{ijh})^2$$

2. 估计方法

基于国家森林资源连续清查的抽样框架，1/5 样本（系统抽样、随机抽样和整群抽样）均为随机等概率抽样，其余样本（辅助变量）的均值和方差采用等概率抽样估计方法进行计算，再联合估计总体均值和方差。抽样设计优化在 1/5 样本的基础上，根据储量空间自相关各层权重，采用不等概率抽样估计方法计算空间分层抽样的均值和方差，再联合估计总体均值和方差。

(1)等概率抽样估计方法

①比率估计

设总体有 N 个抽样单位，从总体中随机抽取容量为 n 的样本，以 $\hat{R}$ 作为 R 的估计量，称 $\hat{R}$ 为比率估计量。

$$\hat{R} = \sum_{i=1}^{n} y_i / \sum_{I=1}^{n} x_i = \frac{\bar{y}}{\bar{x}}$$

当 n 较大时，$\bar{x} \approx \bar{X}$，则得到：

$$E(\hat{R}-R) \approx \frac{1}{\bar{X}}[E(\bar{y})-R\times E(\bar{x})] = \frac{1}{\bar{X}}(\bar{Y}-R\bar{X}) = 0$$

可见当 n 较大时，$E(\hat{R}) \approx R$，进而估计量的方差：

$$V(\hat{R}) \approx MSE(\hat{R}) = E(\hat{R}-R)^2 = \frac{1}{\bar{X}^2}E(\bar{y}-R\bar{x})^2-E$$

对每个总体单元：

$$E(\bar{y} - R\bar{x})^2 = \frac{(1-f)\sum_{i=1}^{N}(Y_i - RX_i)^2}{n(N-1)}$$

所以：

$$V(\hat{R}) \approx MSE(\hat{R}) = \frac{(1-f)\sum_{i=1}^{N}(Y_i - RX_i)^2}{n\bar{X}^2(N-1)}$$

比估计的偏倚趋于0的速度比相应的均方根误差趋于0的速度更快，比率估计虽然是有偏的，但当样本容量较大时，偏倚趋于0。可以比率估计量估计总体均值和方差。

$$\bar{y}_R = \frac{\bar{y}}{\bar{x}}\times\bar{X} = \hat{R}\times\bar{X}$$

$$V(\bar{y}_R) = V(\hat{R}\times\bar{X}) = \frac{(1-f)\sum_{i=1}^{N}(Y_i - RX_i)^2}{n(N-1)} = \frac{(1-f)}{n}(S_y^2 + R^2S_x^2 - 2R\rho S_yS_x)$$

式中：大写代表总体变量，小写代表样本变量。

②回归估计

比率估计的前提为调查样本与辅助样本间需要有呈正比例的线性关系，即调查样本与辅助样本的回归直线通过原点。如果前提不成立，为了提高估计精度，可以使用回归估计。对于简单随机抽样，总体均值的回归估计量为：

$$\bar{y}_l = \bar{y} + \alpha(\bar{X}-\bar{x})$$

α 可以是事先确定的常数，也可以是样本线性回归的斜率。如果事先确定，则回归估计量的方差为：

$$V(\bar{y}_l)=V[\bar{y}+\alpha_0(\bar{X}-\bar{x})]=\frac{(1-f)\sum_{i=1}^{N}[Y_i-\bar{Y}-\alpha_0(X_i-\bar{X})]^2}{n(N-1)}$$

$\bar{y}_l$ 是 $\bar{Y}$ 的无偏估计量，若 α 是样本线性回归的斜率，则估计量方差为：

$$V(\bar{y}_l)=\frac{1-f}{n}\times\frac{1}{n-2}\left\{\sum_{i=1}^{n}(y_i-\bar{y})^2-\frac{\left[\sum_{i=1}^{n}(y_i-\bar{y})(x_i-\bar{x})\right]^2}{\sum_{i=1}^{n}((x_i-\bar{x})}\right\}$$

当样本容量 n 较大时，$\bar{y}_l$ 的偏倚趋于 0 的速度比相应的均方根误差趋于 0 的速度更快，回归估计量仍是可用估计量，$\bar{y}_l$ 是近似无偏估计。

③联合估计

利用调查样本，计算均值及方差。调查样本与辅助样本建立线性回归模型：

$$y_i=\alpha+\beta\times x_i$$

利用回归模型，计算其余样本的均值和方差：

$$\hat{\bar{Y}}=\bar{y}+\beta\times(\bar{X}-\bar{x})$$

方差估计值为：

$$S_{\hat{\bar{Y}}}^2=\frac{\sum(y_i-\hat{y}_i)^2}{n-2}\times\left(\frac{1}{n}+\frac{(\bar{X}-\bar{x})^2}{\sum(x_i-\bar{x})^2}\right)$$

根据两式即可算出辅助样本的均值和误差，但未考虑辅助样本自身的误差，将这两部分相对误差分别表示为 E_a 和 E_b，按误差传递规律，辅助样本的相对误差 E_2 应为：

$$E_2=\sqrt{E_a^2+E_b^2}$$

计算调查样本和辅助样本的权重：

$$w_1=\frac{E_2^2}{E_1^2+E_2^2}$$

$$w_2=\frac{E_1^2}{E_1^2+E_2^2}$$

当样本容量 n 较大时，基于计算的权重，采用联合估计计算整体的均值和误差：

$$\bar{Y}=w_1\times\hat{\bar{Y}}+w_2\times\bar{y}$$

$$E=\frac{E_1\times E_2}{\sqrt{E_1^2+E_2^2}}$$

(2)不等概率抽样估计方法

回归估计中辅助变量可以是一个，也可以是两个或多个。分层随机抽样中，根据应用的场合不同，有两种可行的方法。一种是对每层的样本考虑比估计或回归估计，然后根据层权进行加权处理；另一种是对调查变量和辅助变量先进行总体的参数估计，然后用构造的比估计量或回归估计量。

①分层比估计和回归估计

分层比估计是先对各层分别进行比估计，然后按层权加权平均，估计总体参数，将总体分为 L 层，$\bar{y}_h$ 和 $\bar{x}_h$ 为第 h 层的样本均值，$\bar{Y}_h$ 和 $\bar{X}_h$ 为第 h 层的总体均值，W_h 为层权重，则总体的均值比估计为：

$$\bar{y}_{RS} = \sum_h^L W_h \bar{y}_{Rh} = \sum_h^L W_h \frac{\bar{y}_h}{\bar{x}_h} \bar{X}_h$$

当每一层的样本容量 n_h 都比较大时，$\bar{y}_{RS}$ 是近似无偏估计量，则每一层的比估计方差为：

$$V(\bar{y}_{RS}) \approx \sum_h^L W_h^2 \frac{(1-f_h)}{n_h}(s_{yh}^2 + \hat{R}_h^2 s_{xh}^2 - 2\hat{R}_h r_h s_{yh} s_{xh})$$

与分层比估计相似，分层回归估计对每层的均值先作回归估计，然后再加权，即可得到分层回归估计量：

$$\bar{y}_{ls} = \sum_h^L W_h \bar{y}_{lh} = \sum_h^L W_h [\bar{y}_h + \alpha_h(\bar{X}_h - \bar{x}_h)]$$

α_h 为 h 层事先设定的值或样本线性回归的斜率，当 α_h 为 h 层事先设定的值，分层回归估计量的方差为：

$$V(\bar{y}_{ls}) \approx \sum_h^L W_h^2 \frac{(1-f_h)}{n_h}(S_{yh}^2 + \alpha_h^2 S_{xh}^2 - 2\alpha_h s_{yxh})$$

当 α_h 为 h 层样本线性回归的斜率，分层回归估计量的方差为：

$$V(\bar{y}_{ls}) \approx \sum_h^L W_h^2 \frac{(1-f_h)}{n_h} S_{yh}^2 (1-\rho_h^2)$$

当 α_h 为 h 层事先设定的值时为无偏估计，当 α_h 为 h 层样本线性回归的斜率时为有偏估计。

②联合比估计和回归估计

对于第 h 层的总体均值，可以先对各层的调查样本与辅助样本进行分层随机抽样的简单估计，再进行联合估计。联合比估计的均值和方差分别为：

$$\bar{y}_{RU} = \hat{R}_U \cdot \bar{X} = \frac{\bar{y}_{st}}{\bar{x}_{st}} \cdot \bar{X} = \frac{\sum_{h=1}^L W_h \bar{y}_h}{\sum_{h=1}^L W_h \bar{x}_h} \cdot \bar{X}$$

$$V(\bar{y}_{RU}) \approx \sum_h^L W_h^2 \frac{(1-f_h)}{n_h}(s_{yh}^2 + \hat{R}_U^2 s_{xh}^2 - 2\hat{R}_U r_h s_{yh} s_{xh})$$

联合回归估计的均值和方差分别为：

$$\bar{y}_{lU} = \bar{y}_{st} + \alpha_h(\bar{X} - \bar{x}_{st})$$

当 α_h 为 h 层事先设定的值，分层联合回归估计量的方差为：

$$V(\bar{y}_{lU}) \approx \sum_h^L W_h^2 \frac{(1-f_h)}{n_h}(s_{yh}^2 + \alpha^2 s_{xh}^2 - 2\alpha s_{yxh})$$

当 α_h 为 h 层样本线性回归的斜率，此时联合回归估计是有偏的，但满足渐进一致性，分层回归估计量的方差为：

$$V(\bar{y}_{lU}) = \sum_{h}^{L} W_h^2 \frac{(1-f_h)}{n_h}(s_{yh}^2 + \hat{\alpha}^2 s_{xh}^2 - 2\hat{\alpha} s_{yxh})$$

3. 抽样效率分析

本研究中以抽样比、抽样精度和抽样组织作为抽样效率的评价指标，进行总体估计抽样效率分析。同时，对辅助变量（未调查样本）进行更新，根据建立的生长率模型系统，以样地的蓄积量、平均胸径、平均年龄等相关林分因子为基础，进行样地蓄积量、生物量和碳储量更新。将更新数值与后期调查数值进行相关性系数 R、相对差异（RD）指标计算，作为方案比较依据。

$$R^2 = 1 - \sum \frac{(y_i - \hat{y}_i)^2}{(y_i - \hat{y}_i)^2}$$

$$RD = \frac{\hat{y}_i - y_i}{y_i} \times 100$$

式中：y_i 为实际观测值，$\hat{y}_i$ 为样本抽样估计值，$\bar{y}$ 为样本平均值。

三、正态分布检验结果

活立木、林木、散生木和四旁树蓄积量密度、生物量密度和碳储量密度未进行转换前，Kolmogorov-Smirnova（K-S）检验和 Shapiro-Wilk（S-W）检验显著性值均小于 0.01（见表 3-1），为非正态分布。各年度的活立木、林木、散生木和四旁树蓄积量密度、生物量密度和碳储量密度分布偏度值均大于 0，偏度值为其标准误差的 3 倍以上，呈正偏态分布，其中，偏度最大的为散生木蓄积、生物量和碳储量。转换后的各类蓄积量、生物量和碳储量密度均具有较好的正态分布性，能够用于森林资源储量的空间自相关性分析，但各类蓄积量、生物量和碳储量密度的原始数据分布存在较大差异。在进行森林资源储量的空间自相关性分析时，应采用各类蓄积量、生物量和碳储量密度对应的转换结果。

表 3-1　储量密度正态分布检验结果

林木类型	年份	K-S 检验				S-W 检验			
		蓄积量	生物量	碳储量	P-值	蓄积量	生物量	碳储量	P-值
活立木	2002	0.25	0.22	0.22	0.00	0.66	0.74	0.74	0.00
	2007	0.22	0.18	0.18	0.00	0.74	0.80	0.80	0.00
	2012	0.22	0.18	0.18	0.00	0.73	0.81	0.81	0.00
	2017	0.21	0.17	0.18	0.00	0.74	0.81	0.81	0.00
林木	2002	0.20	0.16	0.16	0.00	0.75	0.81	0.81	0.00
	2007	0.18	0.14	0.14	0.00	0.78	0.84	0.84	0.00
	2012	0.18	0.13	0.13	0.00	0.78	0.84	0.84	0.00
	2017	0.18	0.13	0.13	0.00	0.78	0.85	0.85	0.00

（续）

林木类型	年份	K-S 检验				S-W 检验			
		蓄积量	生物量	碳储量	P-值	蓄积量	生物量	碳储量	P-值
散生木	2002	0.27	0.26	0.27	0.00	0.57	0.59	0.58	0.00
	2007	0.23	0.23	0.23	0.00	0.64	0.64	0.65	0.00
	2012	0.20	0.19	0.19	0.00	0.77	0.78	0.78	0.00
	2017	0.28	0.28	0.28	0.00	0.49	0.49	0.49	0.00
四旁树	2002	0.21	0.21	0.21	0.00	0.69	0.69	0.69	0.00
	2007	0.21	0.20	0.20	0.00	0.66	0.67	0.67	0.00
	2012	0.21	0.21	0.21	0.00	0.70	0.71	0.71	0.00
	2017	0.22	0.22	0.22	0.00	0.71	0.71	0.71	0.00

四、空间自相关性分析结果

（一）全局空间自相关性结果分析

活立木蓄积量密度、生物量密度、碳储量密度和林木蓄积量密度、生物量密度、碳储量密度全局 Moran's *I* 指数均大于 0.10，*z-score* 值均大于 40.00，*P*-值均小于 0.0000，表明活立木蓄积量密度、生物量密度、碳储量密度和林木蓄积量密度、生物量密度、碳储量密度分布存在极显著的空间正相关性；2002 年至 2017 年全局 Moran's *I* 指数均呈下降趋势，表明活立木蓄积量密度、生物量密度、碳储量密度和林木蓄积量密度、生物量密度、碳储量密度相似聚集程度呈下降趋势。散生木蓄积量密度、生物量密度、碳储量密度和四旁树蓄积量密度、生物量密度、碳储量密度空间正相关性显著低于活立木和林木，全局 Moran's *I* 指数均小于 0.10，散生木蓄积量密度、生物量密度、碳储量密度相似聚集程度具有波动特征，四旁树蓄积量密度、生物量密度、碳储量密度相似聚集程度则呈上升趋势，见表 3-2。

表 3-2 储量密度全局空间自相关指数计算结果

林木类型	年份	Moran's *I* 指数			*z-score* 值		
		蓄积量	生物量	碳储量	蓄积量	生物量	碳储量
活立木	2002	0.3459	0.3081	0.3081	96.4535	85.9231	85.9231
	2007	0.3298	0.2951	0.2949	93.0271	83.2461	83.1727
	2012	0.3231	0.2807	0.2807	90.6589	78.7705	78.7797
	2017	0.2322	0.1953	0.1957	94.7052	79.6981	79.8469
林木	2002	0.3114	0.2424	0.2398	65.2689	50.8244	50.2668
	2007	0.2875	0.2269	0.2253	56.8418	44.8905	44.5666
	2012	0.2781	0.2070	0.2056	55.5805	41.3954	41.1118
	2017	0.2089	0.1470	0.1470	80.0614	56.3758	56.3951

（续）

林木类型	年份	Moran's *I* 指数			*z-score* 值		
		蓄积量	生物量	碳储量	蓄积量	生物量	碳储量
散生木	2002	0.0524	0.0478	0.0477	5.0080	4.5866	4.5736
	2007	0.0309	0.0260	0.0263	3.2165	2.7394	2.7720
	2012	0.0076	0.0086	0.0095	0.7284	0.7996	0.8643
	2017	0.0120	0.0131	0.0128	1.4038	1.5187	1.4888
四旁树	2002	0.0062	0.0088	0.0089	2.3333	3.1513	3.1938
	2007	0.0053	0.0059	0.0061	1.9320	2.1067	2.1508
	2012	0.0128	0.0138	0.0139	4.0179	4.2885	4.3179
	2017	0.0215	0.0229	0.0230	7.3879	7.8378	7.8573

（二）增量空间自相关性结果分析

1. 活立木储量密度增量空间自相关性

活立木蓄积量密度、生物量密度和碳储量密度全局 Moran's *I* 指数随距离的增加逐渐降低（图 3-1），但始终大于 0，*z-score* 值先增加后降低，且始终大于 2.58°，表明活立木蓄积量密度、生物量密度和碳储量密度的空间聚类模式随距离的变化始终表现为极显著的空间正相关关系。活立木蓄积量密度、生物量密度和碳储量密度 2002 年、2007 年、2012 年和 2017 年的 *z-score* 峰值距离均值分别为 2.9864°、2.9985°、2.9985°和 3.1371°，均呈现动态上升趋势。

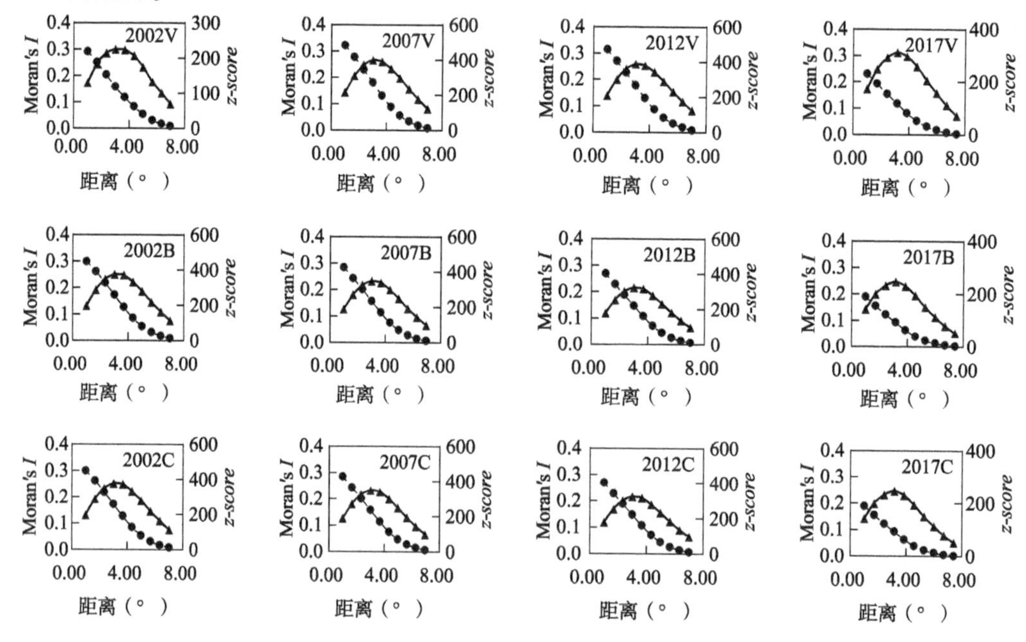

图 3-1　活立木储量密度增量空间自相关曲线

2. 林木储量密度增量空间自相关性

林木蓄积量密度、生物量密度和碳储量密度全局 Moran's *I* 指数随距离的增加逐渐降低(图 3-2)，但始终大于 0，*z-score* 值先增加后降低，且始终大于 2.58。表明林木蓄积量密度、生物量密度和碳储量密度的空间聚类模式随距离的变化始终表现为极显著的空间正相关关系。林木蓄积量密度、生物量密度和碳储量密度 2002 年、2007 年、2012 年和 2017 年的 *z-score* 峰值距离均值分别为 2.9864°、2.9864°、2.9864°和 3.1371°，较活立木更稳定。

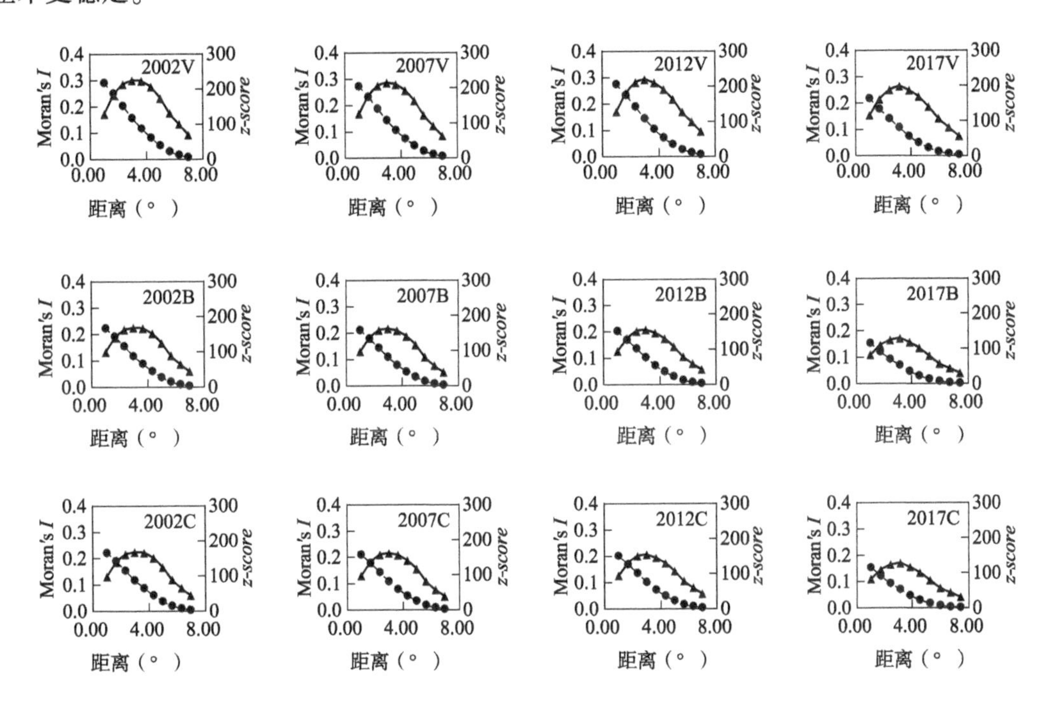

图 3-2 林木储量密度增量空间自相关曲线

3. 散生木储量密度增量空间自相关性

散生木蓄积量密度、生物量密度和碳储量密度全局 Moran's *I* 指数随距离的增加呈波动变化，大于一定距离后全局 Moran's *I* 指数为负值(图 3-3)。*z-score* 则出现 2 个峰值，表明散生木蓄积量密度、生物量密度和碳储量密度的空间聚类模式随距离的变化空间自相关性不稳定，即散生木蓄积量、生物量和碳储量不具有稳定的空间自相关性。

4. 四旁树储量密度增量空间自相关性

四旁树蓄积量密度、生物量密度和碳储量密度全局 Moran's *I* 指数随距离的增加呈波动变化，大于一定距离后全局 Moran's *I* 指数为负值，且空间自相关性 Moran's *I* 指数显著小于活立木、林木和散生木(图 3-4)。*z-score* 呈不规律的波动变化，表明四旁树蓄积量密度、生物量密度和碳储量密度的空间聚类模式随距离的变化空间自相关性不稳定，即四旁蓄积量、生物量和碳储量不具有稳定的空间自相关性，且不稳定性显著大于散生木。

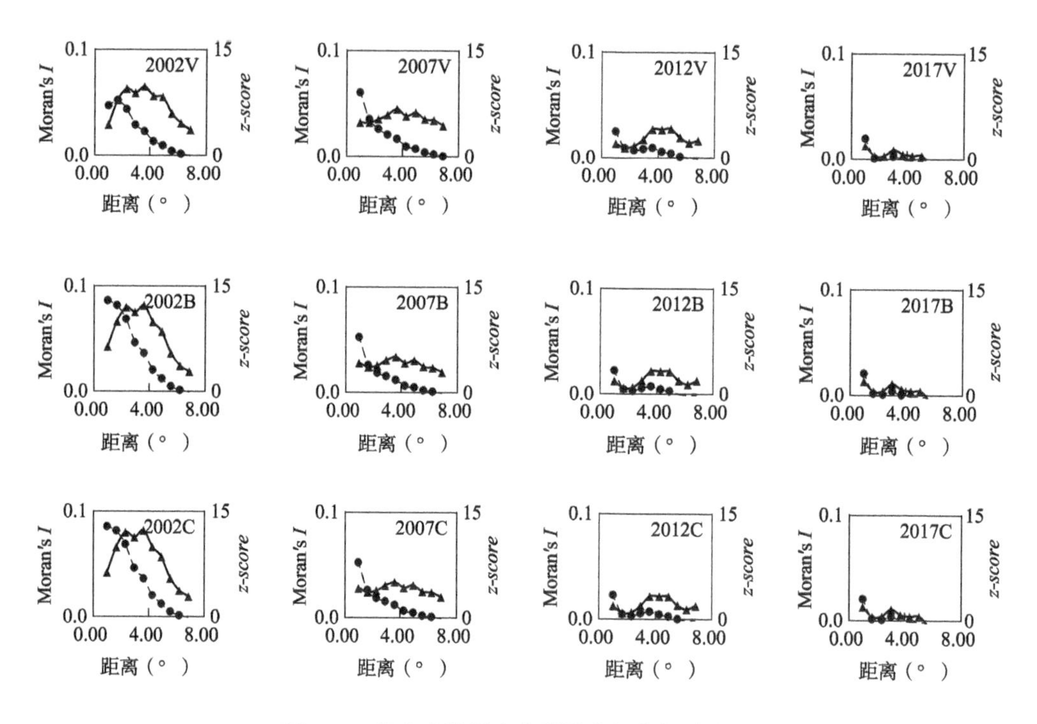

图 3-3　散生木储量密度增量空间自相关曲线

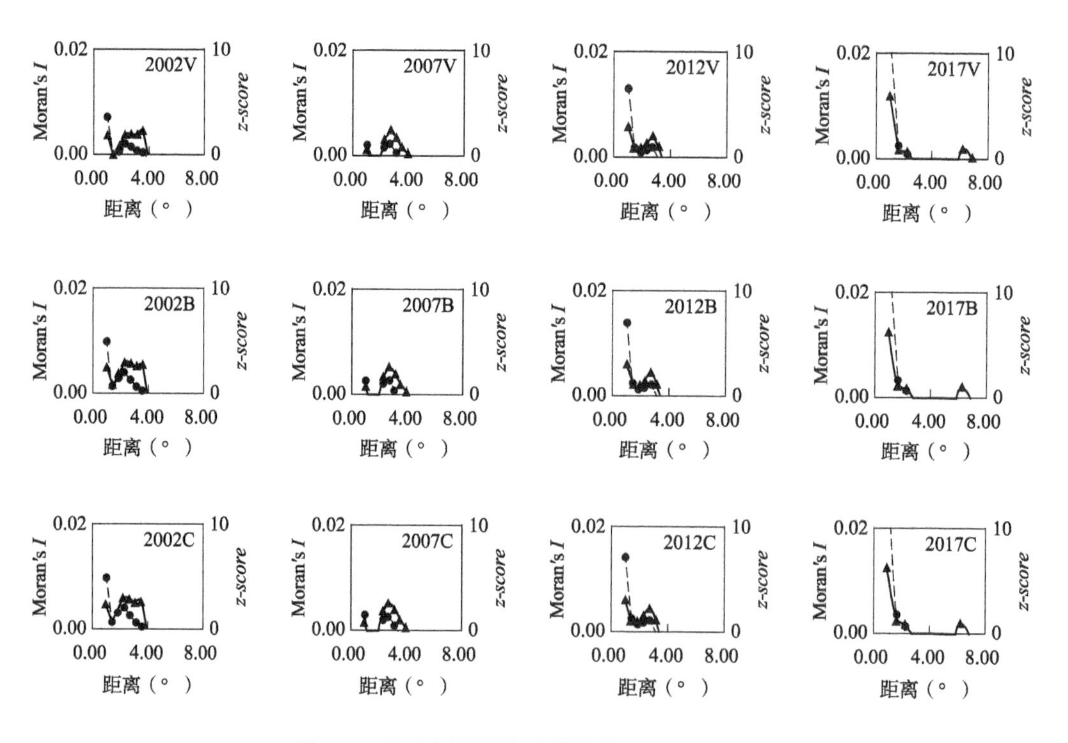

图 3-4　四旁树储量密度增量空间自相关曲线

(三)局部空间自相关性结果分析

1. 活立木储量密度局部空间自相关性

在 $\alpha=0.01$ 的显著性水平下，活立木蓄积量密度、生物量密度和碳储量密度的空间分布存在规律性，高值聚集区主要集中在三州地区(阿坝藏族羌族自治州、甘孜藏族自治州和凉山彝族自治州)，而低值聚集区主要集中在盆地区域，相异聚集交错分布于高值聚集区与低值聚集区之间，而三州地区与盆地区域的过渡地带则呈现随机分布。2002—2017 年活立木储量密度的空间分布动态变化见图 3-5。

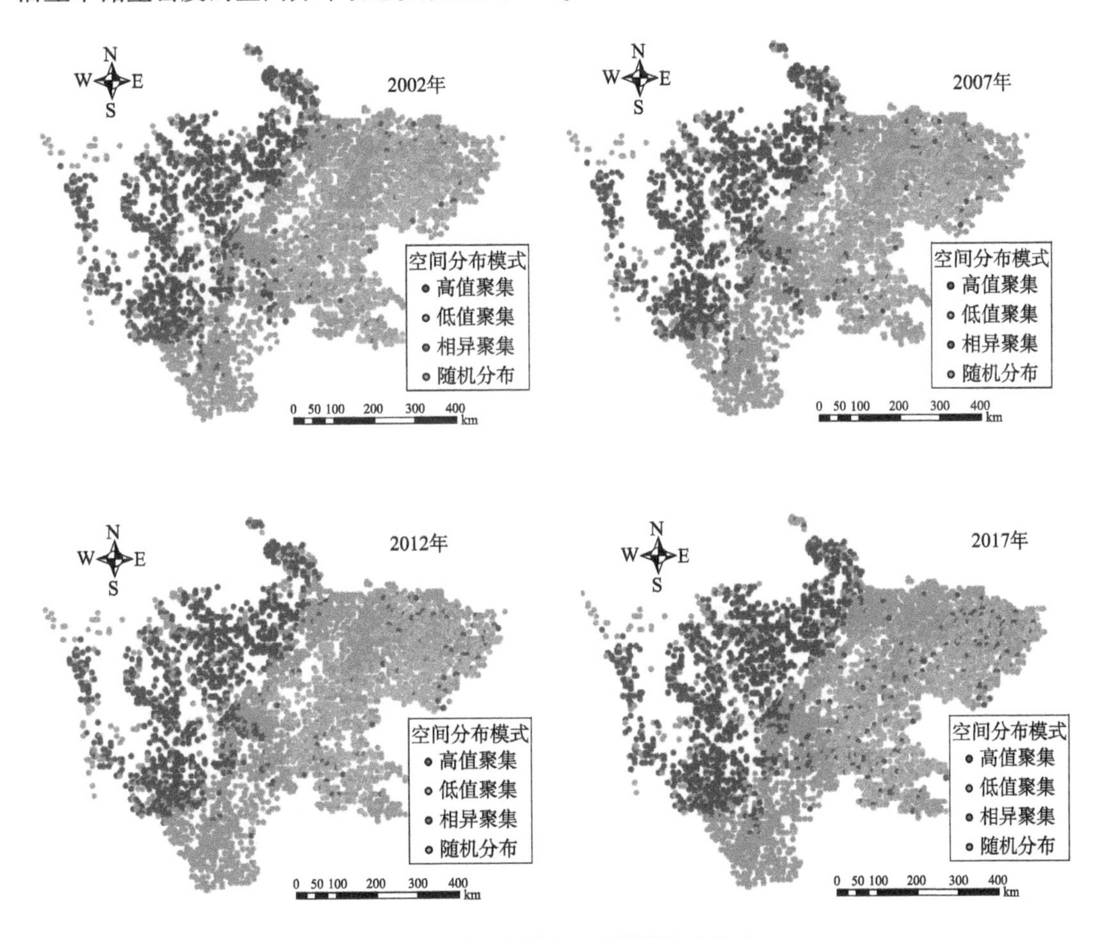

图 3-5 活立木储量密度聚类分布模式

2. 林木储量密度局部空间自相关性

在 $\alpha=0.01$ 的显著性水平下，林木蓄积量密度、生物量密度和碳储量密度的空间分布存在规律性，林木储量密度空间分布规律与活立木的空间分布规律相似，2002 年至 2017 年林木储量密度的空间分布动态变化见图 3-6。由于散生木和四旁树的储量不具有稳定的空间自相关性，散生木和四旁树的储量密度局部空间自相关性无明显规律。

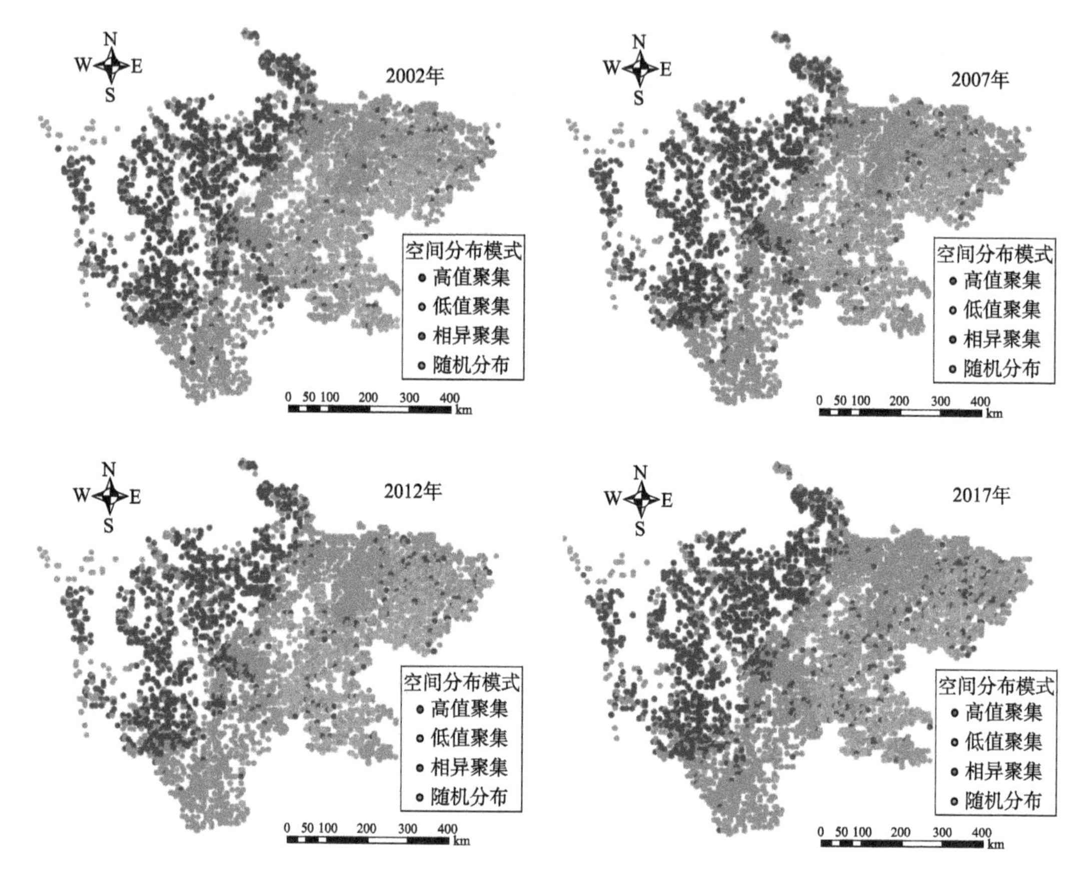

图 3-6　林木储量密度聚类分布模式

(四)聚类分布模式相关性和差异性分析结果

1. 相关性分析结果

蓄积量与生物量的聚类分布模式斯皮尔曼(Spearman)相关性系数均值为 0.859，蓄积量与碳储量的聚类分布模式 Spearman 相关性系数均值为 0.863，生物量与碳储量的聚类分布模式 Spearman 相关性系数均值为 0.977。由于生物量与碳储量间较高的直接相关性，导致生物量与碳储量的聚类分布模式 Spearman 相关性系数大于前面两者，表明蓄积量、生物量和碳储量三者间聚类分布模式具有较高的相关性。各年度蓄积量、生物量和碳储量三者间聚类分布模式 Spearman 相关性系数见表 3-3。

表 3-3　储量聚类分布模式 Spearman 相关性系数

年份	储量	Spearman 相关性系数		
		蓄积量	生物量	碳储量
2002	蓄积量	1.000	0.873**	0.881**
	生物量	0.873**	1.000	0.974**
	碳储量	0.881**	0.974**	1.000
2007	蓄积量	1.000	0.857**	0.863**
	生物量	0.857**	1.000	0.982**
	碳储量	0.863**	0.982**	1.000

（续）

年份	储量	Spearman 相关性系数		
		蓄积量	生物量	碳储量
2012	蓄积量	1.000	0.846**	0.847**
	生物量	0.846**	1.000	0.977**
	碳储量	0.847**	0.977**	1.000
2017	蓄积量	1.000	0.861**	0.860**
	生物量	0.861**	1.000	0.975**
	碳储量	0.860**	0.975**	1.000

注：**表示 $\alpha=0.01$ 水平显著相关。

2. 差异性分析结果

蓄积量与生物量的聚类分布模式卡方检验渐进显著性均大于0.05，表明蓄积量与生物量的聚类分布模式不存在显著差异；蓄积量与碳储量的聚类分布模式卡方检验渐进显著性均大于0.05，表明蓄积量与碳储量的聚类分布模式不存在显著差异；生物量与碳储量的聚类分布模式卡方检验渐进显著性均大于0.05，表明生物量与碳储量的聚类分布模式不存在显著差异(表3-4)。

表3-4 储量聚类分布模式卡方检验结果

储量聚类分布模式卡方检验									
年份	蓄积量与生物量			蓄积量与碳储量			生物量与碳储量		
	卡方值	自由度	渐进显著性	卡方值	自由度	渐进显著性	卡方值	自由度	渐进显著性
2002	0.860	1	0.354	1.079	1	0.299	0.012	1	0.912
2007	2.074	1	0.150	3.411	1	0.065	0.166	1	0.684
2012	4.048	1	0.054	5.210	1	0.052	0.073	1	0.786
2017	4.941	1	0.052	7.312	1	0.051	0.231	1	0.631

五、储量密度动态变化分析

根据储量密度分布拟合结果(表3-5)可知，分布拟合决定系数均大于0.9990，标准估计误差均小于等于0.0020。生物量和碳储量分布函数下降速率参数 a_2 由2002年的0.0382逐渐增大到2017的0.0433，分布函数下降速率参数 a_4 由2002年的0.0122逐渐增大到2017的0.0146，表明生物量和碳储量密度由低值向高值转移的速率逐渐加快，即四川省生物量和碳储量密度从2002年到2017年逐渐增大，且增加速率也依次增大。

表3-5 储量密度分布拟合结果

储量	年度	模型形式	参数				R^2	SEE
			a_1	a_2	a_3	a_4		
蓄积量	2002	5—9	0.0035	510.1924	99.4974	—	0.9981	0.0070
	2007	5—9	0.0038	398.7490	77.7231	—	0.9987	0.0063
	2012	5—9	0.0027	491.7401	89.7145	—	0.9995	0.0038
	2017	5—9	0.0016	628.1726	104.9381	—	0.9998	0.0027

（续）

储量	年度	模型形式	参数				R^2	*SEE*
			a_1	a_2	a_3	a_4		
生物量	2002	5—11	0.5616	0.0534	0.0842	0.0084	0.9996	0.0020
	2007	5—11	0.5316	0.0604	0.1115	0.0094	0.9999	0.0010
	2012	5—11	0.4944	0.0738	0.1485	0.0107	0.9998	0.0012
	2017	5—11	0.3785	0.0769	0.2095	0.0117	0.9999	0.0010
碳储量	2002	5—11	0.5903	0.0382	0.0556	0.0122	0.9999	0.0009
	2007	5—11	0.5534	0.0404	0.0898	0.0139	0.9999	0.0008
	2012	5—11	0.5329	0.0424	0.1101	0.0144	0.9998	0.0011
	2017	5—11	0.4105	0.0433	0.1775	0.0146	0.9998	0.0020

根据储量密度直方图和分布拟合曲线(图 3-7)可知，蓄积量、生物量和碳储量密度概率分布结构相似，呈现倒“J”形分布；从 2002—2017 年蓄积量、生物量和碳储量低密度区间占比逐渐减少，高密度区间占比逐渐增加，四川省蓄积量、生物量和碳储量呈现逐渐增加的趋势。

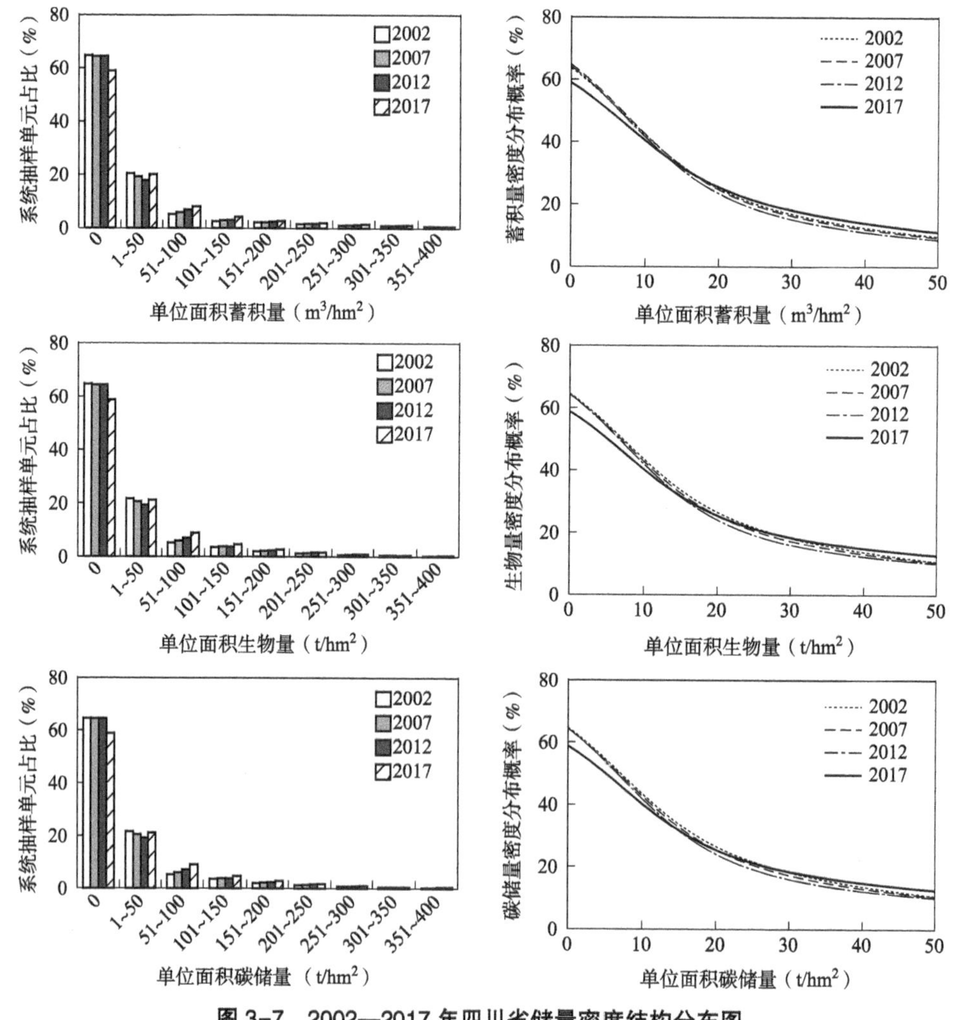

图 3-7　2002—2017 年四川省储量密度结构分布图

六、抽样优化结果

(一) 1/5 样本系统抽样设计结果

在森林资源连续清查系统抽样的基础上，按照固定的空间间隔取样规则进行 1/5 样本系统抽样，分组结果见图 3-8。1/5 样本系统抽样各分组样本数量分别为 1983、2002、2003、1983、1992。2002 年有检尺样木的样本数量分别为 715、731、765、704、751，2007 年有检尺样木的样本数量分别为 720、738、780、707、768，2012 年有检尺样木的样本数量分别为 721、741、777、700、758。1/5 样本系统抽样分组框架不变，随着时间推移有检尺样木的样本数量逐渐增加。

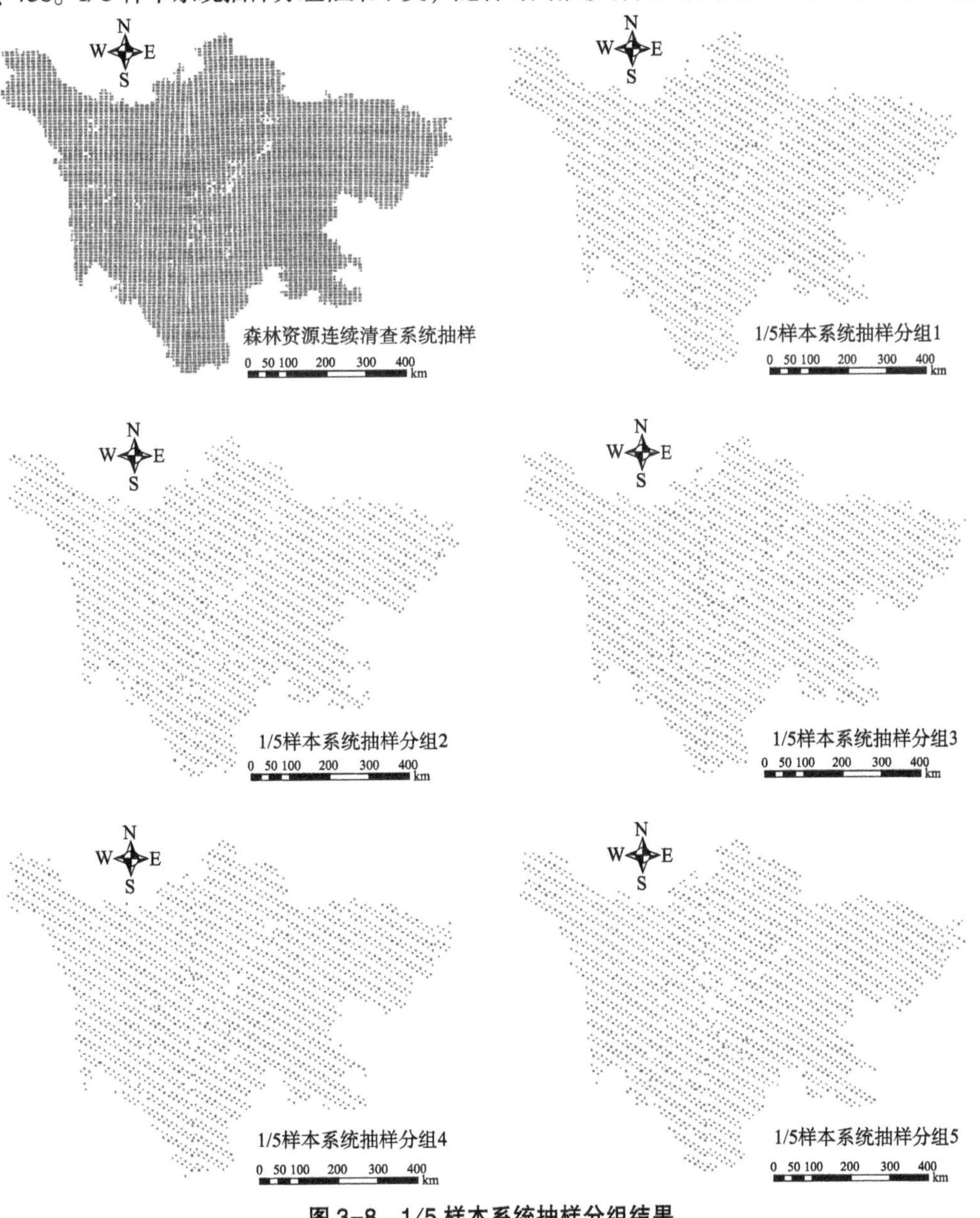

图 3-8 1/5 样本系统抽样分组结果

（二）1/5 样本随机抽样设计结果

在森林资源连续清查系统抽样的基础上进行 1/5 样本随机抽样，分组结果见图 3-9。1/5 样本随机抽样各分组样本数量分别为 1992、1991、2001、1989、1990。2002 年有检尺样木的样本数量分别为 742、733、771、672、748，2007 年有检尺样木的样本数量分别为 734、757、780、680、762，2012 年有检尺样木的样本数量分别为 740、750、779、675、753。1/5 样本随机抽样分组框架不变，随着时间推移有检尺样木的样本数量逐渐增加。

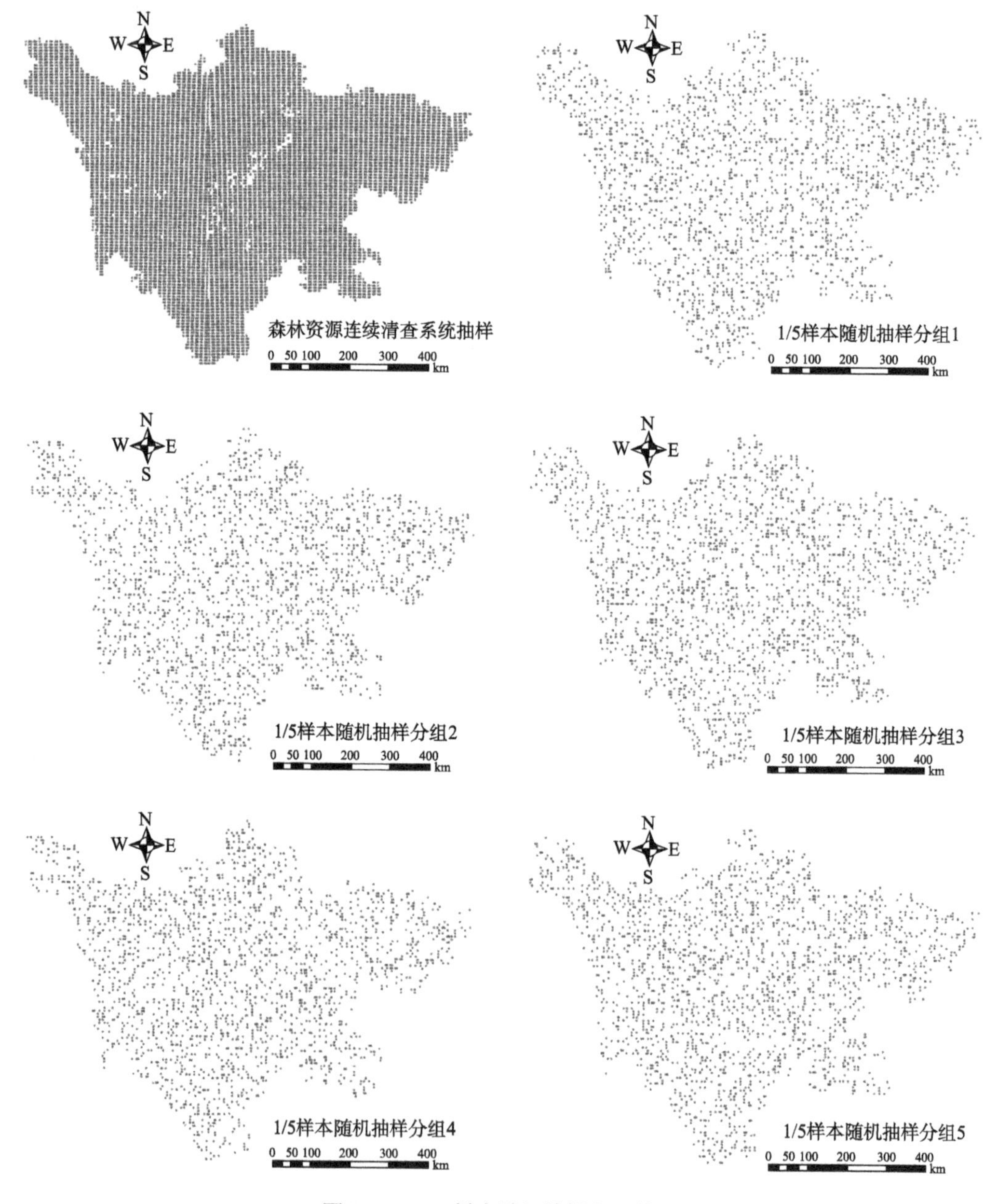

图 3-9　1/5 样本随机抽样分组结果

(三)1/5 样本群团抽样设计结果

在森林资源连续清查系统抽样的基础上，以县为群团单位进行 1/5 样本群团抽样，分组结果见图 3-10。1/5 样本群团抽样各分组样本数量分别为 1972、1983、1989、2008、2011。2002 年有检尺样木的样本数量分别为 736、764、686、721、759，2007 年有检尺样木的样本数量分别为 736、764、686、721、759，2012 年有检尺样木的样本数量分别为 736、764、686、721、759。1/5 样本群团抽样分组框架不变，随着时间推移有检尺样木的样本数量逐渐增加。

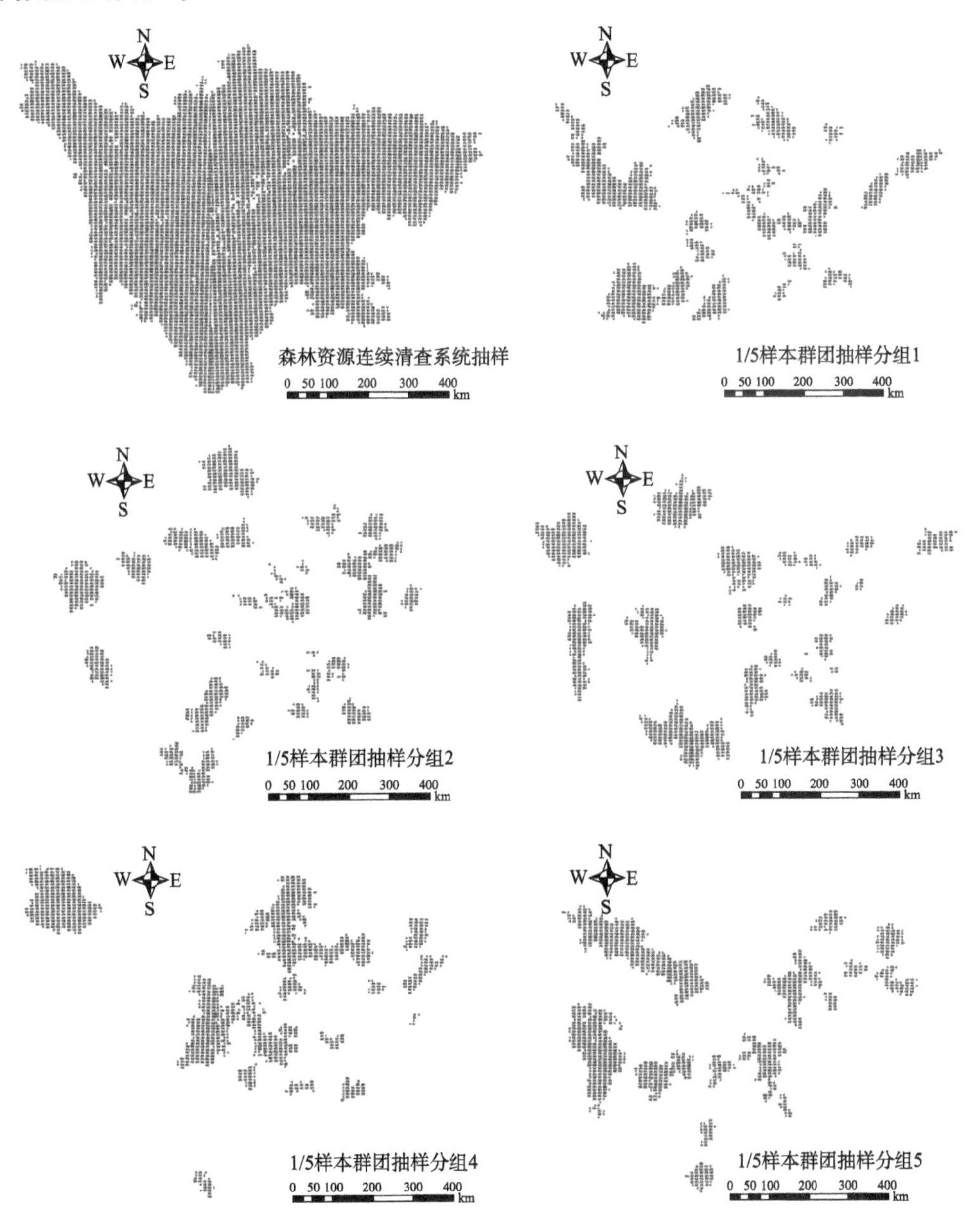

图 3-10 1/5 样本群团抽样分组结果

（四）空间分层抽样设计结果

1. 2002 年空间分层抽样设计结果

在 1/5 样本随机抽样的基础上，根据 2002 年森林资源储量局部空间自相关分析的结果，进行空间分层抽样，分组结果见图 3-11。2002 年各分组年度调查的样本数量分别为 502、519、501、495、496。

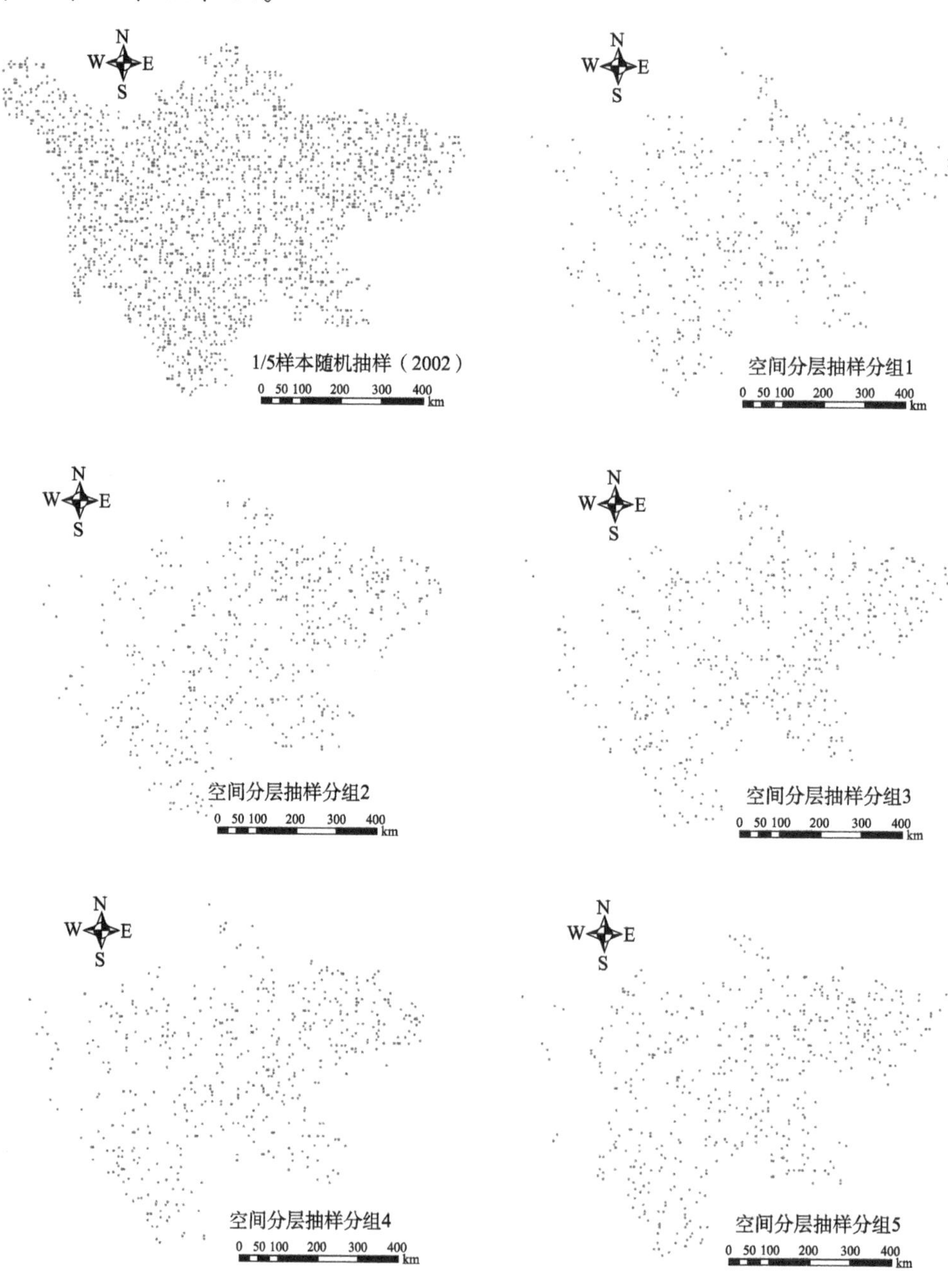

图 3-11　2002 年空间分层抽样结果

2. 2007 年空间分层抽样设计结果

在 1/5 样本随机抽样的基础上，根据 2007 年森林资源储量局部空间自相关分析的结果，进行空间分层抽样，分组结果见图 3-12。2007 年各分组年度调查的样本数量分别为 434、461、456、432、446，随着时间推移样本数量逐渐减少。

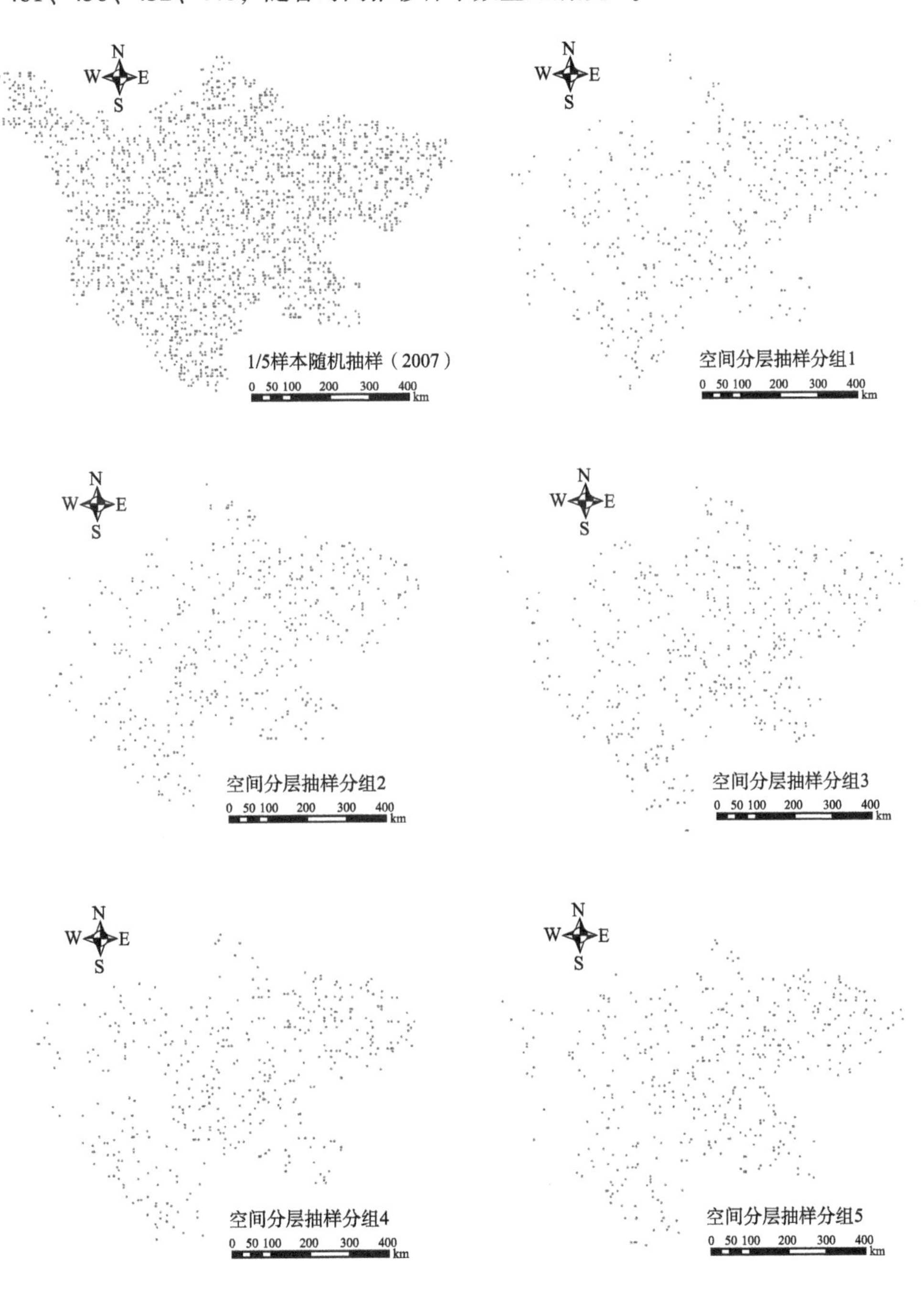

图 3-12 2007 年空间分层抽样结果

3. 2012 年空间分层抽样设计结果

在 1/5 样本随机抽样的基础上，根据 2012 年森林资源储量局部空间自相关分析的结果，进行空间分层抽样，分组结果见图 3-13。2012 年各分组年度调查的样本数量分别为 405、414、410、398、412，随着时间推移样本数量逐渐减少。

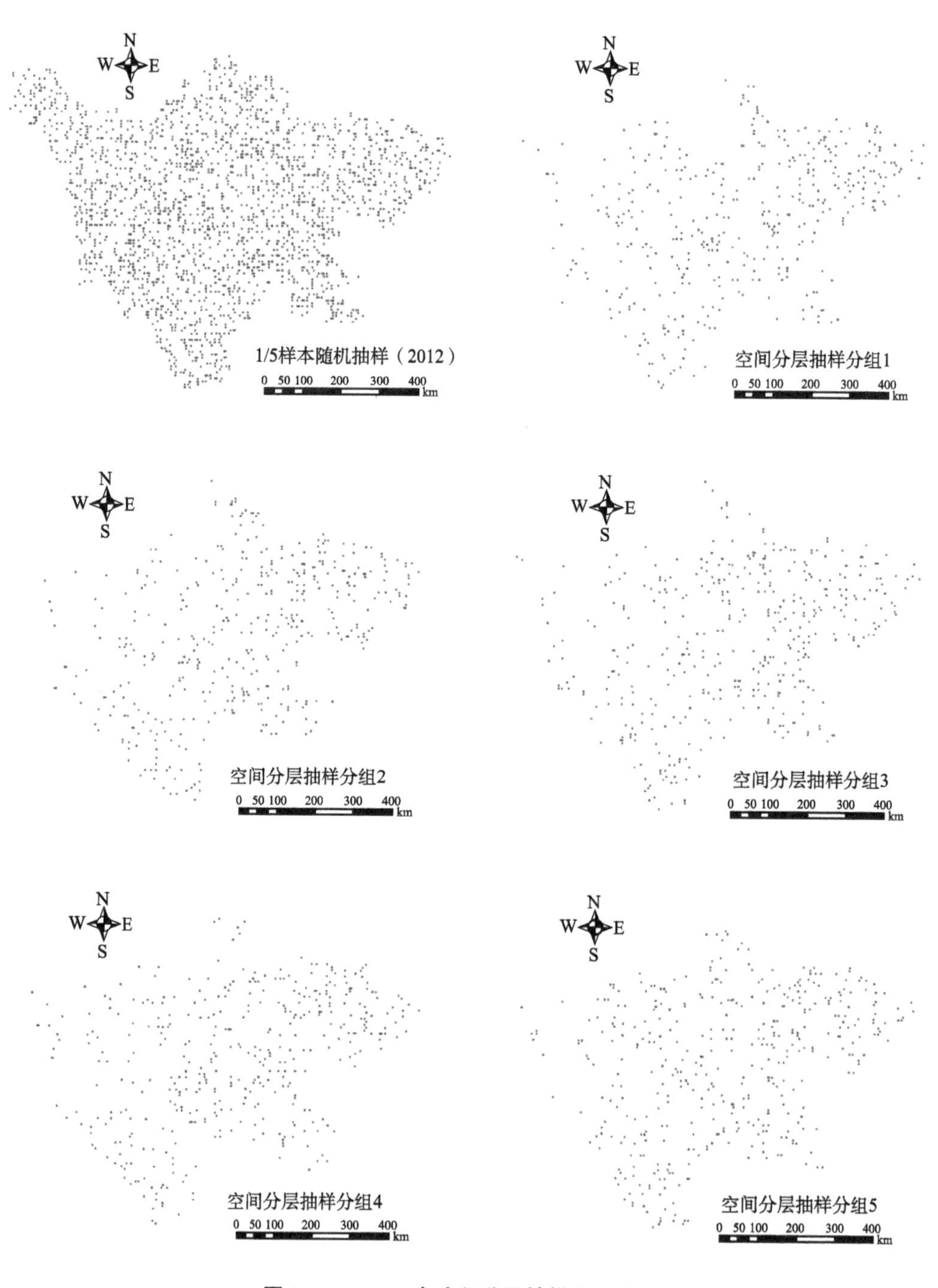

图 3-13　2012 年空间分层抽样分组结果

七、抽样估计结果

(一)活立木储量抽样估计结果分析

1. 活立木储量总体估计差异

(1)1/5 样本系统抽样活立木储量估算结果

1/5 样本系统抽样各分组在95%可靠性下，以 2002 年分组样本估计 2007 年活立木蓄积量、生物量和碳储量的均值分别为 16.99 亿 m^3、13.03 亿 t、6.32 亿 t，精度均值分别为 94.20%、94.73%、94.72%；以 2007 年分组样本估计 2012 年活立木蓄积量、生物量和碳储量的均值分别为 17.85 亿 m^3、13.95 亿 t、6.77 亿 t，精度均值分别为 94.41%、94.97%、94.96%；以 2012 年分组样本估计 2017 年活立木蓄积量、生物量和碳储量的均值分别为 19.79 亿 m^3、16.01 亿 t、7.76 亿 t，精度均值分别为 94.49%、94.94%、94.92%。各分组年度估计值及精度见表 3-6。

表 3-6 1/5 样本系统抽样活立木储量估计值及精度

估计年度	储量	抽样分组										观测值
		系统分组 1		系统分组 2		系统分组 3		系统分组 4		系统分组 5		
		中值	精度(%)	中值	精度(%)	中值	精度(%)	中值	精度(%)	中值	精度(%)	
2007	蓄积量(亿 m^3)	17.12	94.39	17.31	94.37	16.95	94.25	16.61	94.14	16.95	93.84	16.88
	生物量(亿 t)	13.19	94.91	13.27	94.94	12.91	94.77	12.79	94.66	12.98	94.38	13.00
	碳储量(亿 t)	6.40	94.90	6.44	94.93	6.27	94.77	6.21	94.64	6.30	94.37	6.31
2012	蓄积量(亿 m^3)	17.79	94.38	17.88	94.40	18.23	94.43	17.27	94.43	18.06	94.39	17.76
	生物量(亿 t)	13.87	94.93	13.98	95.01	14.25	95.03	13.50	94.97	14.13	94.93	13.95
	碳储量(亿 t)	6.74	94.92	6.78	94.99	6.91	95.01	6.55	94.96	6.86	94.91	6.77
2017	蓄积量(亿 m^3)	19.09	94.39	19.58	94.41	20.29	94.45	19.97	94.67	20.02	94.52	19.72
	生物量(亿 t)	15.41	94.76	16.05	94.84	16.40	94.93	16.06	95.16	16.15	94.99	15.97
	碳储量(亿 t)	7.48	94.74	7.77	94.82	7.94	94.92	7.78	95.16	7.82	94.99	7.74

(2)1/5 样本随机抽样活立木储量估算结果

1/5 样本随机抽样各分组在95%可靠性下，以 2002 年分组样本估计 2007 年活立木蓄积量、生物量和碳储量的均值分别为 16.94 亿 m^3、12.99 亿 t、6.30 亿 t，精度均值分别为 94.20%、94.73%、94.72%；以 2007 年分组样本估计 2012 年活立木蓄积量、生物量和碳储量的均值分别为 17.85 亿 m^3、13.94 亿 t、6.77 亿 t，精度均值分别为 94.40%、94.97%、94.96%；以 2012 年分组样本估计 2017 年活立木蓄积量、生物量和碳储量的均值分别为 19.78 亿 m^3、15.99 亿 t、7.75 亿 t，精度均值分别为 94.49%、94.93%、94.92%。各分组年度估计值及精度见表 3-7。

表 3-7　1/5 样本随机抽样活立木储量估计值及精度

估计年度	储量	抽样分组										观测值
		随机分组 1		随机分组 2		随机分组 3		随机分组 4		随机分组 5		
		中值	精度(%)	中值	精度(%)	中值	精度(%)	中值	精度(%)	中值	精度(%)	
2007	蓄积量(亿 m^3)	16.38	93.91	16.93	94.16	17.30	94.35	16.85	94.23	17.25	94.34	16.88
	生物量(亿 t)	12.62	94.48	12.95	94.66	13.19	94.81	12.91	94.76	13.25	94.92	13.00
	碳储量(亿 t)	6.12	94.45	6.29	94.67	6.40	94.80	6.27	94.75	6.43	94.91	6.31
2012	蓄积量(亿 m^3)	17.89	94.47	17.75	94.31	18.09	94.42	17.81	94.42	17.70	94.41	17.76
	生物量(亿 t)	13.94	94.94	13.82	94.91	14.21	94.99	13.93	95.05	13.81	94.98	13.95
	碳储量(亿 t)	6.77	94.93	6.70	94.89	6.90	94.97	6.76	95.04	6.70	94.97	6.77
2017	蓄积量(亿 m^3)	19.95	94.69	19.65	94.37	19.81	94.32	19.88	94.57	19.59	94.50	19.72
	生物量(亿 t)	15.97	95.04	15.89	94.92	16.06	94.80	16.21	94.90	15.83	95.01	15.97
	碳储量(亿 t)	7.74	95.03	7.70	94.89	7.77	94.80	7.85	94.88	7.67	94.99	7.74

(3)1/5 样本群团抽样活立木储量估算结果

1/5 样本群团抽样各分组在 95%可靠性下，以 2002 年分组样本估计 2007 年活立木蓄积量、生物量和碳储量的均值分别为 16.96 亿 m^3、13.00 亿 t、6.31 亿 t，精度均值分别为 94.18%、94.72%、94.70%；以 2007 年分组样本估计 2012 年活立木蓄积量、生物量和碳储量的均值分别为 17.84 亿 m^3、13.95 亿 t、6.77 亿 t，精度均值分别为 94.41%、94.98%、94.96%；以 2012 年分组样本估计 2017 年活立木蓄积量、生物量和碳储量的均值分别为 19.75 亿 m^3、15.98 亿 t、7.74 亿 t，精度均值分别为 94.50%、94.94%、94.93%。各分组年度估计值及精度见表 3-8。

表 3-8　1/5 样本群团抽样活立木储量估计值及精度

估计年度	储量	抽样分组										观测值
		群团分组 1		群团分组 2		群团分组 3		群团分组 4		群团分组 5		
		中值	精度(%)	中值	精度(%)	中值	精度(%)	中值	精度(%)	中值	精度(%)	
2007	蓄积量(亿 m^3)	16.59	94.09	17.22	94.03	17.00	94.36	17.00	94.16	17.01	94.25	16.88
	生物量(亿 t)	12.65	94.67	13.05	94.63	13.06	94.95	13.09	94.60	13.13	94.73	13.00
	碳储量(亿 t)	6.14	94.64	6.34	94.60	6.34	94.94	6.35	94.62	6.38	94.72	6.31
2012	蓄积量(亿 m^3)	17.57	94.48	18.34	94.45	17.36	94.23	17.76	94.37	18.19	94.52	17.76
	生物量(亿 t)	13.65	95.05	14.32	95.04	13.51	94.84	13.90	94.88	14.36	95.05	13.95
	碳储量(亿 t)	6.62	95.04	6.94	95.03	6.55	94.83	6.74	94.87	6.97	95.04	6.77

（续）

估计年度	储量	抽样分组										观测值
		群团分组 1		群团分组 2		群团分组 3		群团分组 4		群团分组 5		
		中值	精度（%）	中值	精度（%）	中值	精度（%）	中值	精度（%）	中值	精度（%）	
2017	蓄积量（亿 m^3）	19.73	94.61	19.00	94.11	20.05	94.46	20.10	94.62	19.85	94.72	19.72
	生物量（亿 t）	15.99	94.91	15.12	94.78	16.23	94.92	16.50	94.95	16.06	95.14	15.97
	碳储量（亿 t）	7.74	94.90	7.32	94.76	7.87	94.90	7.99	94.94	7.79	95.14	7.74

（4）空间分层抽样活立木储量估算结果

空间分层抽样各分组在 95%可靠性下，以 2002 年分组样本估计 2007 年活立木蓄积量、生物量和碳储量的均值分别为 16.96 亿 m^3、13.04 亿 t、6.33 亿 t，精度均值分别为 93.38%、93.86%、93.85%；以 2007 年分组样本估计 2012 年活立木蓄积量、生物量和碳储量的均值分别为 17.83 亿 m^3、13.89 亿 t、6.74 亿 t，精度均值分别为 93.56%、94.10%、94.09%；以 2012 年分组样本估计 2017 年活立木蓄积量、生物量和碳储量的均值分别为 19.41 亿 m^3、15.67 亿 t、7.59 亿 t，精度均值分别为 93.23%、93.46%、93.46%。各分组年度估计值及精度见表 3-9。

表 3-9　空间分层抽样活立木储量估计值及精度

估计年度	储量	抽样分组										观测值
		分层分组 1		分层分组 2		分层分组 3		分层分组 4		分层分组 5		
		中值	精度（%）	中值	精度（%）	中值	精度（%）	中值	精度（%）	中值	精度（%）	
2007	蓄积量（亿 m^3）	16.12	92.26	17.30	93.75	17.06	93.85	16.93	93.36	17.37	93.70	16.88
	生物量（亿 t）	12.52	92.86	13.34	94.36	13.06	94.02	12.96	93.88	13.34	94.21	13.00
	碳储量（亿 t）	6.07	92.77	6.47	94.35	6.34	94.04	6.29	93.88	6.48	94.20	6.31
2012	蓄积量（亿 m^3）	17.96	93.55	17.54	93.28	17.52	93.31	17.97	93.76	18.15	93.91	17.76
	生物量（亿 t）	13.89	93.76	13.72	93.99	13.71	93.94	14.02	94.43	14.11	94.37	13.95
	碳储量（亿 t）	6.75	93.78	6.65	93.96	6.65	93.92	6.80	94.42	6.84	94.37	6.77
2017	蓄积量（亿 m^3）	20.23	93.86	19.18	92.72	19.37	92.99	18.87	93.39	19.40	93.16	19.72
	生物量（亿 t）	16.12	93.66	15.82	93.33	15.70	93.22	15.15	93.63	15.57	93.48	15.97
	碳储量（亿 t）	7.83	93.69	7.65	93.30	7.59	93.24	7.34	93.61	7.54	93.47	7.74

2. *活立木储量样地估算差异*

（1）1/5 样本系统抽样活立木储量样地估算结果

以 1/5 样本系统抽样各分组样本估计下一周期总体活立木储量作为辅助变量的总体控制的阈值，剩余样本以胸径-年龄二元生长率模型样地更新结果为基础进行比估计。系统抽样各分组 2007 年比估计样地蓄积量、生物量、碳储量与 2007 年调查样地蓄积量、生物量、碳储量间的相关性系数均值分别为 0.97、0.96、0.96，相对差异（*RD*）均值分别为 -0.20%、-0.28%、-0.27%；系统抽样各分组 2012 年比估计样地蓄积量、生物量、碳储量与2012年调查样地蓄积量、生物量、碳储量间的相关性系数均值分别为0.98、0.97、0.97，相对差异(*RD*)均值分别为0.01%、0.01%、0.01%；系统抽样各分组2017年比估计样地蓄积量、生物量、碳储量与2017年调查样地蓄积量、生物量、碳储量间的相关性系数均值分别为0.95、0.93、0.93，相对差异(*RD*)均值分别为-0.33%、-0.31%、-0.33%。1/5样本系统抽样各分组活立木储量样地估算结果指标见表3-10。

(2)1/5样本随机抽样活立木储量样地估算结果

以1/5样本随机抽样各分组样本估计下一周期总体活立木储量作为辅助变量的总体控制的阈值，剩余样本以胸径-年龄二元生长率模型样地更新结果为基础进行比估计。随机抽样各分组2007年比估计样地蓄积量、生物量、碳储量与2007年调查样地蓄积量、生物量、碳储量间的相关性系数均值分别为0.97、0.96、0.96，相对差异(*RD*)均值分别为0.17%、0.13%、0.13%；随机抽样各分组2012年比估计样地蓄积量、生物量、碳储量与2012年调查样地蓄积量、生物量、碳储量间的相关性系数均值分别为0.98、0.97、0.97，相对差异(*RD*)均值分别为-0.01%、0.05%、0.04%；随机抽样各分组2017年比估计样地蓄积量、生物量、碳储量与2017年调查样地蓄积量、生物量、碳储量间的相关性系数均值分别为0.95、0.93、0.94，相对差异(*RD*)均值分别为-0.29%、-0.16%、-0.17%。1/5样本随机抽样各分组活立木储量样地估算结果指标见表3-11。

(3)1/5样本群团抽样活立木储量样地估算结果

以1/5样本群团抽样各分组样本估计下一周期总体活立木储量作为辅助变量的总体控制的阈值，剩余样本以胸径-年龄二元生长率模型样地更新结果为基础进行比估计。群团抽样各分组2007年比估计样地蓄积量、生物量、碳储量与2007年调查样地蓄积量、生物量、碳储量间的相关性系数均值分别为0.97、0.96、0.96，相对差异(*RD*)均值分别为0.00%、0.02%、0.02%；群团抽样各分组2012年比估计样地蓄积量、生物量、碳储量与2012年调查样地蓄积量、生物量、碳储量间的相关性系数均值分别为0.98、0.97、0.97，相对差异(*RD*)均值分别为0.07%、0.08%、0.09%；群团抽样各分组2017年比估计样地蓄积量、生物量、碳储量与2017年调查样地蓄积量、生物量、碳储量间的相关性系数均值分别为0.95、0.93、0.93，相对差异(*RD*)均值分别为-0.05%、0.03%、0.03%。1/5样本群团抽样各分组活立木储量样地估算结果指标见表3-12。

(4)空间分层抽样活立木储量样地估算结果

以空间分层抽样各分组样本估计下一周期总体活立木储量作为辅助变量的总体控制的阈值，剩余样本以胸径-年龄二元生长率模型样地更新结果为基础进行比估计。空间分层抽样各分组2007年比估计样地蓄积量、生物量、碳储量与2007年调查样地蓄积量、生物量、碳储量间的相关性系数均值分别为0.97、0.96、0.96，相对差异(*RD*)均值分别为0.10%、-0.36%、-0.29%；空间分层抽样各分组2012年比估计样地蓄积量、生物量、碳储量与2012年调查样地蓄积量、生物量、碳储量间的相关性系数均值分别为0.98、0.97、0.97，相对差异(*RD*)均值分别为0.15%、0.49%、0.50%；空间分层抽样各分组2017年比估计样地蓄积量、生物量、碳储量与2017年调查样地蓄积量、生物量、碳储量间的相关性系数均值分别为0.96、0.94、0.94，相对差异(*RD*)均值分别为-0.14%、-0.49%、-0.46%。空间分层抽样各分组活立木储量样地估算结果指标见表3-13。

表 3-10 1/5 样本系统抽样活立木储量样地估算结果指标

年度	指标	抽样分组														
		系统分组 1			系统分组 2			系统分组 3			系统分组 4			系统分组 5		
		蓄积量	生物量	碳储量	蓄积量	生物量	碳储量	蓄积量	生物量	碳储量	蓄积量	生物量	碳储量	蓄积量	生物量	碳储量
2007	*R*	0.97	0.95	0.95	0.97	0.95	0.95	0.97	0.95	0.95	0.98	0.96	0.96	0.98	0.97	0.97
	RD(%)	-1.2	-1.8	-1.8	-2.5	-2.6	-2.5	0.1	0.8	0.7	2.5	2.0	2.0	0.1	0.2	0.2
2012	*R*	0.98	0.97	0.97	0.98	0.97	0.97	0.97	0.97	0.97	0.98	0.97	0.97	0.97	0.97	0.97
	RD(%)	0.4	0.7	0.5	-0.3	-0.3	-0.3	-2.7	-2.7	-2.7	4.1	4.0	4.1	-1.5	-1.7	-1.6
2017	*R*	0.96	0.94	0.94	0.95	0.94	0.94	0.95	0.93	0.93	0.95	0.93	0.93	0.95	0.93	0.93
	RD(%)	4.2	4.5	4.3	0.9	-0.6	-0.5	-3.5	-3.3	-3.3	-1.5	-0.7	-0.7	-1.8	-1.4	-1.4

表 3-11 1/5 样本随机抽样活立木储量样地估算结果指标

年度	指标	抽样分组														
		随机分组 1			随机分组 2			随机分组 3			随机分组 4			随机分组 5		
		蓄积量	生物量	碳储量	蓄积量	生物量	碳储量	蓄积量	生物量	碳储量	蓄积量	生物量	碳储量	蓄积量	生物量	碳储量
2007	*R*	0.98	0.97	0.97	0.97	0.96	0.96	0.96	0.95	0.95	0.97	0.95	0.95	0.97	0.95	0.95
	RD(%)	4.4	3.7	3.8	0.2	0.4	0.4	-2.5	-1.8	-1.8	0.8	0.8	0.8	-2.1	-2.4	-2.4
2012	*R*	0.98	0.97	0.97	0.98	0.97	0.97	0.97	0.97	0.97	0.98	0.97	0.97	0.98	0.97	0.97
	RD(%)	-0.3	0.0	-0.1	0.7	1.2	1.2	-1.7	-2.4	-2.4	0.3	0.2	0.1	1.1	1.3	1.3
2017	*R*	0.95	0.94	0.94	0.95	0.94	0.94	0.96	0.94	0.94	0.95	0.93	0.93	0.95	0.93	0.93
	RD(%)	-1.4	0.0	-0.1	0.5	0.6	0.6	-0.5	-0.7	-0.6	-0.9	-1.8	-1.8	0.9	1.1	1.1

表 3-12 1/5 样本群团抽样活立木储量样地估算结果指标

年度	指标	抽样分组														
		群团分组 1			群团分组 2			群团分组 3			群团分组 4			群团分组 5		
		蓄积量	生物量	碳储量	蓄积量	生物量	碳储量	蓄积量	生物量	碳储量	蓄积量	生物量	碳储量	蓄积量	生物量	碳储量
2007	*R*	0.97	0.96	0.96	0.97	0.96	0.96	0.97	0.95	0.95	0.97	0.96	0.96	0.97	0.96	0.96
	RD(%)	2.8	3.5	3.4	−1.9	−0.6	−0.6	−0.3	−0.6	−0.5	−0.3	−0.9	−0.9	−0.3	−1.3	−1.4
2012	*R*	0.97	0.97	0.97	0.97	0.97	0.97	0.98	0.97	0.97	0.98	0.97	0.97	0.97	0.97	0.97
	RD(%)	2.0	2.7	2.7	−3.4	−3.2	−3.2	3.5	4.1	4.1	0.6	0.5	0.5	−2.4	−3.6	−3.7
2017	*R*	0.95	0.93	0.93	0.97	0.95	0.95	0.95	0.93	0.93	0.94	0.93	0.93	0.94	0.93	0.93
	RD(%)	0.0	−0.2	−0.1	4.8	7.0	7.1	−2.0	−2.0	−2.1	−2.3	−4.0	−3.9	−0.7	−0.7	−0.8

表 3-13 空间分层抽样活立木储量样地估算结果指标

年度	指标	抽样分组														
		分层分组 1			分层分组 2			分层分组 3			分层分组 4			分层分组 5		
		蓄积量	生物量	碳储量	蓄积量	生物量	碳储量	蓄积量	生物量	碳储量	蓄积量	生物量	碳储量	蓄积量	生物量	碳储量
2007	*R*	0.98	0.97	0.97	0.97	0.95	0.95	0.97	0.95	0.95	0.97	0.96	0.96	0.97	0.95	0.95
	RD(%)	6.0	4.3	4.6	−2.3	−3.0	−2.9	−0.7	−0.5	−0.5	0.2	0.3	0.3	−2.7	−2.9	−3.0
2012	*R*	0.98	0.97	0.97	0.98	0.97	0.97	0.97	0.97	0.97	0.97	0.97	0.97	0.97	0.97	0.97
	RD(%)	−0.7	0.5	0.4	2.0	1.9	2.0	2.2	2.0	2.0	−0.8	−0.6	−0.6	−1.9	−1.3	−1.2
2017	*R*	0.94	0.93	0.93	0.96	0.94	0.94	0.95	0.94	0.94	0.97	0.97	0.97	0.95	0.94	0.94
	RD(%)	−2.7	−1.0	−1.3	3.2	1.1	1.3	2.1	2.0	2.1	−5.3	−7.4	−7.3	1.9	2.9	2.9

(二)林木储量抽样估计结果分析

1. 林木储量总体估计差异

(1)1/5样本系统抽样林木储量估算结果

1/5样本系统抽样各分组在95%可靠性下，以2002年分组样本估计2007年林木蓄积量、生物量和碳储量的均值分别为16.28亿m^3、12.34亿t、6.00亿t，精度均值分别为93.92%、94.41%、94.41%；以2007年分组样本估计2012年林木蓄积量、生物量和碳储量的均值分别为17.10亿m^3、13.21亿t、6.43亿t，精度均值分别为94.14%、94.67%、94.67%；以2012年分组样本估计2017年林木蓄积量、生物量和碳储量的均值分别为18.85亿m^3、15.11亿t、7.34亿t，精度均值分别为94.20%、94.61%、94.61%。各分组年度估计值及精度见表3-14。

表3-14 1/5样本系统抽样林木储量估计值及精度

估计年度	储量	抽样分组										观测值
		系统分组1		系统分组2		系统分组3		系统分组4		系统分组5		
		中值	精度(%)	中值	精度(%)	中值	精度(%)	中值	精度(%)	中值	精度(%)	
2007	蓄积量(亿m^3)	16.53	94.09	16.54	94.09	16.25	93.98	15.94	93.88	16.14	93.54	16.16
	生物量(亿t)	12.59	94.56	12.51	94.63	12.24	94.47	12.14	94.38	12.19	94.03	12.30
	碳储量(亿t)	6.13	94.56	6.08	94.63	5.96	94.48	5.91	94.36	5.93	94.04	5.99
2012	蓄积量(亿m^3)	17.09	94.13	17.17	94.13	17.43	94.18	16.48	94.15	17.32	94.13	17.01
	生物量(亿t)	13.18	94.65	13.29	94.71	13.46	94.74	12.73	94.65	13.40	94.62	13.21
	碳储量(亿t)	6.41	94.65	6.46	94.70	6.55	94.73	6.19	94.65	6.52	94.62	6.42
2017	蓄积量(亿m^3)	18.13	94.12	18.69	94.14	19.24	94.13	19.07	94.37	19.12	94.24	18.78
	生物量(亿t)	14.48	94.43	15.19	94.53	15.39	94.58	15.21	94.83	15.30	94.67	15.06
	碳储量(亿t)	7.05	94.42	7.37	94.52	7.48	94.57	7.38	94.84	7.42	94.68	7.32

(2)1/5样本随机抽样林木储量估算结果

1/5样本随机抽样各分组在95%可靠性下，以2002年分组样本估计2007年林木蓄积量、生物量和碳储量的均值分别为16.22亿m^3、12.29亿t、5.98亿t，精度均值分别为93.92%、94.41%、94.41%；以2007年分组样本估计2012年林木蓄积量、生物量和碳储量的均值分别为17.10亿m^3、13.20亿t、6.42亿t，精度均值分别为94.14%、94.68%、94.67%；以2012年分组样本估计2017年林木蓄积量、生物量和碳储量的均值分别为18.83亿m^3、15.09亿t、7.33亿t，精度均值分别为94.20%、94.60%、94.60%。各分组年度估计值及精度见表3-15。

表 3-15　1/5 样本随机抽样林木储量估计值及精度

估计年度	储量	抽样分组										观测值
		随机分组 1		随机分组 2		随机分组 3		随机分组 4		随机分组 5		
		中值	精度（%）	中值	精度（%）	中值	精度（%）	中值	精度（%）	中值	精度（%）	
2007	蓄积量(亿 m^3)	15.72	93.61	16.20	93.89	16.55	94.10	16.15	93.97	16.51	94.04	16.16
	生物量(亿 t)	11.99	94.14	12.23	94.34	12.45	94.54	12.25	94.46	12.52	94.56	12.30
	碳储量(亿 t)	5.83	94.11	5.96	94.36	6.06	94.54	5.96	94.46	6.10	94.57	5.99
2012	蓄积量(亿 m^3)	17.10	94.19	17.00	94.05	17.41	94.16	17.03	94.16	16.95	94.14	17.01
	生物量(亿 t)	13.15	94.63	13.08	94.62	13.55	94.69	13.17	94.76	13.07	94.68	13.21
	碳储量(亿 t)	6.41	94.63	6.36	94.61	6.59	94.69	6.41	94.76	6.35	94.67	6.42
2017	蓄积量(亿 m^3)	18.97	94.42	18.79	94.10	18.88	94.01	18.84	94.28	18.69	94.19	18.78
	生物量(亿 t)	15.03	94.73	15.05	94.61	15.17	94.45	15.22	94.59	14.96	94.63	15.06
	碳储量(亿 t)	7.31	94.73	7.31	94.60	7.36	94.46	7.39	94.58	7.27	94.63	7.32

（3）1/5 样本群团抽样林木储量估算结果

1/5 样本群团抽样各分组在 95%可靠性下，以 2002 年分组样本估计 2007 年活立木蓄积量、生物量和碳储量的均值分别为 16.25 亿 m^3、12.30 亿 t、5.99 亿 t，精度均值分别为 93.90%、94.40%、94.40%；以 2007 年分组样本估计 2012 年活立木蓄积量、生物量和碳储量的均值分别为 17.09 亿 m^3、13.21 亿 t、6.42 亿 t，精度均值分别为 94.15%、94.68%、94.67%；以 2012 年分组样本估计 2017 年活立木蓄积量、生物量和碳储量的均值分别为 18.80 亿 m^3、15.07 亿 t、7.32 亿 t，精度均值分别为 94.21%、94.61%、94.61%。各分组年度估计值及精度见表 3-16。

表 3-16　1/5 样本群团抽样林木储量估计值及精度

估计年度	储量	抽样分组										观测值
		群团分组 1		群团分组 2		群团分组 3		群团分组 4		群团分组 5		
		中值	精度（%）	中值	精度（%）	中值	精度（%）	中值	精度（%）	中值	精度（%）	
2007	蓄积量(亿 m^3)	15.85	93.79	16.55	93.74	16.19	94.08	16.32	93.89	16.32	94.00	16.16
	生物量(亿 t)	11.91	94.33	12.41	94.30	12.28	94.63	12.44	94.28	12.45	94.44	12.30
	碳储量(亿 t)	5.80	94.31	6.04	94.28	5.97	94.63	6.05	94.30	6.06	94.44	5.99
2012	蓄积量(亿 m^3)	16.76	94.22	17.50	94.18	16.69	93.96	17.02	94.11	17.49	94.28	17.01
	生物量(亿 t)	12.87	94.77	13.48	94.74	12.85	94.53	13.17	94.58	13.67	94.77	13.21
	碳储量(亿 t)	6.26	94.76	6.56	94.73	6.25	94.53	6.41	94.59	6.66	94.77	6.42

（续）

估计年度	储量	抽样分组										观测值
		群团分组 1		群团分组 2		群团分组 3		群团分组 4		群团分组 5		
		中值	精度（%）	中值	精度（%）	中值	精度（%）	中值	精度（%）	中值	精度（%）	
2017	蓄积量（亿 m^3）	18.80	94.33	18.15	93.83	19.10	94.15	19.06	94.28	18.89	94.46	18.78
	生物量（亿 t）	15.10	94.58	14.32	94.48	15.30	94.57	15.51	94.56	15.14	94.85	15.06
	碳储量（亿 t）	7.33	94.58	6.95	94.47	7.44	94.57	7.53	94.56	7.36	94.86	7.32

（4）空间分层抽样林木储量估算结果

空间分层抽样各分组在 95%可靠性下，以 2002 年分组样本估计 2007 年林木蓄积量、生物量和碳储量的均值分别为 16.27 亿 m^3、12.37 亿 t、6.02 亿 t，精度均值分别为 93.02%、93.45%、93.45%；以 2007 年分组样本估计 2012 年林木蓄积量、生物量和碳储量的均值分别为 17.10 亿 m^3、13.17 亿 t、6.41 亿 t，精度均值分别为 93.24%、93.73%、93.73%；以 2012 年分组样本估计 2017 年林木蓄积量、生物量和碳储量的均值分别为 18.63 亿 m^3、14.95 亿 t、7.26 亿 t，精度均值分别为 92.89%、93.04%、93.06%。各分组年度估计值及精度见表 3-17。

表 3-17　空间分层抽样林木储量估计值及精度

估计年度	储量	抽样分组										观测值
		分层分组 1		分层分组 2		分层分组 3		分层分组 4		分层分组 5		
		中值	精度（%）	中值	精度（%）	中值	精度（%）	中值	精度（%）	中值	精度（%）	
2007	蓄积量（亿 m^3）	15.52	91.78	16.62	93.43	16.24	93.52	16.24	93.04	16.72	93.31	16.16
	生物量（亿 t）	11.94	92.34	12.66	94.00	12.28	93.64	12.29	93.51	12.69	93.76	12.30
	碳储量（亿 t）	5.80	92.26	6.15	94.00	5.98	93.67	5.98	93.52	6.18	93.76	5.99
2012	蓄积量（亿 m^3）	17.18	93.25	16.79	92.97	16.92	92.96	17.14	93.45	17.45	93.57	17.01
	生物量（亿 t）	13.12	93.39	12.98	93.64	13.14	93.54	13.20	94.09	13.41	93.98	13.21
	碳储量（亿 t）	6.39	93.42	6.31	93.62	6.39	93.54	6.42	94.08	6.52	94.00	6.42
2017	蓄积量（亿 m^3）	19.28	93.54	18.30	92.33	18.40	92.65	18.83	93.35	18.35	92.57	18.78
	生物量（亿 t）	15.22	93.26	14.97	92.88	14.78	92.81	15.21	93.57	14.56	92.70	15.06
	碳储量（亿 t）	7.41	93.31	7.25	92.87	7.17	92.84	7.39	93.56	7.08	92.73	7.32

2. 林木储量样地估算差异

（1）1/5 样本系统抽样林木储量样地估算结果

以 1/5 样本系统抽样各分组样本估计下一周期总体林木储量作为辅助变量的总体控制的阈值，剩余样本以胸径-年龄二元生长率模型样地更新结果为基础进行比估计。系统抽样各分组 2007 年比估计样地蓄积量、生物量、碳储量与 2007 年调查样地蓄积量、生物量、碳储量间的相关性系数均值分别为 0.97、0.96、0.96，相对差异（*RD*）均值分别为 -0.23%、-0.31%、-0.30%；系统抽样各分组 2012 年比估计样地蓄积量、生物量、碳储量与2012年调查样地蓄积量、生物量、碳储量间的相关性系数均值分别为0.98、0.97、0.97，相对差异(*RD*)均值分别为0.00%、0.00%、0.01%；系统抽样各分组2017年比估计样地蓄积量、生物量、碳储量与2017年调查样地蓄积量、生物量、碳储量间的相关性系数均值分别为0.95、0.93、0.93，相对差异(*RD*)均值分别为-0.37%、-0.36%、-0.37%。1/5样本系统抽样各分组林木储量样地估算结果指标见表3-18。

(2)1/5样本随机抽样林木储量样地估算结果

以1/5样本随机抽样各分组样本估计下一周期总体林木储量作为辅助变量的总体控制的阈值，剩余样本以胸径-年龄二元生长率模型样地更新结果为基础进行比估计。随机抽样各分组2007年比估计样地蓄积量、生物量、碳储量与2007年调查样地蓄积量、生物量、碳储量间的相关性系数均值分别为0.97、0.96、0.96，相对差异(*RD*)均值分别为0.19%、0.16%、0.17%；随机抽样各分组2012年比估计样地蓄积量、生物量、碳储量与2012年调查样地蓄积量、生物量、碳储量间的相关性系数均值分别为0.98、0.97、0.97，相对差异(*RD*)均值分别为0.00%、0.05%、0.05%；随机抽样各分组2017年比估计样地蓄积量、生物量、碳储量与2017年调查样地蓄积量、生物量、碳储量间的相关性系数均值分别为0.95、0.93、0.93，相对差异(*RD*)均值分别为-0.31%、-0.18%、-0.19%。1/5样本随机抽样各分组林木储量样地估算结果指标见表3-19。

(3)1/5样本群团抽样林木储量样地估算结果

以1/5样本群团抽样各分组样本估计下一周期总体林木储量作为辅助变量的总体控制的阈值，剩余样本以胸径-年龄二元生长率模型样地更新结果为基础进行比估计。群团抽样各分组2007年比估计样地蓄积量、生物量、碳储量与2007年调查样地蓄积量、生物量、碳储量间的相关性系数均值分别为0.97、0.96、0.96，相对差异(*RD*)均值分别为0.02%、0.07%、0.07%；群团抽样各分组2012年比估计样地蓄积量、生物量、碳储量与2012年调查样地蓄积量、生物量、碳储量间的相关性系数均值分别为0.98、0.97、0.97，相对差异(*RD*)均值分别为0.07%、0.07%、0.07%；群团抽样各分组2017年比估计样地蓄积量、生物量、碳储量与2017年调查样地蓄积量、生物量、碳储量间的相关性系数均值分别为0.95、0.93、0.93，相对差异(*RD*)均值分别为-0.06%、0.02%、0.02%。1/5样本群团抽样各分组林木储量样地估算结果指标见表3-20。

(4)空间分层抽样林木储量样地估算结果

以空间分层抽样各分组样本估计下一周期总体林木储量作为辅助变量的总体控制的阈值，剩余样本以胸径-年龄二元生长率模型样地更新结果为基础进行比估计。空间分层抽样各分组2007年比估计样地蓄积量、生物量、碳储量与2007年调查样地蓄积量、生物量、碳储量间的相关性系数均值分别为0.97、0.96、0.96，相对差异(*RD*)均值分别为-0.09%、-0.59%、-0.51%；空间分层抽样各分组2012年比估计样地蓄积量、生物量、碳储量与2012年调查样地蓄积量、生物量、碳储量间的相关性系数均值分别为0.98、0.97、0.97，相对差异(*RD*)均值分别为0.04%、0.34%、0.37%；空间分层抽样各分组2017年比估计样地蓄积量、生物量、碳储量与2017年调查样地蓄积量、生物量、碳储量间的相关性系数均值分别为0.95、0.93、0.93，相对差异(*RD*)均值分别为1.00%、0.92%、0.93%。空间分层抽样各分组林木储量样地估算结果指标见表3-21。

表 3-18　1/5 样本系统抽样林木储量样地估算结果指标

年度	指标	抽样分组														
		系统分组 1			系统分组 2			系统分组 3			系统分组 4			系统分组 5		
		蓄积量	生物量	碳储量	蓄积量	生物量	碳储量	蓄积量	生物量	碳储量	蓄积量	生物量	碳储量	蓄积量	生物量	碳储量
2007	*R*	0.97	0.95	0.95	0.97	0.95	0.95	0.97	0.96	0.96	0.98	0.96	0.96	0.98	0.97	0.97
	RD(%)	−2.1	−2.8	−2.8	−2.2	−2.1	−2.0	0.0	0.6	0.5	2.3	1.6	1.7	0.9	1.1	1.1
2012	*R*	0.97	0.97	0.97	0.98	0.97	0.97	0.97	0.97	0.97	0.98	0.97	0.97	0.97	0.97	0.97
	RD(%)	0.1	0.3	0.2	−0.5	−0.7	−0.7	−2.4	−2.3	−2.4	4.5	4.6	4.7	−1.6	−1.8	−1.8
2017	*R*	0.95	0.94	0.94	0.95	0.93	0.93	0.95	0.93	0.93	0.94	0.93	0.93	0.94	0.93	0.93
	RD(%)	4.5	5.0	4.7	0.6	−1.0	−0.9	−3.0	−2.7	−2.8	−1.8	−1.2	−1.1	−2.2	−1.9	−1.8

表 3-19　1/5 样本随机抽样林木储量样地估算结果指标

年度	指标	抽样分组														
		随机分组 1			随机分组 2			随机分组 3			随机分组 4			随机分组 5		
		蓄积量	生物量	碳储量	蓄积量	生物量	碳储量	蓄积量	生物量	碳储量	蓄积量	生物量	碳储量	蓄积量	生物量	碳储量
2007	*R*	0.98	0.97	0.97	0.97	0.96	0.96	0.96	0.95	0.95	0.97	0.96	0.96	0.97	0.95	0.95
	RD(%)	4.1	3.2	3.3	0.4	0.7	0.6	−2.3	−1.5	−1.5	0.7	0.6	0.6	−2.0	−2.2	−2.3
2012	*R*	0.98	0.97	0.97	0.98	0.97	0.97	0.97	0.97	0.97	0.98	0.97	0.97	0.98	0.97	0.97
	RD(%)	0.0	0.5	0.4	0.7	1.2	1.3	−2.3	−3.2	−3.1	0.5	0.4	0.4	1.1	1.3	1.4
2017	*R*	0.94	0.93	0.93	0.95	0.93	0.93	0.95	0.93	0.93	0.95	0.93	0.93	0.95	0.93	0.93
	RD(%)	−1.2	0.3	0.1	0.0	0.1	0.1	−0.6	−0.9	−0.7	−0.4	−1.3	−1.3	0.7	0.9	0.9

表 3-20　1/5 样本群团抽样林木储量样地估算结果指标

年度	指标	抽样分组														
		群团分组 1			群团分组 2			群团分组 3			群团分组 4			群团分组 5		
		蓄积量	生物量	碳储量	蓄积量	生物量	碳储量	蓄积量	生物量	碳储量	蓄积量	生物量	碳储量	蓄积量	生物量	碳储量
2007	*R*	0.98	0.96	0.96	0.97	0.96	0.96	0.97	0.95	0.95	0.97	0.96	0.96	0.97	0.96	0.96
	RD(%)	3.2	4.1	4.0	-2.3	-1.1	-1.1	0.4	0.2	0.3	-0.6	-1.4	-1.3	-0.5	-1.5	-1.6
2012	*R*	0.97	0.97	0.97	0.97	0.97	0.97	0.98	0.97	0.97	0.98	0.97	0.97	0.97	0.97	0.97
	RD(%)	2.5	3.2	3.3	-2.9	-2.5	-2.5	3.0	3.5	3.6	0.5	0.4	0.4	-2.8	-4.2	-4.3
2017	*R*	0.94	0.93	0.93	0.96	0.94	0.94	0.95	0.93	0.93	0.94	0.93	0.93	0.94	0.93	0.93
	RD(%)	-0.1	-0.3	-0.2	4.4	6.5	6.6	-2.1	-1.9	-2.0	-1.8	-3.6	-3.5	-0.7	-0.6	-0.8

表 3-21　空间分层抽样林木储量样地估算结果指标

年度	指标	抽样分组														
		分层分组 1			分层分组 2			分层分组 3			分层分组 4			分层分组 5		
		蓄积量	生物量	碳储量	蓄积量	生物量	碳储量	蓄积量	生物量	碳储量	蓄积量	生物量	碳储量	蓄积量	生物量	碳储量
2007	*R*	0.98	0.97	0.97	0.97	0.95	0.95	0.97	0.96	0.96	0.97	0.96	0.96	0.97	0.95	0.95
	RD(%)	5.4	3.5	3.8	-2.7	-3.3	-3.2	0.1	0.2	0.2	0.0	0.1	0.1	-3.2	-3.5	-3.5
2012	*R*	0.98	0.97	0.97	0.98	0.97	0.97	0.97	0.97	0.97	0.97	0.97	0.97	0.97	0.97	0.97
	RD(%)	-0.5	0.8	0.7	2.1	2.0	2.1	1.2	0.6	0.7	-0.3	0.0	0.0	-2.2	-1.7	-1.6
2017	*R*	0.94	0.93	0.93	0.95	0.93	0.93	0.95	0.93	0.93	0.95	0.93	0.93	0.95	0.94	0.94
	RD(%)	-2.8	-1.2	-1.4	3.0	0.7	1.0	2.4	2.2	2.4	-0.2	-1.1	-1.1	2.7	3.9	3.8

八、抽样方案效率分析

(一)抽样比分析

本研究抽样方案中，以国家森林资源连续清查的抽样框架为基础，固定样地按照系统抽样布设在公里格网上，固定样地的形状为正方形，样地面积为0.0667hm^2(1亩)，森林资源连续清查的抽样比均为13.73‰。1/5样本和空间分层各分组全部抽样比的均值分别为2.75‰和1.68‰，有蓄积抽样比的均值分别为1.01‰和0.62‰。1/5样本抽样比森林资源连续清查的抽样降低了10.98‰，调查样地数量减少了80%；空间分层抽样比森林资源连续清查的抽样降低了13.11‰，调查样地数量减少了95.46%，极大减少了样地调查工作量。2002—2012年1/5样本的有蓄积抽样比均值依次为1.01‰、1.02‰和1.02‰，呈增加趋势；空间分层抽样的有蓄积抽样比均值依次为0.69‰、0.62‰和0.56‰，呈下降趋势(表3-22)。

表3-22 抽样方案抽样比

年份	分组	连续清查(‰)	1/5样本系统(‰)		1/5样本随机(‰)		1/5样本群团(‰)		空间分层(‰)	
			全部	有蓄积	全部	有蓄积	全部	有蓄积	全部	有蓄积
2002	1	13.73	2.73	0.99	2.75	1.02	2.72	1.01	1.85	0.69
	2	13.73	2.76	1.01	2.74	1.01	2.73	1.05	1.94	0.72
	3	13.73	2.76	1.05	2.76	1.06	2.74	0.95	1.79	0.69
	4	13.73	2.73	0.97	2.74	0.93	2.77	0.99	2.02	0.68
	5	13.73	2.75	1.03	2.74	1.03	2.77	1.05	1.82	0.68
2007	1	13.73	2.73	0.99	2.75	1.01	2.72	1.01	1.62	0.60
	2	13.73	2.76	1.02	2.74	1.04	2.73	1.05	1.67	0.64
	3	13.73	2.76	1.07	2.76	1.07	2.74	0.95	1.61	0.63
	4	13.73	2.73	0.97	2.74	0.94	2.77	0.99	1.74	0.60
	5	13.73	2.75	1.06	2.74	1.05	2.77	1.05	1.61	0.61
2012	1	13.73	2.73	0.99	2.75	1.02	2.72	1.01	1.50	0.56
	2	13.73	2.76	1.02	2.74	1.03	2.73	1.05	1.51	0.57
	3	13.73	2.76	1.07	2.76	1.07	2.74	0.95	1.45	0.57
	4	13.73	2.73	0.96	2.74	0.93	2.77	0.99	1.62	0.55
	5	13.73	2.75	1.04	2.74	1.04	2.77	1.05	1.50	0.57

（二）抽样精度分析

四川省八次清查（2012 年）活立木和林木的蓄积量估计值和精度分别为 17.76 亿 m^3（精度 94.90%）和 18.78 亿 m^3（精度 94.60%），九次清查（2017 年）活立木和林木的蓄积量估计值和精度分别为 19.72 亿 m^3（精度 95.49%）和 17.01 亿 m^3（精度 95.20%），2012 年及以前均为计算生物量和碳储量。

1. 活立木储量抽样方案精度分析

1/5 样本系统、随机、群团抽样和空间分层抽样活立木储量估计值与真实值间的相关性系数 R 均值分别为 0.97、0.99、0.96、0.95，相对差异（RD）均值分别为 -0.28%、-0.14%、-0.14%、0.59%。综合分析，抽样方案活立木储量估计优度由大到小的顺序依次为 1/5 样本随机、系统、群团和空间分层抽样（表 3-23）。在 95%可靠性下，1/5 样本随机、系统、群团和空间分层抽样估计精度的均值分别为 94.70%、94.70%、94.70%和 93.67%。

表 3-23 活立木抽样方案估计值精度分析

储量	抽样方案	估计指标	
		R	RD(%)
蓄积量	1/5 样本系统抽样	0.96	-0.50
	1/5 样本随机抽样	0.98	-0.39
	1/5 样本群团抽样	0.96	-0.37
	空间分层抽样	0.93	0.29
生物量	1/5 样本系统抽样	0.98	-0.18
	1/5 样本随机抽样	0.99	-0.02
	1/5 样本群团抽样	0.96	-0.02
	空间分层抽样	0.97	0.72
碳储量	1/5 样本系统抽样	0.98	-0.18
	1/5 样本随机抽样	0.99	-0.02
	1/5 样本群团抽样	0.96	-0.02
	空间分层抽样	0.96	0.75

2. 林木储量抽样方案精度分析

1/5 样本系统、随机、群团抽样和空间分层抽样林木储量估计值与真实值间的相关性系数 R 均值分别为 0.97、0.99、0.96、0.96，相对差异（RD）均值分别为 -0.31%、-0.13%、-0.13%、0.12%。综合分析，抽样方案林木储量估计优度由大到小的顺序依次为 1/5 样本随机、系统、群团和空间分层抽样（表 3-24）。在 95%可靠性下，1/5 样本随机、系统、群团和空间分层抽样估计精度的均值分别为 94.40%、94.40%、94.40%和

93.29%，分别低于活立木储量估计精度。

表 3-24 林木抽样方案估计值精度分析

储量	抽样方案	估计指标	
		R	*RD*(%)
蓄积量	1/5 样本系统抽样	0.95	-0.52
	1/5 样本随机抽样	0.98	-0.39
	1/5 样本群团抽样	0.96	-0.36
	空间分层抽样	0.94	-0.09
生物量	1/5 样本系统抽样	0.97	-0.21
	1/5 样本随机抽样	0.99	-0.01
	1/5 样本群团抽样	0.96	-0.02
	空间分层抽样	0.98	0.20
碳储量	1/5 样本系统抽样	0.97	-0.21
	1/5 样本随机抽样	0.99	-0.01
	1/5 样本群团抽样	0.96	-0.02
	空间分层抽样	0.98	0.23

(三) 抽样组织分析

本研究抽样方案中，以国家森林资源连续清查的抽样框架为基础，固定样地按照系统抽样布设在公里格网上，系统抽样为随机抽样的一种形式。系统抽样能够克服人为随机抽样对总体的估计误差，森林资源连续清查的抽样框架已经解决了人为干扰对估计结果的影响，1/5 样本抽样采用完全随机抽样，更能降低人为干扰对估计结果的影响。以县为群团的整群抽样的优点是实施方便、节省经费，在实际工作开展中更是能够有效地降低因为转场带来的各种成本，缺点是由于不同群之间的差异较大，由此而引起的抽样误差往往大于简单随机抽样，且样本分布面不广、样本对总体的代表性相对较差。空间分层抽样极大地减少了外业调查的工作量，且随时间推移下的自然演替，抽样比呈下降趋势，更能满足年度调查和快速出数的要求。抽样设计和优化均是以森林资源连续清查的抽样为比较基础的。因此，在满足年度调查监测出数后，应该以一定的时间间隔对森林资源连续清查的抽样体系进行维护和修正，对全部的样本进行调查。

九、抽样优化结果运用

本研究抽样方案中，以国家森林资源连续清查的抽样框架为基础，固定样地按照系统抽样布设在公里格网上，固定样地的形状为正方形，样地面积为 0.0667hm^2，森林资源连续清查的抽样比为 13.73‰。1/5 样本和空间分层各分组全部抽样比的均值分别为 2.75‰和 1.68‰，有蓄积抽样比的均值分别为 1.01‰和 0.62‰。1/5 样本抽样优化了固定样地调查组织方式，但样地抽取沿用了系统抽样的思路，采用等概率抽取样本，在规定的精度和可靠性下需要调查的样地数仍然相当多。2002—2012 年 1/5 样本的有蓄积抽样比均值依次为 1.01‰、1.02‰和 1.02‰，呈增加趋势，而空间分层抽样的有蓄积抽样比均值依次为 0.69‰、0.62‰和 0.56‰，呈下降趋势。

1/5 样本系统、随机、群团抽样和空间分层抽样储量估计值与真实值间的相关性系数 R 均值分别为 0.97、0.99、0.96、0.96，相对差异（RD）均值分别为-0.30%、-0.14%、-0.14%、0.35%。综合分析，抽样方案估计优度由大到小的顺序依次为 1/5 样本随机、系统、群团和空间分层抽样。在 95%可靠性下，1/5 样本随机、系统、群团和空间分层抽样估计精度的均值分别为 94.55%、94.55%、94.55%和 93.48%，低于连续清查抽样估计精度，综合运用能满足森林蓄积量超过 5 亿 m^3 的省精度在 95%的规定要求。

第四章 模型技术

第一节 建模概述与技术发展

林分生长模型是指一个或一组数学函数，描述林分生长与林分状态和立地条件的关系，用于估计林分在特定条件下的发育过程。生长模型的主要用途：更新森林资源调查数据，评价不同森林经营措施效益，评估干扰活动对森林生态系统的影响，预估森林可持续经营的收获量，提供森林生长收获区域性趋势信息。林分生长和收获模型可根据其使用目的、模型结构、反映对象而进行分类。林分生长收获模型的分类方法有很多，主要区别在于分类的原则和依据。具有代表性的分类方法有以下 3 种。

Munro 分类方法 Munro(1974)根据制作模型的原理把生长模型分为三类：①以单木为构成模型的基本单位，立木间的距离作为已知参数，模拟时按各立木都由空间坐标确定位置；②和前一种相同，以单木为构成模型的基本单位，只是不用立木间的距离作为参数，立木生长作为参数，立木的生长按单木或径阶用数式来记述；③把林分作为构成模型的基本单位，不需要各株立木的信息。

Avery 和 Burkhart 分类方法 Avery 和 Burkhart(1994)根据模型的预估结果将模型分为三类：①全林模型；②径阶分布模型；③单木模型，其中又分为与距离有关和无关的 2 种。

Davis 分类方法 Davis(1987)按照模型的模拟情况将生长和收获模型分为三类：①以林龄、立地及林分密度等林分因子模拟林分的模型——全林分模型；②模拟各径阶内平均木的模型——径级模型；③模拟单木或林分内单株木的模型——单木模型。

随着树木生长过程机理的研究，生长收获模型逐渐被区分为统计学模型和机理模型(Taylor *et al.*，2009)。Weiskittel 等(2011)按建模所基于的原理，将森林生长模型分为：①统计学模型；②过程模型；③Hybrid 模型；④林窗模型。主要生长模型系统有 3-PG、Forest-BGC、ORGANON、CROBASS、PROGNAUS、SILVA、SORTIE 等(见表 4-1)。

表 4-1 主要生长收获模型系统

模型	类型	尺度	预测间隔	国家/地区	来源
3-PG	混合	全林	1 月	许多地区	Landsberg and Waring(1997)
Forest-BGC	过程	全林	1 天	许多地区	Running *et al.* (1988；1991)
ORGANON	经验	单木	5 年或 1 年	美国西北部	Hann(2011)
CROBASS	混合	径阶	1 年	芬兰、魁北克	Mäkelä(1997)

（续）

模型	类型	尺度	预测间隔	国家/地区	来源
PROGNAUS	经验	单木	5 年	奥地利	Monserud *et al.* (1997)
SILVA	经验	单木	5 年	德国	Pretzsch *et al.* (2002)
SORTIE	林窗	单木	1 年	哥伦比亚、加拿大	Coates *et al.* (2003)

以“3S”技术为基础的森林蓄积量估测充分利用遥感图像和监测区域 GIS 信息，建立样地蓄积量和遥感影像间的非线性关系，再根据森林区划实现林班和小班蓄积量估测，并建立相应的监测系统。如 Naesset(1995)运用 Airborn Laser 数据估测了挪威云杉和欧洲赤松的林分平均高和森林蓄积量；Gemmell(1995)基于 TM 数据研究了各波段、郁闭度、林分面积大小以及地形要素对定量估测森林蓄积量的影响度，结果表明 TM4 波段、TM5 波段和蓄积量相关系数较大，且 TM 对小于 $400m^3/hm^2$ 斑块的敏感度较高；李崇贵、赵宪文等(2001；2006)以“3S”技术为基础开发了功能相对完备、可操作性强的蓄积量估测系统。遥感数据更新林分蓄积精度受影像质量波动较大，且难以运用于面积较小的林分。

根据现实林分状态运用林分生长模型更新林分蓄积更符合生物学规律，基于森林资源调查数据，采用数学模型模拟小班平均生长趋势，建立平均树高、平均胸径、公顷蓄积同平均年龄间的回归关系，预测林分未来的生长状态，从而实现数据更新。生长收获模型如北美地区生长模型 ORGANON、芬兰生长模型 CROBAS、德国生长模型 SILVA 和 PROGNAUS 等主要应用之一就是更新森林资源调查数据。唐守正等对全林整体模型进行了深入的研究，并将全林整体生长模型广泛用于林业生产实践。长期实践表明，运用全林整体生长模型推算林分未来生长状态是一种切实可行的方法，其理论值与实际值差异不显著，且误差小、精度高，在林业生产实践中具有很好的应用价值。

曾伟生(2013)利用森林一类清查数据做全国森林资源年度出数的五种基本方法，分别是年度滚动出数、更新预测出数、年度监测出数、顺序平移出数和综合折中出数。基于一类清查数据更新蓄积量方法还有一个难以解决的问题就是更新数据只能落实到省(州)级，不能落实到山头地块，难以指导基层经营单位的年度林业计划、经营活动。森林资源二类调查数据能更好地落实到山头地块，印红群(2013)利用浙江省台州市黄岩区的二类调查数据来构建浙江省主要优势树种的蓄积量估测模型，在黄岩区二类调查数据的基础上，利用多元统计和树木生长方程，以林分蓄积量为因变量、林分立地条件和部分树木生长因子为自变量，构建了马尾松、杉木、柏木三大树种的蓄积量回归模型，但建立的蓄积量模型没有生物学意义，也不能实现林分蓄积量的动态预测，限制了模型的外推效能。

以森林资源蓄积量为主要监测指标，通过整合遥感影像、数字高程模型、森林资源二类调查数据、固定样地调查数据等多源数据，采用多种方法结合更新林分蓄积量也被广泛地运用。运用二类调查数据、年度森林经营档案数据及两期卫星影像作为数据源，应用 3S、数学模型、数据库等技术方法结合现地调查核实，实现落实到小班的森林资源更新及年度出数。

林分数据更新的方法有遥感数据更新、生长模型更新、样地调查数据更新和多种方法相结合等。采用“3S”技术对林分蓄积量进行更新的精度受影像质量等因子的影响较大，且林分因子更新不全面；统计回归技术利用森林资源一类、二类调查数据进行林分蓄积量更新缺少相应的生物学解释，限制了模型的运用；利用林分生长模型进行蓄积量更新能根据现实林分的生长状态进行林分生长的动态更新，但不能排除如采伐和占用征收林地等干扰因素的影响；多种方法结合需要解决更新结果不一致、不同更新方法间兼容性的问题。运用生长模型进行林分因子的更新更符合林业生产实际，也更容易与其他监测因子如森林碳汇等相连接。

一、生长模型概述

(一)立地质量

立地质量评价是适地适树造林规划的前提和森林经营管理的依据。科学的立地评价方法对提高林分生长收获预估准确性具有极其重要的意义。因为任何对立地质量评价的误差都会通过林木的生长、枯损和更新被放大。立地质量评价方法见表4-2。

立地指数评价立地质量的方法被广泛地采用，归因于其能相对容易地从样地观测值中得到，并且能够有效地预测蓄积生长和收获。同龄纯林立地质量评价运用立地指数较为普遍，且方法技术比较成熟。通过验证混交林中纯林和相对纯林符合“相对同龄林”，可编制立地指数表。但是，混交林组成树种生态学特性不同，使得混交林的结构和林分生长动态更为复杂，受混交格局和年龄结构等的影响难以建立有实际意义的立地指数模型。混交林中为了避免使用年龄数据，胸径和优势树高关系被用于作为反映林分立地质量的指标，采用胸径和优势树高关系评价立地质量会受林分密度和不同树种之间的竞争关系影响，对评估结果造成偏差。

基于立地指数与立地因子(地理因子包括海拔、坡度、坡向和坡位等；土壤因子包括土壤类型、质地、厚度和持水量等；生态因子包括林分郁闭度、地被物覆盖度和群落类型等)建立多元回归方程被用于评价混交林和无林地立地质量。立地因子间的交互作用使模型的形式过于复杂，同时部分立地因子在实际中难以测量，实际应用受到限制。

表4-2　评价立地质量的方法分类

评价人员	评价方法		
	直接评定法	间接评定法	其他评定法
Skovsgaard and Vanclay (2008)	Volume measurements(体积测量法)	Site index habitat type(立地指数生境类型法)	Phytocentric(以植物为中心评定法)；Geocentric(以地球为中心评定法)
	Soil texture soil moisture available radiation(土壤质地土壤水分有效辐射法)	Aspect elevation latitude longitude(坡向海拔纬度经度法)	
孟宪宇(2006)	林分蓄积量或收获量法	树种间生长量关系法	
	根据林分高法	多元地位指数法	
		植被物指示法	

根据地理因子划分森林立地类型难以运用到林分生长收获模型中，地理因子间主效应与交互作用共同影响其评价森林立地质量准确性。Cajander(1949)根据植被类型评价林分立地质量能反映所有环境因子对植被生长的影响，典型植被特征具有大尺度的生态和景观

区分意义。苏联林学家卡乔夫综合树种组成、植被特点和环境因子(温度、土壤和降雨)等将林分划分成不同的林型。采用植被指示法划分立地类型考虑地形、土壤和水分等对立地质量的影响时，也涵盖了林分上层树木组成对下层植被的相互影响而被广泛采用。

我国森林立地研究主要分为两个阶段。第一阶段为20世纪50年代主要重视“波氏林学说”原理研究，第二阶段是20世纪70~80年代以吴中伦等开展的我国第一次较大规模的立地分类。森林分类要以立地为基础，而植物是立地最好的指示者。依据森林立地分类，立地生产力分为现实生产力、集约经营生产力、潜在生产力以及适宜性，沈国舫则更多地强调在立地分类中多种方法使用以增加精度。根据立地因子影响林木生长的数量关系建立数学模型，分析得到影响林木生长的主导因子，划分立地类型的立地质量评价方法更符合林分生长的生物学规律。

立地质量变化研究对森林科学经营和生态恢复有重要意义。欧洲森林研究中心的研究报告表明，12个欧洲国家特别是中欧地区的林分均表现为立地质量提高。Kuusela(1994)的研究表明，1950—1990年期间，欧洲森林的立木蓄积量增加了43%，这与林分立地质量的提高有关。利用立地质量评价模型分析多期森林资源调查数据是研究立地质量变化常用方法之一。通过全国森林调查数据分析了林分立地质量变化。时空互换如年轮生长分析能对林分的历史生长状况进行对比，常被用来验证林分立地质量的变化。尽管胸径生长会受密度和竞争的影响，年轮生长分析仍被广泛运用到林分立地质量变化研究中。Bontemps等人(2010)用年轮生长数据分析法国东北部的山毛榉林分立地质量的变化。植物群落变化和林分演替趋势提供了间接研究立地质量变化的方法。Fischer(1999)从植物群落的变化说明立地质量的改变。裴卫国和李铁华(2000)研究发现封育能有效促进林分立地质量改善和群落演替。

(二)林分竞争

林木的竞争可以定义为林分内各林木间的相互作用，从而抑制林木的生长、存活率和更新等过程。林木间竞争的对象包括光照、水分、养分和生存空间等多种多样的生态资源。Ford和Sorrensen(1992)把林木竞争概括为林木对其生存环境的作用和反应。因此，竞争对于林木的生长过程具有极其重要的影响。林木随着生长会逐渐改变周围的生态环境，进而影响其他树木获取资源的能力。因此，竞争是高度动态化的，无论在时间上还是空间上。林分竞争分为三个主要部分，分别是林木所在林分的总体环境、林木所处的微环境及自身基因特性、周围其他树木的影响。

人们通常用竞争指标来对竞争作用进行量化，而竞争指标则是用来表达林木受到周围树木影响程度的数学方程式。这些方程式可以是表示林木在林分内等级地位的简单表达式，也可以是表示林木周围竞争木的大小、距离和数量等的复杂指标。Munro(1974)根据是否含有林木的坐标位置信息，将竞争指标分为与距离无关的竞争指标和与距离有关的竞争指标两类。不同的竞争指标，如面积重叠指数、CI指标、修改的CI指标、点密度法等引用到与距离有关的单木生长模型中，提高了单木生长模型的预测精度。Radtke等(2003)认为，与距离有关的单木生长模型需要输入详细的林木空间位置信息，降低了模型实用性，限制了模型应用的普遍性和灵活性。与距离无关的单木生长模型以林分断面积、相对直径、相对树高等指标作为林分水平的竞争因子。林成来等(2000)利用相对树高、相对冠幅、树冠伸长度等作为竞争因子来建立马尾松单木生长模型。与距离无关的单木模型所描述的树木生长量取决于树木本身的大小或者竞争力，导致相同大小的树木预测若干年后的生长量一致，这与树木的实际生长情况存在差异。

(三)进界和枯损

静态模型和动态模型是构建进界模型的 2 种方法。静态进界模型通常认为林分每年的进界概率一样，很少考虑到随着时间的变化林分特征也发生变化，从而可能导致的进界概率发生的变化。而动态进界模型通常利用林分的特征变量作为自变量，建立回归动态模型。Hann(1980)通过立地指数、林分断面积和最小径阶断面积建立进界线性模型。Shifley 等(1993)分析不同进界临界值的进界情况表明，随着进界临界值的增加，进界株数显著减少。

Ferguson 等(1986)在 Prognosis 模型中利用两阶段法来预测进界。利用随机过程来预测 50 个样地，然后将受到干扰后 10 年或者 20 年的预测值累加到主要的 Prognosis 模型中。Lexerφd(2003)和 Adame(2010)等也利用相同的方法对进界模型进行了研究发现，进界过程比较随机，而且数据结构离散，利用高斯模型来拟合很难得到精确的预测值。Fortin 和 DeBlois(2007)在对硬木混交林的研究中提出利用零膨胀模型来研究各树种的进界情况，结果发现，采用零膨胀模型拟合该类数据具有较大的优势。

自然稀疏或自疏(self-thinning)即指生长在较高密度种群内的植物，由于竞争产生的密度抑制效应，种群内个体会逐渐死亡，种群数目逐渐减少，直到平衡，国内外主要枯损模型见表 4-3。自从 Reineke(1933)提出林分密度竞争效应后，林分密度的研究进入了数量化阶段，传统的凭经验和目测的研究方法被逐渐取代。日本生态学家吉良龙夫等(1963)通过对植物种群生态学中一些核心问题进行探索，发现了重要的密度效应法则。Yoda(1963)提出的-3/2 自然稀疏疏法则被人们称为森林生态学中心法则。随后，Ando(1968)将这种密度制约关系应用编制能形象直观地反映在相对密度和林分动态变化过程的密度控制图中。

1970—1984 年间，-3/2 自疏法则在国际上受到众多学者的广泛赞赏和承认。另一方面，Weller(1987)从理论上提出了-3/2 法则的不足，认为稀疏线只在一段较小的区间内为-3/2。此外大量的研究也表明了稀疏斜率并非都符合-3/2，其会随着树种和立地等不同而发生变化。Enquist 等(1998)从动能学角度，提出了稀疏斜率应该为-4/3，而非-3/2。这些关于自疏斜率的争论，为自然稀疏规律的研究发展起到了积极的促进作用。

国内学者采用了一系列的方法对自疏现象进行研究。吴冬秀等(2002)以实际实验证明了-3/2 自疏法则的普遍适用性。韩文轩与方精云(2008)的研究结果表明，Yoda(1963)的-3/2 自疏法则和基于 WBE 模型的-4/3 自疏规律可能分别适合不同的森林群落，其在理论上都有不完备的地方，自疏现象及其作用机制还有待进一步研究。曾德慧等(2000)认为在没有充分证据表明斜率-3/2 存在的精确性的同时，其依然可以作为一个理想的常数。

表 4-3　国内外主要枯损模型

模型类型	变量或形式	来源
单木	DBH, DBH^2	Wykoff et al. (1982)
单木	DBH, CR, SI, BAL, CCH	Hann and Wang(1990)

（续）

模型类型	变量或形式	来源
单木	DBH, DBH^2, DBH^{-1}, CR, BAL	Monserud and Sterba(1999)
单木	DBH, CR, SI, CCH	Bravo et al. (2001)
单木	DBH, DBH^2, ΔDBH, BA, $\%BA$, SPI, DBH^2/BA	Yao et al. (2001)
单木	DBH, BA, BAL(针叶)；DBH, $RDFL$(阔叶)	Hynynen et al. (2002)
单木	DBH, PCR, BAL, SI	Hann et al. (2003)
单木	$DBH^{0.5}$, $\log(BA)$, BAL	Pukkala et al. (2009)
单木	DBH/QMD, DBH_2, BA, HT_{DOM}, BAL_{DOM}	Crecente-Campo et al. (2009b)
单木	DBH, QMD, BAL_{DOM}, BAL_{DOM}/BA	Crecente-Campo et al. (2010)
单木	DBH^{-1}, HT/HT_{DOM}	Adame et al. (2010a)
林分	$TPH_2=(TPH_1+(b_2+b_3SI(b_1^{t_1}-b_1^{t_1})))^{\frac{1}{b_0}}$	Zhao et al. (2007)
林分	$\ln TPH_2=\ln TPH_1-\beta_1(e^{\beta_2 t_2}-e^{\beta_2 t_1})$	李凤日(1999)
林分	$\ln TPH_2=((\beta_1 e^{\beta_2 t_2-\beta_3})^{-\beta_4}-(\beta_1 e^{\beta_2 t_1-\beta_3})^{-\beta_4}+N_0^{-\beta_4})^{\frac{1}{\beta_4}}$	江希钿等人(2001)

二、森林经营活动

（一）经营规划

森林经营规划需要建立在对未来林分生长状况的准确预测基础上。林分生长与收获模型则是预估未来林分生长状况信息的有效工具。但实际并没有一个模型或者建模方法适用于所有林分的模拟。针对不同的森林经营实际问题，应当选用相应的生长模型类型。过程模型可以解释林分生长的生态学机理，但很难提供准确的预测值。经验模型虽然无法解释生长机制，却能保证预测的准确性。与其他经验模型相比，全林模型只需要相对较少的信息来模拟林分生长。全林模型所模拟的基本单元是林分和立地参数，包括年龄、林分断面积、立地指数和蓄积量等。虽然无法像单树模型一样分析林分结构的动态变化，但亦可以保证较为准确的未来林分蓄积生长状况的信息。因而全林模型依然是模拟林分生长的有效途径，这类模型从其形式上并未体现经营措施这一变量，但经营措施是通过对模型中的其他可控变量(如密度和立地条件)的调整而间接体现。

全林模型的构建对于样地数据信息要求相对简单，其缺点是该模型系统只能提供林分生长的整体信息，即平均胸径、平均树高及林分断面积。实际上，无论是天然林还是人工林，在未遭受严重干扰的情况下，林分内部许多特征因子，如直径、树高、形数、材积、材种等，都具有一定的分布状态，而且表现出较为稳定的结构规律。通过全林模型与径阶分布等模型的链接，可以间接模拟实现林分内部因子的生长变化。通过抚育间伐对林分生长效应的研究，尤其是林分间伐效应的模型研究，对于采取合理的间伐时间、间伐方式和间伐强度，制定合理间伐经营方案，实现森林经营的优化管理有着重要意义。

（二）抚育间伐

在不考虑间伐修正模块的情况下，许多研究假设在具有相同年龄、立地和林分断面积的间伐林分和未间伐林分，其生长是相似的。但这种假设过分简化了间伐后林分的生长机制，更多的研究侧重于反映出间伐方式、强度和时间等变量对林分生长的影响。在间伐修正模块中，间伐类型可以通过间伐木平均胸径与伐前平均胸径的比值来简化描述。Pienaar和Shiver（1986）利用间伐株数与伐前密度的比值来描述间伐强度，构建间伐修正模块来描述不同间伐强度下林分的生长，该模块形式后逐步简化。利用间伐林分断面积与伐前林木断面积比值，也可以构建与之类似的修正模块。

这些间伐修正模块解除了全林模型在模拟间伐林分生长时的限制，使其更好地在森林经营管理中得以应用。全林模型在用于间伐经营模拟时，若只在方程系数上加以区别则无法反映间伐体制的影响，在模型中增加树冠竞争因子作为间伐体制变量具有较好的预期性，但需要构建树冠竞争因子与林分密度指数的函数关系式，以及基于固定样地复测数据的自稀疏模型。在现代森林经营管理的决策中，模型的预估结果为森林管理决策提供林木资源方面的依据，预测不同经营措施对于林分生长的影响，对于合理经营森林、最大化实现森林价值提供依据。

三、模型构建与校正

（一）参数估计

林分生长模型基于一定的生物学理论或假设推导而来，其参数有一定的生物学意义并且适用性较强。但这些模型基本上都是非线性模型且较复杂，参数估计难度大。对这些生长模型求解常用的方法有非线性方程线性化，然后再利用最小二乘法求解。随着智能化算法的发展和应用，智能算法也应用到非线性模型参数估计，但缺少不同算法效率比较和拟合参数稳定性的分析限制了优化算法在生长模型参数求解中的运用。生长模型参数估计的准确性影响着模型的预测精度和外推效能，生长模型的参数估计问题转化为一个多维无约束函数优化问题，在最小二乘法意义下极小化离差平方和，可以采用麦夸特算法、差分演化算法、遗传算法、模拟退火算法和粒子群算法等进行最优值求解。

1. *麦夸特算法*

麦夸特算法针对林分生长模型确定参数 $a_{(1\text{-}5)}$ 与预测变量间离差平方和最小

$$SEE_{(a_1,\ a_2,\ \cdots,\ a_5)} = \sum_{n=1}^{n} \{y_n - y[(A_n,\ SCI_n,\ SDI_n),\ a_1,\ a_2,\ \cdots a_5]\}^2$$

令 $a_i = a_i^{(0)} + \Delta_i$，$i = 1,\ 2,\ \cdots,\ 5$。

此处 $a_i^{(0)}$ 为 a_i 的一个初始值。

将 $y[(A,\ SCI,\ SDI),\ a_1,\ a_2,\ \cdots,\ a_5]$ 在点 $a_1^{(0)},\ a_2^{(0)},\ \cdots,\ a_5^{(0)}$ 展开，即为泰勒（Taylor）级数，省去二次及二次以上的项得：

$$y[(A,\ SCI,\ SDI),\ a_1,\ a_2,\ \cdots,\ a_5]\approx y_{n0}+\frac{\partial\ y_{n0}}{\partial\ a_1}\Delta_1+\frac{\partial\ y_{n0}}{\partial\ a_2}\Delta_2+\cdots+\frac{\partial\ y_{n0}}{\partial\ a_5}\Delta_5,$$

$$y_{n0}=y[(A,\ SCI,\ SDI),\ a_1^{(0)},\ a_2^{(0)},\ \cdots,\ a_5^{(0)}],$$

$$\frac{\partial\ y_{n0}}{\partial\ a_i}=\frac{\partial\ y[(A,\ SCI,\ SDI),\ a_1,\ a_2,\ \cdots,\ a_5]}{\partial\ a_i}\Big|(A,\ SCI,\ SDI)=(A_n,\ SCI_n,\ SDI_n),$$

$a_1=a_1^{(0)}$, $a_2^{(0)}$, $\cdots$, $a_5=a_5^{(0)}$

$$SEE_{(a_1,\ a_2,\ \cdots,\ a_5)}=\sum_{n=1}^{n}\left\{y_n-\left(y_{n0}+\frac{\partial\ y_{n0}}{\partial\ a_1}\Delta_1+\frac{\partial\ y_{n0}}{\partial\ a_2}\Delta_2+\cdots+\frac{\partial\ y_{n0}}{\partial\ a_5}\Delta_5\right)\right\}^2$$

为使 SSE 在最小二乘意义下达到极小，对 Δ_i 取偏导数，并令其等于 0 得到：

$$\sum_{n=1}^{n}p_{ij}\Delta_j=p_{ij},\ i=1,\ 2,\ \cdots,\ 5$$

$$p_{ij}=\sum_{n=1}^{n}\frac{\partial\ y_{n0}}{\partial\ a_i}\cdot\frac{\partial\ y_{n0}}{\partial\ a_j},\ i,\ j=1,\ 2,\ \cdots,\ 5$$

当近似值 $a_i^{(0)}$ 及观测值给定后，按系数矩阵及其右端各项，由此可以解除 Δ_i，再求出 a_i。当 $|\Delta_i|$ 值未满足精度要求时，可用当前的 a_i 代替原来的近似值 $a_i^{(0)}$，再重复以上计算，如此反复迭代，直至 $|\Delta_i|$ 值满足预置的允许误差，此时所获得的 a_i 即为所求的参数。

2. *差分进化算法*

差分进化算法具有较好的全局搜索能力，当待求参数较多时更易跳出局部最优解。从随机产生的初始群体开始，利用从种群中随机选取的两个个体的差向量作为第三个个体的随机变化源，将差向量加权后按照一定的规则与第三个个体求和而产生变异个体。然后，变异个体与某个预先决定的目标个体进行参数混合，生成试验个体。如果试验个体的适应度值优于目标个体的适应度值，则在下一代中试验个体取代目标个体，否则目标个体仍保存下来，取林分生长模型待估计参数向量为个体，差分进化算法每一次迭代所得的生长模型参数辨识值为：

$$\hat{x}=[a_1,\ a_2,\ \cdots,\ a_i]^T\quad i=1,\ 2,\ \cdots,\ 5$$

式中：$m=1,\ 2,\ \cdots,\ M$，M 为初始群体的数量；a_1，a_2，$\cdots$，a_5 为待估计参数。

$$\hat{Y}=f(A_n,\ SCI_n,\ SDI_n)$$

差分进化算法的适应度函数在最小二乘法意义下定义为：

$$F=\frac{1}{2}\sum_{n=1}^{n}(Y_n-\hat{Y}_n)^2$$

式中：$\hat{Y}_n$ 为生长模型估算值，本研究中差分进化算法的变异因子 F' 为 0.85，交叉因子 c 为 0.7。

算法实现过程为：

(1)产生初始种群，在 i 维向量空间里随机生成满足约束条件的 M 个个体；

(2)变异操作，在群体中随机产生 3 个个体进行差分操作；

(3)交叉操作，基于交叉概率因子引入新个体以增加群体的多样性；

(4)选择操作，以适应度函数为评价标准，在实验向量和目标向量中进行选择。

反复执行步骤(2)至步骤(4)，直至到达最大迭代次数，经过多次迭代得到最优解，将其作为最优估计参数进行输出。

3. 遗传算法

遗传算法的实现过程实际上就类似自然界的进化历程。首先，寻找一种对问题潜在解进行“数字化”编码的方案。然后，用随机数初始化一个种群，种群里面的个体就是这些数字化的编码。通过适当的解码过程之后，用适应性函数对每一个基因个体做一次适应度评估。用选择函数按照某种规定择优选择，让个体基因交叉变异，产生子代，经过多次迭代，优秀的基因得以保存和传播。遗传算法并不保证你能获得问题的最优解，但遗传算法的优点在于排除非最优解。林分生长模型的参数估计实现过程为：

(1)编码。将待估计参数 a_1，a_2，…，a_i $i=1$，2，…，5 按照各自的精度用二进制串表示，然后将其连接成一个单一的 L 位二进制串。

(2)确定适应度函数。基于最小二乘法意义下定义目标函数为基于遗传算法的优化就是要找出能使 F 最小的各待定参数，将目标函数的倒数定义为遗传算法的适应度函数，也可以直接利用目标函数值来评价遗传算法个体的优劣。

(3)产生初始种群。随机产生 n 个 L 位的二进制串。

(4)计算适应值 f_{i}。将各个二进制串码得到各参数，再根据确定的适应度函数，计算各个串码对应的适应值。

(5)交叉。以概率 $f_{\mathrm{i}}/\sum f_{\mathrm{i}}$ 从种群中选出 n 个串，以概率 p_c(交叉概率)在随机位置进行交换，产生新的个体。

(6)变异。以概率 p_m(变异概率)在新的种群中挑出一个个体，在随机位置上进行变异。

重复步骤(4)、(5)、(6)，直到遗传算法收敛，适应度值很难进一步提高为止。

4. 模拟退火算法

模拟退火算法来源于固体退火原理，将固体加温至充分高，再让其徐徐冷却，加温时，固体内部粒子随温升变为无序状，内能增大，而徐徐冷却时粒子渐趋有序，在每个温度都达到平衡态，最后在常温时达到基态，内能减为最小。根据 Metropolis 准则，粒子在温度 T 时趋于平衡的概率为 $e-\Delta E/(kT)$，其中 E 为温度 T 时的内能，ΔE 为其改变量，k 为 Boltzmann 常数。用固体退火模拟组合优化问题，将内能 E 模拟为目标函数值 f，温度 T 演化成控制参数 t，即得到解组合优化问题的模拟退火算法：由初始解 i 和控制参数初值 t 开始，对当前解重复“产生新解→计算目标函数差→接受或舍弃”的迭代，并逐步衰减 t 值，算法终止时的当前解即为所得近似最优解。

为了用模拟退火算法寻找全林分生长模型中最优的一组参数，定义评价函数(内能 E)为最小二乘法意义下的离差平方和为：

$$SEE_{(a_1,a_2,\cdots,a_5)}=\sum_{n=1}^{n}\{y_n-y[(A_n,\ SCI_n,\ SDI_n),\ a_1,\ a_2,\ \cdots a_5]\}^2$$

林分生长模型的参数估计实现过程为：

(1)初始化。算法开始前要预先设置初始的一组解状态，以及冷却进度表中的参数，Boltzmann 系数为 1，最大内部循环数为 60，冷却系数 0.99，能量转化公式为：

$$e^{\left(\frac{-E}{a \cdot T}\right)}$$

(2)在温度 T_i 下退火。这个过程就是在此温度下趋于热平衡过程，也就是循环迭代 L 次，搜索相对最优解过程。

接受或舍去新解，根据 Metropolis 重点抽样准则，若 $\Delta E<0$，接受这个新状态；若 $\Delta E>0$，按照概率，决定接受还是拒绝这个新状态。在高温条件下，能够接受明显内能升高的新解，在低温情况下就可能只接受内能的微小升高了。重复执行上述步骤，并记录搜索到的相对最优解。

(3)减小温度。按温度衰减速度公式进行温度衰减。

$$T_{i+1}=\mathrm{k}+T_i,\ \mathrm{k}=0.99$$

然后再重复步骤(2)，当温度小于预设值时终止算法，此时获得的相对最优解就是优化问题的整体最优解。

5. 粒子群算法

PSO(粒子群)算法求解优化问题时，问题的解就是搜索空间中的一只鸟的位置，称这些鸟为“粒子”。所有的粒子都有一个由被优化函数决定的适应值和一个决定它们飞翔方向与距离的速度。在优化过程中，每个粒子记忆、追随当前的最优粒子，在解空间中进行搜索。PSO 算法初始化为一群随机粒子，然后通过迭代找到最优解。在每一次迭代过程中，粒子通过追逐两个极值来更新自己的位置。一个是粒子自身所找到的当前最优解，这个解被称为个体极值 pbest；另一个是整个群体当前找到的最优解，这个解称为全局极值 gbest。PSO 算法数学表示如下：

D 维搜索空间中，有 M 个粒子，其中第 i 个粒子的位置是 $X_i=(x_{i1},\ x_{i2},\ \cdots,\ x_{iD})$，其速度为 $V_i=(v_{i1},\ v_{i2},\ \cdots,\ v_{iD})$，$i=1,\ 2,\ \cdots,\ M$。记第 i 个粒子搜索到的最优位置为 $P_i=(p_{i1},\ p_{i2},\ \cdots,\ p_{iD})$，也称为 pbest，整个粒子群搜索到的最优位置为 $P_g=(p_{g1},\ p_{g2},\ \cdots,\ p_{gD})$，也称为 gbest。粒子状态更新操作为：

$$v_{id}(t+1)=w\times v_{id}(t)+c_1r_1(p_{id}-x_{id}(t))+c_2r_2[p_{gd}-x_{gd}(t)]$$

$$x_{id}(t+1)=x_{id}(t)+v_{id}(t+1)$$

式中：$i=1,\ 2,\ \cdots,\ M$，$d=1,\ 2,\ \cdots,\ D$；w 是非负常数，被称为惯性因子 0.1；学习因子 c_1 和 c_2 为 2.05，也是非负常数；r_1 和 r_2 是介于[0，1]之间的随机函数。用于参数估计 PSO 算法具体实现过程为：

(1)设置初始参数。如种群规模 M，惯性因子 w，学习因子 c_1、c_2 估计参数向量 θ 的大致论域范围等，并置迭代次数 $t=1$。

(2)产生初始种群。即在一定范围内随机生成 M 个初始个体及相应的初始速度。

(3)根据最小二乘法下的离差平方和计算每个粒子的适应值 f。

(4)将每个粒子的当前适应值与其自身的个体极值 pbest 和群体的历史全局极值 gbest 进行比较。如果某个粒子的适应值优于其个体极值 pbest，则设置 pbest 等于此粒子的当前适应值；如果其当前适应值还优于 gbest，则重设 gbest 等于此粒子的当前适应值。

(5)更新每个粒子的速度与新的当前位置。并把它们限制在一定范围内。

(6) $t=t+1$。返回到步骤(3)，直到获得一个预期的适应值或 t 达到设定的最大迭代次数。

（二）非参数模型

传统的统计回归方法并不能有效描述森林生长收获间复杂的非线性关系，以及高维数等实际问题，而且推导的关系往往只适用于该区域。为了提高生长收获模型的非线性预测能力，学者将数据挖掘和机器学习类的方法应用到森林生长收获的估算领域，包括决策树、K-NN 法、支持向量机和人工神经网络等。通过学习方法虽然能够提高反演精度，但其“黑箱”操作只是将它们复杂的作用过程通过一些训练数据集的模拟来表现，难以反映森林生长的机理过程。

1. 人工神经网络

人工神经网络是以光谱信息、植被指数和纹理特征等作为神经网络的输入变量，以样地调查的森林生长为输出变量，选取部分样本数据输入神经网络系统进行训练得出模型算法，然后根据模型算法对森林的生长量进行估算。

2. 决策树

决策树是一种逼近离散值函数的方法，可看作是一个树状预测模型，基本算法有随机森林和梯度提升决策树。决策树集成方法能很好地去除噪声干扰，训练复杂度低、预测迅速、模型容易展示，但可能存在过度拟合训练数据的问题。

3. K-NN 法

K-NN 法又称基准样地法。此方法中，遥感图像某一像元的森林地上生物量值是由在特征空间上与该像元最邻近的 K 个实测样点森林资源数据经加权平均得到的，然后根据森林资源估算结果对森林进行监测。K-NN 法可以对森林资源储量进行估算，而且能够保持森林资源储量在空间分布上的异质性和相似性特征，但其估算结果往往比使用样地数据估算值高。

4. 支持向量机

支持向量机的原理可概括为首先用内积函数定义的非线性变换将输入空间变换到一个高维空间，然后在这个空间中求最优分类面，每个中间节点对应一个支持向量，输出则是节点的组合。支持向量机是 SVM 的一种特殊形式，是回归分析和方程近似的一种核理论，克服传统预测方法数据不足和过学习的缺陷，在解决小样本和高维问题中具有独特的优势，但核函数选择不恰当会对估测结果造成误差。

（三）模型校正

贝叶斯校正（Bayesian Calibration）是结合概率理论的参数估计方法，这种方法在生态学模型的研究中逐渐受到关注。参数的不确定性通过参数可能取值的联合概率分布来表示。贝叶斯组合预测方法不仅可以充分利用各个预测模型所提供的实际信息，而且可以有效地将主观信息与模型或数据信息结合起来。这对动态性地更新模型的权重有重要意义。典型的贝叶斯模型平均（Bayesian Model Averaging）组合预测方法，以每个备用模型的后验概率作为权重对所有备用模型的单项预测值进行加权平均，从而得到组合预测估计值。由于考虑了所有可能的单项模型，并以后验概率（即更新后的权重）作为判断模型优劣的标准，从而有效处理了模型的不确定性问题。

贝叶斯统计起源于英国学者贝叶斯的一篇论文，在该论文中他提出了著名的贝叶斯公式和一种归纳推理办法，但该方法当时并未引起学术界重视。自20世纪中叶以来，人们研究问题数学化程度越来越高，小样本方法的研究缺乏进展，从而人们越来越多地转向大样本理论研究。在这种背景下，贝叶斯统计以其操作方法简单加之在解释上的某些合理性，得到了迅速发展。贝叶斯方法将模型的输入与输出全部表现为概率分布的形式。在模型有很多输入与输出变量时，贝叶斯计算量会非常高，使得在过去很难实际应用。近年来，基于抽样的概率分布估计方法，尤其是MCMC(Markov Chain Monte Carlo)，可以帮助缓解计算压力。MCMC方法产生待估计参数的马尔科夫链，表示目标分布的一个随机游走。从条件密度中按序抽样，每一步的抽样值条件依赖于所有参数的当前值。经过一段预烧期后，随机游走收敛于目标分布，然后用估计值的链来配置参数的后验分布。MCMC算法中的抽样可以通过多种方法实现，如舍选抽样法、逆分布抽样法以及Metropolis抽样法等。其中，Metropolis-Hastings抽样方法及其变种算法，作为建立马尔科夫链的方法，在贝叶斯推断中有着极为广泛的应用。

第二节　生长收获模型系统

一、经验模型

(一)全林生长模型

全林分模型是应用最广泛的模型，其特点是以林分总体特征指标为基础，即将林分的生长量或收获量作为林分特征因子(如年龄、立地、密度及经营措施等)的函数来预估整个林分的生长和收获量，经营措施是通过对模型中的其他可控变量如密度和立地条件的调整而间接体现。可变密度的全林分生长模型能有效地预估不同林分密度条件下的林分生长动态，受到各国林学家的重视，已成为当代森林生长与收获预估的研究重点之一。

20世纪30年代后期，舒马克首次提出了含林分密度的收获模型。随后，Richards方程用于林分生长过程的模拟。实践证明，该模型具有很强的解释性和适应性，近几十年来得到广泛应用。我国可变密度的生长模型研究起始于20世纪80年代，唐守正、张少昂、李希菲、蒋伊尹、惠刚盈等在分析方程各参数与立地和密度的关系的基础上，采用再参数化的方法将密度与立地因子引入方程构建了可变密度生长和收获模型。立地质量评价和林分密度指标是影响全林分生长模型精度的2个主要因子。立地质量的准确评价限制了林分动态生长模型的应用范围，林分密度和自稀疏模型是林分密度控制的有效工具，已有研究提出了大量模型用于描述其动态规律，选择普适性更强的林分竞争指标是提高全林分生长模型精度的重要途径。间伐效应和全林分生长模型链接等是全林分生长模型运用于林业生产的重要方式，也是全林分生长模型的研究热点。

(二)径阶分布模型

林分结构模型能够提供林木在径阶上的分布信息，与林业生产实践中材种培育目标和间伐效果分析等密切相关，可以找出较优的经营措施组合，作为森林经营决策依据。径阶分布模型是以林分直径分布为基础建立的林分生长和收获模型。此类模型不仅能得到全林分的生长量和收获量，而且可以输出林分内各径阶林木的生长收获量，为林业生产中的材种培育目标和间伐效果分析提供重要依据，促进森林经营措施的科学合理决策。其中，直径分布模型根据模型中的林分因子，可以预估林分总株数按照各径阶的分布情况。林分表预估模型根据当前林分的直径分布和各径阶的直径生长量，预估林分未来的直径分布，并结合立木材积表来预测林分的生长量。径阶生长模型以林分内各径阶平均木为基本对象，构建株数转移矩阵模型。而该转移矩阵模型中的径阶转移概率则是包含各林分因子的函数，并以此来预估林分未来的直径分布。

大量的实践证明，三参数的 Weibull 分布函数可以很好地描述同龄林和异龄林的直径分布，其概率密度函数为：

$$f(x)=\begin{cases}0 & x\leqslant a\\ \dfrac{b}{c}\left(\dfrac{x-a}{b}\right)^{c-1}\mathrm{e}^{-\left(\frac{x-a}{b}\right)^{c}} & x>a,\ b>0,\ c>0\end{cases}$$

式中：a 是位置参数，b 是尺度参数，c 是形状参数。

在假设林木直径生长势马氏链的条件下，若令在 τ_0 时刻，树木直径概率分布函数为：

$$\vec{g}_0=(g_0,\ g_1,\ g_2,\ \cdots)$$

且设林分每公顷株数为 N，则林分在 τ_0 时刻的直径状态结构函数为：

$$\vec{\Phi}_{\tau 0}=(g_0N,\ g_1N,\ g_2N,\ \cdots)$$

若令 $P\tau_0-\tau_1$ 是林分直径在$[\tau_0,\ \tau_1]$期间的概率转移矩阵，则林分在 τ_1 时刻的状态结构向量为：

$$\vec{\Phi}_{\tau 1}=\vec{g}_0P_{\tau_0-\tau_1}N=\vec{\Phi}_{\tau_0}P_{\tau_0-\tau_1}$$

由切普曼-柯尔莫柯洛夫定理可知，在齐次马尔柯夫链的条件下，林分直径状态结构函数的转移完全由初始条件和转移概率矩 P 所决定。求解转移概率矩 P 便可求解得到林分的直径的分布规律：

$$P_{ij}=\frac{N_{ij}}{\varphi(t,\ i)}$$

式中：$\varphi(t,\ i)$是林分在 t 时刻第 i 径阶总株数，N_{ij} 是第 i 径阶转移到 j 径阶株数。

(三)单木生长模型

单木生长模型系统包括单木胸径生长模型、单木树高模型或树高生长模型、单木存活模型(枯损模型)、进界模型和进界胸径生长模型。如 PROGNOSIS 单木生长模型系统和芬兰异龄林单木模型系统为基础进行模型调整，选择拟合优度大的生长模型形式。

$$\ln(i_d)=a_1+a_2BAL_{\text{Target}}+a_3BAL_{\text{Other}}+a_4\ln(BA)+a_5\sqrt{D}+a_6D^2+a_7ST_1+a_8ST_2+a_9ST_3+a_{10}ST_4+a_{11}\ln(TS)$$

式中：i_d 是 5 年带皮胸径生长量(cm)，D 是胸高处直径(cm)，BA 是胸径大于 5cm 的树木的总林分胸高断面积(m^2/hm^2)，TS 是积温(日度)。$ST_{1\text{-}4}$ 是指示变量，分别代表不同立地类型。在一个林分中，只有一个指示变量等于1，其他等于0。BAL 是指比对象木胸径大的胸高断面积和(m^2/hm^2)，是分目标树(BAL_{target})和其他树种(BAL_{other})计算。BAL 描述了树木在林分中所处的竞争位置。

$$\ln(i_d)=a_1+a_2\ln(D)+a_3D^2+a_4CR+a_5CR^2+a_6CCF+a_7BAL+a_8SLS+a_9SLC+a_{10}SL+a_{11}SL^2+a_{12}HB+a_{13}HB^2$$

式中：i_d 是5年带皮胸径生长量(cm)，D 是胸高处直径(cm)，CR 是冠长率，CCF 是树冠竞争因子，BAL 是指比对象木胸径大的胸高断面积和(m^2/hm^2)。HB 是海拔，SL 是坡率值，即为坡度的正切值，SLS 和 SLC 是坡率和坡向(ASP)的组合 $SL\sin(ASP)$ 和 $SL\cos(ASP)$。

单木树高生长模型是Hossfeld模型的修正形式。

$$h=\frac{a_1+a_2ST_1+a_3ST_2+a_4ST_3+a_5ST_4}{1+(b_1/D)+(b_2/D^2)}$$

式中：h 是树高(m)，D 是胸高处直径(cm)，$ST_{1\text{-}4}$ 是指示变量，分别代表不同立地类型。在一个林分中，只有一个指示变量等于1，其他等于0。

生长模型的参数估计问题转化为一个多维无约束函数优化问题，在最小二乘法意义下极小化离差平方和，再采用麦夸特算法、差分演化算法、遗传算法、模拟退火算法和粒子群算法等进行最优值求解。单木生长模型具有更强大的功能，对数据的要求也更为严格，单木生长模型建模数据需求见表4-4。根据森林资源清查数据的特点，数据满足单木生长模型构建的要求。

表4-4　单木模型建模数据需求

单木生长模型各模块	数据需求
胸径生长量模块	因变量：单木5年间隔期带皮胸径生长量 自变量： 1. 单木胸径 2. 胸径大于5cm的树木总林分胸高断面积 3. 比对象木胸径大的胸高断面积和 4. 有效描述立地条件的因子，如立地类型、土壤、海拔、坡度、坡向 5. 树冠竞争因子和冠长率等(可选)
树高生长模块	因变量：单木树高 自变量： 1. 异龄林采用胸径，同龄林采用年龄 2. 有效描述立地条件的因子，如立地类型、土壤、海拔、坡度、坡向
枯损模块	因变量：单木5年间隔期存活的概率 自变量： 1. 单木胸径 2. 胸径大于5cm的树木总林分胸高断面积 3. 比对象木胸径大的胸高断面积和

（续）

单木生长模型各模块	数据需求
进界模块	因变量：进界株数 自变量： 1. 胸径大于 5cm 的树木总林分胸高断面积 2. 各树种林分密度
进界胸径生长量模块	因变量：5 年生长后进界木的平均胸径 自变量： 1. 胸径大于 5cm 的树木总林分胸高断面积 2. 有效描述立地条件的因子，如立地类型、土壤、海拔、坡度、坡向

二、过程模型

过程模型(Process-based Model)是指根据树木生长和生理生态过程来预测生长收获及森林动态变化的过程性模型。过程模型从基础的生理过程去预测树木生长，其关键的生理过程包括光截留、光合作用、气孔导度、呼吸作用、碳分配、枯损、土壤水分以及养分动态，模型间区别在于空间和时间尺度不同，从一片树叶到整个林分，从 1h 到 1a。因此，过程模型可分为两大类，即详细的生理过程模型和简化的自上而下模型。

以 CROBAS 模型为例，CROBAS 模型最初是由苏格兰松建立起来的碳平衡模型，现已被应用于其他一些树种，比如，挪威云杉和加拿大短叶松。该模型基于三种重要关系，①树冠表面积与树叶重量是异速相关的；②树叶和细根重量之间维持一个功能平衡常数；③树叶和树干边材横截面积成线性相关，也就是著名的派普理论。模型的核心问题是解决林分平均木的 5 部分碳储存场所的生物量分配，这 5 部分分别为树叶、细根、树干、树枝以及运输根。

上述三个关系方程形式为：

$$W_f=\varepsilon A_c^z$$

$$W_r=\alpha_r\times W_f$$

$$A_i=\alpha_i\times W_f$$

基于上述的理论以及其他假设得到了树干、树枝和运输根的生物量，分别为：

$$W_s=\rho_s\times\alpha_s\times(\varphi_s\times H_s\times\varphi_c\times H_c)\times W_f$$

$$W_b=\rho_b\times\alpha_b\times\varphi_b\times H_c\times W_f$$

$$W_t=\rho_t\times\alpha_t\times\varphi_t\times(H_c+H_s)\times W_f$$

式中：f、r、s、b、t 分别代表树叶、细根、树干、树枝以及运输根，W 为干重，A 为横截面积，H 为长度，ρ 为密度，其余符号均为参数。此外，树木各部分年增长量通过林分光合作用、呼吸作用、自然整枝率以及枯损各部分模型链接，从而构建整个林分预测模型。

Mäkelä 等(2000)将 CROBAS 模型扩展应用于不同径阶大小林分的模拟，并进一步地改进了该模型，以便能够采用传统的森林调查数据和统计拟合程序进行参数化。此外，这个模型已经在预测干形、3D 锯木生产以及营林优化系统被证明有效。尽管该模型在估计光合作用和呼吸作用的时候更接近过程模型，但是其预测的主要目标是由经验数值去模拟的，同时 CROBAS 模型对气候和其他立地因子的表现不敏感。

国内应用最多的林分过程模型是 3-PG 模型。该模型可以模拟林分水平生产力及对环境变化的响应，还能够模拟森林生态系统碳平衡，模型以月为时间尺度，输入数据包括样地和气候参数两类，主要有太阳辐射、风速、降雨量、土壤深度、肥力、密度、消光系数等 48 个参数。输出数据包括光能利用率、初级生产力、净生产力、碳储量及分配、生物量库、土壤水分利用等参数。目前，该模型能够应用在同龄林或者相对均一的纯林中。Mohren 开发的 FORGRO 林分过程模型能够基于森林水文学进行林分水平上的碳平衡、水分运动、氮平衡的模拟，也被称作是封闭的森林—土壤—大气模型，模型构建理论有植物生理学、物候学、水文地理学等，该模型以日为时间尺度。另一个比较著名的林分过程模型是 BIOME-BGC 模型。该模型基于日尺度来描述林分生产力、水分、碳、氮流动过程，模型忽略了林分空间异质性，预测结果包括单位面积的林分水平生物量。该模型建立的最初目的是模拟林分生物量的变化，以便应用于森林生态系统管理中。之后的 FOREST-BGC 模型是基于 BIOME-BGC 开发的，能够模拟林分内水分、碳和氮的循环过程，水循环模拟过程包括冠层蒸发、截留、蒸腾、土壤含水量、雪水量、地表径流等；碳循环模拟过程包括光合作用、生长呼吸作用、维持呼吸作用、碳分配、凋落物量和分解量等；氮循环模拟过程包括氮沉积、摄取、凋落物和矿化作用等。该模型可以输出日尺度和年尺度的预测结果，模型运行需要 41 个参数，包括每日水平上的气候数据，如最值温度、短波辐射、降雨量等。林分水平输入数据包括叶片导度、叶面积指数、比叶面积等，模型主要输出数据为土壤含水量、日蒸腾量、日净光合生产力、生物量及年水平的林分地上部分生物量等。美国林务局开发的 Pipestem 模型也属于林分过程模型，主要被用来模拟同龄纯林林分树叶、细根和树干的碳累积量，输出结果包括年水平上的单位面积碳累积量，另外还能够模拟林分水平树木各器官的碳周转量。

三、混合模型

混合模型(Hybrid Model)是经验模型与过程模型的结合体。混合模型的出现实现了经验模型和过程模型的双赢。因为混合模型结合了经验生长收获模型参数少、经度较高的特点，同时集合了过程模型能够模拟环境、生理生态因子对森林生长的影响等特点。多数的混合模型都是将光合作用模型作为最底层模型，在此基础上再模拟林分及单木水平上的生产力形成过程；其他的如水分平衡和氮平衡等生理过程在森林经营模型中并不是太重要。混合模型是当前模型研究的重要方向。FORECAST 是加拿大哥伦比亚大学专家开发出的基于林分水平上的混合模型。另一个比较著名的混合模型是加拿大魁北克大学彭长辉教授开发出的“三元生态系统模型”(TRIPLEX)。该模型是基于 3PG、TREEDYN 和 GENTURY 等 3 个模型建立起来的，能够预测林分生长与收获、森林碳汇、长短期气候变化对森林生长的作用等。该模型的应用范围很广，能够模拟同龄林、异龄林、针叶林和阔叶林在各种不同地理类型、土壤和气候条件下的生长情况。

Grote 和 Pretzsch(2002)开发出的 BALANCE 模拟系统能够利用气候参数(如降雨量、CO_2 浓度、温度等)和单木数据来预测树木叶片、树枝、粗根和树干的含碳量，并能模拟树冠光分配、碳、水和氮平衡，最后累加得到林分水平的预测值。模型用来分析复杂环境变化下树木的响应，该模型的另一个特点能输出单木的 3D 效果图。SORTIE 模型也是一个基于单木的机械、随机模型，最初被用来模拟年尺度上美国东北部 9 个主要树种的生长状况。该模型能够预测单木获得的光照和单株分布类型、更新及由于光照条件变化导致的树木死亡。模型输入数据中包含了水分、氮素等参数，模型能够输出平面图像效果图，该模型最大的特点是能够预测上千年的树木生长过程。

四、林窗模型

林窗(Forest Gap)是由于林冠层乔木死亡或移除等原因所形成的林内空地或小地段，是外来个体入侵、占据和更新的空间。英国生态学家瓦特(Watt)首先提出林窗的概念，它主要是指森林群落中老龄树死亡或因偶然性因素(如干旱、台风、火灾等)导致成熟阶段优势树种的死亡，从而在林冠层造成空隙的现象。随着研究的深入，林窗的概念有了扩充，并分为两类：林冠空隙是指直接处于林冠层空隙下的土地面积或空间(狭义的林窗)；扩展林窗是指由林冠空隙周围树木的树干所围成的土地面积或空间，它包括了林冠空隙及其边缘到周围树木树干基部所围成的面积或空间部分(广义的林窗)。从森林景观角度上来讲，林窗产生的大小有广阔的范围，可由单个树枝或单株树的死亡到由灾难性的野火所产生的成百上千公顷的空地或空隙。

关于林窗的面积，研究者普遍采用 4～1000m^2，并认为林窗是一种中小尺度的干扰。林窗是森林生态系统演替的重要驱动因子。Watt 提出林窗概念，林窗的理论在天然林保护与人工林经营中愈加受到高度重视和广泛应用。林窗模型是建立在林窗更新、斑块镶嵌的森林循环动态理论基础上，模拟林分内单木或林分的动态变化。最初的模型由 Botkin 等(1972)在研究美国哈巴德布鲁克(Hubbard Brook)森林的演替中提出，称为 JABOWA 模型。Shugart 等(1927)对其作了改进，提出了 FORET 林窗动态模型，并对其生态学意义进行了讨论，主要用于阿巴拉契亚山落叶林的研究。目前，发表的林窗模型很多，包括 FORAR、FORMIS、SWAMP、BRIND、FORICO、KIAMBRAM 等。这些模型包含的变量越来越多，并且与不同的地区特点结合起来，逐渐趋于强调与生物学过程、环境变量及干扰状况结合。

第三节 模型系统构建及数据更新实例

一、研究区概况及数据来源

(一)研究区概况

1. 省域尺度

四川省位于中国西南内陆腹地，地处长江上游流域，与滇、黔、渝、藏、青、甘、陕西部7省(自治区、直辖市)接壤，自然资源丰富，对生态安全战略格局构建具有重大意义。地形复杂、气候多样，东部盆地，西部高原，山地和高原占比高达81.8%；属于全国第二大林区、第五大牧区，森林资源以天然林为主，主要分布在川西高原和盆周山地；动植物种类丰富，是全球34个生物多样性热点地区之一。主要的乔木林类型包括冷杉(*Abies fabri*)林、云杉(*Picea asperata*)林、铁杉(*Tsuga chinensis*)林、落叶松(*Larix potaninii*)林、油松(*Pinus tabuliformis*)林、华山松(*Pinus armandii*)林、马尾松(*Pinus massoniana*)林、云南松(*Pinus yunnanensis*)林、高山松(*Pinus densata*)林、杉木(*Cunninghamia lanceolata*)林、柏木(*Cupressus funebris*)林、栎树(*Quercus*)林、桦木(*Betula*)林、杨树(*Populus*)林和各种混交林。

2. 市(县)尺度

昆明市地处云贵高原中部，总体地势北部高，由北向南呈阶梯状逐渐降低，中部隆起，东西两侧较低，以湖盆岩溶高原地貌形态为主。由于地处金沙江、南盘江及元江三大水系的分水岭之间，河流侵蚀作用不强，高原面保存较好，大部分地区海拔在1500~2800m。地形较平缓，高差小于500m，分布着一系列南北向构造、排列不规则、大小不等的山间盆地，低丘及海拔2000~2500m的中山分布广泛。属亚热带季风气候，年均降雨量1035 mm，年平气温14.5℃。地带性植被为典型的亚热带西部半湿润常绿阔叶林。主要林分类型包括华山松(*Pinus armandii*)、云南松(*Pinus yunnanensis*)、麻栎(*Quercus acutissima*)、桤木(*Alnus cremastogyne*)、银荆树(*Acacia dealbata*)、赤桉(*Eucalyptus camaldulensis*)、直杆桉(*Eucalyptus maideni*)、蓝桉(*Eucalyptus globulus*)、柳杉(*Cryptomeria fortunei*)、冷杉(*Abies fabri*)、栎类(*Quercus acutissima*)、柏类(*Cupressus funebris*)、桉类(*Eucalyptus robusta*)、樟类(*Cinnamomum longepaniculatum*)、杨类(*Populus*)和各种混交林。

(二)数据来源

1. 样地数据

实例数据来源于全国森林资源连续清查第六次(2002)、第七次(2007)、第八次(2012)和第九次(2017)数据。四川作为省级抽样总体，样地按照4km×8km和8km×8km两种点间距相间排列，共布设10098个固定样地。样地形状为正方形、边长25.82m、面积0.0667hm^2，样地内进行每木检尺和样木定位。按照《森林资源连续清查技术规程》对起源、树种(组)、龄组的划分方式，将优势树种进行归并处理，得到森林植被分起源、树种(组)、龄组的面积、蓄积量等数据。

2. 图斑数据

采用昆明市第四次森林资源二类调查数据，筛选优势树种组成系数大于6成的相对纯林林作为研究对象。符合建模要求的树种为华山松、云南松、麻栎、桤木、银荆树、赤桉、直杆桉、蓝桉、柳杉、冷杉、板栗、核桃、青冈栎、油杉、杉木、香椿，共16个树种；符合建模要求的树种组为栎类、柏类、桉类、樟类、杨类、柳类、硬阔类和软阔类，共8个树种组。以各龄阶林分平均高、平均直径、每公顷断面积和每公顷蓄积为准，±3倍标准差为界剔除该龄阶范围内的异常点后进行样本量、平均值、中位数、标准差(SD)

的描述性统计(表 4-5)。

表 4-5　建模样本描述性统计分析

树种	林分因子	样本量	平均值	中位数	标准差
华山松	平均年龄 *A*	19275	25	24	9.68
	平均树高 *H*		8.6	8.0	2.92
	平均胸径 *DBH*		13.6	14.0	4.68
	公顷株数 *N*		997	800	763.06
	公顷断面积 *G*		11.5314	10.7166	6.33
	公顷蓄积 *M*		54.2880	45.5000	36.96
云南松	平均年龄 *A*	35821	25	25	7.45
	平均树高 *H*		7.7	7.5	2.35
	平均胸径 *DBH*		11.7	12.0	3.41
	公顷株数 *N*		1064	938	616.26
	公顷断面积 *G*		10.0465	9.5253	4.48
	公顷蓄积 *M*		41.2364	38.1000	22.76
麻栎	平均年龄 *A*	244	24	21	11.60
	平均树高 *H*		7.7	7.5	2.31
	平均胸径 *DBH*		10.5	10.0	3.90
	公顷株数 *N*		1280	1194	696.06
	公顷断面积 *G*		9.5700	8.7977	4.66
	公顷蓄积 *M*		38.7848	33.0000	23.40
桤木	平均年龄 *A*	12788	22	20	7.93
	平均树高 *H*		11.5	11.5	2.84
	平均胸径 *DBH*		16.7	16.0	4.77
	公顷株数 *N*		580	487	405.51
	公顷断面积 *G*		10.6815	10.0091	4.57
	公顷蓄积 *M*		55.4405	49.9000	30.39
银荆树	平均年龄 *A*	3737	15	15	5.64
	平均树高 *H*		8.8	8.9	2.29
	平均胸径 *DBH*		12.4	12.0	3.61
	公顷株数 *N*		869	747	566.13
	公顷断面积 *G*		8.8416	8.1996	3.83
	公顷蓄积 *M*		39.7316	36.1000	21.16

（续）

树种	林分因子	样本量	平均值	中位数	标准差
赤桉	平均年龄 *A*	808	15	14	7.08
	平均树高 *H*		10.1	10.0	2.55
	平均胸径 *DBH*		11.9	10.0	4.82
	公顷株数 *N*		978	1000	407.19
	公顷断面积 *G*		9.9267	9.0635	5.35
	公顷蓄积 *M*		49.8542	45.0000	31.34
直杆桉	平均年龄 *A*	1814	10	10	4.03
	平均树高 *H*		10.3	10.0	2.68
	平均胸径 *DBH*		10.3	10.0	3.58
	公顷株数 *N*		2083	2000	1106.20
	公顷断面积 *G*		14.2680	14.4697	5.37
	公顷蓄积 *M*		42.9819	38.9000	23.59
蓝桉	平均年龄 *A*	5112	12	10	6.34
	平均树高 *H*		11.3	11.0	3.51
	平均胸径 *DBH*		12.1	10.0	5.22
	公顷株数 *N*		1419	1126	1094.16
	公顷断面积 *G*		11.3683	10.7845	5.49
	公顷蓄积 *M*		62.3831	54.0000	38.30
柳杉	平均年龄 *A*	85	15	14	6.32
	平均树高 *H*		8.3	8.2	3.12
	平均胸径 *DBH*		11.0	10.0	4.40
	公顷株数 *N*		1401	1328	717.66
	公顷断面积 *G*		11.5562	10.8988	5.90
	公顷蓄积 *M*		53.6647	46.8000	36.47
冷杉	平均年龄 *A*	53	85	100	33.16
	平均树高 *H*		12.2	12.0	3.42
	平均胸径 *DBH*		26.4	28.0	10.37
	公顷株数 *N*		389	353	249.20
	公顷断面积 *G*		17.6247	18.8194	9.80
	公顷蓄积 *M*		125.7094	150.0000	74.28

（续）

树种	林分因子	样本量	平均值	中位数	标准差
板栗	平均年龄 *A*	188	13	12	5.62
	平均树高 *H*		5.0	5.0	1.46
	平均胸径 *DBH*		9.9	10.0	2.80
	公顷株数 *N*		529	495	370.16
	公顷断面积 *G*		3.7708	3.3477	2.35
	公顷蓄积 *M*		9.7255	9.0000	6.64
核桃	平均年龄 *A*	450	15	14	8.38
	平均树高 *H*		5.8	5.0	2.66
	平均胸径 *DBH*		10.1	8.0	5.33
	公顷株数 *N*		734	514	539.68
	公顷断面积 *G*		4.7863	3.9980	3.44
	公顷蓄积 *M*		16.2484	11.1000	15.76
香椿	平均年龄 *A*	33	18	16	8.48
	平均树高 *H*		8.6	8.6	3.09
	平均胸径 *DBH*		13.6	12.0	5.85
	公顷株数 *N*		722	556	609.09
	公顷断面积 *G*		6.3136	5.9715	3.02
	公顷蓄积 *M*		25.1030	25.1000	12.02
青冈栎	平均年龄 *A*	43	27	28	9.88
	平均树高 *H*		6.4	6.5	1.63
	平均胸径 *DBH*		10.4	10.0	3.13
	公顷株数 *N*		1287	1019	645.97
	公顷断面积 *G*		9.6068	8.8467	3.85
	公顷蓄积 *M*		33.1465	31.5000	16.61
油杉	平均年龄 *A*	2847	31	30	11.55
	平均树高 *H*		9.0	8.6	2.80
	平均胸径 *DBH*		15.6	14.0	5.05
	公顷株数 *N*		694	577	467.55
	公顷断面积 *G*		11.0017	10.0983	5.35
	公顷蓄积 *M*		50.7946	44.0000	31.10

（续）

树种	林分因子	样本量	平均值	中位数	标准差
杉木	平均年龄 *A*	148	23	20	12.35
	平均树高 *H*		10.9	11.0	4.31
	平均胸径 *DBH*		15.4	14.0	6.40
	公顷株数 *N*		1084	841	920.90
	公顷断面积 *G*		15.0012	13.5335	9.02
	公顷蓄积 *M*		80.7264	60.5000	57.83
栎类	平均年龄 *A*	19165	35	35	11.98
	平均树高 *H*		7.2	7.0	2.22
	平均胸径 *DBH*		10.8	10.0	3.89
	公顷株数 *N*		1317	1117	843.01
	公顷断面积 *G*		9.9887	9.5052	4.40
	公顷蓄积 *M*		35.4861	31.9000	20.47
柏类	平均年龄 *A*	3799	22	20	10.65
	平均树高 *H*		9.3	9.0	2.96
	平均胸径 *DBH*		12.1	12.0	4.44
	公顷株数 *N*		1162	1000	876.88
	公顷断面积 *G*		10.7501	9.5907	6.35
	公顷蓄积 *M*		52.8504	42.6000	39.76
桉类	平均年龄 *A*	6430	10	9	4.60
	平均树高 *H*		10.7	10.5	2.80
	平均胸径 *DBH*		10.7	10.0	3.09
	公顷株数 *N*		1588	1454	856.57
	公顷断面积 *G*		12.4839	12.0175	5.47
	公顷蓄积 *M*		57.7253	54.0000	31.19
樟类	平均年龄 *A*	140	9	7	5.24
	平均树高 *H*		5.2	5.0	1.89
	平均胸径 *DBH*		10.0	10.0	2.98
	公顷株数 *N*		1317	1120	788.14
	公顷断面积 *G*		8.4986	8.0032	3.57
	公顷蓄积 *M*		22.0836	20.7000	11.87

（续）

树种	林分因子	样本量	平均值	中位数	标准差
杨类	平均年龄 *A*	525	15	14	8.14
	平均树高 *H*		10.4	10.0	3.66
	平均胸径 *DBH*		13.9	12.0	6.56
	公顷株数 *N*		962	764	785.81
	公顷断面积 *G*		9.8473	9.0362	5.30
	公顷蓄积 *M*		52.9768	45.0000	36.15
柳类	平均年龄 *A*	39	9	9	3.90
	平均树高 *H*		6.5	6.0	2.01
	平均胸径 *DBH*		11.3	10.0	4.03
	公顷株数 *N*		1038	1120	662.08
	公顷断面积 *G*		7.9221	7.0573	4.33
	公顷蓄积 *M*		28.0487	20.8000	20.23
硬阔	平均年龄 *A*	76	25	21	12.12
	平均树高 *H*		8.2	8.0	2.60
	平均胸径 *DBH*		12.0	10.3	5.65
	公顷株数 *N*		1135	916	698.13
	公顷断面积 *G*		9.4582	8.8027	4.32
	公顷蓄积 *M*		35.0684	30.7500	20.51
软阔	平均年龄 *A*	407	16	12	9.21
	平均树高 *H*		6.3	6.0	1.97
	平均胸径 *DBH*		9.1	8.0	4.38
	公顷株数 *N*		1473	1380	849.23
	公顷断面积 *G*		7.9546	7.5398	4.51
	公顷蓄积 *M*		27.7371	22.0000	21.26

二、研究方法及技术路线

(一)全林分生长模型系统研究方法

1. 立地质量评价

地位级是根据林分平均高和平均年龄间的关系反映林地生产力的一种相对度量指标，因其从观测值中更容易获取，且能够有效地预测蓄积生长和收获而被广泛地采用。结合森林资源二类调查数据特征，本研究采用地位级指数(Site Class Index，SCI)作为立地质量评价指标，建立各树种和树种组地位指数模型，并编制林区主要树种和树种组地位级表。

(1)导向曲线的拟合

导向曲线的选择直接影响模型对立地质量评价的准确性，这就需要导向曲线的形式既符合树高生长的生物学规律，又要能对数据进行最优化拟合。良好的导向曲线应该呈平滑的“S”形，并且具有上限渐近线。常用的导向曲线模型有 Inverse 、Schumacher、Compertz、Richards、Mitscherlich 等。本文采用 Schumacher、Richards 和 Compertz 模型进行林分平均年龄和平均树高拟合。拟合时为了不减少模型的自由度，不采用各龄阶中值与树高平均值拟合，而采用所有建模数据点进行拟合，提高模型的外推效能。根据决定系数 R^2 和标准估计误差 SEE(Standard Error of Estimate)选择导向曲线模型。

$$H_D=a_1e^{-\frac{a_2}{A}}$$

$$H_D=a_1(1-e^{-a_2A})^{a_3}$$

$$H_D=a_1e^{-a_2e^{-a_3A}}$$

式中：H_D 为林分平均高，A 为林分平均年龄，$a_1 \sim a_3$ 为参数。

(2)基准年龄的确定

确定基准年龄的目的是寻找树高生长趋于稳定且能灵敏反映立地质量差异的年龄。本研究计算建模样本各龄阶树高变异系数 CV 和树高变异系数变化幅度 ΔCV，根据树高生长趋于平缓且能灵敏反映立地质量的原则确定基准年龄。

$$CV=\frac{S_i}{H_i}$$

$$\Delta CV=\frac{CV_{i+1}}{CV_i}$$

式中：CV 为变异系数，ΔCV 为变异系数变化幅度，S_i 为第 i 龄阶树高标准差，H_i 为第 i 龄阶主曲线树高值。

(3)地位级指数模型的构建

地位级指数模型的构建方法常用的有标准差法、变动系数法和相对优势高法。本研究采用相对优势高法进行地位指数模型的构建。

$$H_{ij}=H_{ik}\pm\left[\left(\frac{H_{oj}-H_{ok}}{S_{A0}}\right)\cdot S_{A_i}\right]$$

$$H_{ij}=H_{ik}\left[1\pm\left(\frac{H_{oj}-H_{0k}}{H_{0k}\cdot C_{A0}}\right)\cdot C_{Ai}\right]$$

$$H_{ij}=\left(\frac{H_{0j}}{H_{0k}}\times 100\%\right)\cdot H_{ik}$$

式中：H_{ij} 为第 i 龄阶第 j 指数级调整后的树高，H_{ik} 为第 i 龄阶的导向曲线树高，H_{0j} 为基准年龄时第 j 指数级的树高，H_{0k} 为基准年龄时导向曲线树高，S_{A0} 为基准年龄所在龄阶树高标准差理论值，S_{Ai} 为第 i 龄阶树高标准差理论值，C_{A0} 为基准年龄所在龄阶树高变动系数理论值，C_{Ai} 为第 i 龄阶树高变动系数理论值。

2. 林分密度指标求解

反映林分内树木间的竞争指标有林分密度指数(SDI)、公顷断面积(BA)、疏密度(P)和树冠竞争因子(CCF)等。本研究结合森林资源二类调查数据特征采用林分密度指数作为竞争因子引入全林分生长模型中。林分密度指数(Strand Density Index)为现实林分的株数换算到标准直径时所具有的单位面积林木株数，是评价林分内林木间拥挤程度的尺度。

采用胸径和公顷株数的全部样本观测值对回归方程进行拟合，估计得到 a_1 和 b_1 值后删除 $\mathrm{Ln}N < a_1 + b_1 \times \mathrm{Ln}D$ 的点后，再用剩余点对回归方程进行拟合，得到完满立木度和平均直径间方程的斜率 b，然后进行林分密度指数的求算。具体的求算方法为：

$$SDI = N\left(\frac{D_0}{D}\right)^b$$

式中：N 为现实林分每公顷株数，D_0 为标准平均直径(本研究 $D_0 = 20\mathrm{cm}$)，D 为现实林分平均直径。

3. 全林分生长模型构建

全林分模型是应用最广泛的模型，特点是以林分总体特征指标为基础。在全林分生长模型中，森林的生长和收获取决于年龄、立地、林分密度等 3 个主要因子，林分生长量预估模型一般表达式为：

$$Y = f(A,\ SCI,\ SDI)$$

式中：Y 为林分每公顷的生长量，A 为林分平均年龄，SCI 为地位级指数，SDI 为林分密度指数。

生长模型参数估计的准确性影响着模型的预测精度和外推效能。本研究中生长模型的参数估计问题转化为一个多维无约束函数优化问题，在最小二乘法意义下极小化离差平方和，再采用麦夸特算法、差分演化算法、遗传算法、模拟退火算法和粒子群算法等进行最优值求解。

(1)林分平均胸径生长模型的建立

由于理论方程具有良好的解析性和适用性，能更好地解释林分生长的生物学意义，本研究中胸径生长采用 Schumacher、Richards 和 Korf 生长方程对林分胸径生长进行拟合。利用林分密度指数(SDI)作为竞争指标，将 SDI 引入 Schumacher、Richards 和 Korf 方程中，不同立地条件(SCI 为立地质量评价指标)下林分平均胸径的生长模型为：

$$D_g = a_1 SCI^{a_2} e^{\left[\frac{a_3\left(\frac{SDI}{1000}\right)^{a_4}}{A}\right]}$$

$$D_g = a_1 SCI^{a_2}\left[1 - e^{-a_4\left(\frac{SDI}{1000}\right)^{a_5}\cdot A}\right]^{a_3}$$

$$D_g = a_1 SCI^{a_2} e^{\left[-a_3 A^{\left(a_4\cdot\frac{SDI}{1000}\right)^{a_5}}\right]}$$

根据模型形式分别采用全局优化麦夸特法(LM，Levenberg-Marquardt)、差分进化法(DE，Differential Evolution)、遗传算法(GA，Genetic Algorithm)、模拟退火法(SA，Simulated Annealing)、粒子群法(PSO，Particle Swarm Optimization)，共 5 种优化算法运用 R 语言软件对胸径生长模型参数($a_1 \sim a_5$)进行求解。根据拟合决定系数(R^2)、均方根误差

(*RMSE*)，综合考虑拟合参数稳定性，每个树种和树种组在15个拟合结果中筛选一组参数估计值作为模型拟合结果。

(2)林分断面积生长模型的建立

全林分生长模型中，林分断面积既是预估材积生长的重要变量，又是推演林分其他调查因子的基础，在林业生产实践中具有易测定性，所以林分断面积模型的拟合精度至关重要。本研究中林分每公顷断面积生长采用Schumacher、Richards和Korf生长方程对林分断面积生长进行拟合。利用林分密度指数(*SDI*)作为竞争指标，将*SDI*引入Schumacher、Richards和Korf方程中，不同立地条件(*SCI*为立地质量评价指标)下林分每公顷断面积的生长模型为：

$$G=a_1 SCI^{a_2} e^{\left[\frac{a_3\left(\frac{SDI}{1000}\right)^{a_4}}{A}\right]}$$

$$G=a_1 SCI^{a_2}\left[1-e^{-a_4\left(\frac{SDI}{1000}\right)^{a_5}\cdot A}\right]^{a_3}$$

$$G=a_1 SCI^{a_2} e^{\left[-a_3 A^{\left(a_4\cdot\frac{SDI}{1000}\right)^{a_5}}\right]}$$

根据模型形式分别采用全局优化麦夸特法(LM，Levenberg-Marquardt)、差分进化法(DE，Differential Evolution)、遗传算法(GA，Genetic Algorithm)、模拟退火法(SA，Simulated Annealing)、粒子群法(PSO，Particle Swarm Optimization)，共5种优化算法运用R语言软件对断面积生长模型参数($a_1\sim a_5$)进行求解。根据拟合决定系数(R^2)、均方根误差(*RMSE*)，综合考虑拟合参数稳定性，每个树种和树种组在15个拟合结果中筛选一组参数估计值作为模型拟合结果。

(3)林分蓄积生长模型的建立

蓄积生长作为全林整体生长模型的重要组成部分，也是林地"一张图"蓄积量更新研究的重要内容。本研究中林分每公顷蓄积生长采用Schumacher、Richards和Korf生长方程对林分断面积生长进行拟合。利用林分密度指数(*SDI*)作为竞争指标，将*SDI*引入Schumacher、Richards和Korf方程中，不同立地条件(*SCI*为立地质量评价指标)下林分每公顷蓄积的生长模型为：

$$M=a_1 SCI^{a_2} e^{\left[\frac{a_3\left(\frac{SDI}{1000}\right)^{a_4}}{A}\right]}$$

$$M=a_1 SCI^{a_2}\left[1-e^{-a_4\left(\frac{SDI}{1000}\right)^{a_5}\cdot A}\right]^{a_3}$$

$$M=a_1 SCI^{a_2} e^{\left[-a_3 A^{\left(a_4\cdot\frac{SDI}{1000}\right)^{a_5}}\right]}$$

根据模型形式分别采用全局优化麦夸特法(LM，Levenberg-Marquardt)、差分进化法(DE，Differential Evolution)、遗传算法(GA，Genetic Algorithm)、模拟退火法(SA，Simulated Annealing)、粒子群法(PSO，Particle Swarm Optimization)，共5种优化算法运用R语言软件对蓄积生长模型参数($a_1\sim a_5$)进行求解。根据拟合决定系数(R^2)、均方根误差(*RMSE*)，综合考虑拟合参数稳定性，每个树种和树种组在15个拟合结果中筛选一组参数估计值作为模型拟合结果。

4. 模型检验

(1)回归分析检验

本研究运用回归分析方法对模型的拟合结果进行分析，即分别建立样本观测值与模型预测值的线性回归方程，通过方程的参数假设($a=1$，$b=0$)来检验模型的精度。

(2)卡方统计量检验

卡方检验是统计样本的实际观测值与模型预测值之间的偏离程度。卡方值越大，说明预测值与观测值间的偏离程度越大；卡方值越小，说明预测值与观测值间的偏离程度越小。本研究计算卡方统计量对模型的性能进行分析。

$$x^2 = \sum_{i=1}^{k} \frac{(Y_i - \hat{Y}_i)^2}{\hat{Y}_i}$$

式中：x^2 为卡方统计量，Y_i 为观测值，$\hat{Y}_i$ 为模型预测值。

(3)T 统计量检验

T 统计量检验的主要目的是验证样本观测值均值与模型预测值均值是否存在显著性差异，即确定样本观测值和模型预测值的准确性是否存在显著性差异。本研究计算 T 统计量评价模型的精密度。

$$T = \frac{\overline{Y} - \overline{\hat{Y}}}{\sqrt{S_c^2\left(\frac{1}{m} - \frac{1}{n}\right)}}$$

式中：T 为统计量，$\overline{Y}$ 为观测值平均值，$\overline{\hat{Y}}$ 为模型预测值平均值，S_c^2 为观测值和预测值的总体方差，m 为观测值样本量，n 为预测值样本量。

5. 参数稳定性与算法比较分析

模型参数拟合的稳定性对模型的普适性和外推效能具有重要作用。本研究中计算模型拟合的各参数均值，计算不同优化算法拟合的参数与均值间的欧式距离作为模型拟合参数稳定性的评价指标，即欧式距离越大，拟合的参数越不稳定；欧式距离越小，拟合的参数越稳定。

$$O_p = \sqrt{(\alpha_1-\overline{\alpha})^2+\cdots+(\alpha_n-\overline{\alpha})^2+(\beta_1-\overline{\beta})^2+\cdots+(\beta_n-\overline{\beta})^2+\cdots+(\gamma_1-\gamma)^2+\cdots+(\gamma_n-\overline{\gamma})^2+\cdots}$$

式中：O_p 为欧氏距离，α、β、γ 为参数，$\overline{\alpha}$、$\overline{\beta}$、$\overline{\gamma}$ 为参数平均值。

6. 基于全林生长模型的林分因子更新

构建的全林分整体模型为相对同龄纯林林分，而在林业生产实践中大部分的林分为混交林，利用全林分生长模型对混交林未来林分的生长状况进行预测就需要对各树种林分密度指数(SDI)进行设定。先将混交林中的每个组成树种看成纯林，然后计算每个树种的林分密度指数，进而明确每个树种对应的枯损速度，再根据全林分生长模型要求的输入变量对未来林分的生长进行预测。例如，某小班基本信息如表4-6，预测该小班5年后林分树高、胸径、每公顷蓄积和每公顷株数。根据云南松和栎类全林分生长模型输入变量年龄、树高、每公顷株数，得到各树种纯林情况下林分生长状况，再将林分未来生长状态指标进行合并计算。

表 4-6　小班林分基本信息

树种	组成系数	年龄(a)	树高(m)	胸径(m)	每公顷蓄积(m^3)	每公顷株数(株)
云南松	8	30	10.1	15.0	71	897
栎类	2	25	9.8	17.1	7	75

(二)多尺度数据更新模型构建方法

1. 储量估算

单木模型法将胸径作为自变量，计算得到森林资源连续清查样地单木生物量和碳储量，第六次(2002年)、第七次(2007年)和第八次(2012年)清查未计算样地单木生物量和碳储量需要重新计算。扩展因子法基于森林资源连续清查样地调查的优势树种、龄组和蓄积量，进行样地蓄积—生物量转换，分优势树种和龄组计算第六次(2002年)、第七次(2007年)、第八次(2012年)和第九次(2017年)样地生物量和碳储量。本文所采用的BEF参数来源于《全国林业碳汇计量监测技术指南》(试行)及相关区域优势树种(组)的生物量转换因子和含碳率系数。

2. 数据处理

(1)单木数据处理

以树种组为分类单元，将所有保留木整理成包含树种(组)、本期胸径、前期胸径、本期材积、前期材积、前期平均年龄等因子的文件；分树种(组)计算复位样木胸径生长量的平均数和标准差，以3倍标准差为临界值，对样木进行筛选，剔除胸径负生长的异常复位样木，剔除比例控制在5%以内；按普雷斯勒式计算每株样木的胸径生长率和材积生长率。

(2)林分数据处理

以优势树种为分类单元，将样地数据整理成包含本期优势树种、起源、平均胸径、平均年龄、林木材积、其他相关林分因子和立地因子，以及后期优势树种、起源、平均胸径、平均年龄、林木材积及各类生长量的文件。先剔除一些异常的样地，如采伐样地、大树移栽样地等，以前期林木蓄积为基础，加上间隔期总生长量作为可比后期林木蓄积数据；以前期数据和可比后期数据为基础，按普雷斯勒式计算生长率。

$$P_V=\frac{V_t-V_{t-n}}{V_t+V_{t-n}}\times\frac{200}{n}$$

式中：P_V 为胸径或材积生长率，V_t 为 t 时的蓄积量，V_{t-n} 为 $t-n$ 时的蓄积量。

(3)储量数据处理

储量模型研建变量包括林分因子和环境因子两大类，其中，林分因子包含优势树种、起源、龄组、平均年龄、平均胸径、平均树高、郁闭度、密度、林分蓄积量、生物量、碳储量，环境因子包含海拔、坡度、坡向、坡位、土壤厚度、腐殖质厚度等因子，以优势树种作为建模单元。

3. 模型研建

建立各主要树种的单木生长率与林分生长率模型，以及各主要优势树种类型的林分单位面积储量模型和碳汇速率模型等。

(1)生长率模型研建

①单木生长率模型

按树种组划分建模单元，分别按一元和二元模型、胸径生长率和材积生长率模型来建模，草木生长率模型如下：

$$P=a\times D^{b}+\varepsilon$$

$$P=a\times D^{b}\times A^{c}+\varepsilon$$

式中：P 为胸径或材积生长率(%，按复利式计算)，D 为单木胸径(cm)，A 为年龄，a、b、c 为模型参数，ε 为误差项。

②林分生长率模型

按优势树种类型划分建模单元，分别按一元和二元模型来建模，林分生长率模型如下：

$$P_{V}=a\times D^{b}+\varepsilon$$

$$P_{V}=a\times D^{b}\times A^{c}+\varepsilon$$

式中：P_V 为材积生长率(%)，D 为平均胸径(cm)，A 为平均年龄，a、b、c 为模型参数，ε 为误差项。

(2)林分储量模型研建

①三储量联立估测模型

按优势树种类型划分建模单元，进行森林蓄积量、生物量、碳储量联合建模。如基于林分断面积 G 和林分平均高 H 的三储量的回归模型分别如下：

$$M=a_{0}G^{a_{1}}H^{a_{2}}+\varepsilon_{M}$$

$$B=b_{0}H^{b_{1}}M+\varepsilon_{B}$$

$$C=c_{0}B++\varepsilon_{C}$$

式中：M 为单位面积蓄积量(m^3/hm^2)，B 为单位面积生物量(t/hm^2)，C 为单位面积碳储量(t/hm^2)，G 为林分断面积(m^2/hm^2)，H 为林分平均高(m)；a_i、b_i、c_i 为模型参数；ε_M、ε_B、ε_C 为误差项。模型参数先采用非线性回归或对数回归估计方法单独求解，再采用误差变量联立方程组方法进行联合估计。因为蓄积量、生物量、碳储量数据都具有异方差性，应该采用对数回归或加权回归估计方法。

②单位面积蓄积量估测模型

按优势树种类型划分建模单元，建立林分单位蓄积量与起源、龄组、郁闭度三项因子之间的多元回归模型，自变量既有类别变量，也有连续变量，可采用哑变量模型或混合模型方法，模型表述如下：

$$Y=(a_{0}+a_{1i}x_{1i}+a_{2j}x_{2j}+a_{3k}x_{3k})\times P^{b_{0}+b_{1i}x_{1i}+b_{2j}x_{2j}+b_{3k}x_{3k}}$$

式中：Y 为林分蓄积量，P 为郁闭度，x_{1i} 为优势树种($i=1$、2、3…)，x_{2j} 为起源($j=1$、2，分别表示天然和人工)，x_{3k} 为龄组($k=1$、2、3、4、5，分别表示幼龄林、中龄林、近熟林、成熟林和过熟林)，a_0、a_1、a_3、b_0、b_1、b_3 为模型参数。

(3)林分固碳速率模型研建

按照5年整化优势树种类型的龄级，计算各龄级碳密度均值和标准差，拟合各乔木林类型的碳密度生长过程，分析各乔木林类型的碳密度连年增长量和平均增长量，确定各乔木林类型固碳潜力的成熟年龄，模型表述如下：

$$C=\frac{a_1}{1+a_2\times e^{a_3\times A}}$$

$$C=a_1\times(1-a_2\times e^{a_3\times A})$$

$$C=a_1\times e^{a_2\times A^{a_3}}$$

$$C=a_1\times(1-e^{-a_2\times A})^{a_3}$$

式中：C 为各龄级碳密度均值，A 为各龄级中值，a_1、a_2、a_3 为模型参数。

4. 模型评价

(1)评价指标

模型评价的指标包括以下6项：决定系数 R^2、估计值的标准误差 SEE、总体相对误差 TRE、平均系统误差 MSE、平均预估误差 MPE 和平均百分标准误差 $MPSE$，其计算公式如下：

$$R^2=1-\sum\frac{(y_i-\hat{y}_i)^2}{(y_i-\bar{y})^2}$$

$$SEE=\sqrt{\frac{\sum(y_i-\hat{y}_i)^2}{(n-p)}}$$

$$TRE=\frac{\sum(y_i-\hat{y}_i)}{\sum\hat{y}_i}$$

$$MSE=\frac{\sum(y_i-\hat{y}_i)}{n\times\hat{y}_i}$$

$$MPSE=t_\alpha\times\frac{SEE/\bar{y}}{\sqrt{n}}$$

$$MPSE=\frac{\sum|(y_i-\hat{y}_i|)/\hat{y}_i}{n}$$

式中：y_i 为实际观测值，$\hat{y}_i$ 为模型预估值，$\bar{y}$ 为样本平均值，n 为样本单元数，p 为参数个数，t_α 为置信水平 α 时的 t 值。

(2)评价方法

根据评价指标值，对模型进行评价。一般要求 R^2 在0.8以上，反映总体相对误差的指标 MPE 一般应小于5%，TRE 一般应不超出±5%，MSE 一般应不超出±10%，反映个体平均相对误差的指标 $MPSE$ 一般应不大于20%。还需考虑参数的稳定性和残差的随机性。

5. 数据更新误差检验

本研究建立的生长率模型和储量估测模型均未考虑进界、采伐和枯损的影响，以前期的保留木和保留蓄积量、生物量和碳储量为自变量对数据进行更新，再与实际观测值进行对比分析。运用更新数据与调查数据计算总体相对误差 TRE、平均系统误差 MSE 和平均

预估误差 *MPE*，计算公式同上，运用 3 项评价指标对模型的更新效果进行分析。

三、全林分生长模型系统研究结果

(一) 主要林分地位级指数模型拟合结果

立地质量的准确评价是对全林分整体模型进行构建的基础，任何立地质量的评价误差会通过全林分模型放大，表 4-7 为地位级指数导向曲线的拟合结果。

表 4-7 地位级指数导向曲线拟合结果

树种	模型	参数			拟合决定系数 R^2	标准估计误差 *SEE*
		a_1	a_2	a_3		
华山松	Richards	15.1668	0.0281	0.7680	0.39	2.28
云南松	Richards	13.0147	0.0300	0.8095	0.27	2.01
麻栎	Richards	13.8793	0.0159	0.4869	0.38	1.83
桤木	Richards	14.9788	0.0558	0.6606	0.28	2.41
银荆树	Richards	10.4580	0.1235	0.7203	0.21	2.04
赤桉	Richards	20.2454	0.0197	0.4937	0.58	1.65
直杆桉	Richards	16.1709	0.0810	0.7090	0.46	1.97
蓝桉	Richards	22.7242	0.0232	0.4681	0.43	2.65
柳杉	Richards	41.4959	0.0063	0.6578	0.45	2.34
冷杉	Schumacher	16.2595	21.0431	—	0.23	3.03
板栗	Richards	9.5914	0.0263	0.5068	0.39	1.14
核桃	Richards	19.6944	0.0127	0.6854	0.46	1.95
香椿	Richards	14.1646	0.0570	0.9812	0.64	1.94
青冈栎	Richards	7.0517	0.1742	3.3704	0.30	1.39
油杉	Richards	18.5254	0.0125	0.6168	0.31	2.32
杉木	Richards	15.5477	0.0807	1.4011	0.53	2.97
栎类	Richards	19.2691	0.0046	0.5053	0.28	1.89
柏类	Richards	15.7162	0.0334	0.7062	0.51	2.07
桉类	Richards	19.0674	0.0246	0.3723	0.28	2.60
樟类	Richards	22.2570	0.0079	0.5197	0.53	1.30
杨类	Richards	19.1314	0.0377	0.6584	0.56	2.42

（续）

树种	模型	参数			拟合决定系数 R^2	标准估计误差 *SEE*
		a_1	a_2	a_3		
柳类	Richards	8.0315	0.4003	3.9954	0.54	1.40
硬阔	Richards	16.0533	0.0085	0.3915	0.25	2.28
软阔	Richards	13.2752	0.0141	0.4302	0.43	1.49

地位级指数导向曲线的拟合结果表明，林区 24 个树种和树种组拟合决定系数介于 0.21~0.64、平均值为 0.40，标准估计误差介于 1.14~3.03、平均值为 2.06，满足地位级指数建模要求，导向曲线拟合的决定系数均低于 0.7，与模型拟合时采用所有观测值有关。模型拟合决定系数作为筛选模型拟合结果的主要指标，拟合决定系数越大，表明模型对数据的拟合效果越好，拟合决定系数的大小还与建模样本量有关。采用平均值进行拟合能显著提高模型拟合的决定系数，但是降低了模型自由度，限制了模型的外推效能。因此，本研究中仍然采用所有观测值进行模型拟合。23 个树种和树种组导向曲线模型采用 Richards，冷杉导向曲线模型采用 Schumacher。模型中参数 a_1 的生物学意义为导向曲线的上限渐近线水平。本研究中参数 a_1 介于 7.0517~41.4959、平均值为 16.7404，符合树木生长的生物学规律。

根据选择的地位级指数导向曲线拟合结果，编制林区主要林分地位级表。各树种和树种组地位级表精度满足立地质量评价的要求，编制的各主要林分地位级表可用于林区造林规划、抚育间伐等林业生产，同时也弥补了林区立地质量准确评价的缺失。

（二）全林分生长模型拟合结果

1. 林分平均胸径生长

林分平均胸径生长模型拟合结果见表 4-8。林区 24 个树种和树种组林分平均胸径生长模型拟合决定系数介于 0.37~0.78、平均值为 0.65，均方根误差介于 1.60~5.36、平均值为 2.64，符合模型拟合精度要求。模型形式 11 个树种和树种组采用 Richards 模型，13 个树种和树种组采用 Schumacher 模型，林分平均胸径生长模型形式 Schumacher 和 Richards 均优于 Korf；拟合优化算法 5 个树种和树种组采用全局优化麦夸特法，4 个树种和树种组采用差分进化法，4 个树种和树种组采用遗传算法，11 个树种和树种组采用模拟退火法，林分平均胸径生长拟合中模拟退火拟合优于其他方法。

表 4-8　林分平均胸径生长拟合结果

树种	模型	优化算法	参数					决定系数 R^2	均方差 *RMSE*
			a_1	a_2	a_3	a_4	a_5		
华山松	Richards	LM	10.8455	0.6833	0.6178	0.0048	-0.1040	0.75	2.32
云南松	Richards	LM	7.8019	0.6224	0.6790	0.0112	-0.1027	0.68	1.91

（续）

树种	模型	优化算法	参数					决定系数 R^2	均方差 $RMSE$
			a_1	a_2	a_3	a_4	a_5		
麻栎	Schumacher	LM	4.0071	0.7257	12.0648	0.0745	—	0.58	2.52
桤木	Richards	DE	4.7759	0.7033	0.7066	0.0328	−0.0899	0.64	2.87
银荆树	Schumacher	SA	4.5477	0.6201	5.5581	0.1708	—	0.53	2.47
赤桉	Schumacher	SA	3.2852	0.9645	11.1999	0.0376	—	0.75	2.41
直杆桉	Richards	SA	4.6389	0.7019	0.5840	0.0244	−0.5045	0.73	1.86
蓝桉	Richards	SA	6.4954	0.7307	0.6709	0.0150	−0.2371	0.70	2.84
柳杉	Schumacher	SA	4.0571	0.7264	9.4807	0.2345	—	0.69	2.45
冷杉	Richards	DE	4.0749	0.9157	3.3569	0.0367	−0.1298	0.73	5.36
板栗	Schumacher	GA	4.4890	0.6394	4.6323	0.2066	—	0.37	2.21
核桃	Schumacher	SA	4.2648	0.8599	12.8270	0.1155	—	0.68	3.03
香椿	Schumacher	SA	8.7220	0.5893	13.9018	0.0545	—	0.77	2.74
青冈栎	Richards	DE	2.4397	0.9106	1.0877	0.0534	−0.6418	0.73	1.60
油杉	Richards	GA	5.4105	0.6570	1.1692	0.0381	−0.1649	0.61	3.14
杉木	Richards	SA	7.2310	0.5564	0.7295	0.0213	−0.2054	0.72	3.38
栎类	Schumacher	SA	3.9222	0.8444	19.9179	0.2011	—	0.64	2.32
柏类	Schumacher	DE	4.3003	0.7122	12.1546	0.1889	—	0.65	2.64
桉类	Richards	SA	7.3332	0.5246	0.4962	0.0182	−0.2289	0.57	2.03
樟类	Schumacher	GA	5.7169	0.4295	3.3318	0.0963	—	0.46	2.18
杨类	Schumacher	GA	2.7901	0.8940	9.2532	0.1254	—	0.69	3.63
柳类	Richards	SA	5.5724	0.5869	0.4133	0.0203	−0.8753	0.53	2.73
硬阔	Schumacher	LM	3.1190	0.9564	17.8099	0.3883	—	0.78	2.65
软阔	Schumacher	LM	2.9609	0.9373	8.8210	−0.1039	—	0.67	2.50

2. 林分每公顷断面积生长

林分每公顷断面积生长模型拟合结果见表4-9。林区24个树种和树种组林分每公顷断面积生长模型拟合决定系数介于0.70~0.94、平均值为0.87，均方根误差介于0.69~3.12、平均值为1.76，符合模型拟合精度要求。模型形式，15个树种和树种组采用Richards模型，1个树种采用Schumacher模型，8个树种和树种组采用Korf模型，林分每公顷断面积生长拟合模型形式Richards优于Korf，都明显优于Schumacher；拟合优化算法，6个树种和树种组采用全局优化麦夸特法，7个树种和树种组采用差分进化法，4个树种和树种组采用遗传算法，7个树种和树种组采用模拟退火法，林分每公顷断面积生长拟合方法中全局优化麦夸特法、差分进化法、遗传算法和模拟退火法间没有明显差异，都优于粒子群算法。

表 4-9　林分每公顷断面积生长拟合结果

树种	模型	优化算法	参数					决定系数 R^2	均方差 RMSE
			a_1	a_2	a_3	a_4	a_5		
华山松	Richards	GA	18.3636	0.4698	0.3920	0.0053	2.5593	0.90	1.99
云南松	Richards	DE	20.4516	0.5170	0.5008	0.0039	1.8799	0.89	1.48
麻栎	Richards	DE	10.2598	0.6435	0.4716	0.0076	1.9872	0.83	1.93
桤木	Korf	DE	14.6062	0.3643	2.7947	0.1155	6.3559	0.94	1.10
银荆树	Korf	LM	11.4982	0.3629	2.6133	0.3998	2.2562	0.89	1.28
赤桉	Richards	GA	11.6692	1.1061	0.8442	0.0066	1.2405	0.85	2.06
直杆桉	Richards	GA	6.8959	0.5834	0.6139	0.0539	1.4832	0.84	2.11
蓝桉	Korf	SA	15.2110	0.3363	2.5886	16.6992	0.0455	0.92	1.58
柳杉	Richards	LM	5.6048	0.8076	0.8134	0.0252	1.2654	0.83	2.45
冷杉	Richards	DE	9.8529	0.5710	0.8528	0.0278	1.4690	0.90	3.12
板栗	Korf	LM	3.1268	0.6772	2.5626	1.8537	1.0075	0.91	0.69
核桃	Richards	SA	4.3545	0.9747	0.7728	0.0248	1.1689	0.84	1.39
香椿	Richards	SA	7.3730	0.4756	0.4884	0.1117	2.2076	0.94	0.71
青冈栎	Schumacher	GA	2.6896	1.0182	7.9345	-1.3324	—	0.76	1.86
油杉	Richards	SA	12.1232	0.5348	0.4094	0.0101	2.2744	0.87	1.94
杉木	Richards	DE	16.4181	0.4505	0.4501	0.0099	2.3147	0.94	2.25
栎类	Korf	LM	10.9543	0.5735	2.7538	0.8443	0.5815	0.87	1.59
柏类	Richards	LM	12.2673	0.5337	0.3957	0.0081	2.3594	0.92	1.80
桉类	Korf	SA	47.6334	0.4100	3.3644	0.5294	0.4448	0.84	2.20
樟类	Richards	DE	14.5097	0.2641	2.6256	0.6399	1.5484	0.82	1.49
杨类	Richards	DE	5.6141	0.6083	0.5077	0.0671	2.0418	0.89	1.76
柳类	Richards	LM	5.6048	0.8076	0.8134	0.0252	1.2654	0.83	2.45
硬阔	Korf	SA	5.5354	0.8522	2.6157	1.3453	0.3432	0.70	2.35
软阔	Korf	SA	14.0039	0.6118	3.2804	0.4598	1.1346	0.92	1.25

3. 林分每公顷蓄积生长

林分每公顷蓄积生长模型拟合结果见表 4-10。林区 24 个树种和树种组林分每公顷蓄积生长模型拟合决定系数介于 0.44~0.92、平均值为 0.83，均方根误差介于 3.22~23.77、平均值为 10.94，符合模型拟合精度要求。模型形式 17 个树种和树种组采用 Richards 模型，2 个树种采用 Schumacher 模型，5 个树种和树种组采用 Korf 模型，Richards 模型明显优于 Schumacher 和 Korf；拟合优化算法，7 个树种和树种组采用全局优化麦夸特法，9 个树种和树种组采用差分进化法，4 个树种和树种组采用遗传算法，4 个树种和树种组采用模拟退火法，模型拟合优化算法与每公顷断面积生长拟合方法结果相近。

本研究中建立 24 个树种和树种组以林分初始状态，即林分年龄、平均高、平均胸径、每公顷株数作为输入变量，预测林分未来生长状态，模型拟合精度达到全林分生长模型预测标准，能够对林区不同的林分进行未来生长状况的预测，满足林地“一张图”中林分因子的更新需求。

表 4-10 林分每公顷蓄积生长拟合结果

树种	模型	优化算法	参数					决定系数	均方差
			a_1	a_2	a_3	a_4	a_5	R^2	$RMSE$
华山松	Richards	DE	17.1334	1.2746	0.8622	0.0131	1.1318	0.84	14.83
云南松	Richards	DE	21.1359	1.0721	0.9506	0.0150	0.9120	0.75	11.28
麻栎	Richards	LM	7.0483	1.4570	0.8847	0.0209	1.1015	0.88	8.20
桤木	Richards	SA	8.4539	1.2093	0.7469	0.0508	1.3951	0.80	13.50
银荆树	Richards	GA	5.8544	1.2667	0.5253	0.0973	1.9580	0.90	6.85
赤桉	Schumacher	DE	5.5150	1.5964	11.0404	−0.8641	—	0.89	10.43
直杆桉	Richards	DE	5.2999	1.2063	1.0950	0.0771	0.5384	0.44	17.58
蓝桉	Korf	LM	15.4872	1.1068	2.7912	0.7369	0.9199	0.90	12.22
柳杉	Richards	LM	5.3468	1.6062	1.5521	0.0397	0.6727	0.87	13.25
冷杉	Richards	DE	15.6744	1.2854	1.2981	0.0246	1.0311	0.90	23.77
板栗	Korf	LM	15.2051	0.7666	2.8477	−0.0602	−14.3813	0.76	3.22
核桃	Schumacher	DE	1.7533	1.8237	10.7001	−0.6340	—	0.67	9.07
香椿	Richards	GA	4.5609	1.3186	1.3461	0.1539	1.0282	0.91	3.49
青冈栎	Richards	DE	1.8143	1.7940	2.8177	0.1294	1.0254	0.87	5.95
油杉	Richards	LM	7.8986	1.2715	1.0878	0.0445	1.0375	0.81	13.51
杉木	Richards	LM	24.6427	1.2005	0.7667	0.0076	1.3378	0.88	19.72
栎类	Richards	SA	11.2639	1.3207	0.8079	0.0152	1.2031	0.81	8.81
柏类	Richards	DE	13.1660	1.4416	0.7975	0.0105	1.1880	0.88	14.02
桉类	Richards	SA	20.6393	1.0217	0.5925	0.0178	1.4960	0.70	17.10
樟类	Korf	GA	12.9508	1.2688	3.6974	0.4638	1.0563	0.85	4.57
杨类	Richards	LM	9.6032	1.4134	1.0108	0.0274	0.9626	0.91	10.95
柳类	Richards	DE	10.6262	1.5481	0.8039	0.0203	1.1967	0.92	5.80
硬阔	Korf	SA	1.3499	1.9176	2.6431	0.6904	1.1924	0.85	7.99
软阔	Korf	GA	9.9638	1.6509	4.0322	1.6472	0.2881	0.91	6.37

(三) 模型检验结果

1. 回归分析检验结果

林区主要树种全林分生长模型回归分析检验结果见图 4-1、图 4-2 和图 4-3，分别为林分平均胸径、林分每公顷断面积和林分每公顷蓄积生长模型预测值和观测值间回归分析图。

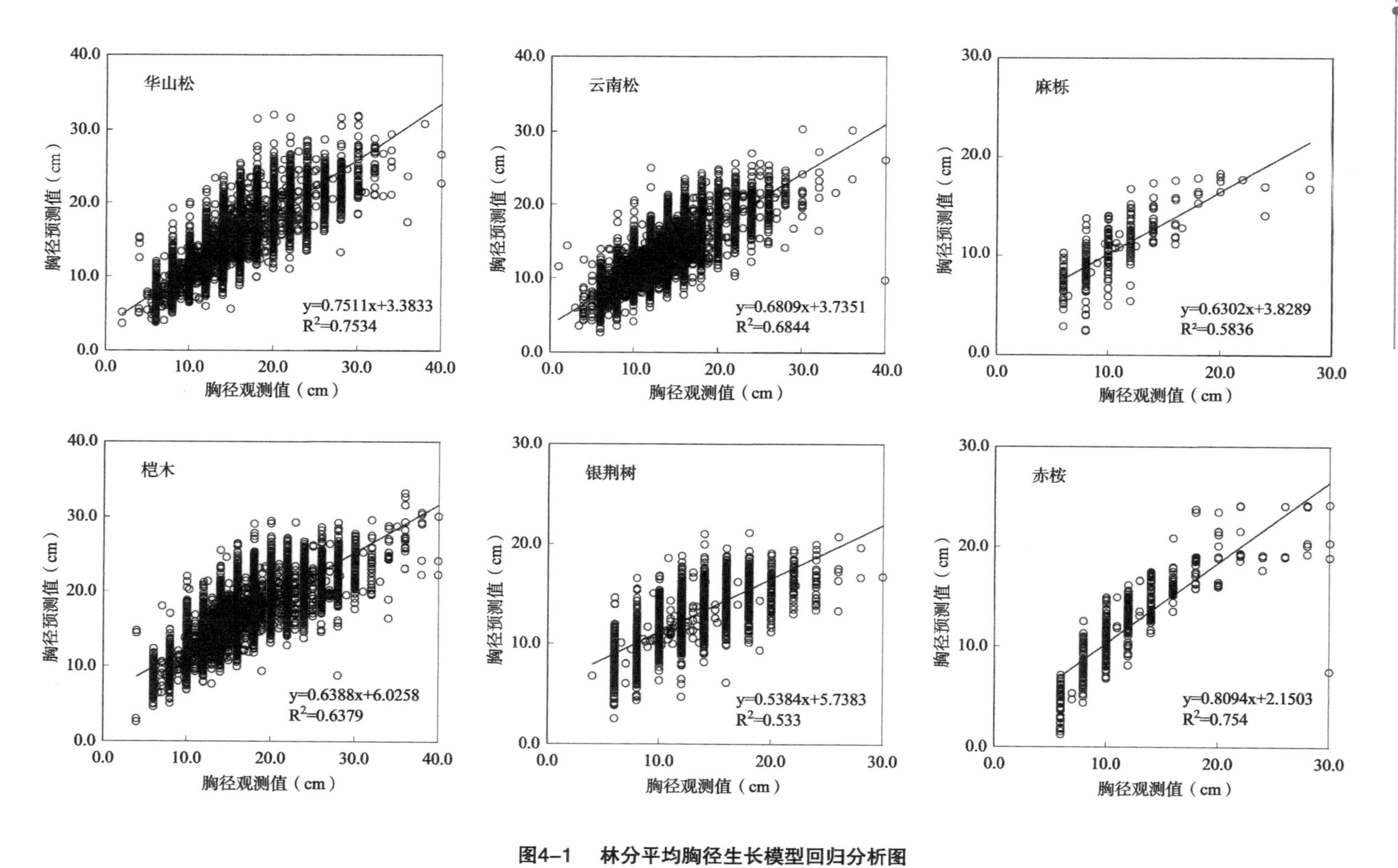

图4–1 林分平均胸径生长模型回归分析图

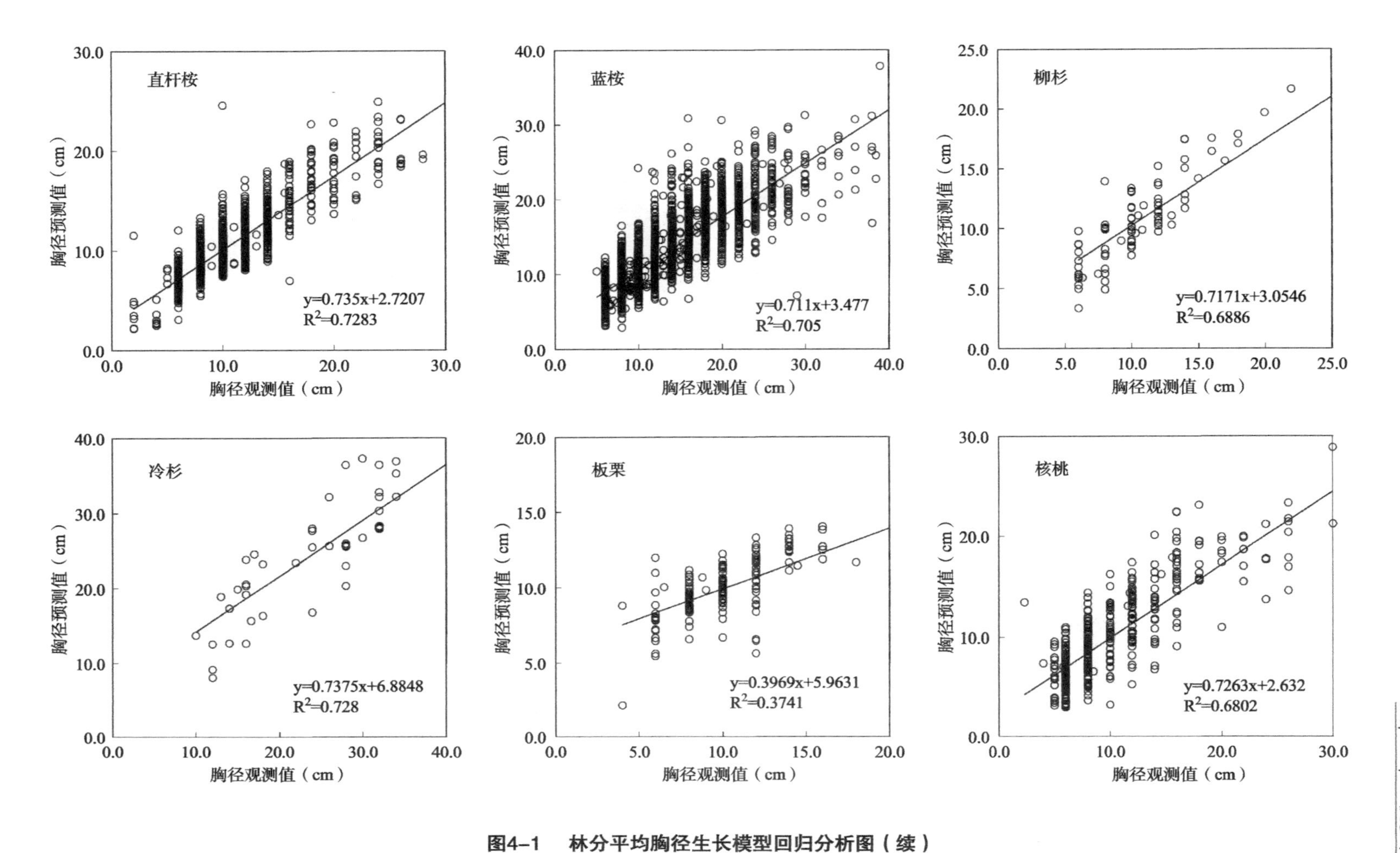

图4–1　林分平均胸径生长模型回归分析图（续）

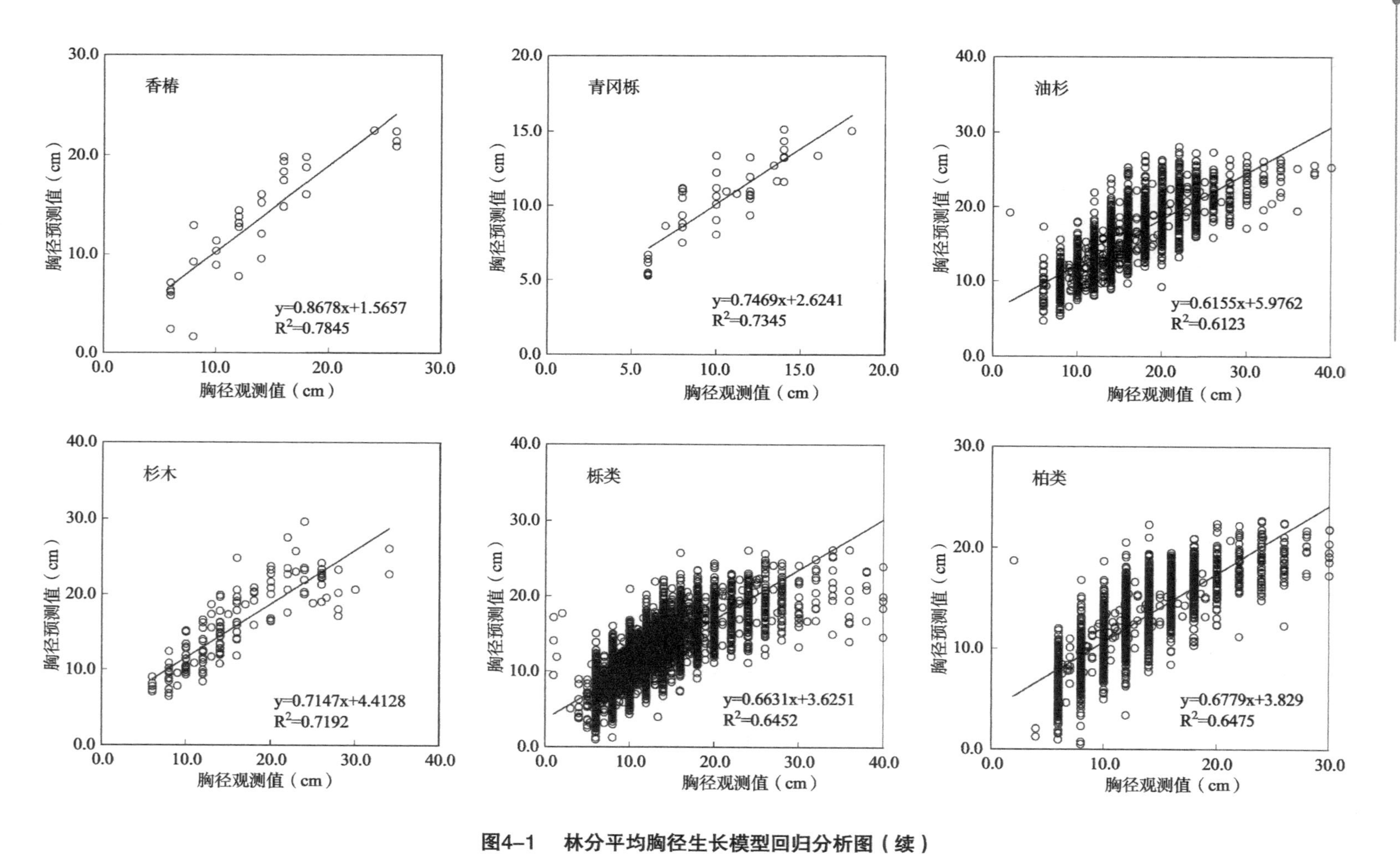

图4-1 林分平均胸径生长模型回归分析图（续）

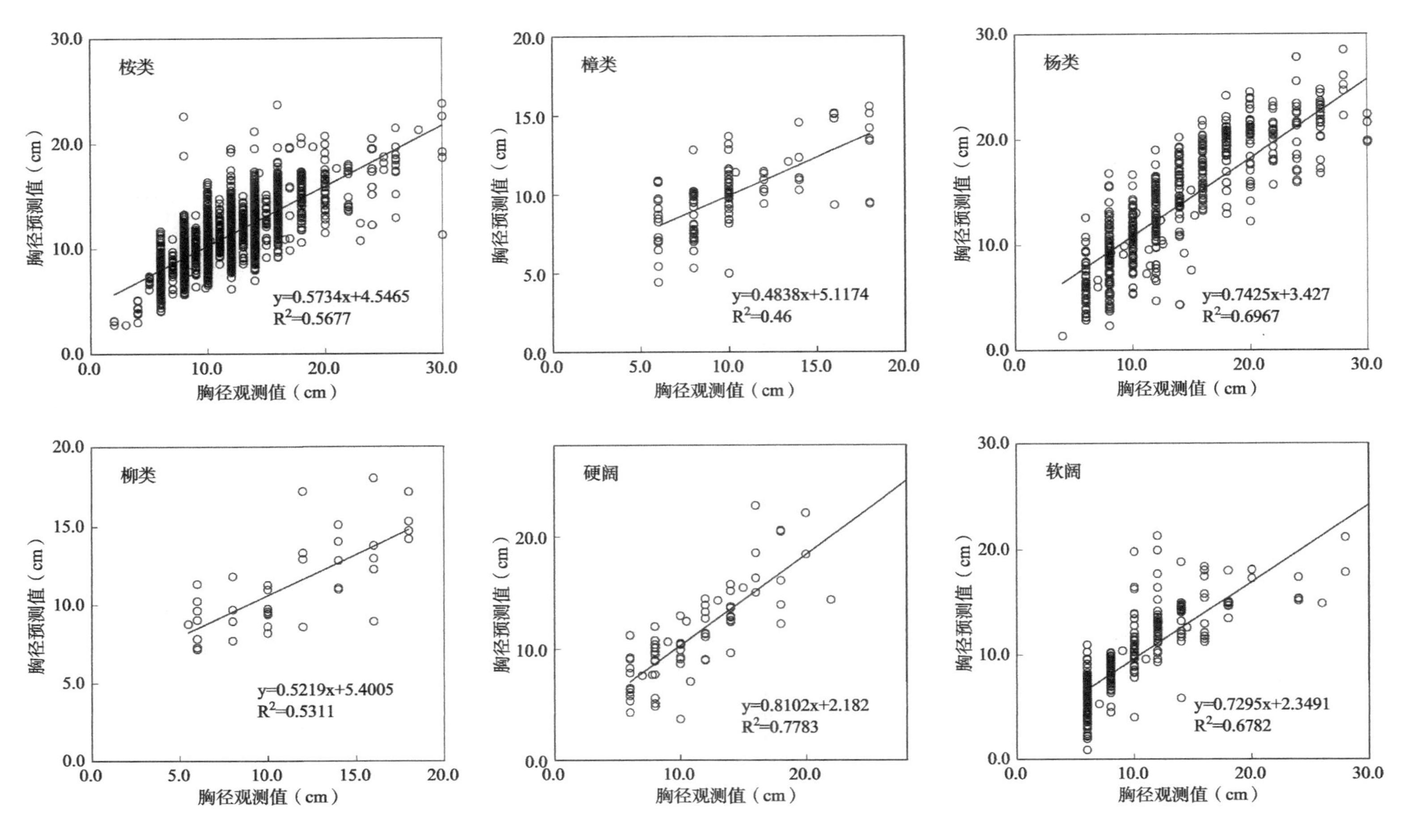

图4-1　林分平均胸径生长模型回归分析图（续）

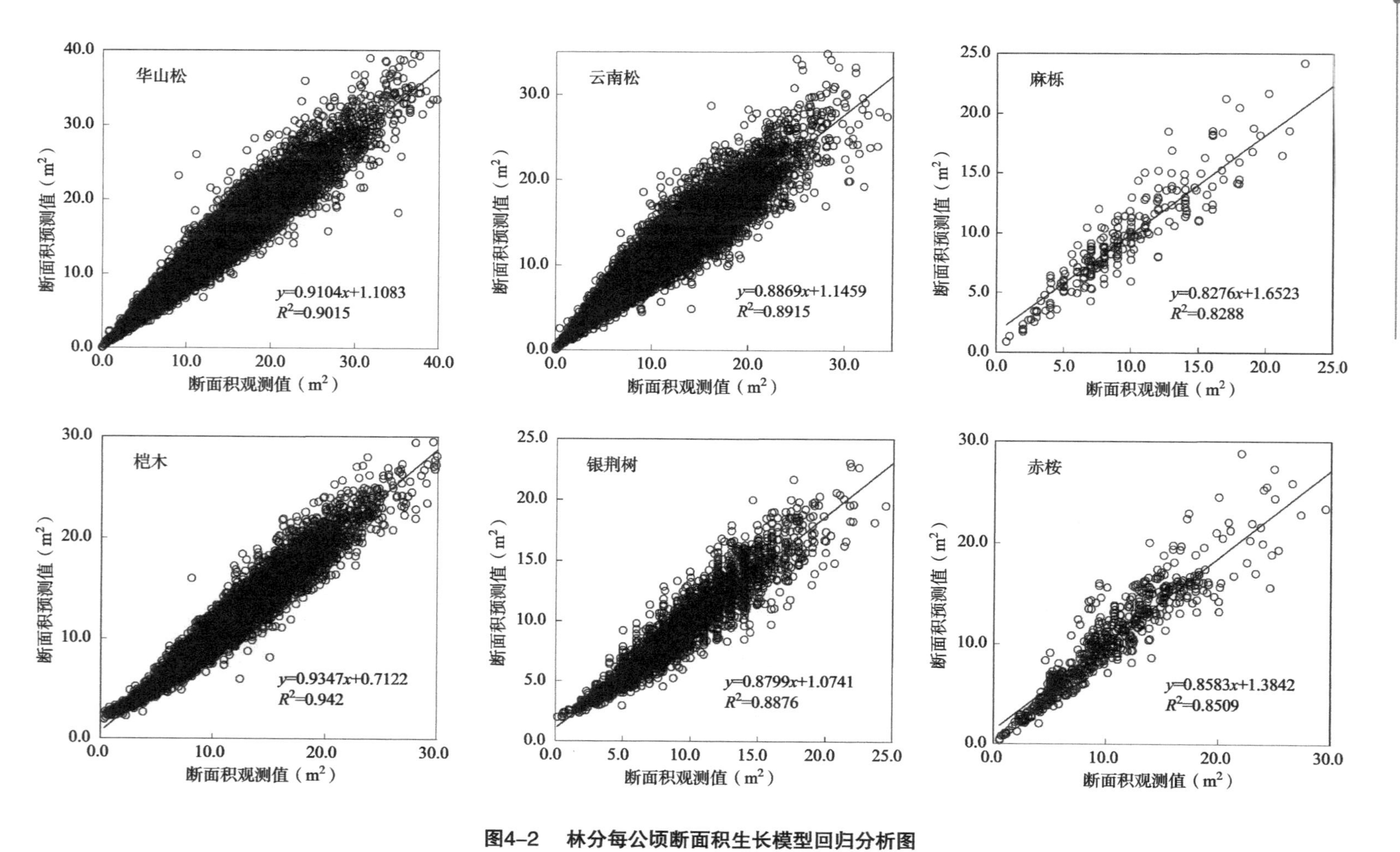

图4-2　林分每公顷断面积生长模型回归分析图

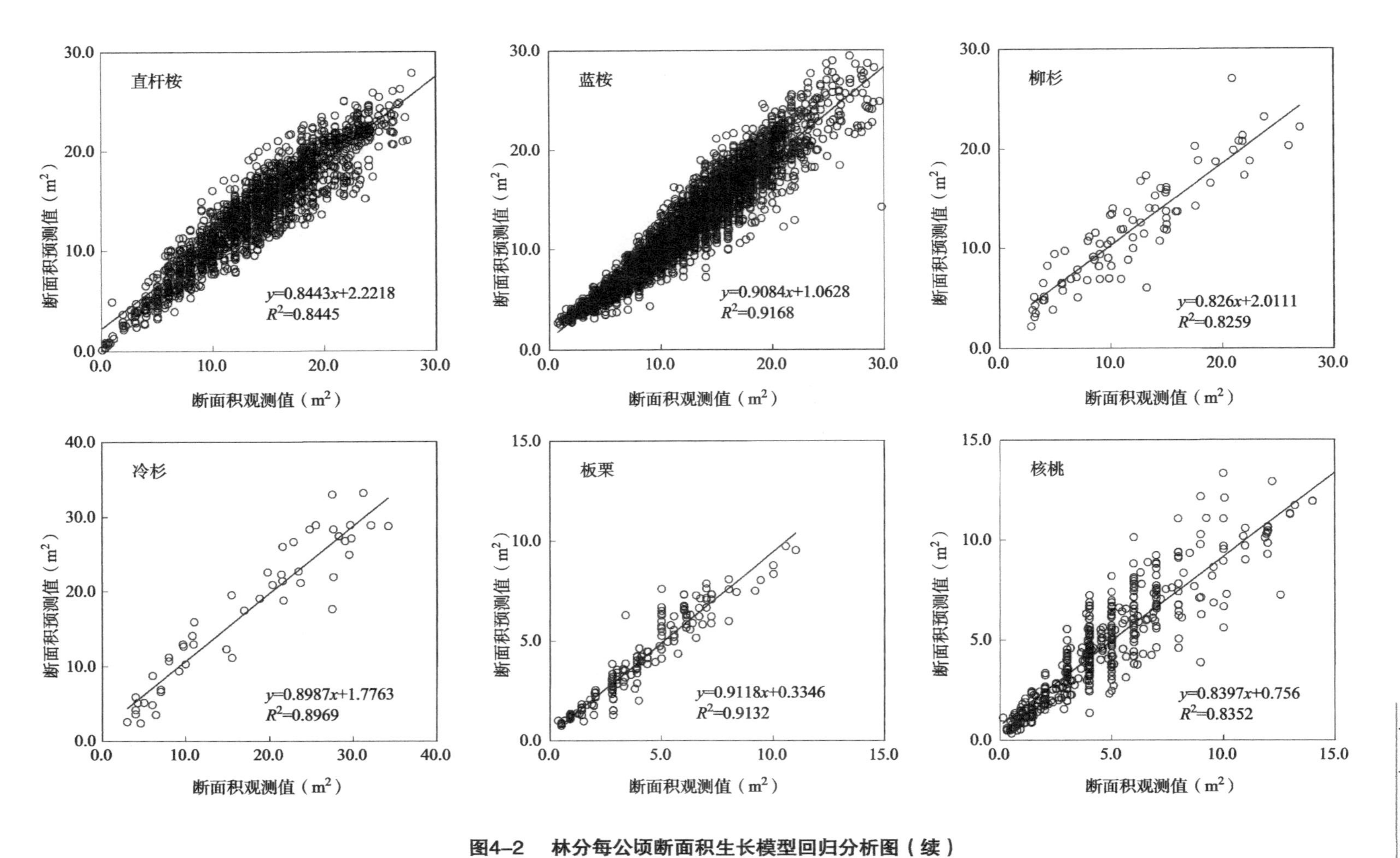

图4-2　林分每公顷断面积生长模型回归分析图（续）

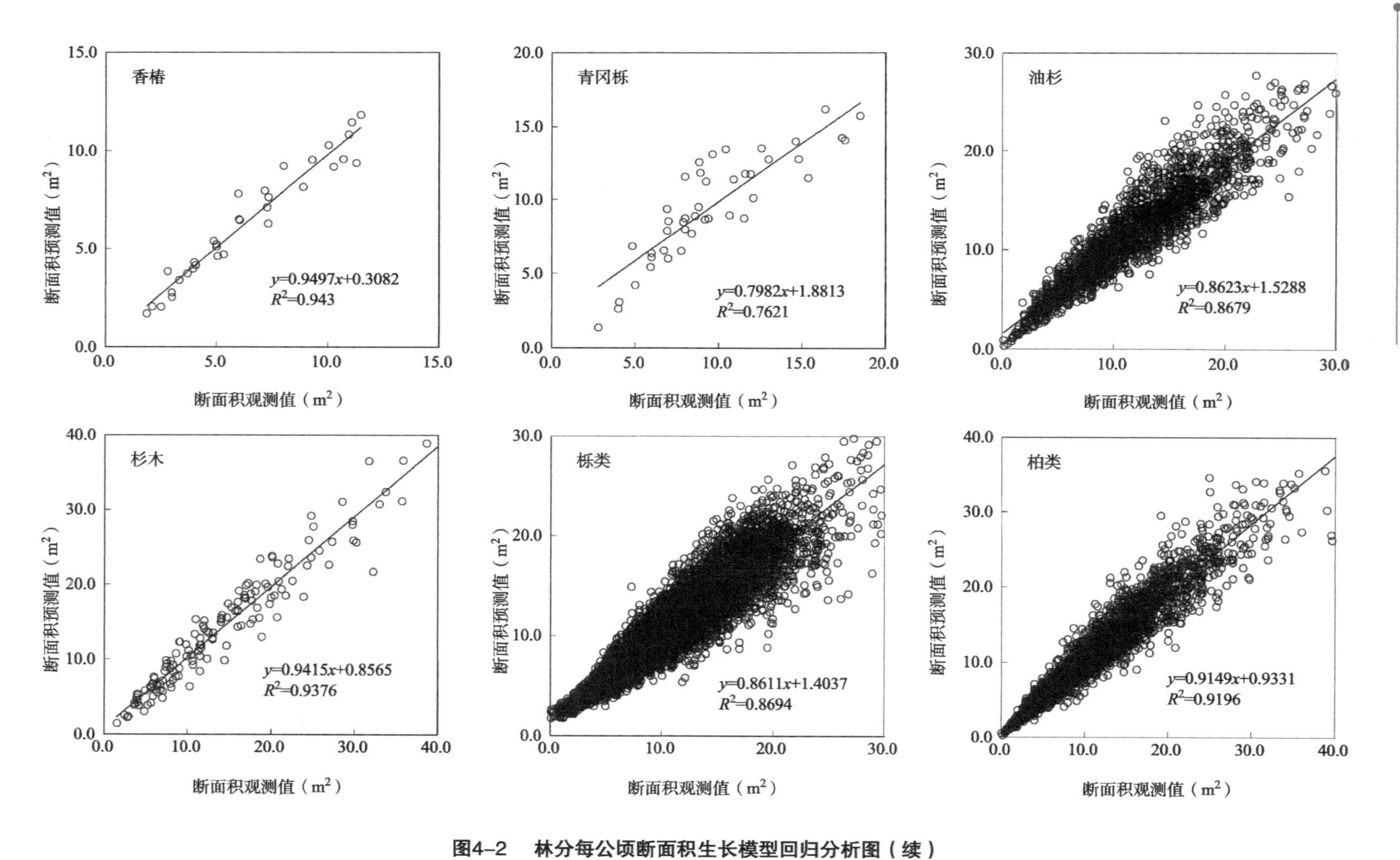

图4-2　林分每公顷断面积生长模型回归分析图（续）

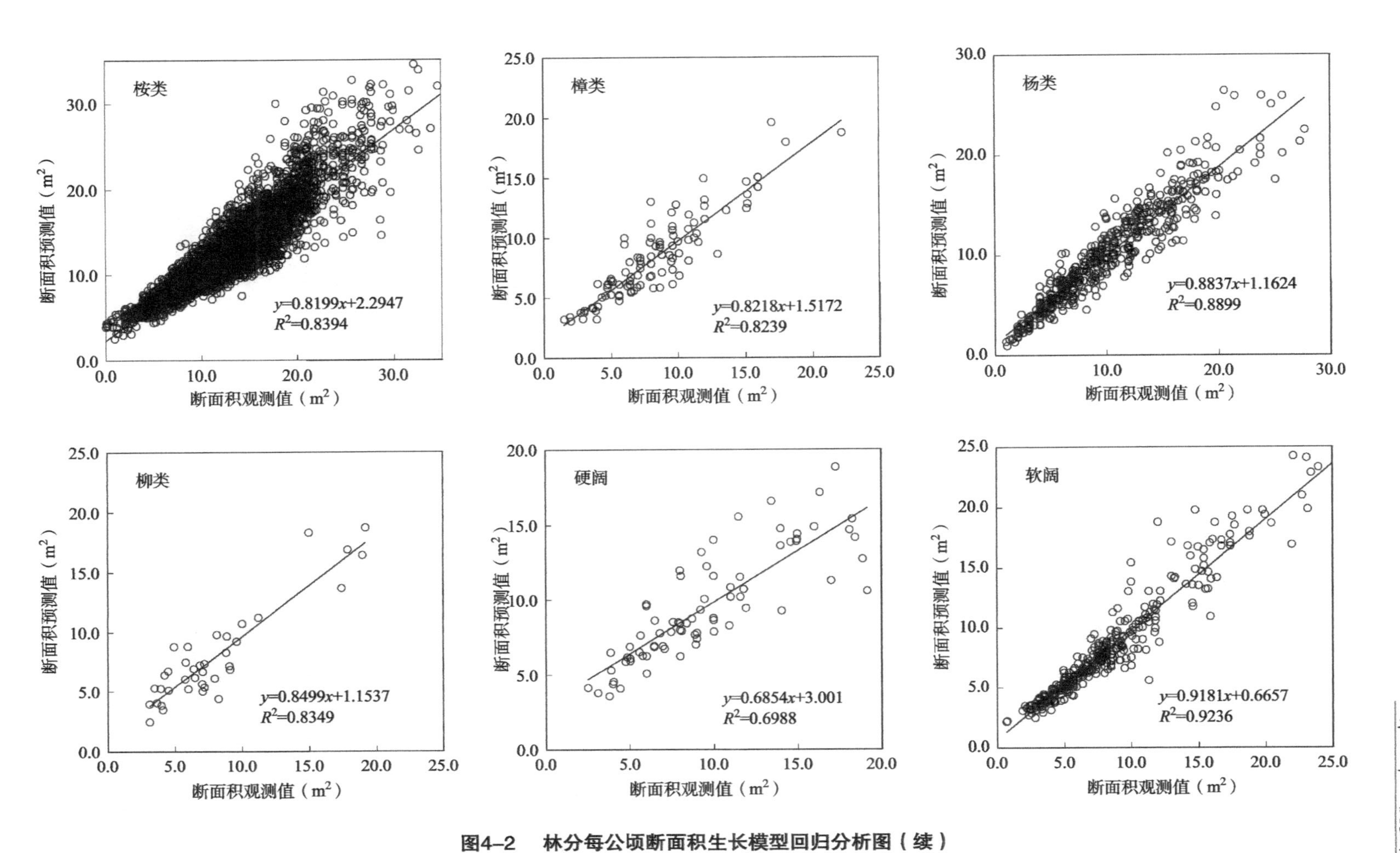

图4-2　林分每公顷断面积生长模型回归分析图（续）

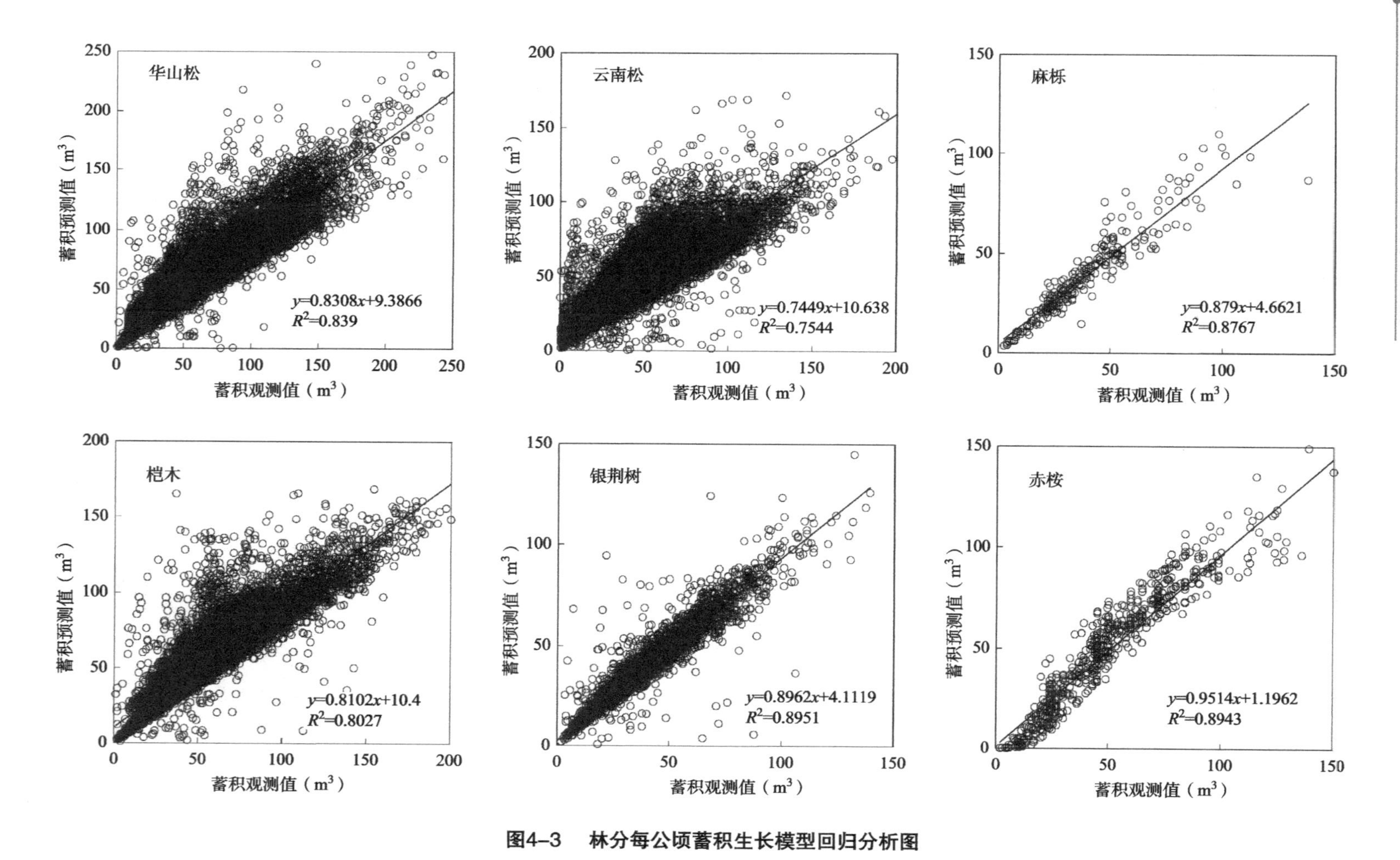

图4-3　林分每公顷蓄积生长模型回归分析图

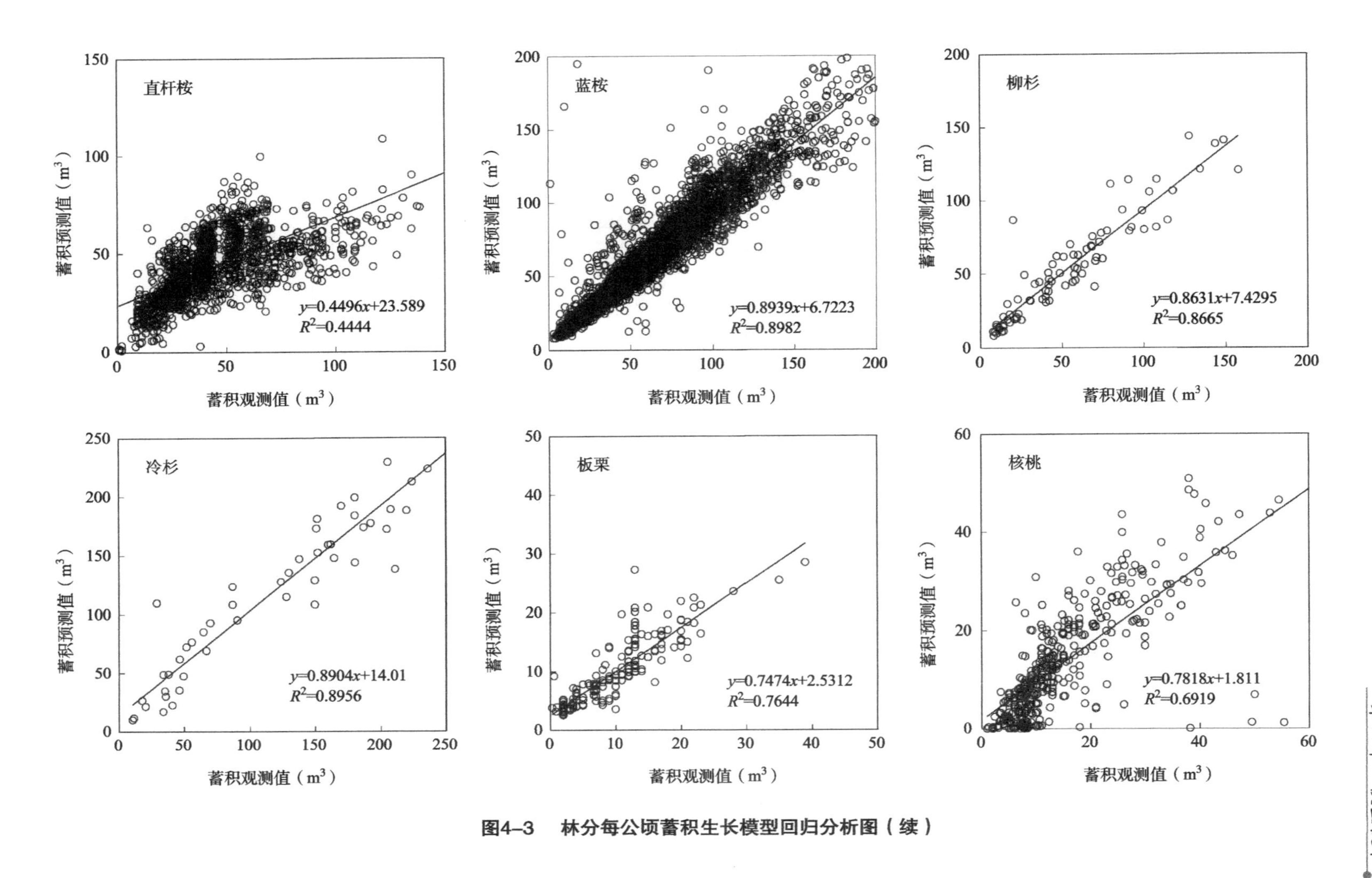

图4-3 林分每公顷蓄积生长模型回归分析图（续）

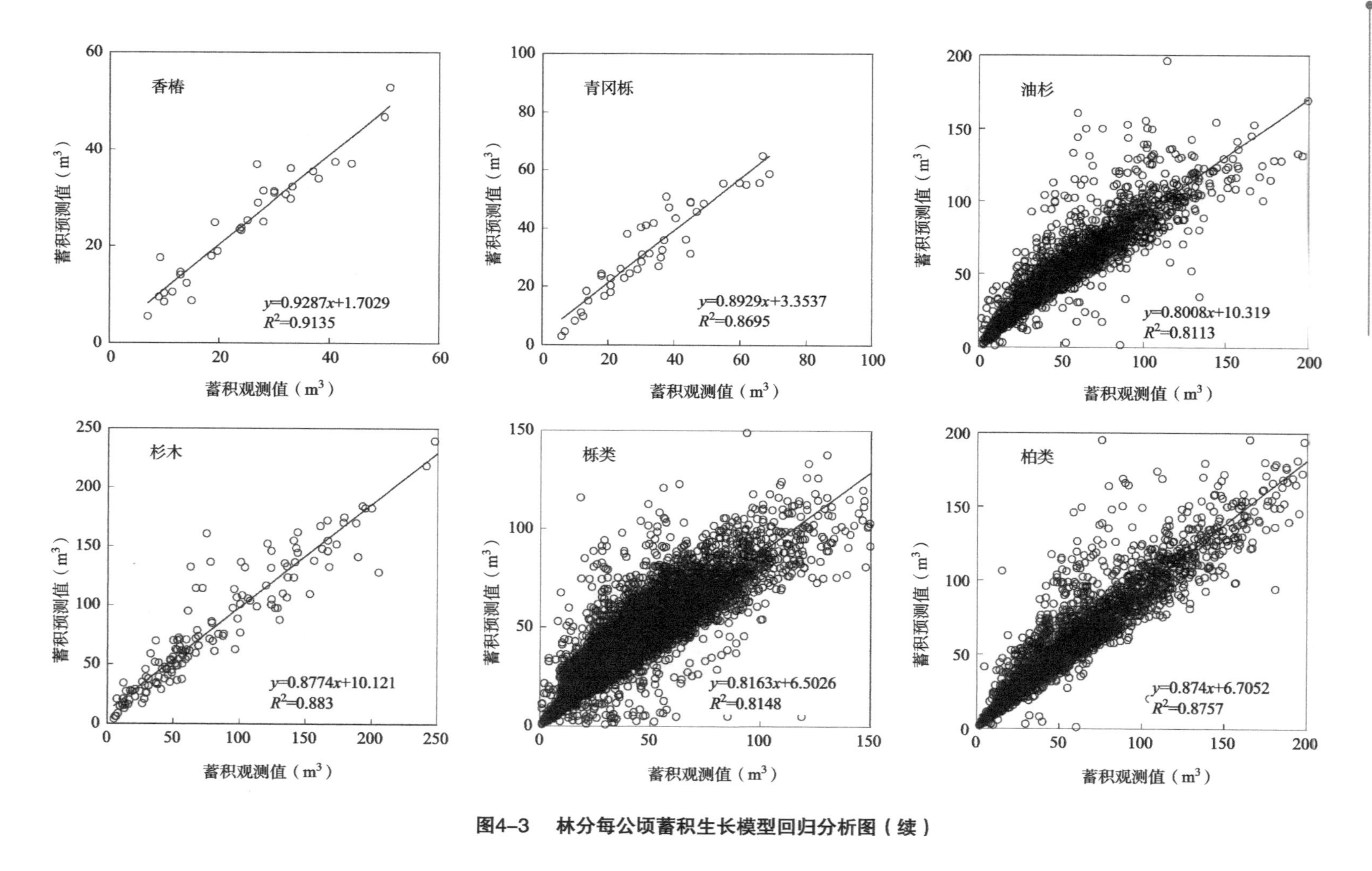

图4-3　林分每公顷蓄积生长模型回归分析图（续）

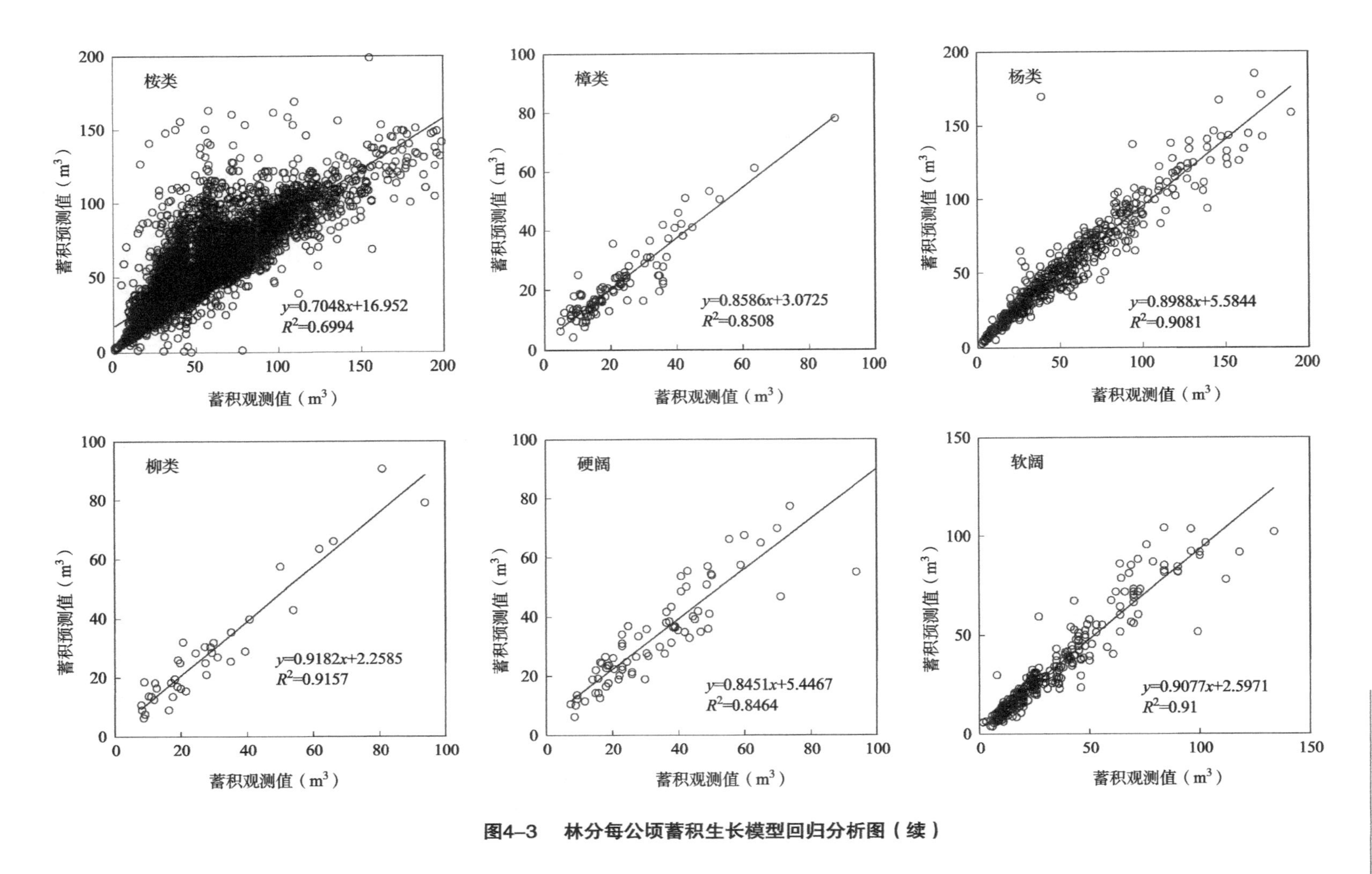

图4-3　林分每公顷蓄积生长模型回归分析图（续）

由回归性分析图可知，样本观测值与模型预测值都均匀地分布在直线 $y=x$ 双侧，模型预测值分布合理，断面积生长模型预测值和观测值散点分布收敛程度最大，蓄积生长模型预测值和观测值散点分布收敛程度次之，胸径生长模型预测值和观测值散点分布收敛程度较小，即模型拟合优度排序为断面积生长拟合结果优于蓄积生长拟合结果，蓄积生长拟合结果优于胸径生长拟合结果。

由胸径生长模型拟合回归分析可知(见图 4-1)，样本观测值和模型预测值的皮尔森(Pearson)相关系数最小值为 0.61，最大值为 0.89，平均值为 0.81。各树种和树种组观测值和模型预测值的 Pearson 相关系数依次为华山松 0.87、云南松 0.83、麻栎 0.76、桤木 0.80、银荆树 0.73、赤桉 0.87、直杆桉 0.85、蓝桉 0.84、柳杉 0.83、冷杉 0.85、板栗 0.61、核桃 0.82、香椿 0.89、青冈栎 0.86、油杉 0.78、杉木 0.85、栎类 0.80、柏类 0.80、桉类 0.75、樟类 0.68、杨类 0.83、柳类 0.73、硬阔 0.88、软阔 0.82，各树种和树种组胸径生长拟合优度排序为：香椿>硬阔>赤桉>华山松>青冈栎>直杆桉>冷杉>杉木>蓝桉>杨类>柳杉>云南松>核桃>软阔>柏类>栎类>桤木>油杉>麻栎>桉类>银荆树>柳类>樟类>板栗。

由断面积生长模型拟合回归分析可知(见图 4-2)，样本观测值和模型预测值的 Pearson 相关系数最小值为 0.84，最大值为 0.97，平均值为 0.93。各树种和树种组观测值和模型预测值的 Pearson 相关系数依次为华山松 0.95、云南松 0.94、麻栎 0.91、桤木 0.97、银荆树 0.94、赤桉 0.92、直杆桉 0.92、蓝桉 0.96、柳杉 0.91、冷杉 0.95、板栗 0.96、核桃 0.91、香椿 0.97、青冈栎 0.87、油杉 0.93、杉木 0.97、栎类 0.93、柏类 0.96、桉类 0.92、樟类 0.91、杨类 0.94、柳类 0.91、硬阔 0.84、软阔 0.96，各树种和树种组断面积生长拟合优度排序为：香椿>桤木>杉木>软阔>柏类>蓝桉>板栗>华山松>冷杉>云南松>杨类>银荆树>栎类>油杉>赤桉>直杆桉>桉类>核桃>柳类>麻栎>柳杉>樟类>青冈栎>硬阔。

由蓄积生长模型拟合回归分析可知(见图 4-3)，样本观测值和模型预测值的 Pearson 相关系数最小值为 0.67，最大值为 0.96，平均值为 0.91。各树种和树种组观测值和模型预测值的 Pearson 相关系数依次为华山松 0.92、云南松 0.87、麻栎 0.94、桤木 0.90、银荆树 0.95、赤桉 0.95、直杆桉 0.67、蓝桉 0.95、柳杉 0.93、冷杉 0.95、板栗 0.87、核桃 0.83、香椿 0.96、青冈栎 0.93、油杉 0.90、杉木 0.94、栎类 0.90、柏类 0.94、桉类 0.84、樟类 0.92、杨类 0.95、柳类 0.96、硬阔 0.92、软阔 0.95，各树种和树种组蓄积生长拟合优度排序为：柳类>香椿>软阔>杨类>蓝桉>冷杉>银荆树>赤桉>杉木>麻栎>柏类>青冈栎>柳杉>樟类>硬阔>华山松>栎类>油杉>桤木>板栗>云南松>桉类>核桃>直杆桉。

2. 卡方统计量检验结果

卡方统计量是描述模型预测值和观测值间偏离程度的指标，本研究建立的林分平均胸径、每公顷断面和每公顷蓄积生长模型卡方检验符合精度要求(表 4-11)。其中，胸径生长模型预测值与观测之间偏离程度排序为青冈栎<直杆桉<云南松<华山松<桉类<栎类<桤木<柳杉<银荆树<樟类<板栗<赤桉<油杉<蓝桉<柏类<杉木<硬阔<麻栎<柳类<软阔<核桃<冷杉<杨类<香椿；断面积生长模型预测值与观测之间偏离程度排序为香椿<桤木<板栗<软阔<银荆树<云南松<华山松<蓝桉<栎类<柏类<樟类<杨类<油杉<直杆桉<麻栎<核桃<杉木<赤桉<桉类<青冈栎<柳类<硬阔<柳杉<冷杉；蓄积生长模型预测值与观测之间偏离程度

排序为香椿<板栗<樟类<软阔<青冈栎<麻栎<柳类<杨类<硬阔<银荆树<蓝桉<栎类<柳杉<桤木<云南松<柏类<杉木<油杉<冷杉<华山松<直杆桉<桉类<核桃<赤桉。

表 4-11 生长模型卡方统计量检验结果

树种	样本量(个)	自由度	卡方统计量		
			平均胸径 D_g	每公顷断面积 G	每公顷蓄积 M
华山松	19275	19274	6987.2	3802.0	119594.4
云南松	35821	35820	10637.3	6490.8	110282.1
麻栎	244	243	166.3	75.7	306.0
桤木	12788	12787	5933.1	1344.2	37288.2
银荆树	3737	3736	1798.9	617.7	6824.0
赤桉	808	807	460.5	284.6	1241659.7
直杆桉	1814	1813	531.6	558.6	12103.9
蓝桉	5112	5111	3006.2	1033.6	9387.4
柳杉	86	85	40.6	46.4	215.2
冷杉	53	52	54.4	31.1	265.4
板栗	188	187	103.0	24.8	176.1
核桃	450	449	408.5	149.8	423139.4
香椿	33	32	44.0	2.4	18.0
青冈栎	43	42	9.9	15.3	45.4
油杉	2847	2846	1664.7	846.5	12674.8
杉木	148	147	94.3	49.2	580.5
栎类	19165	19164	8881.8	4232.7	44686.0
柏类	3799	3798	2372.8	905.6	14354.4
桉类	6430	6429	2343.5	2324.2	50811.0
樟类	140	139	68.2	35.6	138.1
杨类	525	524	585.6	141.0	832.0
柳类	39	38	26.5	15.8	48.2
硬阔	76	75	50.9	39.8	123.6
软阔	407	406	288.2	65.0	405.5

3. 模型 T 检验结果

T 检验即是应用 T 分布的特征，将 T 作为统计量检验两个样本均值间是否存在显著差异。本研究中运用 T 检验分析模型预测值和观测值均值间是否存在差异，结果表明林分平均胸径、每公顷断面积和每公顷蓄积生长模型预测值与观测值在 $\alpha=0.10$ 水平上没有差异，各树种和树种组预测准确性符合要求。

平均胸径模型预测值与观测值间 T 统计量介于-0.15~0.71，平均值为 0.16；T 检验显著性值介于 0.48~0.99，平均值为 0.86。各树种和树种组模型预测值与观测值间有差异的概率为华山松 0.07、云南松 0.12、麻栎 0.18、桤木 0.02、银荆树 0.06、赤桉 0.39、直杆桉 0.06、蓝桉 0.11、柳杉 0.07、冷杉 0.02、板栗 0.06、核桃 0.32、香椿 0.13、青冈栎 0.02、油杉 0.04、杉木 0.01、栎类 0.52、柏类 0.42、桉类 0.08、樟类 0.06、杨类 0.31、柳类 0.01、硬阔 0.08、软阔 0.31。各树种和树种组模型预测值与观测值间有差异的概率排序为：柳类<杉木<青冈栎<冷杉<桤木<油杉<樟类<直杆桉<银荆树<板栗<柳杉<华山松<硬阔<桉类<蓝桉<云南松<香椿<麻栎<杨类<软阔<核桃<赤桉<柏类<栎类。

每公顷断面积模型预测值与观测值间 T 统计量介于-1.19~0.09，平均值为-0.13；T 检验显著性值介于 0.23~1.00，平均值为 0.89。各树种和树种组模型预测值与观测值间有差异的概率为华山松 0.77、云南松 0.22、麻栎 0.01、桤木 0.20、银荆树 0.12、赤桉 0.07、直杆桉 0.00、蓝桉 0.16、柳杉 0.00、冷杉 0.00、板栗 0.01、核桃 0.04、香椿 0.01、青冈栎 0.06、油杉 0.08、杉木 0.02、栎类 0.29、柏类 0.10、桉类 0.38、樟类 0.01、杨类 0.04、柳类 0.03、硬阔 0.03、软阔 0.04。各树种和树种组模型预测值与观测值间有差异的概率排序为：柳杉<直杆桉<冷杉<麻栎<樟类<板栗<香椿<杉木<柳类<硬阔<软阔<核桃<杨类<青冈栎<赤桉<油杉<柏类<银荆树<蓝桉<桤木<云南松<栎类<桉类<华山松。

每公顷蓄积模型预测值与观测值间 T 统计量介于-0.74~1.70，平均值为 0.05；T 检验显著性值介于 0.09~1.00，平均值为 0.84。各树种和树种组模型预测值与观测值间有差异的概率为华山松 0.43、云南松 0.54、麻栎 0.01、桤木 0.27、银荆树 0.02、赤桉 0.57、直杆桉 0.08、蓝桉 0.11、柳杉 0.01、冷杉 0.15、板栗 0.09、核桃 0.91、香椿 0.02、青冈栎 0.05、油杉 0.20、杉木 0.03、栎类 0.07、柏类 0.04、桉类 0.14、樟类 0.03、杨类 0.08、柳类 0.01、硬阔 0.00、软阔 0.02。各树种和树种组模型预测值与观测值间有差异的概率排序为：硬阔<柳类<柳杉<麻栎<软阔<银荆树<香椿<杉木<樟类<柏类<青冈栎<栎类<直杆桉<杨类<板栗<蓝桉<桉类<冷杉<油杉<桤木<华山松<云南松<赤桉<核桃。

综合分析模型回归分析检验、卡方统计量检验和 T 统计量检验表明，本研究建立的林分平均胸径、每公顷断面积和每公顷蓄积生长模型满足模型精度要求，能运用全林分生长模型对林分未来生长状态进行预测。其中，各模型预测精度排序为每公顷断面积生长模型精度大于每公顷蓄积生长模型，每公顷蓄积生长模型精度大于林分平均胸径生长模型（表 4-12）。

表 4-12　生长模型 T 检验结果

树种	自由度	平均胸径 D_g		每公顷断面积 G		每公顷蓄积 M	
		T 统计量	显著性值	T 统计量	显著性值	T 统计量	显著性值
华山松	38548	-0.09	0.93	-1.19	0.23	-0.57	0.57
云南松	71640	-0.15	0.88	-0.28	0.78	-0.74	0.46

（续）

树种	自由度	平均胸径 D_g		每公顷断面积 G		每公顷蓄积 M	
		T统计量	显著性值	T统计量	显著性值	T统计量	显著性值
麻栎	486	0.22	0.82	−0.01	1.00	0.02	0.99
桤木	25574	0.02	0.98	−0.25	0.80	0.35	0.73
银荆树	7472	0.08	0.94	−0.15	0.88	0.03	0.98
赤桉	1614	0.51	0.61	0.09	0.93	0.78	0.43
直杆桉	3626	0.08	0.94	0.00	1.00	0.10	0.92
蓝桉	10222	0.14	0.89	−0.21	0.84	−0.14	0.89
柳杉	168	0.08	0.93	0.00	1.00	−0.02	0.99
冷杉	104	0.02	0.98	0.01	1.00	−0.19	0.85
板栗	374	0.08	0.94	−0.01	0.99	−0.12	0.91
核桃	898	0.42	0.68	0.05	0.96	1.70	0.09
香椿	64	0.16	0.87	0.01	0.99	0.03	0.98
青冈栎	84	0.02	0.99	0.07	0.94	0.06	0.96
油杉	5692	0.04	0.97	−0.11	0.92	−0.25	0.80
杉木	294	−0.02	0.99	0.02	0.98	−0.04	0.97
栎类	38328	0.71	0.48	−0.37	0.71	0.09	0.93
柏类	7596	0.56	0.58	−0.13	0.90	−0.06	0.96
桉类	12858	0.11	0.92	−0.50	0.62	0.18	0.86
樟类	278	0.07	0.94	−0.01	0.99	0.04	0.97
杨类	1048	0.40	0.69	−0.06	0.96	−0.10	0.92
柳类	76	−0.02	0.99	0.04	0.97	0.01	0.99
硬阔	150	0.10	0.92	−0.04	0.97	−0.01	1.00
软阔	812	0.41	0.69	−0.05	0.96	−0.03	0.98

（四）全林分生长模型链接与可视化

1. 基于EXCEL的模型链接

运用EXCEL将模型参数带入变量公式中，根据林分当前状态预测林分未来生长情况，图4-4、图4-5为云南松和栎类全林分生长模型的链接结果。

Growth & Yield Model for *Pinus yunnanensis*

STAND	Initial states of stand		Site class index	
	Age (yr) =	30		
	Height (m) =	10.1	SCI= 10	Reference Age: 30yr
	DBH (cm) =	18	Stand density index	
	Number of trees per ha=	657	SDI= 582	Standard mean DBH: 20cm

MODELS	Independent	Dependent	parameters a1	a2	a3	a4	a5
	Age	*H*	13.0147	0.0300	0.8095		
	SCI	*DBH*	7.8019	0.6224	0.6790	0.0112	–0.1027
	SDI	*G*	20.4516	0.5170	0.5008	0.0039	1.8799
		V	21.1359	1.0721	0.9506	0.0150	0.9120

SIMULATION

Age	Height	DBH	Basal area	Stand density	Volume of individual tree	Stand volume	Mean increment	Annual increment	Growth rate of volume
yr	m	cm	m^2	trees/ha	m^3	m^3/ha	m^3/ha	m^3/ha	%
10	5.2	7.4	7.9714	1849	0.0135	24.9341	2.4934		
15	6.8	9.6	9.7490	1356	0.0265	35.8839	2.3923	2.1900	7.20
20	8.1	11.4	11.2400	1099	0.0420	46.1797	2.3090	2.0592	5.02
25	9.2	13.0	12.5469	942	0.0594	55.9025	2.2361	1.9446	3.81
30	10.1	14.5	13.7223	835	0.0780	65.1074	2.1702	1.8410	3.04
35	10.9	15.8	14.7977	758	0.0974	73.8365	2.1096	1.7458	2.51
40	11.5	16.9	15.7934	701	0.1172	82.1243	2.0531	1.6576	2.13
45	12.1	18.0	16.7238	656	0.1372	90.0000	2.0000	1.5751	1.83
50	12.6	19.0	17.5991	620	0.1572	97.4891	1.9498	1.4978	1.60
55	13.0	19.9	18.4274	592	0.1769	104.6146	1.9021	1.4251	1.41
60	13.3	20.8	19.2146	568	0.1962	111.3971	1.8566	1.3565	1.26
65	13.6	21.5	19.9657	548	0.2150	117.8555	1.8132	1.2917	1.13
70	13.9	22.3	20.6847	532	0.2332	124.0072	1.7715	1.2303	1.02

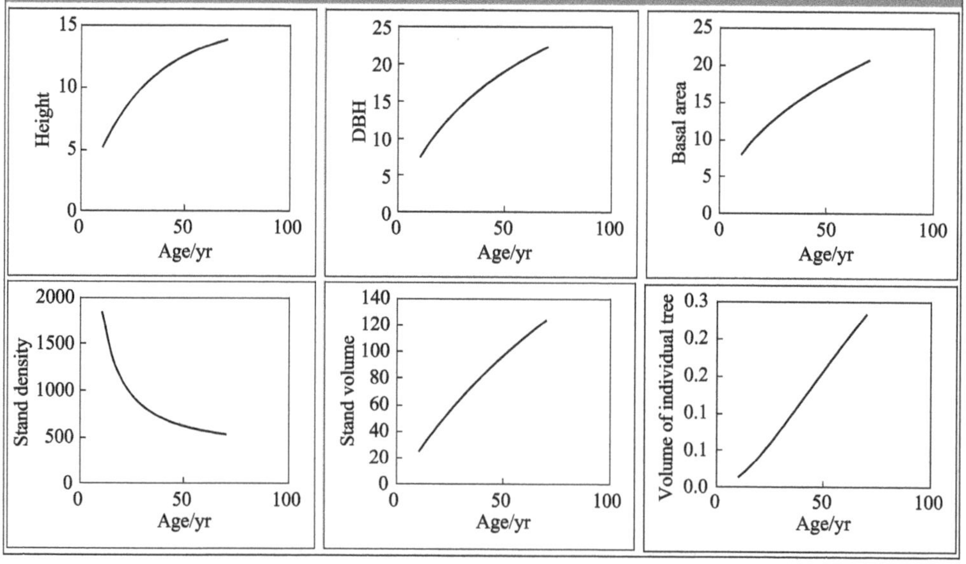

图 4-4　Excel 链接云南松全林分生长模型

Growth & Yield Model for *Quercus acutissima*

	Initial states of stand			
	Age（yr）=	25	**Site class index**	
STAND	Height（m）=	9.8	SCI= 10	Reference Age: 25yr
	DBH（cm）=	20	**Stand density index**	
	Number of trees per ha=	61	SDI= 61	Standard mean DBH: 20cm

	Independent	Dependent	parameters a1	a2	a3	a4	a5
MODELS	*Age*	*H*	19.2691	0.0046	0.5053		
	SCI	*DBH*	3.9222	0.8444	19.9179	0.2011	
	SDI	*G*	10.9543	0.5735	2.7538	0.8443	0.5815
		V	11.2639	1.3207	0.8079	0.0152	1.2031

SIMULATION

Age	Height	DBH	Basal area	Stand density	Volume of individual tree	Stand volume	Mean increment	Annual increment	Growth rate of volume
yr	m	cm	m^2	trees/ha	m^3	m^3/ha	m^3/ha	m^3/ha	%
10	6.3	8.7	3.1030	527	0.0063	3.2980	0.3298		
15	7.7	12.6	3.2008	255	0.0179	4.5715	0.3048	0.2547	6.47
20	8.8	15.3	3.2713	178	0.0323	5.7615	0.2881	0.2380	4.61
25	9.8	17.1	3.3266	145	0.0476	6.8923	0.2757	0.2262	3.57
30	10.7	18.5	3.3722	126	0.0633	7.9777	0.2659	0.2171	2.92
35	11.5	19.5	3.4111	114	0.0789	9.0262	0.2579	0.2097	2.47
40	12.2	20.3	3.4449	107	0.0943	10.0437	0.2511	0.2035	2.13
45	12.9	20.9	3.4750	101	0.1093	11.0348	0.2452	0.1982	1.88
50	13.5	21.5	3.5020	97	0.1241	12.0025	0.2400	0.1935	1.68
55	14.1	21.9	3.5265	93	0.1386	12.9495	0.2354	0.1894	1.52
60	14.7	22.3	3.5490	91	0.1527	13.8779	0.2313	0.1857	1.38
65	15.2	22.6	3.5698	89	0.1666	14.7894	0.2275	0.1823	1.27
70	15.7	22.9	3.5890	87	0.1802	15.6854	0.2241	0.1792	1.18

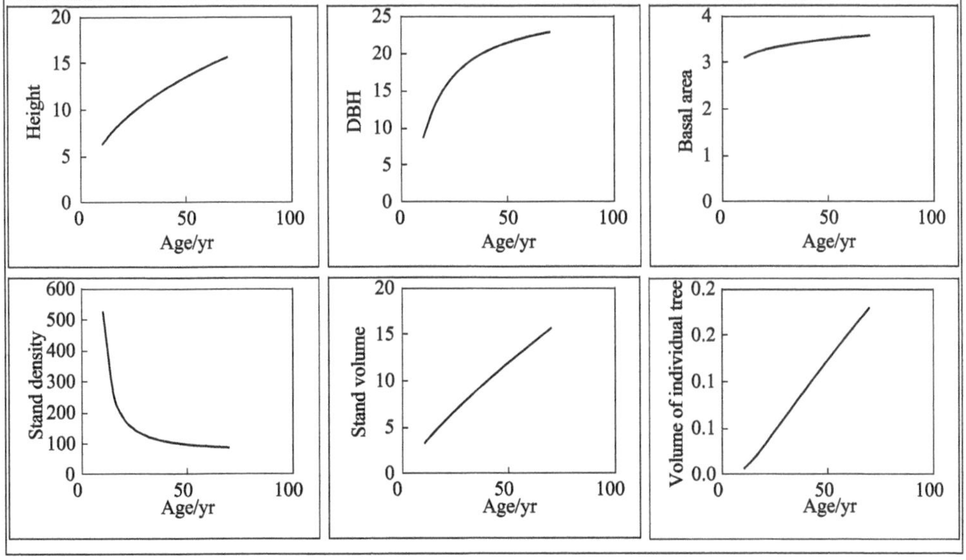

图 4-5 Excel 链接栎类全林分生长模型

2. 基于 Simile 的模型三维可视化模拟

运用 Simile 软件，以云南松为例链接全林分生长模型，并进行三维可视化模拟，如图 4-6~图 4-9 所示。

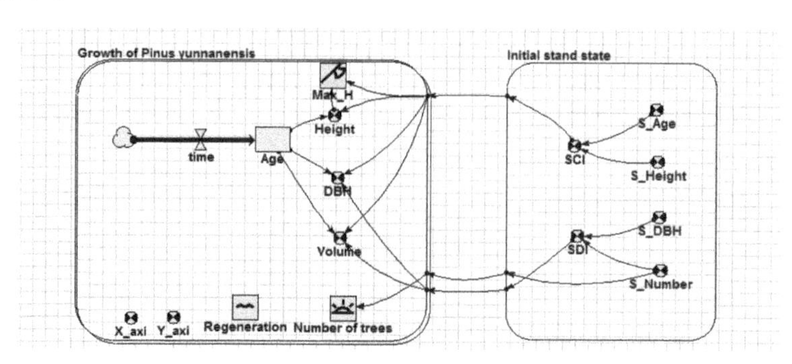

图 4-6　Simile 模型链接界面

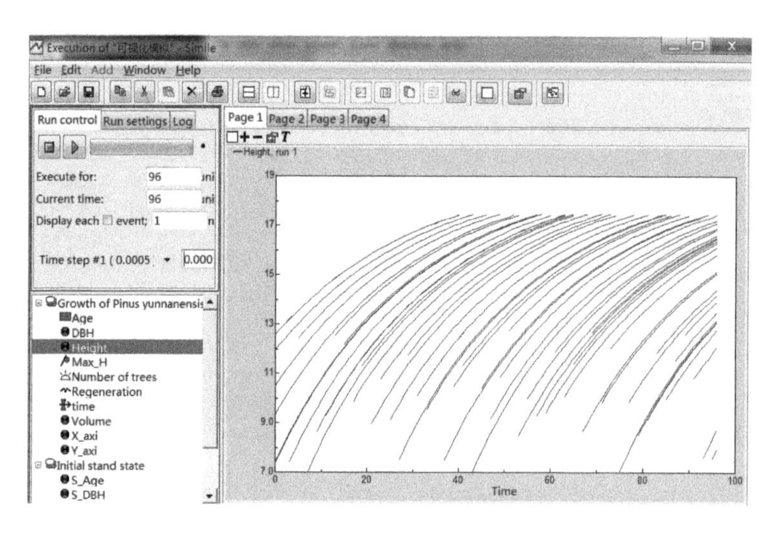

图 4-7　林分树高生长曲线簇

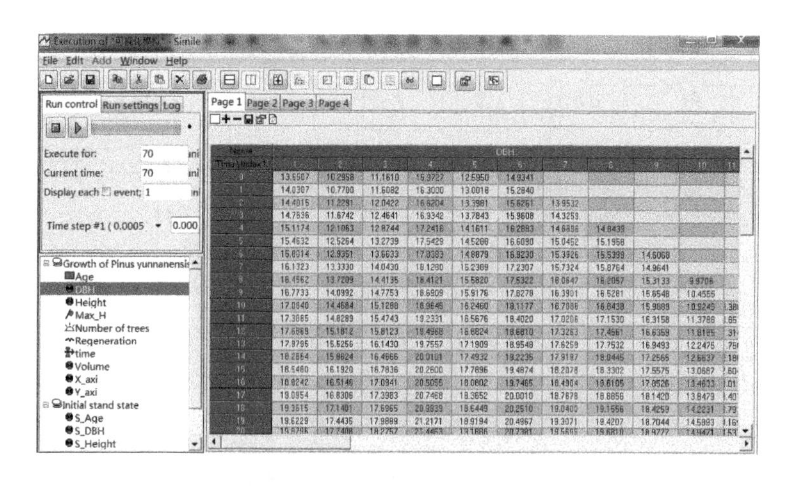

图 4-8　林分胸径生长过程表

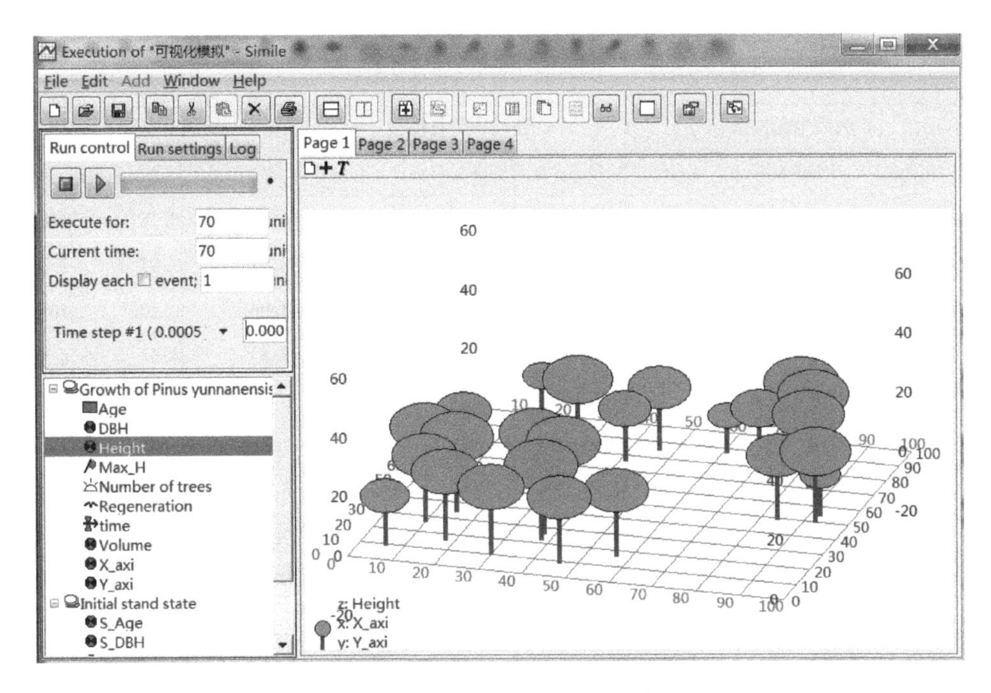

图 4-9 林分生长三维可视化模拟

基于 Simile 软件的模型链接可以实现模型生长曲线的绘制和生长数表的生成，同时利用 Lollipop Diagram 模型实现模型生长过程的三维可视化模拟，从而满足林分生长动态信息的及时掌握。

(五) 模型参数稳定性和算法效率分析

1. 模型形式对参数稳定性的影响

参数稳定性分析对模型可靠性比较具有重要作用。根据模型拟合参数欧氏距离可知(表 4-13)，胸径生长模型中各树种和树种组 Richards 模型参数欧式距离介于 1.32~1841642.89，平均值为 101424.83，Schumacher 模型参数欧式距离介于 0.12~11.70，平均值为 2.97，Korf 模型参数欧式距离介于 2.59~1511849928.98，平均值为 68727385.95；断面积生长模型中各树种和树种组 Richards 模型参数欧式距离介于 0.14~1060172.95，平均值为 45233.54，Schumacher 模型参数欧式距离介于 0.01~123.38，平均值为 15.74，Korf 模型参数欧式距离介于 1.92~10587.53，平均值为 922.48；蓄积生长模型中各树种和树种组 Richards 模型参数欧式距离介于 0.37~44003977.36，平均值为 1892391.52，Schumacher 模型参数欧式距离介于 0.20~355.07，平均值为 31.93，Korf 模型参数欧式距离介于 2.46~9508719221.56，平均值为 396200270.86。

Schumacher 模型拟合全林分生长模型参数更稳定，但 Richards 模型拟合全林分生长拟合优度更大。因此，在全林分生长模型构建中需要采用不同的优化算法进行比较，筛选稳定性高且拟合优度大的模型对生长收获建模具有重要意义。

表 4-13　模型拟合参数欧氏距离

树种	各模型拟合参数欧氏距离								
	胸径生长模型			断面积生长模型			蓄积量生长模型		
	Richards	Schumacher	Korf	Richards	Schumacher	Korf	Richards	Schumacher	Korf
华山松	44. 53	5. 58	8. 03	7912. 49	0. 02	15. 54	0. 37	0. 28	138. 48
云南松	4. 75	5. 55	3. 61	11. 98	13. 77	4. 86	8. 91	7. 85	2. 46
麻栎	4891. 45	3. 37	150079. 19	10. 17	11. 51	17. 55	4. 96	0. 20	10. 34
桤木	2. 56	3. 14	5. 25	287. 48	11. 41	11. 39	1. 53	4. 62	6. 70
银荆树	2. 14	1. 06	15. 70	122. 34	9. 81	5. 69	0. 87	8. 32	3. 57
赤桉	111813. 46	2. 81	1511849928. 98	1060172. 95	11. 20	1. 99	1088695. 55	6. 39	7. 35
直杆桉	2. 31	1. 05	4. 03	4. 23	1. 18	4. 65	4. 10	2. 21	82850. 83
蓝桉	1. 67	0. 71	13. 69	845. 24	9. 12	18. 37	28. 95	8. 64	9. 29
柳杉	25132. 38	0. 69	759. 14	2. 45	3. 65	13. 77	6. 36	1. 90	8. 31
冷杉	5. 38	11. 70	2. 59	2. 07	6. 83	10. 40	10. 61	85. 57	6. 81
板栗	367. 88	0. 29	12. 70	429. 11	123. 38	10587. 53	3009. 20	355. 07	16. 91
核桃	84068. 49	1. 42	5. 30	1. 56	10. 89	126. 31	44003977. 36	6. 56	9508719221. 56
香椿	274578. 49	0. 90	31. 80	0. 14	97. 31	43. 52	2. 10	221. 27	12. 00
青冈栎	1. 32	1. 82	399. 62	0. 25	0. 05	9414. 91	2. 20	1. 90	2004. 56
油杉	3. 76	11. 01	621. 74	1. 69	21. 78	1. 92	4. 52	6. 22	200. 20
杉木	4. 34	1. 08	—	4. 65	0. 14	2. 82	15. 65	15. 43	37. 13
栎类	22198. 18	0. 12	30. 40	709. 83	15. 87	25. 05	3. 59	1. 11	3. 92
柏类	14097. 26	1. 32	6. 14	7. 52	0. 83	11. 43	9. 64	4. 63	8. 21
桉类	4. 26	1. 60	269. 35	3228. 10	3. 05	99. 23	11. 83	6. 04	2. 48
樟类	732. 10	0. 98	31. 79	50. 19	9. 15	17. 95	93345. 89	1. 80	7. 25
杨类	6192. 41	0. 52	—	0. 48	0. 04	13. 34	2. 12	4. 86	216. 53
柳类	1841642. 89	1. 43	1. 35	2. 45	3. 65	13. 77	8. 48	1. 09	1556. 44
硬阔	22031. 13	2. 50	237. 56	10026. 07	13. 14	1670. 74	0. 59	10. 74	8. 76
软阔	26372. 78	10. 70	13. 87	1771. 62	0. 01	6. 68	228240. 99	3. 71	160. 66

2. 优化算法效率比较

迭代次数是优化算法性能比较的一项重要指标，迭代次数越少，表明算法性能越高效。由图 4-10 可知各算法效率顺序为：全局优化麦夸特法(LM)>差分进化法(DE)>粒子群法(PSO)>遗传算法(GA)>模拟退火法(SA)。其中，子图 A 为优化算法拟合胸径生长迭代次数分布图，全局优化麦夸特法平均迭代 84 次，差分进化法平均迭代 1513 次，遗传算法平均迭代 3217 次，模拟退火法平均迭代 4765 次，粒子群法平均迭代 924 次；子图 B 为优化算法拟合断面积生长迭代次数分布图，全局优化麦夸特法平均迭代 45 次，差分进化法平均迭代1092次，遗传算法平均迭代3443次，模拟退火法平均迭代4657次，粒子群法平均迭代1986次；子图C为优化算法拟合蓄积生长迭代次数分布图，全局优化麦夸特法平均迭代46次，差分进化法平均迭代1165次，遗传算法平均迭代3961次，模拟退火法平均迭代4745次，粒子群法平均迭代1431次；子图D为各优化算法整体迭代次数分布图。在算法性能分析中还需要考虑能否求解得到最优值，本研究中粒子群法虽然运算效率高，却未能寻找到最优解。因此，优化算法的选择需要综合考虑算法的运算速率和寻找最优解的能力。

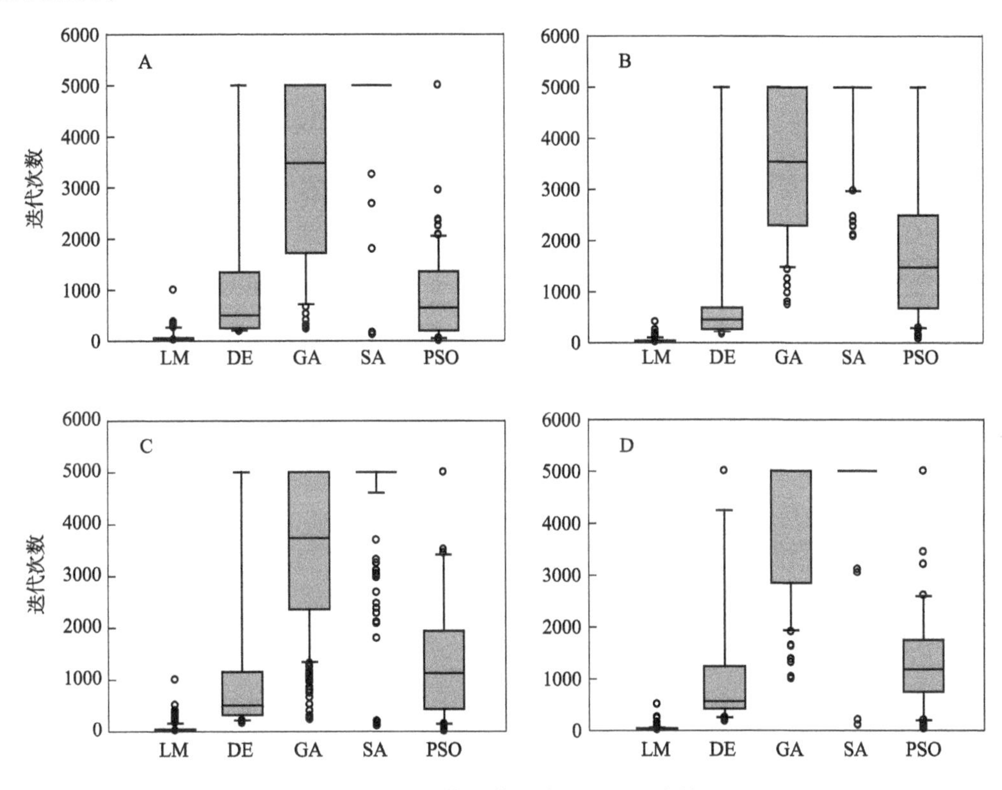

图4-10 不同优化算法迭代次数分布箱图

四、多尺度数据更新模型研究结果

(一)生长模型拟合结果

1. 生长率模型拟合结果

(1)单木生长率模型

建立的18个树种(组)单木胸径和蓄积生长率模型拟合的决定系数 R^2 均值分别为0.9659和0.9772，估计值的标准误 *SEE* 均值分别为0.1213和0.0350，总体相对误差 *TRE* 均值分别为0.86%和3.14%，平均系统误差 *MSE* 均值分别为0.91%和6.74%，平均预估误差 *MPE* 均值分别为0.22%和0.60%，平均百分标准误差 *MPSE* 均值分别为7.18%和20.22%，能够满足单木胸径生长和蓄积生长的模拟更新。各树种(组)单木胸径和蓄积生长率模型拟合参数和评价指标见表4-14。

表4-14 主要乔木树种(组)胸径和材积生长率模型参数

树种组	生长率参数				模型评价指标					
	胸径生长率		材积生长率		胸径生长率			蓄积生长率		
	a	b	a	b	R^2	MPE(%)	TRE(%)	R^2	MPE(%)	TRE(%)
冷杉	10.73	-0.7827	35.07	-0.8511	0.9972	0.05	0.32	0.9975	0.13	-0.47
云杉	16.36	-0.8519	46.01	-0.8784	0.9951	0.08	0.46	0.9972	0.17	0.01
油杉	11.09	-0.6974	31.42	-0.7319	0.9955	0.25	0.30	0.9977	0.82	-0.32
落叶松	27.66	-1.0746	60.77	-1.0576	0.9951	0.15	0.09	0.9969	0.30	-0.54
油松	10.95	-0.5563	42.39	-0.7113	0.9835	0.43	0.62	0.9898	1.03	0.51
华山松	15.73	-0.6622	44.95	-0.7128	0.9648	0.30	0.90	0.9763	0.86	3.39
马尾松	9.83	-0.4748	27.87	-0.5107	0.9518	0.14	0.88	0.9517	0.41	4.66
云南松	12.08	-0.7171	34.65	-0.7476	0.9822	0.10	0.83	0.9886	0.29	2.65
高山松	7.14	-0.6455	35.81	-0.8628	0.9942	0.08	0.50	0.9952	0.23	0.88
其他松	7.48	-0.3376	20.79	-0.3639	0.9554	0.87	0.69	0.9681	2.78	4.67
杉木	18.96	-0.7382	49.70	-0.7529	0.8991	0.22	1.57	0.9123	0.60	7.59
其他杉	30.93	-0.7686	74.10	-0.7766	0.8932	0.36	1.94	0.9324	0.86	8.84
柏木	21.13	-0.8552	55.59	-0.8944	0.9552	0.08	1.66	0.9713	0.21	7.09
栎类	15.71	-0.9124	43.79	-0.9602	0.9853	0.07	0.67	0.9930	0.19	1.68
桦木	12.85	-0.8414	38.98	-0.8998	0.9890	0.11	0.66	0.9955	0.26	1.19
杨树	4.89	-0.3629	15.11	-0.4458	0.9751	0.23	0.59	0.9767	0.73	2.50
硬阔类	13.03	-0.6416	35.72	-0.6805	0.9586	0.19	1.02	0.9782	0.58	4.68
软阔类	29.72	-0.8710	70.30	-0.8690	0.9154	0.17	1.74	0.9707	0.42	7.50

(2)林分生长率模型

建立了13个主要乔木林类型林分材积生长率模型，胸径一元模型、年龄一元模型和胸径-年龄二元模型拟合的决定系数 R^2 均值分别为0.9427、0.9502和0.9552，估计值的标准误 SEE 均值分别为1.2284、1.1350和1.0953，总体相对误差 TRE 均值分别为-0.92%、-0.92%和-0.16%，平均系统误差 MSE 均值分别为13.00%、10.00%和9.53%，平均预估误差 MPE 均值分别为2.07%、1.90%和1.81%，平均百分标准误差 $MPSE$ 均值分别为23.55%、19.81%和18.89%，林分生长率模型拟合结果受采伐和枯损等的影响，评价指标差于单木生长率模型，但模型的拟合结果能够满足林分蓄积生长的模拟更新。各乔木林类型林分材积生长率模型拟合参数和评价指标见表4-15。

表 4-15 主要乔木林类型林分材积生长率模型参数

乔木林类型	生长率参数							模型评价指标								
	胸径和年龄自变量			胸径自变量		年龄自变量		胸径和年龄自变量			胸径自变量			年龄自变量		
	a	*b*	*c*	*a*	*b*	*a*	*b*	R^2	*MPE*(%)	*TRE*(%)	R^2	*MPE*(%)	*TRE*(%)	R^2	*MPE*(%)	*TRE*(%)
冷杉	628. 17	-1. 4110	-0. 2922	307. 19	-1. 7029	830. 30	-1. 2936	0. 9922	0. 63	-1. 97	0. 9934	0. 57	-0. 67	0. 9931	0. 59	-0. 77
云杉	842. 65	-0. 5205	-0. 9216	279. 99	-1. 5585	865. 46	-1. 2590	0. 9874	1. 10	0. 11	0. 9852	1. 19	-0. 78	0. 9867	1. 13	-0. 28
其他松类	406. 99	-0. 9024	-0. 5416	444. 43	-1. 7034	182. 43	-0. 9539	0. 9737	1. 86	1. 06	0. 9675	2. 07	0. 73	0. 9720	1. 92	-0. 30
马尾松	167. 56	-0. 8820	-0. 3025	119. 47	-1. 1542	75. 77	-0. 7039	0. 9023	2. 45	-1. 57	0. 8981	2. 50	-1. 91	0. 8925	2. 57	-2. 59
云南松	469. 36	-0. 6767	-0. 8103	123. 85	-1. 2984	296. 65	-1. 1509	0. 9648	1. 44	-0. 89	0. 9462	1. 78	-1. 93	0. 9628	1. 48	-1. 52
高山松	81. 28	-0. 0773	-0. 8121	38. 26	-0. 9836	78. 78	-0. 8565	0. 9851	1. 13	-0. 39	0. 9816	1. 25	-1. 08	0. 9850	1. 13	-0. 39
杉木	649. 60	-0. 7698	-0. 8779	503. 28	-1. 6567	240. 78	-1. 1741	0. 8335	4. 09	5. 35	0. 7808	4. 70	4. 46	0. 8075	4. 40	2. 16
柏木	300. 90	-1. 0557	-0. 3991	290. 89	-1. 6324	102. 81	-0. 7921	0. 9326	1. 30	-0. 01	0. 9292	1. 34	-0. 20	0. 9212	1. 41	-1. 17
栎类	459. 48	-0. 8744	-0. 6802	700. 51	-2. 0464	161. 25	-0. 9809	0. 9825	1. 22	-0. 58	0. 9736	1. 49	-1. 84	0. 9803	1. 29	-1. 33
硬阔类	184. 07	-0. 4290	-0. 7355	261. 42	-1. 6029	121. 54	-0. 9194	0. 9725	1. 74	-0. 52	0. 9624	2. 04	-1. 94	0. 9720	1. 76	-0. 84
软阔类	222. 49	-0. 6580	-0. 5993	294. 03	-1. 4927	84. 35	-0. 8100	0. 9614	2. 15	-0. 56	0. 9391	2. 70	-2. 33	0. 9565	2. 28	-1. 96
针阔混	344. 36	-0. 5773	-0. 8040	302. 42	-1. 6434	170. 23	-1. 0148	0. 9835	1. 61	-0. 61	0. 9783	1. 84	-1. 91	0. 9809	1. 73	-1. 13
阔叶混	250. 90	-0. 3426	-0. 8966	659. 15	-1. 9190	141. 97	-0. 9803	0. 9459	2. 85	-1. 56	0. 9199	3. 46	-2. 60	0. 9421	2. 94	-1. 87

2. 林分储量模型拟合结果

(1)三储量联立估测模型

建立了10个主要乔木林类型三储量联立估测模型，蓄积量、生物量和碳储量模型拟合的决定系数 R^2 均值分别为0.9129、0.9143和0.9091，估计值的标准误 *SEE* 均值分别为23.4424、17.1183和8.5531，总体相对误差 *TRE* 均值分别为-1.83%、0.61%和-0.58%，平均系统误差 *MSE* 均值分别为-3.83%、0.11%和-1.68%，平均预估误差 *MPE* 均值分别为2.85%、2.56%和2.66%，平均百分标准误差 *MPSE* 均值分别为16.60%、14.36%和15.18%，林分三储量联立估测模型解决了蓄积量、生物量和碳储量间的兼容的问题，各乔木林类型三储量联立估测模型拟合结果见表4-16。

表4-16 主要乔木林类型林分三储量联立估测模型参数

乔木林类型	三储量参数					
	蓄积量			生物量		碳储量
	a_0	a_1	a_2	b_0	b_1	c_0
冷杉	7.4177	0.8021	0.4596	0.8698	-0.1486	0.4951
云杉	10.3832	0.7141	0.3732	1.1297	-0.1915	0.4906
其他松类	3.2421	0.9634	0.4345	0.9395	-0.0841	0.4911
马尾松	1.9051	1.0765	0.3922	1.6944	-0.1994	0.5058
云南松	2.3805	0.8628	0.6327	1.0549	-0.1800	0.5049
杉木	2.1631	1.0233	0.4033	1.0470	-0.1444	0.4948
柏木	3.1150	0.9804	0.2913	2.0220	-0.1651	0.4956
栎类	1.6853	1.2479	0.3217	0.9839	0.0316	0.4739
硬阔类	2.1532	1.0805	0.3858	1.4549	-0.1757	0.4638
软阔类	4.1246	1.0725	0.1187	0.8953	0.0448	0.4585

(2)蓄积量混合效应模型

建立了10个主要乔木林类型单位面积蓄积量混合效应模型，随机效应显著性检验分类因子乔木林类型($df1=9$)、起源($df1=1$)和龄组($df1=4$)均为极显著。混合效应模型各类型的决定系数 R^2 均值为0.5353，估计值的标准误 *SEE* 为34.9053，总体相对误差 *TRE* 均值为0.43%，平均系统误差 *MSE* 为2.29%，平均预估误差 *MPE* 为3.17%，平均百分标准误差 *MPSE* 为33.42%，建立的混合效应模型能基于乔木林类型、起源、龄组和郁闭度对林分蓄积进行估测，为遥感判读蓄积量更新提供了有效的参考。各乔木林类型单位面积蓄积量混合效应模型拟合参数见表4-17。

表 4-17 主要乔木林类型林分蓄积量混合效应模型参数

组变量	效应名	随机效应参数	
乔木林	冷杉	a	210.6024
		b	-0.1206
	云杉	a	23.2341
		b	-0.5438
	其他松类	a	-12.8027
		b	-0.3569
	马尾松	a	-50.5394
		b	0.1272
	云南松	a	-13.9097
		b	-0.0213
	杉木	a	47.8958
		b	0.5302
	柏木	a	-23.8955
		b	0.0692
	栎类	a	-45.9848
		b	-0.1733
	硬阔类	a	-53.2790
		b	0.0189
	软阔类	a	-81.3214
		b	0.4704
起源	天然	a	29.3557
		b	-0.2004
	人工	a	-29.3557
		b	0.2004
龄组	幼龄林	a	-88.8178
		b	1.1085
	中龄林	a	-44.9548
		b	0.1139
	近熟林	a	-20.6503
		b	-0.2355
	成熟林	a	18.2579
		b	-0.4784
	过熟林	a	136.1650
		b	-0.5085

3. 林分固碳速率模型拟合结果

主要乔木林类型固碳速率模型拟合决定系数均大于0.7。采用Logistic模型的乔木林类型中，碳密度最大值参数 a_1 从高到低的类型排序为针阔混交林、冷杉林、油松林、柏木林、针叶混交林、云杉林、落叶松林、铁杉林、马尾松林、阔叶混交林、桦木林和杨树林；最大固碳速率参数 a_3 从高到低的类型排序为杨树林、桦木林、阔叶混交林、马尾松林、铁杉林、云杉林、针叶混交林、油松林、针阔混交林、冷杉林、落叶松林和柏木林。采用Richards模型的乔木林类型中，碳密度最大值参数 a_1 从高到低的类型排序为栎树林、高山松林、其他硬阔林、云南松林、华山松林和其他软阔林；最大固碳速率参数 a_2 从高到低的类型排序为其他软阔林、其他硬阔林、华山松林、云南松林、高山松林和栎树林。

根据碳储量生长曲线可知(如图 4-11)，各乔木林类型随着年龄的增加，受立地质量和林分竞争等因素的影响，碳储量增长呈现分化趋势。其中，杨树林(n)、桦木林(m)、阔叶混交林(r)、其他软阔林(p)和其他硬阔林(o)，幼龄时期的碳储量增长迅速；针阔混交林(s)、冷杉林(a)、油松林(e)、柏木林(k)、针叶混交林(q)、云杉林(b)等成熟时期的固碳潜力较大，同时，混交林的碳储量变动系数较单一优势树种林分类型的大。

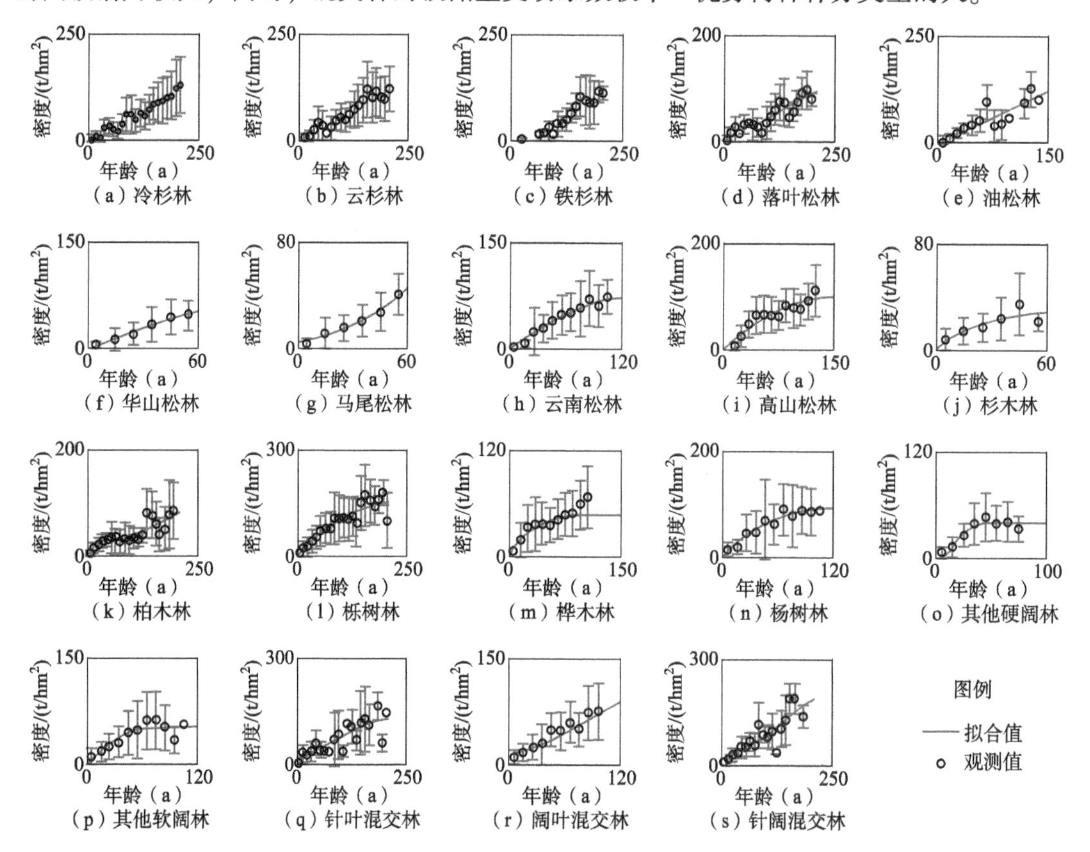

图 4-11　主要乔木林类型碳储量生长过程

根据主要乔木林类型碳密度生长过程可知，幼龄林阶段，碳密度连年生长量和平均生长量都随林分年龄的增加而增加，碳密度连年生长量达到最高峰的时间比平均生长量早，但不同林分类型的各生长阶段存在差异(图 4-12)。根据各林分类型碳密度连年生长量峰值时间和年最大增长量(表 4-18)可知，碳密度连年生长量最大的乔木林类型为杨树林，年最大增长量为2.01t/(hm^2·a)。碳密度平均生长量达到最高峰时，连年生长量与平均生长量相等，可称为“固碳成熟年龄”，根据各林分类型固碳成熟年龄(表 4-18)可知，冷杉、云杉、铁杉、落叶松、柏木、针叶混和针阔混乔木林类型固碳成熟年龄均大于 140 年。

表 4-18　主要乔木林类型林分固碳速率模型参数和固碳成熟年龄

乔木林类型	模型参数			R^2	连年生长量峰值年龄	年最大增长量 t/(hm^2·a)	固碳成熟年龄(a)
	a_1	a_2	a_3				
冷杉	171.52	13.19	-0.0173	0.9501	105	0.74	202

（续）

乔木林类型	模型参数			R^2	连年生长量峰值年龄	年最大增长量 t/(hm^2·a)	固碳成熟年龄(a)
	a_1	a_2	a_3				
云杉	127.28	14.97	-0.0251	0.9283	108	0.8	148
铁杉	117.09	102.49	-0.0368	0.9483	126	1.08	172
落叶松	123.86	9.04	-0.0163	0.8274	136	0.5	171
油松	169.18	10.23	-0.0221	0.7413	106	0.93	138
华山松	74.39	0.0266	1.6104	0.9852	18	1.09	34
马尾松	114.16	20.84	-0.0438	0.9784	27	0.57	27
云南松	80.9	0.0246	1.7674	0.9759	24	1.05	43
高山松	106.6	0.0197	1.3566	0.8855	16	1.3	30
杉木	71.73	-4.32	0.3804	0.8306	18	0.82	18
柏木	160.6	9.84	-0.0111	0.707	207	1.3	267
栎树	169.68	0.0122	1.329	0.8804	24	1.31	45
桦木	42.22	10.29	-0.128	0.9457	19	1.35	24
杨树	39.88	27.26	-0.1638	0.9492	17	2.01	26
硬阔类	95.11	0.0294	1.3007	0.9566	9	1.8	18
软阔类	53.96	0.0476	1.7956	0.8551	13	1.34	23
针叶混	133.94	8.43	-0.0237	0.7142	90	0.79	202
阔叶混	75.17	8.5	-0.0517	0.9421	42	0.97	51
针阔混	231.9	10.7	-0.018	0.7528	132	1.04	174

（二）不同林木类型储量更新精度

1. 活立木储量更新精度

活立木蓄积量、生物量和碳储量2007年至2017年数据采用单木生长率模型更新平均预估误差 *MPE* 均值分别为1.35%、1.36%和1.36%，总体相对误差 *TRE* 均值分别为-7.00%、-6.70%和-6.66%，平均系统误差 *MSE* 均值分别为11.90%、11.34%和11.38%；采用胸径一元林分生长率模型更新平均预估误差 *MPE* 均值分别为1.38%、1.41%和1.41%，总体相对误差 *TRE* 均值分别为-6.44%、-6.29%和-6.52%，平均系统误差 *MSE* 均值分别为10.40%、9.90%和9.95%；采用胸径-年龄二元林分生长率模型更

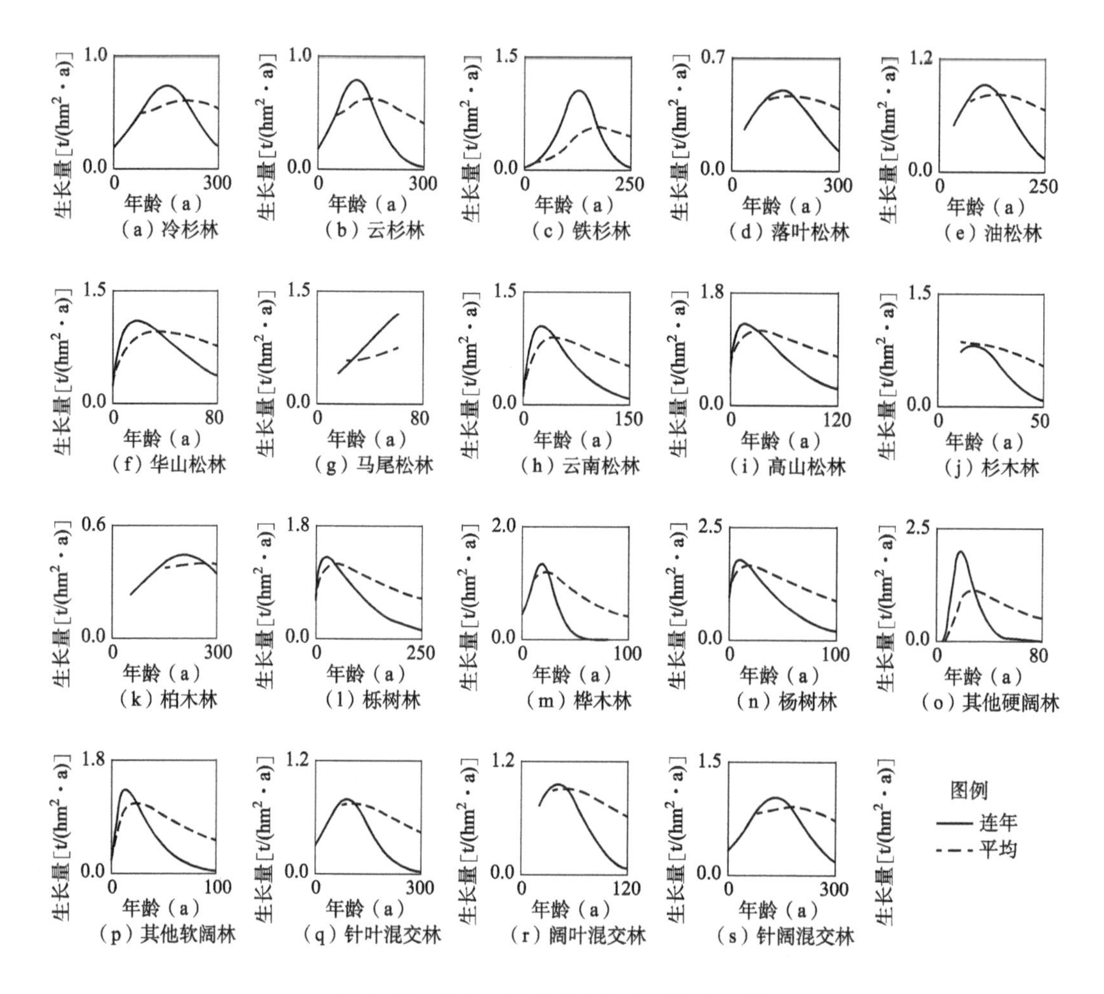

图 4-12　主要乔木林类型固碳速率分析图

新平均预估误差 *MPE* 均值分别为 1.36%、1.38%和 1.38%，总体相对误差 *TRE* 均值分别为-6.53%、-6.37%和-6.41%，平均系统误差 *MSE* 均值分别为 10.89%、10.59%和 10.63%（图 4-13）。

（1）活立木蓄积量更新精度

活立木蓄积量采用单木生长率模型更新平均预估误差 *MPE* 为 1.35%，总体相对误差 *TRE* 均值分别为-7.00%，平均系统误差 *MSE* 为 11.90%；采用胸径一元林分生长率模型更新平均预估误差 *MPE* 为 1.38%，总体相对误差 *TRE* 均值为-6.58%，平均系统误差 *MSE* 为 10.40%；采用年龄一元林分生长率模型更新平均预估误差 *MPE* 为 4.97%，总体相对误差 *TRE* 均值为-9.66%，平均系统误差 *MSE* 为 11.02%；采用胸径-年龄二元林分生长率模型更新平均预估误差 *MPE* 为 1.36%，总体相对误差 *TRE* 均值为-6.53%，平均系统误差 *MSE* 为 10.89%。不同模型更新活立木蓄积量误差由小到大依次为胸径-年龄二元林分生长率模型、单木生长率模型、胸径一元林分生长率模型和年龄一元林分生长率模型。各年度活立木蓄积量模型更新误差指标见表 4-19。

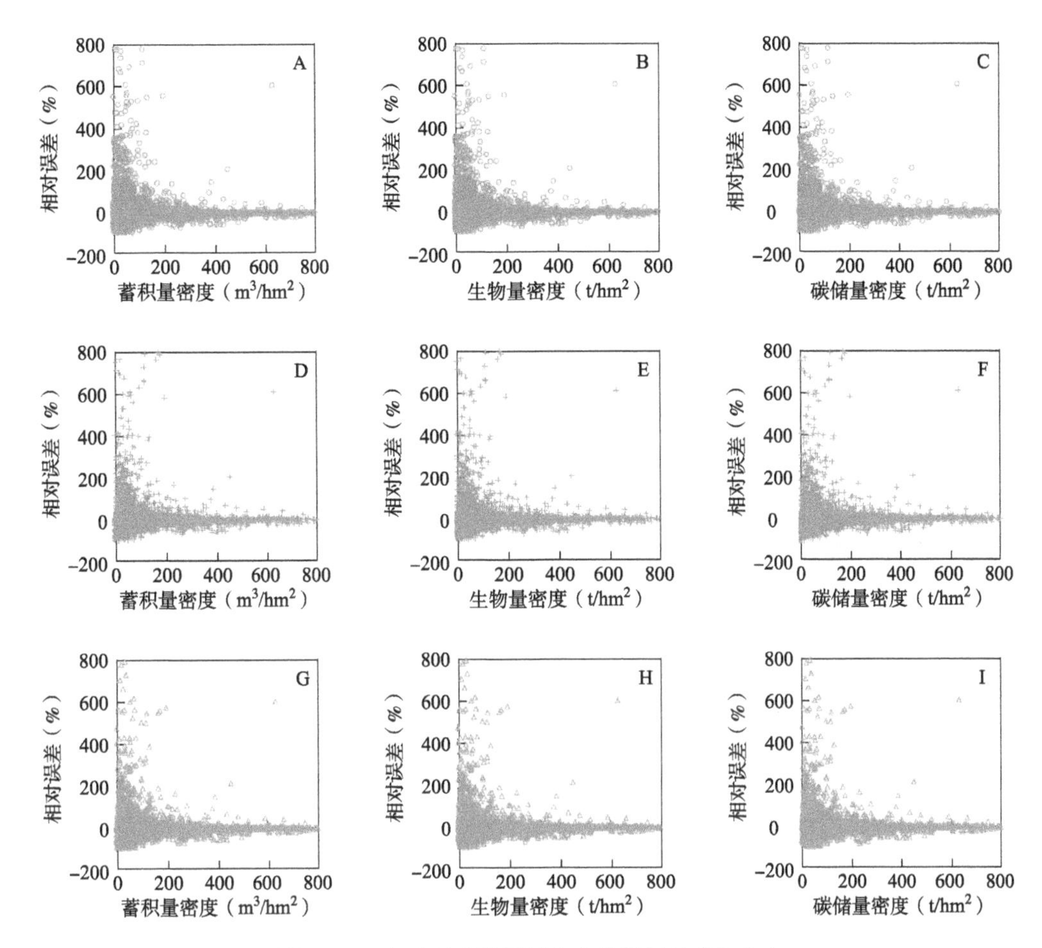

图 4-13　各生长率模型活立木储量更新残差分布

表 4-19　活立木蓄积量更新结果指标

更新年度	评价指标	单木生长率模型(%)	林分生长率模型		
			胸径自变量(%)	年龄自变量(%)	胸径和年龄自变量(%)
2002—2007	*MPE*	1.26	1.44	12.03	1.37
	TRE	-7.63	-7.89	-14.48	-7.51
	MSE	3.17	2.02	2.69	2.64
2007—2012	*MPE*	1.26	1.21	1.36	1.22
	TRE	-8.98	-8.30	-9.57	-8.37
	MSE	5.05	3.65	4.03	3.83
2012—2017	*MPE*	1.52	1.48	1.52	1.48
	TRE	-4.39	-3.53	-4.94	-3.70
	MSE	27.49	25.53	26.34	26.21

(2)活立木生物量更新精度

活立木生物量采用单木生长率模型更新平均预估误差 *MPE* 为 1.36%，总体相对误差 *TRE* 均值为-6.66%，平均系统误差 *MSE* 为 11.34%；采用胸径一元林分生长率模型更新平均预估误差 *MPE* 为 1.41%，总体相对误差 *TRE* 均值为-6.48%，平均系统误差 *MSE* 为 9.90%；采用年龄一元林分生长率模型更新平均预估误差 *MPE* 为 3.86%，总体相对误差 *TRE* 均值为-9.37%，平均系统误差 *MSE* 为 10.76%；采用胸径-年龄二元林分生长率模型更新平均预估误差 *MPE* 为 1.38%，总体相对误差 *TRE* 均值为-6.37%，平均系统误差 *MSE* 为 10.59%。不同模型更新活立木生物量误差由小到大依次为单木生长率模型、胸径-年龄二元林分生长率模型、胸径一元林分生长率模型和年龄一元林分生长率模型。各年度活立木生物量模型更新误差指标见表 4-20。

表 4-20 活立木生物量更新结果指标

更新年度	评价指标	单木生长率模型(%)	林分生长率模型(%)		
			胸径自变量(%)	年龄自变量(%)	胸径和年龄自变量(%)
2002—2007	*MPE*	1.37	1.57	8.71	1.48
	TRE	-8.73	-9.32	-14.81	-8.81
	MSE	2.80	1.73	2.55	2.47
2007—2012	*MPE*	1.22	1.19	1.35	1.20
	TRE	-8.69	-8.24	-9.63	-8.22
	MSE	5.27	3.95	4.44	4.21
2012—2017	*MPE*	1.50	1.47	1.53	1.46
	TRE	-2.56	-1.89	-3.68	-2.07
	MSE	25.96	24.03	25.29	25.10

(3)活立木碳储量更新精度

活立木碳储量采用单木生长率模型更新平均预估误差 *MPE* 为 1.36%，总体相对误差 *TRE* 均值分别为-6.70%，平均系统误差 *MSE* 为 11.38%；采用胸径一元林分生长率模型更新平均预估误差 *MPE* 为 1.41%，总体相对误差 *TRE* 均值为-6.52%，平均系统误差 *MSE* 为 9.95%；采用年龄一元林分生长率模型更新平均预估误差 *MPE* 为 3.91%，总体相对误差 *TRE* 均值为-9.42%，平均系统误差 *MSE* 为 10.81%；采用胸径-年龄二元林分生长率模型更新平均预估误差 *MPE* 为 1.38%，总体相对误差 *TRE* 均值为-6.41%，平均系统误差 *MSE* 为 10.63%。不同模型更新活立木碳储量误差由小到大依次为胸径-年龄二元林分生长率模型、单木生长率模型、胸径一元林分生长率模型和年龄一元林分生长率模型。各年度活立木碳储量模型更新误差指标见表 4-21。

表 4-21　活立木碳储量更新结果指标

更新年度	评价指标	单木生长率模型(%)	林分生长率模型		
			胸径自变量(%)	年龄自变量(%)	胸径和年龄自变量(%)
2002—2007	*MPE*	1.36	1.56	8.87	1.48
	TRE	-8.71	-9.30	-14.89	-8.81
	MSE	2.80	1.72	2.56	2.48
2007—2012	*MPE*	1.23	1.19	1.35	1.20
	TRE	-8.71	-8.25	-9.62	-8.23
	MSE	5.26	3.94	4.44	4.20
2012—2017	*MPE*	1.50	1.47	1.52	1.46
	TRE	-2.69	-2.01	-3.75	-2.18
	MSE	26.08	24.19	25.42	25.22

2. 林木储量更新精度

林木蓄积量、生物量和碳储量 2007 年至 2017 年数据采用单木生长率模型更新平均预估误差 *MPE* 均值分别为 1.43%、1.46%和 1.45%，总体相对误差 *TRE* 均值分别为 -6.79%、-6.41%和-6.37%，平均系统误差 *MSE* 均值分别为 3.53%、3.20%和 3.20%；采用胸径一元林分生长率模型更新平均预估误差 *MPE* 均值分别为 1.44%、1.48%和 1.48%，总体相对误差 *TRE* 均值分别为-6.58%、-6.48%和-6.32%，平均系统误差 *MSE* 均值分别为 2.24%、2.00%和 2.00%；采用胸径-年龄二元林分生长率模型更新平均预估误差 *MPE* 均值分别为 1.43%、1.46%和 1.46%，总体相对误差 *TRE* 均值分别为-6.27%、-6.00%和-6.04%，平均系统误差 *MSE* 均值分别为 1.42%、1.22%和 1.22%(图 4-14)。

(1)林木蓄积量更新精度

林木蓄积量采用单木生长率模型更新平均预估误差 *MPE* 为 1.43%，总体相对误差 *TRE* 均值分别为-6.79%，平均系统误差 *MSE* 为 3.53%；采用胸径一元林分生长率模型更新平均预估误差 *MPE* 为 1.44%，总体相对误差 *TRE* 均值分别为-6.44%，平均系统误差 *MSE* 为 2.24%；采用年龄一元林分生长率模型更新平均预估误差 *MPE* 为 5.10%，总体相对误差 *TRE* 均值为-8.78%，平均系统误差 *MSE* 为 1.38%；采用胸径-年龄二元林分生长率模型更新平均预估误差 *MPE* 为 1.43%，总体相对误差 *TRE* 均值分别为-6.27%，平均系统误差 *MSE* 为 1.42%。不同模型更新林木蓄积量误差由小到大依次为胸径-年龄二元林分生长率模型、单木生长率模型、胸径一元林分生长率模型和年龄一元林分生长率模型。各年度林木蓄积量模型更新误差指标见表 4-22。

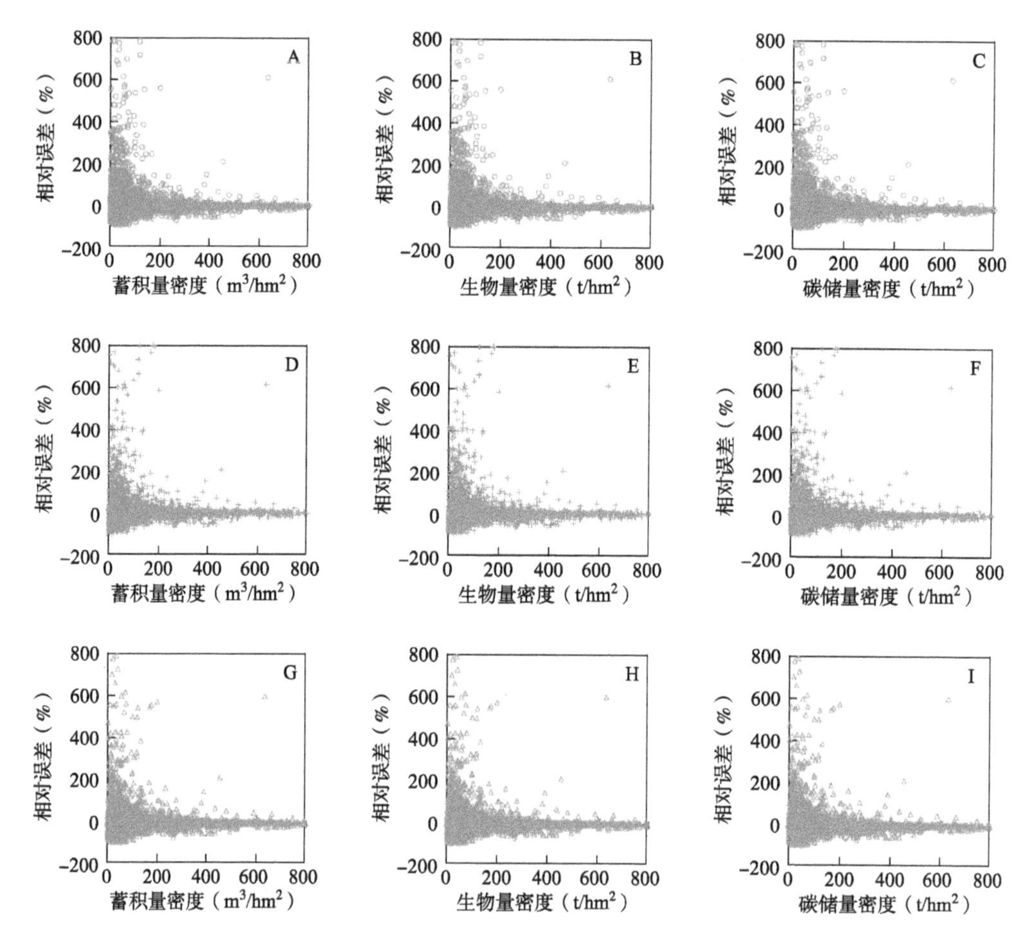

图 4-14　各生长率模型林木储量更新残差分布

表 4-22　林木蓄积量更新结果指标

更新年度	评价指标	单木生长率模型(%)	林分生长率模型		
			胸径自变量(%)	年龄自变量(%)	胸径和年龄自变量(%)
2002—2007	*MPE*	1.33	1.47	12.28	1.42
	TRE	-7.20	-7.41	-12.72	-7.08
	MSE	1.10	-0.03	-0.61	-0.60
2007—2012	*MPE*	1.32	1.27	1.41	1.28
	TRE	-8.57	-8.02	-8.98	-7.97
	MSE	3.02	1.37	0.72	0.55
2012—2017	*MPE*	1.63	1.59	1.62	1.59
	TRE	-4.61	-3.88	-4.63	-3.76
	MSE	6.46	5.39	4.04	4.30

(2)林木生物量更新精度

林木生物量采用单木生长率模型更新平均预估误差 *MPE* 为 1.46%，总体相对误差 *TRE* 均值为-6.37%，平均系统误差 *MSE* 为 3.20%；采用胸径一元林分生长率模型更新平均预估误差 *MPE* 为 1.48%，总体相对误差 *TRE* 均值为-6.29%，平均系统误差 *MSE* 为 2.00%；采用年龄一元林分生长率模型更新平均预估误差 *MPE* 为 3.91%，总体相对误差 *TRE* 均值为-8.23%，平均系统误差 *MSE* 为 1.19%；采用胸径-年龄二元林分生长率模型更新平均预估误差 *MPE* 为 1.46%，总体相对误差 *TRE* 均值为-6.00%，平均系统误差 *MSE* 为 1.22%。不同模型更新林木生物量误差由小到大依次为胸径-年龄二元林分生长率模型、单木生长率模型、胸径一元林分生长率模型和年龄一元林分生长率模型。各年度林木生物量模型更新误差指标见表 4-23。

表 4-23 林木生物量更新结果指标

更新年度	评价指标	单木生长率模型(%)	林分生长率模型		
			胸径自变量(%)	年龄自变量(%)	胸径和年龄自变量(%)
2002—2007	*MPE*	1.47	1.58	8.68	1.53
	TRE	-8.30	-8.83	-12.78	-8.38
	MSE	0.40	-0.68	-1.13	-1.15
2007—2012	*MPE*	1.29	1.26	1.40	1.26
	TRE	-8.22	-7.94	-8.88	-7.74
	MSE	2.98	1.42	0.84	0.66
2012—2017	*MPE*	1.62	1.59	1.63	1.58
	TRE	-2.58	-2.08	-3.01	-1.87
	MSE	6.22	5.26	3.87	4.16

(3)林木碳储量更新精度

林木碳储量采用单木生长率模型更新平均预估误差 *MPE* 为 1.45%，总体相对误差 *TRE* 均值为-6.41%，平均系统误差 *MSE* 为 3.20%；采用胸径一元林分生长率模型更新平均预估误差 *MPE* 为 1.48%，总体相对误差 *TRE* 均值为-6.32%，平均系统误差 *MSE* 为 2.00%；采用年龄一元林分生长率模型更新平均预估误差 *MPE* 为 3.95%，总体相对误差 *TRE* 均值为-8.28%，平均系统误差 *MSE* 为 1.18%；采用胸径-年龄二元林分生长率模型更新平均预估误差 *MPE* 为 1.46%，总体相对误差 *TRE* 均值为-6.04%，平均系统误差 *MSE* 为 1.22%。不同模型更新林木碳储量误差由小到大依次为胸径-年龄二元林分生长率模型、单木生长率模型、胸径一元林分生长率模型和年龄一元林分生长率模型。各年度林木碳储量模型更新误差指标见表 4-24。

表 4-24　林木碳储量更新结果指标

更新年度	评价指标	单木生长率模型(%)	林分生长率模型		
			胸径自变量(%)	年龄自变量(%)	胸径和年龄自变量(%)
2002—2007	*MPE*	1.45	1.58	8.82	1.52
	TRE	-8.28	-8.80	-12.82	-8.37
	MSE	0.39	-0.69	-1.14	-1.16
2007—2012	*MPE*	1.29	1.26	1.40	1.26
	TRE	-8.26	-7.97	-8.90	-7.77
	MSE	2.97	1.41	0.84	0.65
2012—2017	*MPE*	1.61	1.59	1.63	1.58
	TRE	-2.71	-2.19	-3.10	-1.98
	MSE	6.23	5.28	3.86	4.16

3. 散生木储量更新精度

散生木蓄积量、生物量和碳储量 2007 年至 2017 年数据采用单木生长率模型更新平均预估误差 *MPE* 均值分别为 15.31%、15.01%和 15.12%，总体相对误差 *TRE* 均值分别为 -9.21%、-9.71%和-9.19%，平均系统误差 *MSE* 均值分别为-0.13%、-0.16%和-0.17%；采用胸径一元林分生长率模型更新平均预估误差 *MPE* 均值分别为 19.10%、19.33%和 19.52%，总体相对误差 *TRE* 均值分别为-11.82%、-12.01%和-12.55%，平均系统误差 *MSE* 均值分别为-0.14%、-0.18%和-0.19%；采用胸径-年龄二元林分生长率模型更新平均预估误差 *MPE* 均值分别为 19.09%、18.86%和 19.14%，总体相对误差 *TRE* 均值分别为-23.41%、-23.84%和-24.36%，平均系统误差 *MSE* 均值分别为-0.20%、-0.25%和-0.26%(图 4-15)。

(1)散生木蓄积量更新精度

散生木蓄积量采用单木生长率模型更新平均预估误差 *MPE* 为 15.31%，总体相对误差 *TRE* 均值为-9.21%，平均系统误差 *MSE* 为-0.13%；采用胸径一元林分生长率模型更新平均预估误差 *MPE* 为 19.10%，总体相对误差 *TRE* 均值为-11.82%，平均系统误差 *MSE* 为-0.14%；采用年龄一元林分生长率模型更新平均预估误差 *MPE* 为 58.84%，总体相对误差 *TRE* 均值为-42.35%，平均系统误差 *MSE* 为-0.30%；采用胸径-年龄二元林分生长率模型更新平均预估误差 *MPE* 为 19.09%，总体相对误差 *TRE* 均值为-23.41%，平均系统误差 *MSE* 为-0.20%。不同模型更新散生蓄积量误差由小到大依次为单木生长率模型、胸径-年龄二元林分生长率模型、胸径一元林分生长率模型和年龄一元林分生长率模型。各年度散生木蓄积量模型更新误差指标见表 4-25。

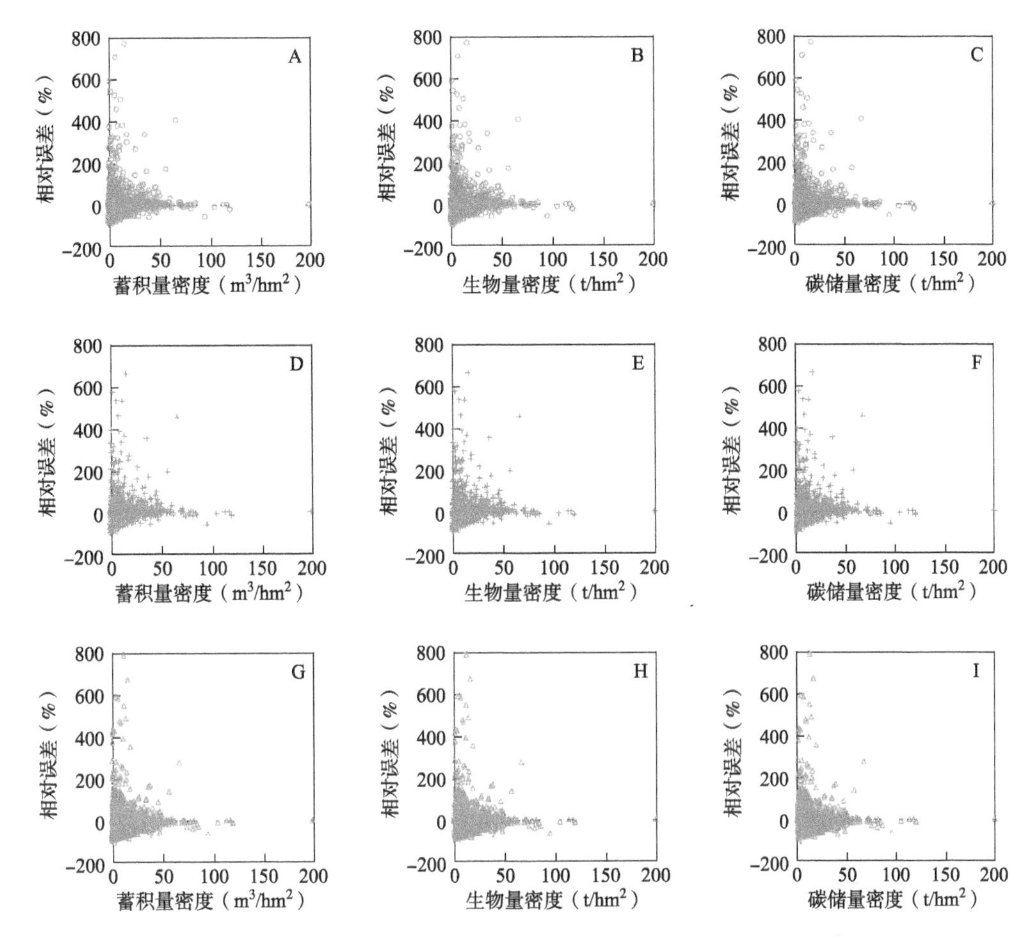

图 4-15　各生长率模型散生木储量更新残差分布

表 4-25　散生木蓄积量更新结果指标

更新年度	评价指标	单木生长率模型(%)	林分生长率模型		
			胸径自变量(%)	年龄自变量(%)	胸径和年龄自变量(%)
2002—2007	*MPE*	17.94	28.86	139.06	25.42
	TRE	-14.90	-22.85	-62.31	-28.09
	MSE	-0.72	-0.73	-0.79	-0.70
2007—2012	*MPE*	11.46	11.74	16.68	13.83
	TRE	-18.48	-18.34	-36.96	-28.64
	MSE	-0.04	-0.03	-0.41	-0.30
2012—2017	*MPE*	16.53	16.70	20.78	18.01
	TRE	5.76	5.73	-27.78	-13.50
	MSE	0.37	0.34	0.30	0.39

(2)散生木生物量更新精度

散生木生物量采用单木生长率模型更新平均预估误差 *MPE* 为 15. 01%，总体相对误差 *TRE* 均值为-9. 19%，平均系统误差 *MSE* 为-0. 16%；采用胸径一元林分生长率模型更新平均预估误差 *MPE* 为 19. 33%，总体相对误差 *TRE* 均值为-12. 01%，平均系统误差 *MSE* 为-0. 18%；采用年龄一元林分生长率模型更新平均预估误差 *MPE* 为 52. 58%，总体相对误差 *TRE* 均值为-42. 59%，平均系统误差 *MSE* 为-0. 35%；采用胸径-年龄二元林分生长率模型更新平均预估误差 *MPE* 为 18. 86%，总体相对误差 *TRE* 均值分别为-23. 84%，平均系统误差 *MSE* 为-0. 25%。不同模型更新散生生物量误差由小到大依次为单木生长率模型、胸径-年龄二元林分生长率模型、胸径一元林分生长率模型和年龄一元林分生长率模型。各年度散生生物量模型更新误差指标见表 4-26。

表 4-26　散生木生物量更新结果指标

更新年度	评价指标	单木生长率模型(%)	林分生长率模型		
			胸径自变量(%)	年龄自变量(%)	胸径和年龄自变量(%)
2002-2007	*MPE*	17. 14	29. 64	119. 66	24. 64
	TRE	-12. 74	-21. 52	-60. 22	-26. 93
	MSE	-0. 67	-0. 68	-0. 73	-0. 64
2007-2012	*MPE*	11. 22	11. 51	16. 72	13. 62
	TRE	-16. 64	-16. 43	-36. 61	-27. 56
	MSE	0. 11	0. 10	-0. 27	-0. 17
2012-2017	*MPE*	16. 68	16. 84	21. 36	18. 34
	TRE	1. 81	1. 92	-30. 94	-17. 04
	MSE	0. 07	0. 03	-0. 04	0. 05

(3)散生木碳储量更新精度

散生木碳储量采用单木生长率模型更新平均预估误差 *MPE* 为 15. 12%，总体相对误差 *TRE* 均值为-9. 71%，平均系统误差 *MSE* 为-0. 17%；采用胸径一元林分生长率模型更新平均预估误差 *MPE* 为 19. 52%，总体相对误差 *TRE* 均值为-12. 55%，平均系统误差 *MSE* 为-0. 19%；采用年龄一元林分生长率模型更新平均预估误差 *MPE* 为 54. 92%，总体相对误差 *TRE* 均值为-43. 16%，平均系统误差 *MSE* 为-0. 35%；采用胸径-年龄二元林分生长率模型更新平均预估误差 *MPE* 为 19. 14%，总体相对误差 *TRE* 均值为-24. 36%，平均系统误差 *MSE* 为-0. 26%。不同模型更新散生碳储量误差由小到大依次为单木生长率模型、胸径-年龄二元林分生长率模型、胸径一元林分生长率模型和年龄一元林分生长率模型。各年度散生木碳储量模型更新误差指标见表 4-27。

表 4-27 散生木碳储量更新结果指标

更新年度	评价指标	单木生长率模型(%)	林分生长率模型		
			胸径自变量(%)	年龄自变量(%)	胸径和年龄自变量(%)
2002—2007	*MPE*	17.54	30.26	126.66	25.50
	TRE	-13.70	-22.47	-61.43	-27.93
	MSE	-0.69	-0.69	-0.75	-0.66
2007—2012	*MPE*	11.15	11.44	16.66	13.54
	TRE	-16.64	-16.47	-36.70	-27.61
	MSE	0.10	0.10	-0.28	-0.17
2012—2017	*MPE*	16.67	16.85	21.45	18.37
	TRE	1.22	1.29	-31.36	-17.53
	MSE	0.07	0.03	-0.04	0.06

4. 四旁树储量更新精度

四旁树蓄积量、生物量和碳储量 2007 年至 2017 年数据采用单木生长率模型更新平均预估误差 *MPE* 均值分别为 7.03%、7.09%和 7.09%，总体相对误差 *TRE* 均值分别为 -12.43%、-12.79%和 -12.77%，平均系统误差 *MSE* 均值分别为 1.31%、1.27%和 1.26%；采用胸径一元林分生长率模型更新平均预估误差 *MPE* 均值分别为 6.79%、6.85%和 6.86%，总体相对误差 *TRE* 均值分别为-7.53%、-7.96%和-7.95%，平均系统误差 *MSE* 均值分别为 1.73%、1.69%和 1.68%；采用胸径-年龄二元林分生长率模型更新平均预估误差 *MPE* 均值分别为 6.77%、6.89%和 6.90%，总体相对误差 *TRE* 均值分别为-2.56%、-3.11%和-3.12%，平均系统误差 *MSE* 均值分别为 3.36%、3.31%和 3.31%(图 4-16)。

(1)四旁树蓄积量更新精度

四旁树蓄积量采用单木生长率模型更新平均预估误差 *MPE* 为 7.03%，总体相对误差 *TRE* 均值为-12.43%，平均系统误差 *MSE* 为 1.31%；采用胸径一元林分生长率模型更新平均预估误差 *MPE* 为 6.79%，总体相对误差 *TRE* 均值为-7.53%，平均系统误差 *MSE* 为 1.73%；采用年龄一元林分生长率模型更新平均预估误差 *MPE* 为 8.16%，总体相对误差 *TRE* 均值为-3.65%，平均系统误差 *MSE* 为 3.65%；采用胸径-年龄二元林分生长率模型更新平均预估误差 *MPE* 为 6.77%，总体相对误差 *TRE* 均值为-2.56%，平均系统误差 *MSE* 为 3.36%。不同模型更新四旁树蓄积量误差由小到大依次为胸径-年龄二元林分生长率模型、胸径一元林分生长率模型、单木生长率模型和年龄一元林分生长率模型。各年度四旁树蓄积量模型更新误差指标见表 4-28。

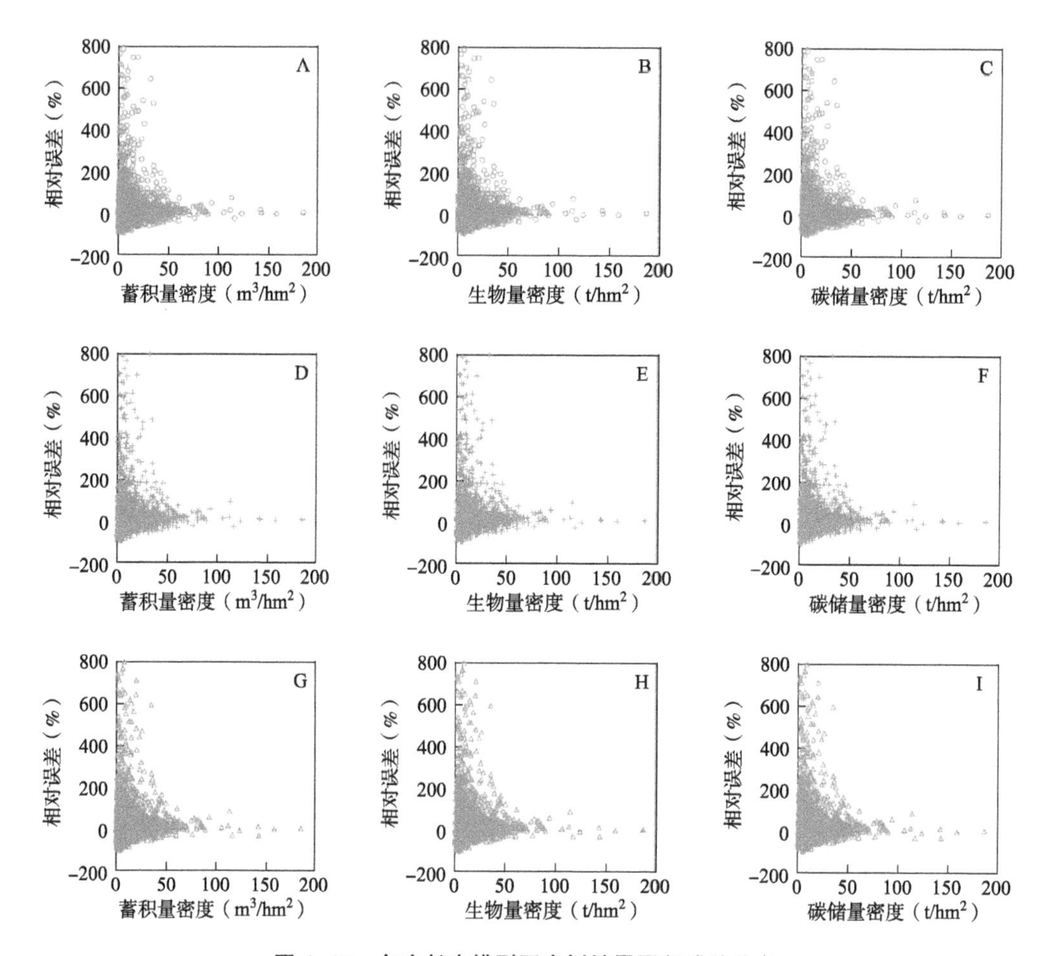

图 4-16　各生长率模型四旁树储量更新残差分布

表 4-28　四旁树蓄积量更新结果指标

更新年度	评价指标	单木生长率模型(%)	林分生长率模型		
			胸径自变量(%)	年龄自变量(%)	胸径和年龄自变量(%)
2002—2007	*MPE*	7.20	7.06	10.66	6.87
	TRE	-17.54	-13.93	-8.83	-6.49
	MSE	-0.78	-0.42	0.98	0.78
2007—2012	*MPE*	6.77	6.44	6.86	6.57
	TRE	-16.69	-11.52	-7.36	-7.15
	MSE	-0.05	0.40	1.70	1.53
2012—2017	*MPE*	7.11	6.88	6.95	6.87
	TRE	-3.06	2.87	5.26	5.97
	MSE	4.75	5.21	8.25	7.76

(2)四旁树生物量更新精度

四旁树生物量采用单木生长率模型更新平均预估误差 *MPE* 为 7.09%，总体相对误差 *TRE* 均值为-12.79%，平均系统误差 *MSE* 为 1.27%；采用胸径一元林分生长率模型更新平均预估误差 *MPE* 为 6.85%，总体相对误差 *TRE* 均值为-7.96%，平均系统误差 *MSE* 为 1.69%；采用年龄一元林分生长率模型更新平均预估误差 *MPE* 为 8.44%，总体相对误差 *TRE* 均值为-4.33%，平均系统误差 *MSE* 为 3.61%；采用胸径-年龄二元林分生长率模型更新平均预估误差 *MPE* 为 6.89%，总体相对误差 *TRE* 均值为-3.11%，平均系统误差 *MSE* 为 3.31%。不同模型更新四旁树生物量误差由小到大依次为胸径-年龄二元林分生长率模型、胸径一元林分生长率模型、单木生长率模型和年龄一元林分生长率模型。各年度四旁树生物量模型更新误差指标见表 4-29。

表 4-29 四旁树生物量更新结果指标

更新年度	评价指标	单木生长率模型(%)	林分生长率模型		
			胸径自变量(%)	年龄自变量(%)	胸径和年龄自变量(%)
2002—2007	*MPE*	7.20	7.07	11.08	6.95
	TRE	-17.43	-13.89	-9.07	-6.55
	MSE	-0.85	-0.49	0.89	0.70
2007—2012	*MPE*	6.83	6.50	7.14	6.75
	TRE	-16.24	-11.08	-7.21	-6.84
	MSE	0.01	0.46	1.78	1.60
2012—2017	*MPE*	7.23	6.98	7.08	6.98
	TRE	-4.69	1.09	3.29	4.06
	MSE	4.65	5.10	8.15	7.65

(3)四旁树碳储量更新精度

四旁树碳储量采用单木生长率模型更新平均预估误差 *MPE* 为 7.09%，总体相对误差 *TRE* 均值为-12.77%，平均系统误差 *MSE* 为 1.26%；采用胸径一元林分生长率模型更新平均预估误差 *MPE* 为 6.86%，总体相对误差 *TRE* 均值为-7.95%，平均系统误差 *MSE* 为 1.68%；采用年龄一元林分生长率模型更新平均预估误差 *MPE* 为 8.50%，总体相对误差 *TRE* 均值为-4.36%，平均系统误差 *MSE* 为 3.60%；采用胸径-年龄二元林分生长率模型更新平均预估误差 *MPE* 为 6.90%，总体相对误差 *TRE* 均值为-3.12%，平均系统误差 *MSE* 为 3.31%。不同模型更新四旁树碳储量误差由小到大依次为胸径-年龄二元林分生长率模型、胸径一元林分生长率模型、单木生长率模型和年龄一元林分生长率模型。各年度四旁树碳储量模型更新误差指标见表 4-30。

表 4-30　四旁树碳储量更新结果指标

更新年度	评价指标	单木生长率模型(%)	林分生长率模型		
			胸径自变量(%)	年龄自变量(%)	胸径和年龄自变量(%)
2002—2007	*MPE*	7.21	7.08	11.29	6.98
	TRE	-17.49	-13.97	-9.26	-6.67
	MSE	-0.85	-0.49	0.89	0.70
2007—2012	*MPE*	6.83	6.50	7.14	6.74
	TRE	-16.26	-11.10	-7.25	-6.87
	MSE	0.01	0.46	1.78	1.60
2012—2017	*MPE*	7.23	6.99	7.08	6.98
	TRE	-4.57	1.21	3.42	4.19
	MSE	4.63	5.09	8.14	7.64

五、模型系统应用

(一)全林分生长模型系统应用

1.“一张图”林木因子更新

以小班林分基本信息为例进行“一张图”林木因子更新。

云南松和栎类 5 年后生长情况如图 4-17、图 4-18 所示，根据模型预测结果 5 年后该小班的林分因子情况见表 4-31。在林分生长期内小班的林木因子呈现变化趋势，如小班的树种组成为 8 云+2 栎，5 年后小班的树种组成变为 9 云+1 栎，表明林分生长的演替趋势，随时间推移处于下层的云南松生长势逐渐超过栎类，从而对栎类生长构成压迫。全林分生长模型不仅能及时对林地“一张图”中林木因子进行更新，也能对林分生长进行更合理地生物学解释。

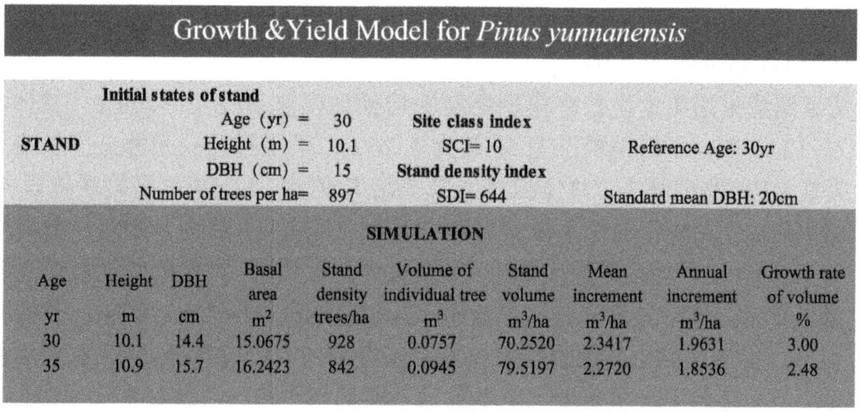

Growth &Yield Model for *Pinus yunnanensis*

STAND

Initial states of stand

Age (yr) = 30　　Site class index
Height (m) = 10.1　　SCI= 10　　Reference Age: 30yr
DBH (cm) = 15　　Stand density index
Number of trees per ha= 897　　SDI= 644　　Standard mean DBH: 20cm

SIMULATION

Age	Height	DBH	Basal area	Stand density	Volume of individual tree	Stand volume	Mean increment	Annual increment	Growth rate of volume
yr	m	cm	m^2	trees/ha	m^3	m^3/ha	m^3/ha	m^3/ha	%
30	10.1	14.4	15.0675	928	0.0757	70.2520	2.3417	1.9631	3.00
35	10.9	15.7	16.2423	842	0.0945	79.5197	2.2720	1.8536	2.48

图 4-17　云南松全林分生长过程

Growth &Yield Model for *Quercus acutissima*

STAND	Initial states of stand			
	Age (yr) =	25	Site class index	
	Height (m) =	9.8	SCI= 10	Reference Age: 25yr
	DBH (cm) =	17	Stand density index	
	Number of trees per ha=	75	SDI= 61	Standard mean DBH: 20cm

SIMULATION

Age	Height	DBH	Basal area	Stand density	Volume of individual tree	Stand volume	Mean increment	Annual increment	Growth rate of volume
yr	m	cm	m^2	trees/ha	m^3	m^3/ha	m^3/ha	m^3/ha	%
25	9.8	17.1	3.3278	145	0.0477	6.9023	0.2761	0.2265	3.57
30	10.7	18.5	3.3735	126	0.0633	7.9892	0.2663	0.2174	2.92

图 4-18　栎类全林分生长过程

表 4-31　预测小班林分基本信息

树种	组成系数	年龄	树高	胸径	每公顷蓄积
云南松	9	35	10.9	15.7	80
栎类	1	30	10.7	18.5	8

2. 昆明市有林地蓄积量预测

本研究基于昆明市第四次森林资源二类调查数据运用已建立的24个树种和树种组蓄积生长模型及云南省林分蓄积平均增长率(4.58%)进行反演上期有林地蓄积量。

基于小班数据预测昆明市各县、区有林地蓄积量结果见图4-19，昆明市、安宁市、呈贡区、东川区、富民县、官渡区、晋宁区、禄劝、盘龙区、石林、嵩明县、五华区、西山区、寻甸、宜良县根据模型的反演有林地蓄积量分别为39039700m^3、2750728m^3、527844m^3、1390917m^3、2296911m^3、870825m^3、2003975m^3、11028818m^3、1004410m^3、2224695m^3、2098779m^3、777827m^3、2119191m^3、6574043m^3、3370737m^3，根据模型反演

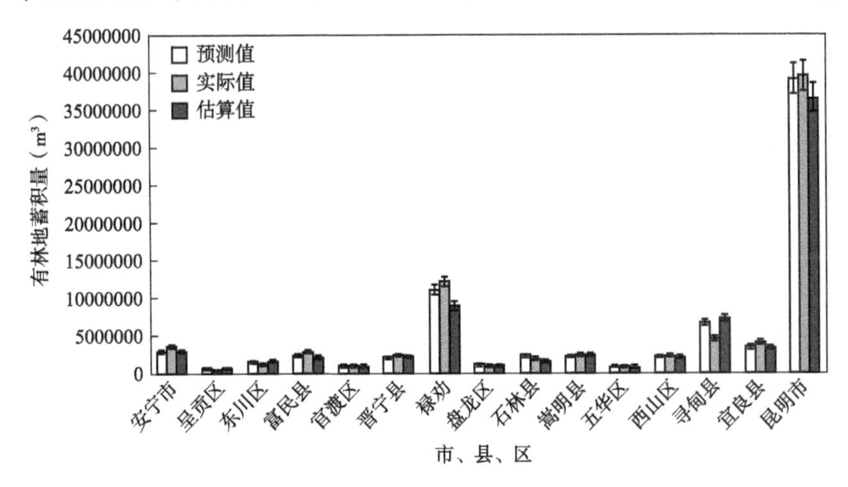

图 4-19　各市、县、区有林地蓄积量预测结果

昆明市有林地蓄积量差值约为 30 万 m^3，模型反演结果与真实值间的 Pearson 相关系数为 0.998**，表明蓄积量生长模型具有较好的反演效能，模型预测精度能够满足林地“一张图”蓄积量更新的要求。根据云南省林分蓄积平均增长率(4.58%)反演昆明市、安宁市、呈贡区、东川区、富民县、官渡区、晋宁区、禄劝、盘龙区、石林、嵩明县、五华区、西山区、寻甸、宜良县有林地蓄积量分别为 36504012m^3、2775090m^3、491457m^3、1460980m^3、2080481m^3、839541m^3、2185542m^3、8902784m^3、869834m^3、1434021m^3、2303862m^3、723192m^3、2024492m^3、7159213m^3、3253523m^3，根据增长率反演的昆明市有林地蓄积量差值约为 300 万 m^3，误差较大。

(二) 多尺度数据更新模型应用

单木模型法储量估算结果与扩展因子法储量估算结果在 $\alpha=0.05$ 的水平上无统计学差异。建立的 18 个树种(组)单木胸径和蓄积生长率模型、13 个主要乔木林类型林分材积生长率模型、胸径一元模型和年龄一元模型及胸径-年龄二元模型、10 个主要乔木林类型三储量联立估测模型，模型拟合的决定系数 R^2 均大于 0.9，能够满足林分蓄积生长的模拟更新，解决了蓄积量、生物量和碳储量间计算的兼容性问题，单位面积蓄积量混合效应模型为基于林分因子的储量更新提供了有效的参考。

综合分析表明，不同模型更新林木蓄积量、生物量、碳储量误差由小到大依次为胸径-年龄二元林分生长率模型、单木生长率模型、胸径一元林分生长率模型和年龄一元林分生长率模型；散生木蓄积量、生物量、碳储量采用单木生长率模型更新精度较高，四旁树蓄积量、生物量、碳储量采用胸径一元林分生长率模型更新精度较高。

第四节　森林蓄积量更新应用系统

一、系统简介

(一) 系统介绍

森林资源规划设计调查林分蓄积量更新软件(Forest Resources Planning and Design Survey Volume Update Software，简称：FRPDSVUS)旨在基于森林资源规划设计调查成果 24 个树种和树种组全林分生长模型建立的基础上，对成果进行基于时间的更新，实现林分蓄积量、株数、龄组、树高、胸径、优势树种组的自动更新，为森林资源规划设计调查提供辅助。软件功能主要包含数据加载、数据显示、数据更新、更新前后数据对比、存储更新结果等功能，为森林资源规划设计调查数据更新提供了快捷、简便的更新工具。

(二) 系统特点

1. 界面友好，易于操作。
2. 算法简单，事件处理速度快。
3. 数据处理过程流程化。

4. 功能人性化。
5. 完全独立知识产权的国产软件。

(三)系统功能

1. 数据加载。
2. 数据显示。
3. 数据更新。
4. 更新前后数据对比。
5. 存储更新结果。
6. 参数显示。

二、系统安装

(一)运行环境

1. 硬件要求
(1)CPU
最低要求：Core i5 四核以上或更高。
建议配置：Core i7 四核以上。
(2)RAM
最低要求：2024M。
推荐：4096M 内存。
(3)硬盘
剩余空间不小于 100M。
(4)显示器
VGA(1280×800)以上彩色显示系统，推荐分辨率使用 1280×800，32 位色。
(5)其他
鼠标，键盘。
2. 操作系统
Windows 7、Windows 8 以及 Window 10，推荐使用 Windows。
3. 软件要求
SQL Server 2014。

(二)软件安装

运行安装文件中的 SetUp. exe 文件，按照安装向导进行安装。

(三)运行系统

安装完毕后，点击“森林资源规划设计调查林分蓄积量更新软件 . exe”进入系统，如下图所示。

三、系统界面

四、软件功能

软件功能操作放在左侧的功能区上，主要包含数据加载、更新结果存储、显示数据、操作结果窗口、开始更新、更新前后对照、参数配置、软件帮助、关于软件。

(一)数据准备

本系统是基于 SQL Server 开发的，需要打开 SQL Server 加载数据库，结果如下图所示。

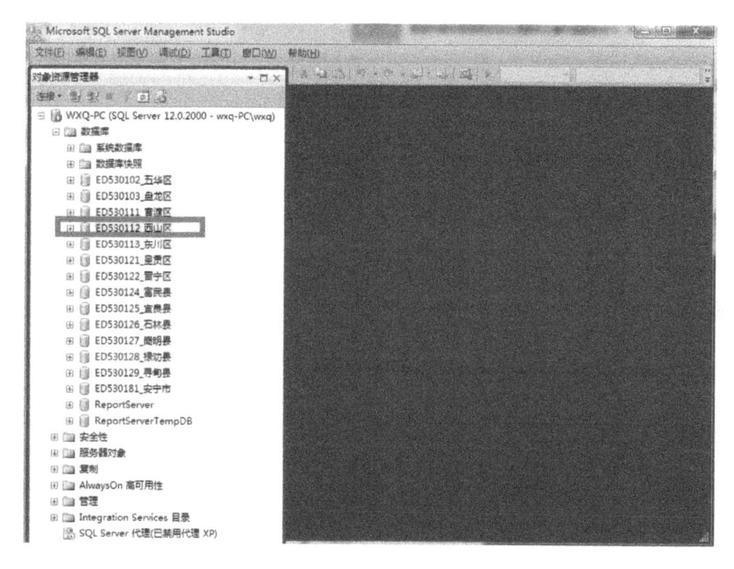

(二)数据加载

用于加载要更新的数据。操作过程：单击“数据加载”，在弹出的“加载”对话框中选择要加载的数据，例如“ED530112_ 西山区”，然后单击“测试”，如果所选数据库连接成功，则会弹出“测试连接成功”提示，显示效果如下图所示。

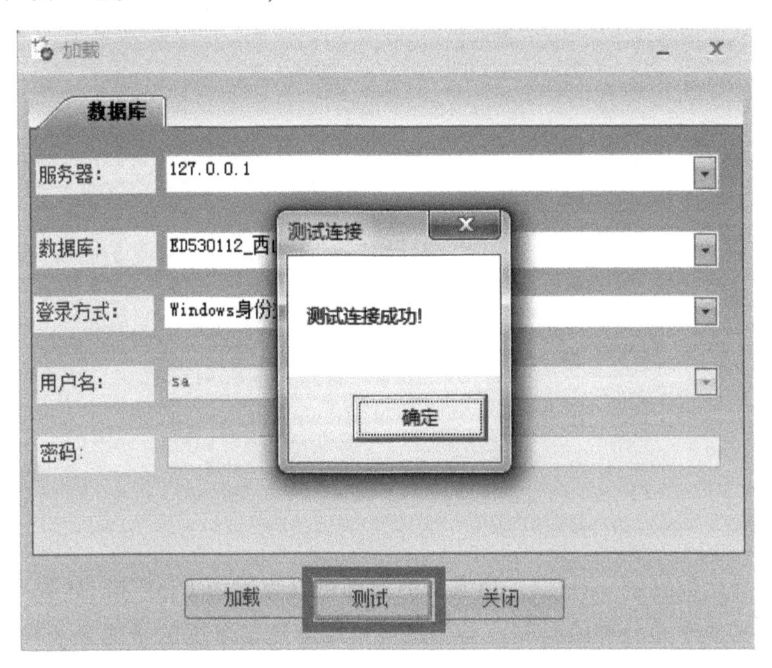

然后单击“加载”，则加载选中数据库中的数据，显示效果如下图所示。

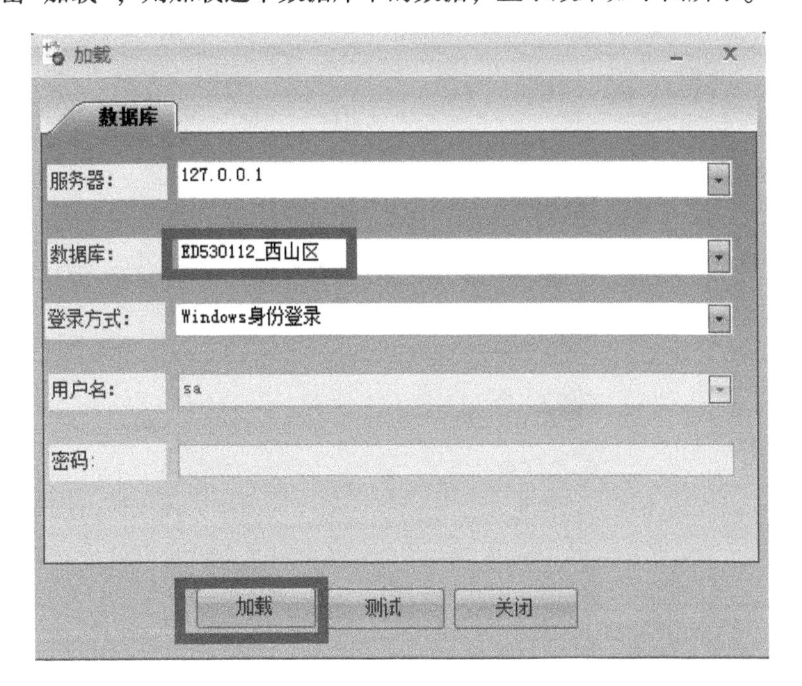

(三)显示数据

用于显示加载进来的数据库中的数据。操作过程：点击显示数据，然后以表格形式显示已加载数据，显示效果如下图所示。

	行政区域	小班编码	生态区号	修改时间	乡镇	村委会	
1	530102	01001001	0	2015/11/9 13:02:23	西翥街道办事处	迤六社区居民委员会	001
2	530102	01001002	0	2016/3/13 13:16:44	西翥街道办事处	迤六社区居民委员会	001
3	530102	01001003	0	2015/11/23 16:36:11	西翥街道办事处	迤六社区居民委员会	001
4	530102	01001004	0	2015/10/19 9:32:19	西翥街道办事处	迤六社区居民委员会	001
5	530102	01001005	0	2015/12/24 19:14:55	西翥街道办事处	迤六社区居民委员会	001
6	530102	01001006	0	2015/7/22 11:37:07	西翥街道办事处	迤六社区居民委员会	001
7	530102	01001007	0	2016/3/13 13:16:55	西翥街道办事处	迤六社区居民委员会	001
8	530102	01001008	0	2015/7/22 11:15:34	西翥街道办事处	迤六社区居民委员会	001
9	530102	01001009	0	2015/7/22 11:20:21	西翥街道办事处	迤六社区居民委员会	001
10	530102	01001010	0	2015/7/22 11:23:31	西翥街道办事处	迤六社区居民委员会	001
11	530102	01001011	0	2015/10/19 9:36:18	西翥街道办事处	迤六社区居民委员会	001
12	530102	01001012	0	2015/7/22 13:02:17	西翥街道办事处	迤六社区居民委员会	001
13	530102	01001013	0	2016/3/13 13:16:59	西翥街道办事处	迤六社区居民委员会	001
14	530102	01001014	0	2015/12/23 17:31:06	西翥街道办事处	迤六社区居民委员会	001
15	530102	01001015	0	2016/3/13 13:17:04	西翥街道办事处	迤六社区居民委员会	001
16	530102	01001016	0	2015/7/22 14:48:53	西翥街道办事处	迤六社区居民委员会	001
17	530102	01001017	0	2015/7/22 14:35:09	西翥街道办事处	迤六社区居民委员会	001
18	530102	01001018	0	2015/12/24 19:02:43	西翥街道办事处	迤六社区居民委员会	001

点击“导出数据到 excel ”，则显示的数据可以导出为 Excel 格式(见下图)，根据数据量的大小，需要十几分钟的时间，导出进度可以看到菜单里的进度条。没有导出完成请务关闭窗口。

导出的数据如下图所示：

	A	B	C	D	E	F	G	H	I	J	K	L	M	N	O
1	行政区域	小班编码	生态区号	修改时间	乡镇	村委会	林班号	小班号	地类	土地所有	土地使用	林木所		类别	公益
2	530112	01001001	0	2016/6/11 0:00	团结街道办事处	乐亩社区居民委员会	001	001	混交林	集体	个人	个人	个人	商品林地	
3	530112	01001002	0	2015/4/2 0:00	团结街道办事处	乐亩社区居民委员会	001	002	宜林荒山	集体	集体			商品林地	
4	530112	01001003	0	2015/4/2 0:00	团结街道办事处	乐亩社区居民委员会	001	003	混交林	集体	个人	个人	个人	商品林地	
5	530112	01001004	0	2015/4/2 0:00	团结街道办事处	乐亩社区居民委员会	001	004	纯林	集体	个人	个人	个人	商品林地	
6	530112	01001005	0	2015/4/2 0:00	团结街道办事处	乐亩社区居民委员会	001	005	纯林	集体	个人	个人	个人	商品林地	
7	530112	01001006	0	2015/6/12 0:00	团结街道办事处	乐亩社区居民委员会	001	006	纯林	集体	个人	个人	个人	商品林地	
8	530112	01001007	0	2015/4/2 0:00	团结街道办事处	乐亩社区居民委员会	001	007	纯林	集体	个人	个人	个人	商品林地	
9	530112	01001008	0	2015/4/2 0:00	团结街道办事处	乐亩社区居民委员会	001	008	纯林	集体	个人	个人	个人	商品林地	
10	530112	01001009	0	2015/4/2 0:00	团结街道办事处	乐亩社区居民委员会	001	009	纯林	集体	个人	个人	个人	商品林地	
11	530112	01001010	0	2015/4/2 0:00	团结街道办事处	乐亩社区居民委员会	001	010	混交林	集体	个人	个人	个人	商品林地	
12	530112	01001011	0	2015/6/12 0:00	团结街道办事处	乐亩社区居民委员会	001	011	耕地	集体	个人			其他及非林地	
13	530112	01001012	0	2015/6/11 0:00	团结街道办事处	乐亩社区居民委员会	001	012	混交林	集体	个人	个人	个人	商品林地	
14	530112	01001013	0	2015/4/2 0:00	团结街道办事处	乐亩社区居民委员会	001	013	混交林	集体	个人	个人	个人	商品林地	
15	530112	01001014	0	2015/4/2 0:00	团结街道办事处	乐亩社区居民委员会	001	014	纯林	集体	个人	个人	个人	商品林地	
16	530112	01001015	0	2015/4/2 0:00	团结街道办事处	乐亩社区居民委员会	001	015	纯林	集体	个人	个人	个人	商品林地	
17	530112	01001016	0	2015/6/11 0:00	团结街道办事处	乐亩社区居民委员会	001	016	混交林	集体	个人	个人	个人	商品林地	
18	530112	01001017	0	2015/6/12 0:00	团结街道办事处	乐亩社区居民委员会	001	017	耕地	集体	个人			其他及非林地	
19	530112	01001018	0	2015/6/11 0:00	团结街道办事处	乐亩社区居民委员会	001	018	纯林	集体	个人	个人	个人	商品林地	
20	530112	01001019	0	2015/6/12 0:00	团结街道办事处	乐亩社区居民委员会	001	019	耕地	集体	个人			其他及非林地	
21	530112	01001020	0	2015/4/2 0:00	团结街道办事处	乐亩社区居民委员会	001	020	纯林	集体	个人	个人	个人	商品林地	
22	530112	01001021	0	2015/4/2 0:00	团结街道办事处	乐亩社区居民委员会	001	021	混交林	集体	个人	个人	个人	商品林地	
23	530112	01001022	0	2015/4/2 0:00	团结街道办事处	乐亩社区居民委员会	001	022	混交林	集体	个人	个人	个人	商品林地	
24	530112	01001023	0	2015/4/2 0:00	团结街道办事处	乐亩社区居民委员会	001	023	纯林	集体	个人	个人	个人	商品林地	
25	530112	01001024	0	2015/6/12 0:00	团结街道办事处	乐亩社区居民委员会	001	024	建设用地	集体	集体	集体	集体	其他及非林地	

（四）数据更新

用于指定需更新的年限，同时完成数据更新。操作过程：点击“开始更新”，弹出“蓄积量更新”对话框，然后输入要更新的年数，然后点击“更新”即可。例如，在“拟合增加长年龄”中输入“5”，即设定更新年限为 5 年，更新显示效果如下图所示。

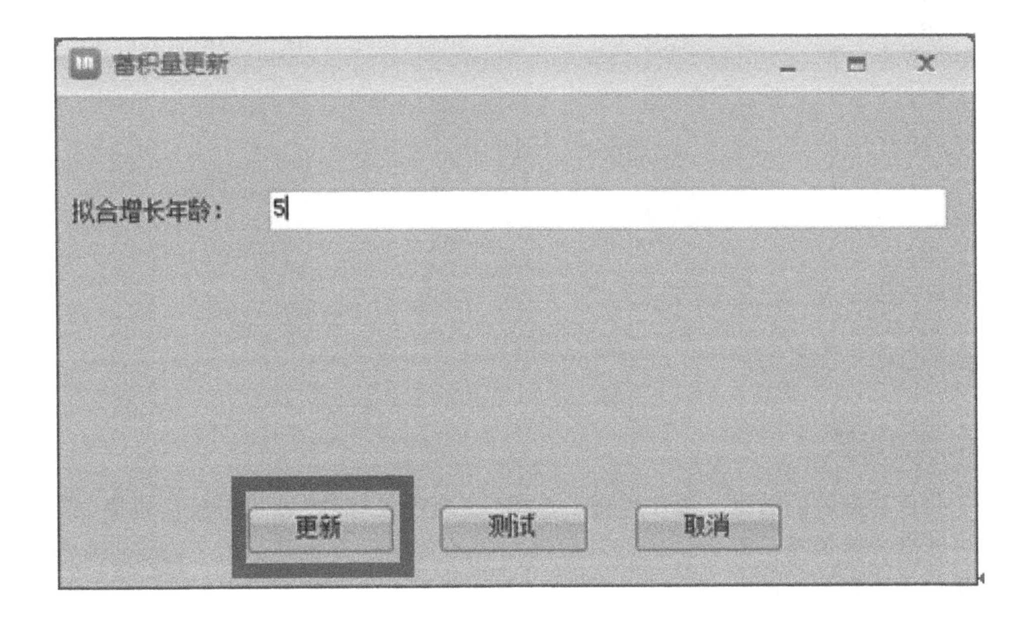

更新结果

1 /26 当前范围1-200,总记录5086 表间关联关闭

	平均树高	平均胸径	林木蓄积	林木株数	散生蓄积	散生株数	
1	1.8	0	0	0	0	0	0
2	5.9	9.8	258.5	11204	10	30	0
3	16.7	24.6	354.9	1205	0	0	0
4	2.1	0	0	0	0	150	0
5	0	0	0	0	0	0	0
6	0.4	0	0	0	0	0	0
7	8.4	11.8	535.0	14086	0	0	0
8	1.4	0	0	0	0	0	0
9	8.2	13.0	1602.7	31868	0	0	0
10	18.9	24.6	3038.3	8807	0	0	0
11	8.9	13.2	627.3	11620	0	0	0
12	0	0	0	0	0	0	0
13	5.8	9.5	564.3	26919	0	0	0
14	1	0	0	170	0	0	0
15	5.6	8.4	162.6	10818	0	0	0
16	6.6	11.1	3739.7	122033	0	0	0

小班因子表 | 树种组成表 | 四旁树与散生木表

（五）数据对照

用于显示更新前后的数据。操作过程：点击“更新前后数据对照”即可。操作和显示效果如下图所示。为方便查看，背景为深灰色的即为更新后的数据。

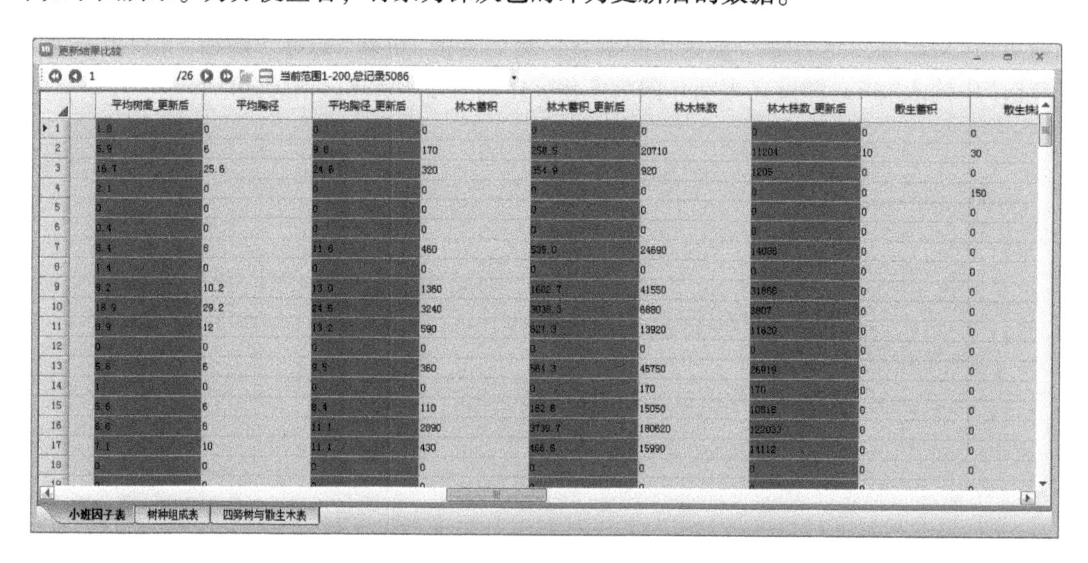

更新结果比较

1 /26 当前范围1-200,总记录5086

	平均树高_更新后	平均胸径	平均胸径_更新后	林木蓄积	林木蓄积_更新后	林木株数	林木株数_更新后	散生蓄积	散生株数
1	1.8	0	0	0	0	0	0	0	0
2	5.9	6	9.8	170	258.5	20710	11204	10	30
3	16.7	25.6	24.6	320	354.9	920	1205	0	0
4	2.1	0	0	0	0	0	0	0	150
5	0	0	0	0	0	0	0	0	0
6	0.4	0	0	0	0	0	0	0	0
7	8.4	8	11.8	460	535.0	24690	14086	0	0
8	1.4	0	0	0	0	0	0	0	0
9	8.2	10.2	13.0	1360	1602.7	41550	31868	0	0
10	18.9	29.2	24.6	3240	3038.3	6880	8807	0	0
11	8.9	12	13.2	590	627.3	13920	11620	0	0
12	0	0	0	0	0	0	0	0	0
13	5.8	6	9.5	360	564.3	45750	26919	0	0
14	1	0	0	0	0	170	170	0	0
15	5.6	6	8.4	110	162.6	15050	10818	0	0
16	6.6	8	11.1	2890	3739.7	180620	122033	0	0
17	7.1	10	11.1	430	466.6	15990	14112	0	0
18	0	0	0	0	0	0	0	0	0

小班因子表 | 树种组成表 | 四旁树与散生木表

（六）结果存储

用于保存更新好的数据。操作过程：点击“更新结果存储”即可。显示效果如下图所示。这一步要非常慎重，因为是直接对数据库中的数据进行更新，需要做好原始数据备份。如果确定更新，就点击“确定”，系统则提示“数据已经更新到数据库”。

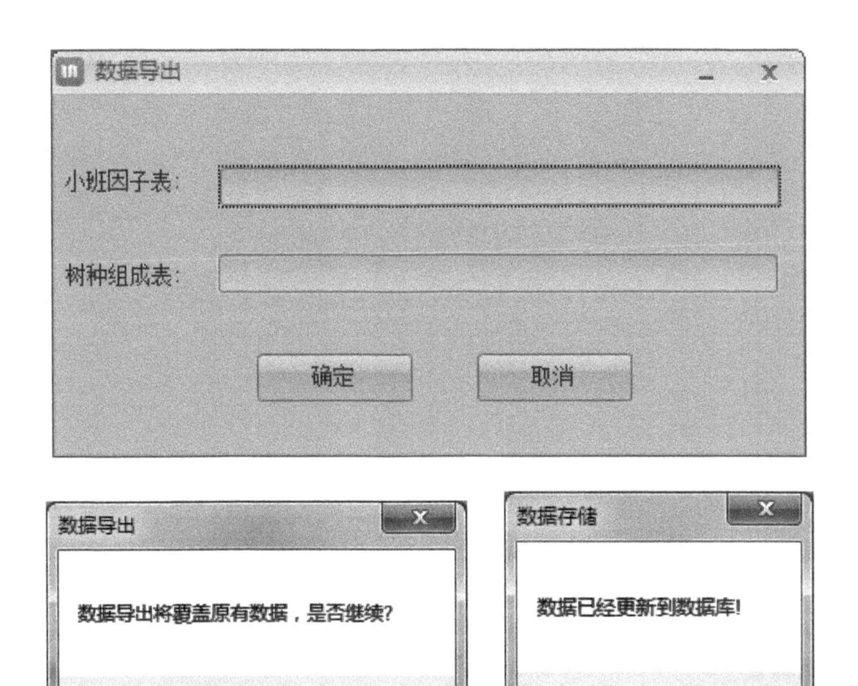

如果只想预先看一下更新结果，可以点击 “数据导出数据到 Excel”进行查看。如下图所示：“平均树高_ 更新后”“平均胸径_ 更新后”“林木蓄积_ 更新后”“林木株数_ 更新后”与原数据相比，都发生了变化。

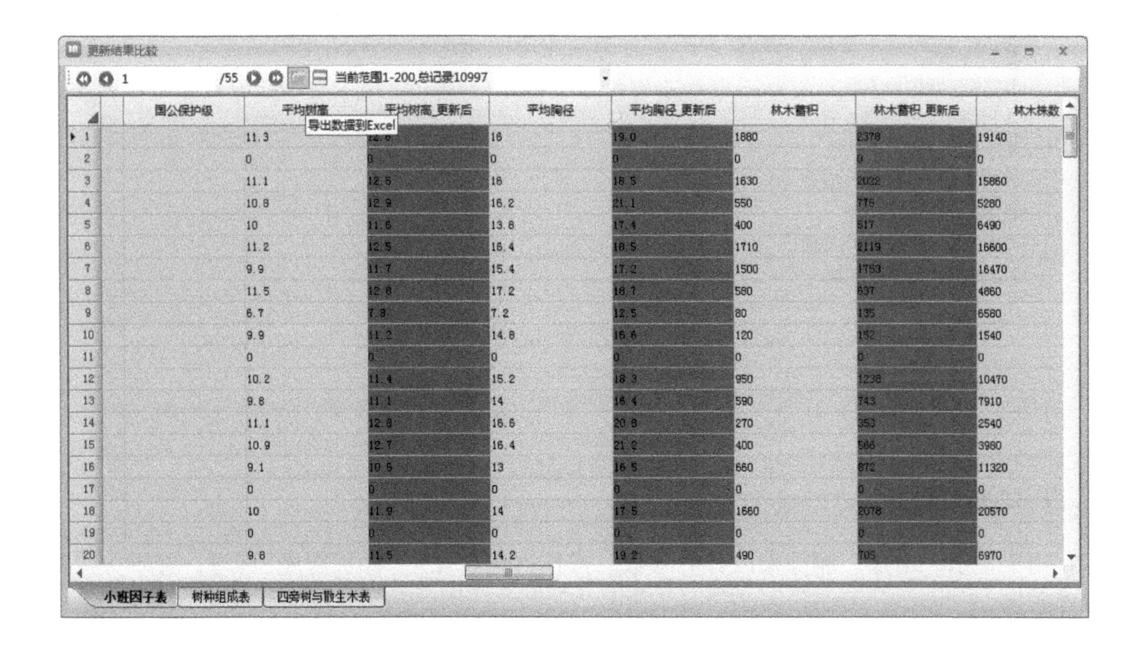

	国公保护级	平均树高	平均树高_更新后	平均胸径	平均胸径_更新后	林木蓄积	林木蓄积_更新后	林木株数
1		11.3	[illegible]	16	19.0	1880	2378	19140
2		0	0	0	0	0	0	0
3		11.1	12.5	18	18.5	1630	2022	15860
4		10.8	12.9	16.2	21.1	550	775	5280
5		10	11.6	13.8	17.4	400	517	6490
6		11.2	12.5	16.4	18.5	1710	2119	16600
7		9.9	11.7	15.4	17.2	1500	1753	16470
8		11.5	12.8	17.2	18.7	580	637	4860
9		6.7	7.8	7.2	12.5	80	135	6580
10		9.9	11.2	14.8	16.6	120	152	1540
11		0	0	0	0	0	0	0
12		10.2	11.4	15.2	18.3	950	1238	10470
13		9.8	11.1	14	16.4	590	743	7910
14		11.1	12.8	16.6	20.8	270	353	2540
15		10.9	12.7	16.4	21.2	400	566	3980
16		9.1	10.5	13	16.5	660	872	11320
17		0	0	0	0	0	0	0
18		10	11.9	14	17.5	1660	2078	20570
19		0	0	0	0	0	0	0
20		9.8	11.5	14.2	19.2	490	705	6970

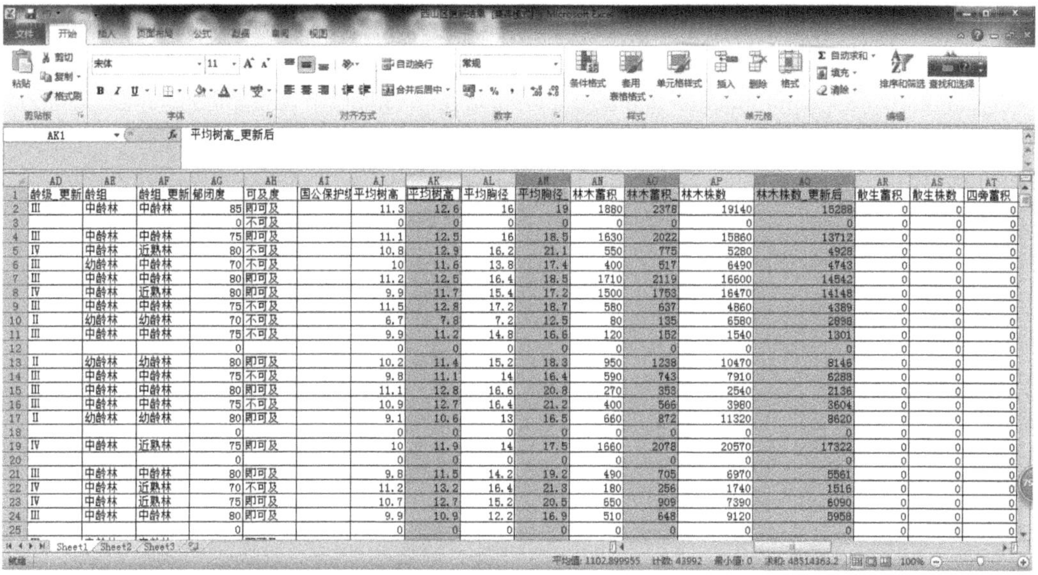

	AD	AE	AF	AG	AH	AI	AJ	AK	AL	AM	AN	AO	AP	AQ	AR	AS	AT
1	龄级_更新	龄组	龄组_更新	郁闭度	可及度	国公保护约	平均树高	平均树高	平均胸径	平均胸径_	林木蓄积	林木蓄积_	林木株数	林木株数_更新后	散生蓄积	散生株数	四旁蓄积
2	III	中龄林	中龄林	85	即可及		11.3	12.6	16	19	1880	2378	19140	15288	0	0	0
3				0	不可及		0	0	0	0	0	0	0	0	0	0	0
4	III	中龄林	中龄林	75	即可及		11.1	12.5	16	18.5	1630	2022	15860	13712	0	0	0
5	IV	中龄林	近熟林	80	不可及		10.8	12.9	16.2	21.1	550	775	5280	4928	0	0	0
6	III	幼龄林	中龄林	70	不可及		10	11.6	13.8	17.4	400	517	6490	4743	0	0	0
7	III	中龄林	中龄林	80	即可及		11.2	12.5	16.4	18.5	1710	2119	16600	14542	0	0	0
8	IV	中龄林	近熟林	80	即可及		9.9	11.7	15.4	17.2	1500	1753	16470	14148	0	0	0
9	III	中龄林	中龄林	75	不可及		11.5	12.8	17.2	18.7	580	637	4860	4389	0	0	0
10	II	幼龄林	幼龄林	70	不可及		6.7	7.8	7.2	12.5	80	135	6580	2898	0	0	0
11	III	中龄林	中龄林	75	不可及		9.9	11.2	14.8	16.6	120	152	1540	1301	0	0	0
12				0			0	0	0	0	0	0	0	0	0	0	0
13	II	幼龄林	幼龄林	80	即可及		10.2	11.4	15.2	18.3	950	1238	10470	8146	0	0	0
14	III	中龄林	中龄林	75	不可及		9.8	11.1	14	16.4	590	743	7910	6288	0	0	0
15	III	中龄林	中龄林	80	即可及		11.1	12.8	16.6	20.8	270	358	2540	2136	0	0	0
16	III	中龄林	中龄林	75	不可及		10.9	12.7	16.4	21.2	400	566	3980	3604	0	0	0
17	II	幼龄林	幼龄林	80	即可及		9.1	10.6	13	16.5	660	872	11320	8620	0	0	0
18				0			0	0	0	0	0	0	0	0	0	0	0
19	IV	中龄林	近熟林	75	即可及		10	11.9	14	17.5	1660	2078	20570	17322	0	0	0
20				0			0	0	0	0	0	0	0	0	0	0	0
21	III	中龄林	中龄林	80	即可及		9.8	11.5	14.2	19.2	490	705	6970	5561	0	0	0
22	IV	中龄林	近熟林	70	不可及		11.2	13.2	16.4	21.3	180	256	1740	1516	0	0	0
23	IV	中龄林	近熟林	75	即可及		10.7	12.7	15.2	20.5	650	909	7390	6090	0	0	0
24	III	中龄林	中龄林	80	即可及		9.9	10.9	12.2	16.9	510	648	9120	5958	0	0	0
25				0			0	0	0	0	0	0	0	0	0	0	0

(七)结果检查

用于显示未更新的数据。操作过程：点击“操作结果窗口”，弹出“结果窗口”对话框，如下图所示：

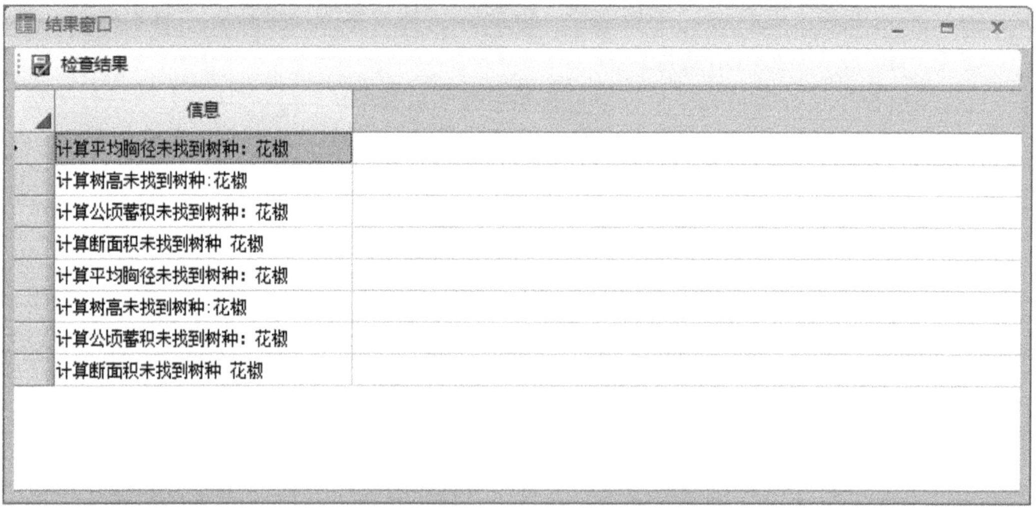

结果窗口

检查结果

信息
计算平均胸径未找到树种：花椒
计算树高未找到树种:花椒
计算公顷蓄积未找到树种：花椒
计算断面积未找到树种 花椒
计算平均胸径未找到树种：花椒
计算树高未找到树种:花椒
计算公顷蓄积未找到树种：花椒
计算断面积未找到树种 花椒

(八)参数配置

用于显示、增加、删除修改计算参数。操作过程：点击“参数配置”即可。显示效果如下图所示：

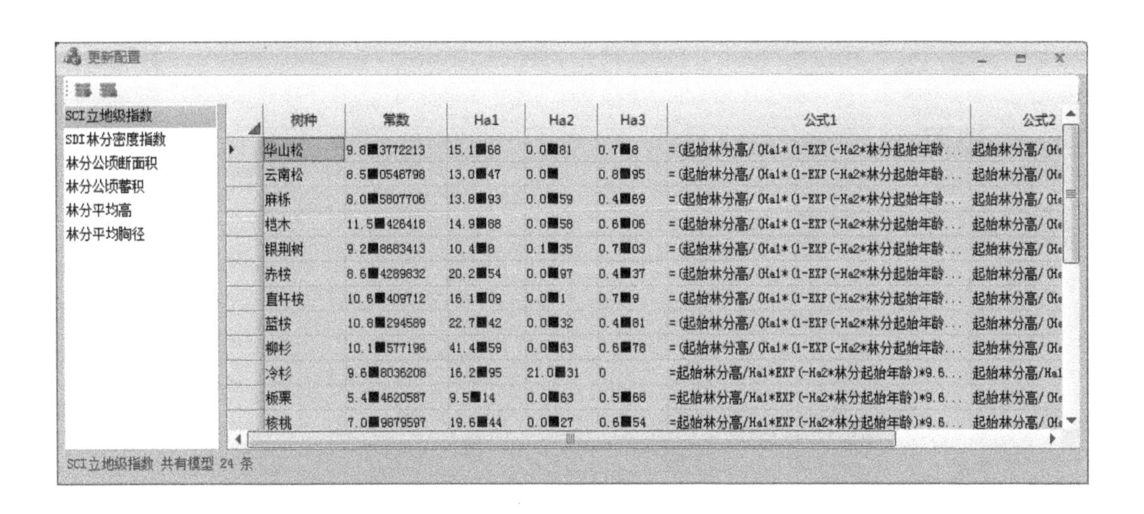

为了增加系统的灵活性，如果在使用过程中发现有新的树种模型，可以点击“添加”增加模型，例如，增加树种“新树种 1”，操作如下：

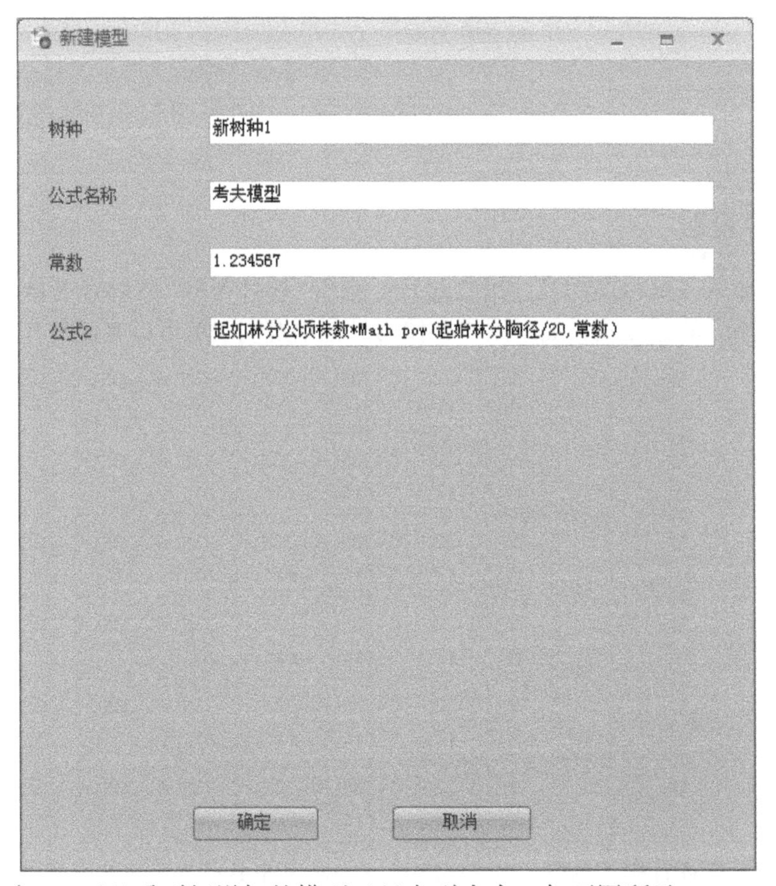

点击“确定”，可以看到新增加的模型已经在列表中，如下图所示：

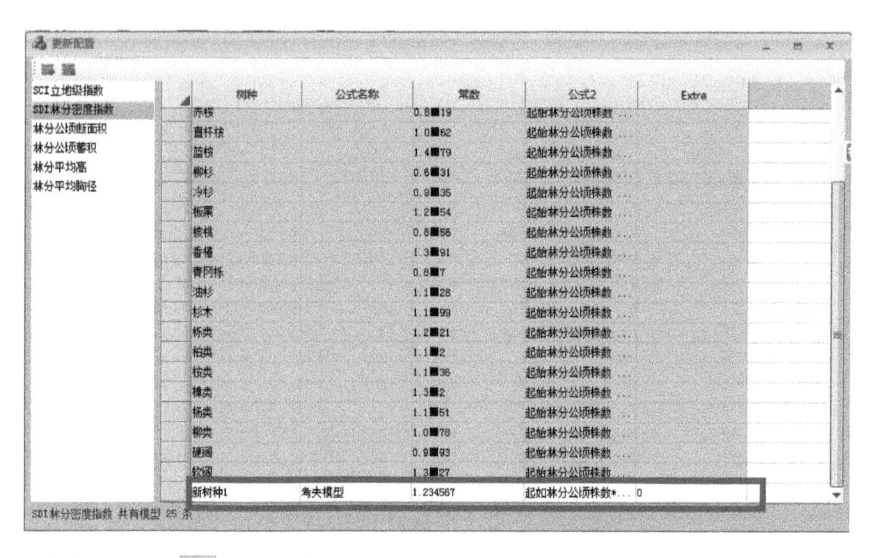

也可以点击“删除” 对所选模型进行删除。如确需删除请点击“确定”。

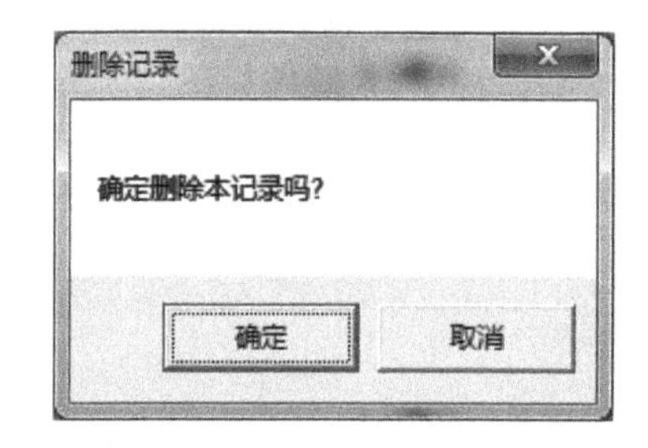

五、软件帮助

用于显示软件系统帮助内容。操作过程：点击“软件帮助”可以查看软件系统帮助内容。帮助里留下了联系方式，如果用户在使用过程中发现问题可以直接与开发者联系。

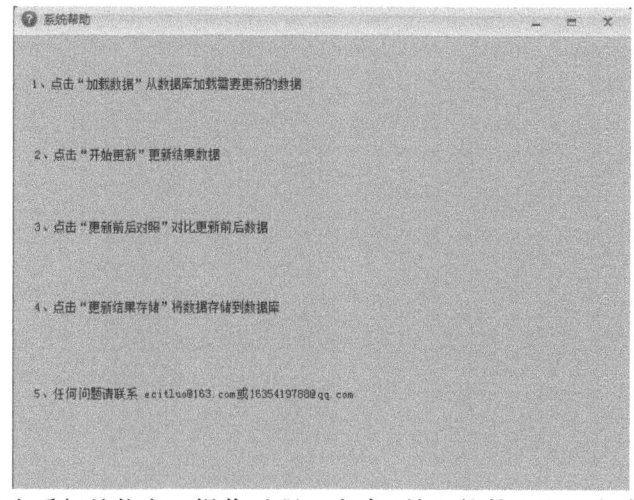

关于软件用于查看相关信息。操作过程：点击“关于软件”可以看到软件相关信息。

第五章 遥感技术

第一节 遥感概述与技术发展

遥感(Remote Sensing)是1960年由美国地理学家伊芙琳·L·普鲁特(Evelyn. L. Pruitt)等首先提出的，并于20世纪60年代发展起来的对地观测综合性技术。遥感的理论基础是电磁辐射与地物光谱特性，根据传感器收到的电磁波谱特征差异来识别或测量是遥感技术的基本出发点。广义上遥感泛指一切远距离、非接触的目标探测技术和方法。狭义上遥感是指从高空到地面各种对地球观测的综合性技术系统总称。遥感由遥感平台、探测传感器以及信息接受、处理与分析应用等组成，周期性地提供监测对象数据和动态情报。遥感技术按运载工具可分为地面遥感、航空遥感和航天遥感，按电磁波段的工作区域可分为可见光遥感、红外遥感、紫外遥感和微波遥感，按遥感资料获取的方式可分为成像遥感和非成像遥感，按传感器的工作形式可分为主动遥感和被动遥感等。

2012年，我国自主研制的“资源三号”卫星的升空，标志着国产卫星影像也进入国际先进水平的行列。该卫星可获得2.1米的正视全色影像，3.5米的前视、后视全色影像和6米的4个波段的多光谱影像。林业遥感一直是我国遥感技术应用中的一个重要、活跃的领域。遥感已被广泛应用于森林资源调查和规划、动态监测与分析、灾害监测与预报、灾情评估、定量估测等方面。遥感数据的应用种类也涵盖了低、中、高分辨率的多光谱、高光谱以及雷达数据，为森林资源监测提供了各种遥感信息源。根据航天遥感平台的服务内容，可以将其分为气象卫星系列、陆地卫星系列和海洋卫星系列。遥感对地观测技术主要围绕定性、定位、定量发展相应的技术，可称为遥感的三大技术支柱，指明了遥感发展的方向。

一、技术系统

遥感的工作模型是地表不同地物或同一种地物处于不同的状态，如不同龄组的森林植被，不同的森林植被类型和不同季节的森林植被对电磁波以不同的反射率向外反射(散射)，地物本身也向外辐射电磁波。这些电磁波再次经过大气作用，包括散射、折射、吸收等，到达遥感平台，遥感平台也还有大气本身辐射的电磁波。这些电磁波被遥感传感器截获，按获取的能量不同转换成相应的数据并做初步处理，再转换成无线电信号传送到遥感地面站，经地面站的数据处理，形成数字图像或光学影像提供使用，被称为遥感工作模型。

（一）传感器

传感器是记录地物反射或发射电磁波能量的装置，是遥感技术的核心部分。根据传感器的工作方式不同，分为主动传感器和被动传感器两种形式。主动传感器是由人工辐射源向目标物发射辐射能量，然后接收从目标物反射回来的能量，如激光雷达等。被动传感器是接收自然界地物所辐射的能量，如摄影机（航空摄影机和多光谱摄影机）、多波段扫描仪（红外扫描仪和多光谱扫描仪）等。

（二）遥感平台

遥感平台是指搭载传感器的运载工具，根据高度不同可分为地基平台、航空平台和航天平台三大类。地基平台是指在地面上装载传感器的固定或可移动装置，如树干等，主要用于校准和辅助航空与航天遥感工作。航空平台主要指飞机和无人机等，新型无人机遥感平台具有分辨率高、不受地面限制、调查周期短、测量精度高、资料回收方便等特点，特别适用于区域资源和环境调查监测。航天平台主要指探测火箭、人造地球卫星、空间站等，在航天平台上进行的遥感称航天遥感，其特点是可对地球进行宏观、综合、动态以及快速观察，其观测精度和能力不断提升。

（三）信息交互

遥感信息主要是指由航空遥感和航天遥感所获得的光谱信息。如何将遥感信息适时地传输回地面后经适当处理提供给用户是遥感技术系统的一个重要环节。遥感信息的传输包括直接回收和视频传输两种方式，直接回收是指传感器将地物的反射或发射电磁波的信息存储返回地面后回收。视频传输是指传感器将接收到的地物反射或发射的电磁波信息经光电转换，通过无线电将数据传送到地面接收站，受传感器性能、平台姿态等多种因素的综合影响，地物的几何特性与光谱特征可能发生一些变化，必须通过适当处理校正后方可使用。

二、技术发展历程

中国林业遥感的起始时间可追溯到1951—1953年，到今天为止已经有了近70年的发展历史，中国林业遥感70年的历程可以划分为1951—1980年、1981—2000年和2001—2020年共3个阶段，分别是目视解译应用阶段、拓展创新应用阶段、定量遥感及综合运用阶段。

（一）目视解译应用阶段

林业是中国最早应用遥感技术并形成应用规模的行业之一，早在1954年，中国就创建了“森林航空测量调查大队”，首次建立了森林航空摄影、森林航空调查和地面综合调查相结合的森林调查技术体系。1977年，利用美国陆地资源卫星（Landsat）MSS图像首次对中国西藏地区的森林资源进行清查，填补了西藏森林资源数据的空白，这也是中国第一次利用卫星遥感手段开展的森林资源清查工作，相关成果获1978年全国科学大会奖。

目视解译应用阶段所采用的遥感数据，无论是航空摄影测量遥感数据还是 Landsat 的 MSS 卫星数据，主要是采用胶片提供的。将胶片洗印得到相片后再用于目视解译、判读分析。由于受当时计算机发展水平的限制，目视解译和判读也主要是在相片上通过人工勾绘、测量完成调绘任务，林业遥感科研能力弱，遥感应用总体处于看图识字阶段。

(二)拓展创新应用阶段

1981—1985 年，森林资源调查遥感应用技术取得了重要突破，提出了快速有监督分类、专家系统分类、蓄积量估测模型，实现了基于卫星遥感数据进行大面积土地覆盖和森林分类及蓄积量的估测，开启了卫星遥感林业信息提取的先例，并用计算机辅助绘制大比例尺森林分布图与蓄积量分布图。

1986—1990 年，制定了再生资源遥感综合调查技术规范，在信息源评价(航天和超小比例尺航空摄影)、遥感图像处理、专业遥感调查、遥感系列制图、生态效益评价等遥感应用关键技术领域均取得重大突破，实现了多种资源数据管理、分析和预测，改变了传统的资源调查结构和模式，成为推动中国卫星遥感技术进步和应用的重要里程碑。

1991—1995 年，建立了卫星遥感(基于 Landsat 卫星数据)监测与地面调查技术相结合的两相抽样遥感监测体系，通过统计方法估计出全国森林资源数据，并通过区划形成森林资源分布图。中国率先开展了将 SAR 应用于森林资源信息提取方法的研究，利用单波段、单极化星载 SAR 数据建立了后向散射系数与森林参数的经验关系模型，研发了森林类型分类专家系统。

1996—2000 年，建立了植被主动微波非相干散射机理模型，发展了基于多时相、多频 SAR 和干涉 SAR 等星载 SAR 数据的植被类型、森林分类制图方法。同时，将遥感技术运用于湿地、荒漠化、病虫害和火灾等监测。

(三)定量遥感及综合运用阶段

21 世纪是定量遥感技术的快速发展和综合应用服务平台的形成阶段，林业遥感应用基础理论和定量遥感技术与方法的研究促进了定量遥感技术的快速发展和林业综合监测技术体系的形成，并构建了林业遥感综合应用服务平台。

2001—2005 年，开始了激光雷达林业遥感应用研究，主要集中在星载大光斑激光雷达信号的理论模拟及森林垂直结构参数估测方法的研究和验证评价，也开始开展高空间分辨率、高光谱分辨率光学卫星遥感林业应用研究。2003 年，高空间分辨率卫星影像纳入森林资源规划设计调查规程，促进了高分辨率卫星遥感技术的深度应用，并研发了基于高分辨遥感数据的小班区化系统，建成了森林资源连续清查和森林资源规划设计调查两个服务层次的森林资源遥感监测业务应用系统。2004 年开始，国家林业生态工程重点区遥感监测评价利用 MODIS、Landsat TM、SPOT5、QuickBird 等多源卫星遥感数据对工程监测区进行了多期动态监测评价。

2006—2010 年，林业遥感应用基础理论研究得到加强，林业定量遥感得到快速发展，针对林业行业需求的支撑技术研发走向综合化，初步形成了林业综合监测技术体系。森林资源综合监测技术体系研究提出了资源和灾害一体化综合监测指标体系，创建了现代林业信息技术及传统地面调查相结合的天空地一体化、点线面多尺度的综合监测技术体系，突破了基于多源、多分辨率遥感数据的信息快速提取、时空动态分析、智能预测模拟、预警预报和综合评价技术，实现了林业资源监测数据、技术和系统的一体化集成、高效管理和综合服务。

2011—2015年，遥感数据的定量化处理、复杂地表森林三维结构信息主动和被动遥感定量反演和时空分析建模方面取得了重要进展，提出了森林参数遥感定量反演基础理论和方法，通过多时相、主动和被动"立体"观测协同，创立了将林下地形信息与森林结构信息有效分离的"几何定量"理论和方法，为综合利用中国系列遥感卫星监测全球森林生物量提供了解决方案。在解决系列高分林业应用关键技术的基础上，建立了高分辨率遥感林业应用服务平台，构建了高分辨率遥感监测应用系统，形成了高分林业应用专题产品生产能力。

三、技术发展方向

(一)数据挖掘与压缩

20世纪90年代，随着数据库系统的广泛应用和网络技术的高速发展，数据库技术也从过去仅管理一些简单数据发展到管理由各种计算机所产生的图形、图像、音频、视频、电子档案、Web页面等多种类型的复杂数据，并且数据量也越来越大。数据挖掘是指从数据库的大量数据中揭示出隐含的、先前未知的并有潜在价值的信息的非平凡过程，主要基于人工智能、机器学习、模式识别、统计学、数据库、可视化技术等，高度自动化地分析调查数据，作出归纳性的推理，从中挖掘出潜在的模式，用于决策支持。

随着遥感卫星发射成本大幅度降低，小卫星的出现使很多单位自己都可以发射卫星。无人机搭载平台的轻便化和低成本，使采集的数据量逐日剧增，卫星遥感的光谱分辨率提高、工作波段增多又从另一个方面加大了遥感数据的累积量。在遥感数据的增加、数据质量的改善中，由于遥感信息是一种复杂信息，海量信息给人们带来许多负面影响，最主要的就是有效信息难以提炼，过多无用的信息必然会产生信息距离和有用知识的丢失，从而出现约翰·雷尔斯伯特(John Nalsbert)所称的"信息丰富而知识贫乏"的窘境，因此数据挖掘技术应运而生。从大量的含有"噪声"的数据中提取隐含很深的信息，其主要问题是大量的信息没有从现有的遥感数据中挖掘出来，大量的工作是在做统计模型的研究，精确度不够、置信度不高、难以推广实用化，而很少从遥感目标物本身与电磁波相互作用的机理分析。

目前，遥感数据呈几何级数的增长态势在快速增加，大量遥感的历史数据处于使用效率很低却难以舍弃的状态，建设分布式网络数据库，组织构建海量的遥感时空数据(仓)库势在必行。现阶段，电子地图瓦片主要使用两种方式，一种是传统的栅格瓦片，另外一种是新出的矢量瓦片，前者是采用四叉树金字塔模型的分级方式，将地图切割成无数大小相等的矩形栅格图片，由这些矩形栅格图片按照一定规则拼接成不同层级的地图显示。矢量瓦片类似栅格瓦片，是将矢量数据用多层次模型分割成矢量要素描述文件存储在服务器端，再到客户端，根据指定样式进行渲染绘制地图，在单个矢量瓦片上存储着投影于一个矩形区域内的几何信息和属性信息。

（二）遥感微波特性

微波遥感用微波设备来探测、接收被测物体在微波波段（波长为1mm至1m）的电磁辐射和散射特性，以识别远距离物体的技术，不受或很少受云、雨、雾的影响，不需要光照条件，可全天候、全天时地取得图像和数据。微波遥感获取的信息与被观测物体的结构、电学特性以及表面状态有关，又因为微波有一定的穿透能力，故能获得较深层的信息。在毫米波、亚毫米波波段有些气体有谐振谱线，利于检测，得到更丰富的被测对象的特征信息，从而实现定量遥感。目前，世界上的主动微波遥感器有微波散射计、微波高度计、合成孔径雷达（SAR）和真实孔径雷达等，被动遥感器主要是微波辐射计。

微波作为无线通信技术的研究已有相当长的历史了，但是作为遥感技术的电磁波信息媒介来研究的时间却不长。微波遥感技术复杂，对于研究条件要求较高，因而人们在微波遥感理论与技术方面的人力、物力与财力投入相对较少，还存在着许多未知领域，是极有发展前景的领域。雷达遥感影像数据渐渐多了起来，相对于可见光-多光谱遥感，雷达遥感影像信息的提取率还很小，微波遥感信息数据噪声抑制问题等基础性问题有待解决，雷达遥感影像内涵的丰富信息有待挖掘。

（三）遥感不确定性和工程化

遥感数据存在着相当大的不确定性，实际上无真值。遥感数据的不确定性来自两个方面，一方面数据本身就没有真值或很难得到真值，如生物量从理论上就无真值或实际无法测量真值。另一方面是由于数据获取过程中存在一个或多个不确定的干扰因素，而这些因素又是随机动态的，具有不可重复性，这就造成遥感测试数据的不确定性与数据验证的困难。遥感数据获取过程中存在的不确定因素包括传感器随机噪声、遥感平台的姿态、大气状态、太阳及地物辐射的变化、遥感目标物的变化等。从实际应用出发，对于遥感数据不确定性应在给定的遥感工作状态与工作参数情况下得到的遥感调查的误差范围，对于遥感数据的检验也应当有一个标准化的范式。

遥感技术无疑是当代具有广阔应用前景的技术。由于这项技术发展、更新很快，技术复杂、涉及面广，未能实现工程化，具体表现为遥感影像质量标准、遥感图像处理工程技术标准、“3S”一体化的基础数据集标准不完善，缺少有长时间系列、多尺度、覆盖大范围的遥感数据集，以及各个应用领域的标准参数数据库。这些基础性的工作对于遥感大规模的应用显然是非常必要的。基础性工作的缺乏对于遥感在一些领域的研究也已构成影响，如大尺度地球时空图谱的研究、生态环境时空演化研究等。

第二节　遥感技术应用

一、调查规划

伴随着遥感技术的发展，遥感数据的时间、空间和光谱分辨率都在不断提高，尤其是无人机遥感和激光雷达技术的日趋成熟，极大地推动了遥感技术在森林资源调查监测领域的应用。传统的森林蓄积量和生物量估测通常以局部人工地面实测方法为主，工作量大、周期长、数据更新慢，且对林分造成一定的破坏。而遥感技术可以通过光学、微波和激光雷达等传感器对森林蓄积量、生物量进行区域尺度实时快速估算且不具有破坏性，是实现大尺度、长期、连续观测的主要技术手段。森林资源调查监测是进行林业经营决策的重要依据，快速而准确地获取森林资源的数量和质量的能力，一直是一个国家林业生产水平的重要标志。遥感技术有助于实现森林资源的实时监测，缩短森林调查监测的周期，快速、准确、高质、高效地获取森林资源的各种数据，评价森林资源的质量与效益。20 世纪 80 年代后期，我国已利用遥感技术进行森林分布调查，森林资源调查监测主要数据源是可见光-红外多光谱遥感数据，如 TM、SPOT 和国产高分影像等，提高分类和面积的估测精度，改善估测的稳定性、可靠性，满足生产需要是林业遥感面临的艰巨任务。

森林蓄积量的遥感定量估测研究集中在模型解算方法与蓄积量相关性较好的自变量因子、估测精度影响因素、建模样地抽样等方面。主要基于森林调查实测胸高断面、树高、树种等信息得到实测蓄积量值，利用光学遥感与微波遥感或多源数据相结合，依据光谱信息、纹理信息和环境地形因子，建立描述非线性关系的模型算法与人工神经网络等机器学习模型。森林生物量估测大多基于实测胸径、胸高等调查数据，根据不同树种的异速生长方程计算得到。近年来，多源遥感数据广泛应用于生物量反演，其中，光学影像只能观测到林冠信息，采用光学影像估测整个森林生物量会造成较大误差，而合成孔径雷达具有一定的穿透能力，可获得冠层、树干甚至地表表层的土壤信息，但林分环境因子会对后向散射系数产生显著影响，激光雷达成像的不连续性与处理的复杂性，使其在大范围生物量建模应用中受限。

二、生态监测

遥感技术已经广泛应用于生态监测中，遥感影像实现了生态系统多样性及系统内结构要素的评估，提供了多源数据支持下的跨越时空尺度的评估。由于森林生态系统具有动态性、生产周期长、面积辽阔等特点，传统的生态监测样方只能测量一些有限的“点”，工作效率低和时效性差，且在监测有关生物多样性、资源储量和生态系统结构功能的关键指标(如净初级生产力、土地覆盖、干扰等)上对大尺度和跨尺度格局与动态的把握存在困难。遥感技术具有连续时空领域的观测能力，不仅能够获取森林资源的数量、空间分布和动态变化信息，而且还能够结合各种模型和样地调查满足不同尺度森林资源、生态过程监测分析的需求。遥感评估可以从单个物种到全球尺度全面覆盖宏观尺度上的结构数据。

(一)基于土地利用变化

基于遥感数据的生态监测评价可以在不同尺度上开展，GAP 分析是在区域或国家尺度上较为典型的应用，在景观尺度上利用遥感图像计算景观指数，如破碎度指数、完整性指数、香浓多样性指数，进而评估物种组成的丰富度，是一种简洁而有效的评估方法。基于土地利用变化的生态监测包括结构参数，也包含了很大程度的预测因素，如生态变化趋势和驱动力分析等，利用土地覆盖信息进行生态监测的精度难以保证，一方面由于单纯使用景观指数，忽略了环境因子和干扰因素的耦合影响；另一方面这种方法受遥感数据的空间分辨率影响较大，基于矢量数据的景观结构并不包含斑块内部的质量信息，导致精度偏低。

(二)基于像元尺度分析

遥感影像提供了大尺度生态监测的途径，如栖息地状态、变化趋势等，也为大尺度上辨识群落结构(如格局和演替等)动态分析提供了可能，但这样的监测方法仍存在较大的不确定性。若基于遥感影像进行生态监测，结合归一化植被指数(NDVI)等像元尺度上的、详细的斑块内部信息，进而解释生境与生物多样性的关系，可以得到更为精确的在像元上进行的生态监测结果，如联合国粮食及农业组织(FAO)的土地分类图、NDVI、生态属性参量、野外样方调查数据、气候数据等数据。综合运用这些数据，通过生产力可以很好地预测物种丰富度。在像元尺度上，遥感影像像元尺度上的生态监测优势在于避免了土地利用分类导致的误差，但在大尺度上因植被结构差异占据显著地位，树种间的差异在遥感影像上难以体现。激光和雷达数据以其更为精确的特性，可以提供森林林分内部的结构信息或植被层信息，而雷达数据极大地受限于实验中的可重复性和可推广性。

三、干扰监测

(一)森林病虫害监测

森林病虫害的发生、发展是有规律的，出现的病症是可以直接或间接在遥感图像上反映出来的。应用遥感技术监测森林病虫害主要利用 MODIS 数据、LandsatTM 影像、SPOT 数据、AVIRIS 高光谱数据和各类高分辨率数据监测受害森林群落的光谱变化，及病虫害爆发与环境因子的关系。植物受到病虫害侵袭会导致植物在各个波段上的波谱值发生变化，其中，红外波段的光谱值就已发生了较大的变化，从遥感资料中提取这些变化的信息，分析病虫害的源地、灾情分布、发展状况，可为病虫害防治提供依据。

高光谱遥感森林健康监测主要通过测定植物生活力，如叶绿素含量、植物体内化学成分变化来完成，判断临界光谱区的窄波段的反射率是遥感应用于林冠受害监测的基础。无人机遥感技术具有高时效、高分辨率、高机动性等优势和特点，能快速获取森林灾害程度数据，已成为森林病虫害监测的重要手段，但在山高坡陡、人迹罕至的偏远林区，无人机的全覆盖监测任务也面临巨大挑战，建立天空地一体化的森林灾害监测体系对于降低灾害损失、保护森林资源和生态环境具有重要意义。

(二)森林火灾监测

利用遥感影像能利用红外探测技术来监测森林燃烧时的辐射和常态下的辐射间的差异，准确定位森林火灾的火头位置、火势发展方向和各种救火措施的实际效果等重要信息，可以为森林救火提供可靠依据。卫星监测森林火情主要使用的是 NOAA/AVHRR 和 MODIS 等中低空间分辨率的极轨卫星，建立火灾与不同敏感波段的关系模型，无人机遥感也用于灾情的监测与评估，但所观测的区域较窄，也缺少有效提取火情信息的技术方法。

火灾迹地的遥感识别、灾后火情损失评估与恢复和森林燃烧生物量等环境效应研究分析森林火灾的碳排放量对碳循环的影响以及森林火灾时空特征是今后火灾遥感的发展方向。

(三) 林窗干扰

基于地面的林窗测量方法受数据精度差、人力成本高、覆盖范围小等因素限制，很难应用到大尺度的森林群落。传统二维的遥感技术由于光照条件和光谱不可分性，无法达到小尺度范围的群落生态学研究的要求，而激光雷达具有能进行复杂的森林三维结构信息提取、林窗景观尺度推译及微生境多样性监测等优势，在林窗干扰遥感监测中有较好的应用。利用遥感数据进行的林窗研究主要包括林窗、面积、形状和边界木高度等特征测量以及推演林窗生成和闭合动态，林窗干扰目前遥感监测研究较少，仍以实地调查为主。

第三节　遥感调查监测的方法

一、遥感调查特点

(一) 宏观尺度

运用遥感技术获取的航天、航空影像具有宏观尺度特征，宽阔的视域克服了地面工作中点、线调查的局限性及视域阻隔，森林资源区划调查其效果优于地面调查，给宏观研究森林生态状况提供了便利条件。

(二) 信息丰富

遥感调查信息量大，光谱特征明显，具有全天候观测的特点。遥感手段不仅能获得可见光波段的信息，而且可获得可见光以外的紫外线、红外线、微波波段的信息。可见光看不到的物体和现象，可在影像上清楚地看到，扩充了调查观察范围，微波遥感可穿透植被、云雾、疏散覆盖物和冰层等，森林实体调查及现象的研究达到全天候、全天时的境界。

(三) 动态时相

遥感调查具有周期成像和时相特点，动态变化显著。根据不同时期影像可及时发现地表地理现象的动态变化，为有效地预防作物病虫害等提供科学依据。卫星相片周期成像的动态相变更为显著。周期成像可获得同一地区不同时间的最可靠最现实的资料，这就更利于及时地监测森林资源的变化规律。

(四) 灵活全面

遥感调查收集资料方便，不受地面条件限制，具有全面彻底特点的遥感技术可以获得地面上任何一个地区的资料。借助遥感方法可以获取自然保护区核心区、高寒林区的等荒无人烟地区的有用资料，加快地面工作的进程。不受界线限制，可收集全球性资料，并使资料的搜集全面化、彻底化，如全球森林资源评估遥感调查。

二、遥感调查方法

（一）卫星遥感

卫星遥感通过建立传感器获取信息与地物电磁波辐射之间的关系，探测与电磁波相关的各类地物属性。卫星遥感森林资源调查监测中的应用较广泛，对森林生产力和功能结构监测时，需要利用遥感技术描述变化，选择的森林植被遥感数据时间分辨率较高，多采用MODIS 数据、NOAA/AVHRR 数据和 SPOT -VEGETATION 数据。森林植被生态状况监测重点关注的是大尺度的植被长势、种群稳定等状况，监测关键时期要求遥感数据具有数据覆盖范围广，重访周期短等特点，因此在选择遥感数据时常采用 MODIS 系列数据。森林演替遥感监测时需要分辨率较高并且时间序列积累较长的数据，较多选用的是 Landsat TM/ETM+/OLI 数据、SPOT 数据以及 ASTER 数据等属于中等空间尺度分辨率遥感数据，在应用小范围、重点区域沙化遥感监测时常用 Quick Bird 数据、Worldview、Geoeye、IKO-NOS，以及 GF 数据等高空间分辨率数据。森林火灾的遥感监测，以气象卫星监测为主，利用时间分辨率较高的 NOAA/AVHRR、EOS/MODIS 和风云气象卫星，在红外通道，通过对比监测区温度与背景温度的差异监测森林高温点，判识森林火灾，估算过火区面积。由于气象系列卫星的空间分辨率的原因，亚像元火点的估算也不能满足森林火灾监测的精细化需求。遥感数据的选择根据具体的监测内容而定，常用的遥感数据有以下几种。

1. MODIS 数据

它是 TERRA、AQUA 卫星上的中分辨率成像光谱仪获取的数据，实行全世界免费接收的政策，是森林植被遥感监测不可多得的、廉价并且实用的数据资源。该数据涉及波段范围广（36 个波段），数据空间分辨率包括 250m、500m 和 1000m，对大尺度森林的监测研究有较高的实用价值。TERRA 与 AQUA 上的 MODIS 数据在时间更新频率上相配合，加上晚间过境数据，可以得到每天至少 2 次白天和 2 次黑夜更新数据，对实时地球观测和应急处理有较大的实用价值。

2. NOAA/AVHRR 数据

它是美国国家海洋大气局发射的气象观测卫星，平时有 2 颗卫星在运行，可以对地球进行 4 次以上的观测，拥有 5 个波段，3 条轨道可完全覆盖我国全部国土，星下点分辨率为 1.1km。目前，有 2 种全球尺度的 NOAA/AVHRR 数据：NOAA 全球覆盖（Global Area Coverage，GAC）数据和 NOAA 全球植被指数（Global Vegetation Index，GVI）数据。

3. Landsat 系列数据

美国陆地卫星（Landsat）系列卫星数据由美国航空航天局和美国地调局共同管理。自 1972 年起，Landsat 系列卫星陆续发射，常用波段 7 个，空间分辨率为 30m，重访周期 16 天，它的主要任务是监视、协助管理林、草及畜牧业和水利资源的合理使用，研究自然植物的生长和地貌，考察和预报各种严重的自然灾害等。

4. 高分卫星系列数据

高分一号卫星是我国高分辨率对地观测系统重大专项天基系统中的首发星，同时实现高分辨率与大幅宽的结合，2m 高分辨率实现大于 60km 成像幅宽，16m 分辨率实现大于 800km 成像幅宽，适应多种至间分辨率、多种光谱分辨率、多源遥感数据综合需求。高分二号(GF-2)卫星是我国自主研制的首颗空间分辨率优于 1m 的民用光学遥感卫星，搭载有 2 台高分辨率 1m 全色、4m 多光谱相机，具有亚米级空间分辨率、高定位精度和快速姿态机动能力等特点。

(二)航空遥感

航空遥感是指将遥感传感器设置在航空飞行器上获取地面影像信息数据的遥感技术。航空遥感是航空技术与传感器技术两者相结合的产物，航空摄影测量技术也是摄影测量技术的一个分支。航空遥感涉及几何光学、物理光学、目视解译、三维立体测量、模拟与数字图像处理、影像制图等诸多方面的理论与技术，这些理论与技术同时也是卫星遥感的基础。在航空影像中对于森林最直观的反映就是树冠信息，树冠也是林木最重要的部分，树冠的大小、形状、面积也影响着树木长势，通过树冠信息可以反演其他测树因子。随着运用航空摄影测量技术获取的影像数据的空间分辨率不断提高，同类地物表现出更为复杂的纹理特征，传统的纹理特征提取方法有灰度共生矩阵法、空间自相关法以及小波多频道法等。随着图像识别技术的发展，人工智能在遥感影像中的运用更加广泛。

航空遥感能够弥补卫星遥感的成本高、周期长、分辨率低、受天气状况影响大等缺点，尤其是无人机遥感技术在森林资源调查方面更具有得天独厚的优势。无人机遥感技术能够提供多角度、高分辨率影像，具有高效灵活、云下飞行、时效性强等特点，使其在森林资源监测的时效性和增强调查成果的现势性等方面具有显著的优势。低空无人机可对林班、小班进行灵活高效的大范围、高分辨率影像获取，使得森林资源调查从以样地和小班单元，转变为以林班或林场为单元进行数据获取，能够极大地提高了森林资源调查外业数据采集效率和自动化水平。

无人机遥感是新型测绘遥感技术与航空平台技术、信息技术、传感器技术的高度集成，同时也是对传统卫星遥感测绘和有人驾驶飞机航空测绘的有效补充。无人机遥感综合集成了无人飞行器、遥感传感器、遥测遥控、通信、导航定位和图像处理等多学科技术，通过实时获取目标区域的地理空间信息，快速完成遥感数据处理、测量成图、环境建模及分析。人眼能识别的光谱区间为可见光区间，波长从 400nm 到 700nm。普通数码相机的光谱响应区间与人眼能识别的光谱区间相同，包含蓝(450~520nm)、绿(520~600nm)、红(630~690nm)3 个波段，常见的数码影像就是由这 3 个波段的影像组合而成。常见的多光谱遥感影像集成了 1 个可见光相机及 5 个多光谱相机(蓝光、绿光、红光、红边和近红外)。蓝光(B)波长为(450±16)nm，绿光(G)波长为(560±16)nm，红光(R)波长为(650±16)nm，红边(RE)波长为(730±16)nm，近红外(NIR)波长为(840±26)nm。

无人机是自带飞行控制系统和导航定位系统的无人驾驶飞行器，根据机身结构可分为多固定翼无人机、旋翼无人机、无人直升机、无人飞艇等类型。无人机航摄系统体积小、质量轻、成本低、机动灵活、数据采集效率高、影像分辨率与重叠率高，能够输出大比例尺调查成果，应用于地块距离远、劳动强度大、工作条件艰苦、工作效率低的森林资源调查业务，具有明显优势。低空无人机推动了森林资源信息获取向全天候、全天时、实时化迈进的步伐，其制造成本远远低于卫星遥感和普通航空摄影，使其在森林资源调查工作中大范围推广成为可能。无人机系统的种类繁多，使其在大小、重量、航时、航程、飞行高度、飞行速度及任务等方面均有较大差异。我国民航法对无人机按飞行平台、尺度、活动半径及任务高度 4 个标准分为 19 个子类型。

(三)微波遥感

微波是介于红外和无线电波之间的电磁波，波长为 3mm 至 1m 之间的电磁波一般定义为微波。在微波波段绝大部分波长范围内，电磁波的传输几乎不受大气的影响，具有特殊的技术优势。微波遥感包含被动微波遥感与主动微波遥感两种，这里的“被动”与“主动”是对遥感工作光源而言的，“被动”是指遥感利用自然光源，“主动”是指利用遥感传感器自身的人造光源。主动微波遥感增加了人的主动性，人们可以根据测试目标的需要选择适合的波长以及微波的各种技术参数，以改善从遥感影像获取信息的实际效果，缺点是增加了遥感影像数据噪声的来源，降低了信噪比，如设备因发热而产生的布朗运动热噪声就是一种噪声信号。

接收人工发射电磁波用以进行物体探测与测量的技术被称为雷达技术，一般的雷达技术并不能够成像，只能够做点对点(包括对运动着的飞行器)的探测，只有雷达遥感才能生成影像。1978 年，美国首次发射了合成孔径雷达海洋遥感卫星，开拓了雷达卫星遥感的新阶段。当时，这颗雷达遥感卫星的主要技术微波遥感的全天时、全天候的技术优势使它能够在有云，甚至在阴雨气候条件下正常获取影像数据，成为遥感技术中一种不可替代的影像数据获取的手段。但是，雷达遥感技术过程复杂，对于起伏地形几何误差、回波强度测试误差大，误差校正困难等缺陷。

1. 侧视成像

雷达遥感一律采用侧视成像，与人们肉眼的侧视观察地物从投影原理到实际效果都不完全一样，但有一点是相同的，即在侧视的方向上对地物的高程变化，甚至是超出遥感空间分辨率设置的地物形状(包括微地形变化、水面波浪等)都十分敏感，由此在雷达影像上可以获取更为细节的地面信息。

2. 穿透能力

雷达遥感能够获取地下一定深度的信息。在土壤干燥或地面有积雪情况下，长波长的雷达波可穿透地表一定深度的土壤或积雪，理论上最深可达 60m，雷达的穿透技术特点可用于森林生态的土壤指标测定。

3. 物理敏感

雷达遥感对于地物的物理性状比较敏感，这些物理性状包括湿度、电导率、表面粗糙度程度等。雷达反射的差异可以用来做地物识别和分类，在农业等方面具有重要应用价值。

三、遥感分析方法

（一）图像识别与分类

遥感影像数据可以理解为多幅影像的叠加，每幅影像对应着地表在一个波段上的响应影像，其中每个像元对应着地表相应单元地物在该波段上的波谱响应强度，反映在图像上就是像元灰度。如果将所有波段的影像中对应于相同地面单元的像元上的波谱响应值组合成一个列向量，那么这个向量就描述了该地理位置中的地物的波谱特征，因此通常称该向量为特征向量。

遥感影像分类是根据遥感影像中目标物的波谱特征或者其他特征确定每个像元的类别的过程，是遥感影像识别解译的重要手段。遥感影像解译包括人工目视解译和计算机自动解译。人工目视解译是指判读人员通过分析遥感影像提供的目标信息并结合一定的知识进行分析判断，进而确定影像中目标物类别的过程，优点是充分利用了人的视觉和思维推理能力，这是现有计算机视觉和人工智能水平难与比拟的，但人工目视解译的工作效率低，分类结果的主观性强，分类精度的高低很大程度上取决于目视解译人员对影像所覆盖区域的了解程度以及个人的经验及知识。计算机自动解译是指计算机在一定的人工干预下采用某种算法自动地实现分类的过程，由人工目视解译走向计算机自动解译是遥感发展的必然要求，在特定的条件下，遥感图像的目视解译还是不可缺少的，计算机自动解译并不能完全取代人工目视解译。

遥感影像自动解译分类的主要方法可以分为监督分类和非监督分类两大类，监督分类需要事先为每类选取一定数量的代表性的样本，然后根据这些已知类别的样本设计分类规则，然后用分类规则对其他未知类别的样本进行分类。习惯上称事先已知类别的样本为训练样本，称由训练样本训练所产生的分类规则为分类器。非监督分类则不需要事先选取训练样本，直接根据数据本身在特征空间中的分布特点来进行分组，从而实现分类。

1. 非监督分类

非监督分类的优点在于客观性强，不容易遗漏覆盖面积小而独特的地类，而且在聚类后的解译过程中，可以只关注森林资源这一个类别，因此节省一些不必要的工作；缺点在于其聚类的结果取决于数据本身，很难通过人为的控制来获取希望得到的聚类结果，不同地区或者不同时相的影像用非监督分类得到的结果可比性差。非监督分类一般适用于缺少足够可靠的训练样本的情况，作为后续的监督分类的数据预分析的一种手段，为制定监督分类的分类提供依据。

（1）基本流程

一般而言，非监督分类主要步骤包括：特征选取，既要利用尽可能多的与分类目标相关的特征，又要避免特征之间的信息冗余；相似性度定义，这种度量用来定量评价两个特征向量之间的相似程度或者差异程度；聚类算法制定，制定特定的聚类算法来揭示样本集的内在聚类结构；聚类结果评价，一旦获得了聚类结果，就必须对其正确性或合理性进行评估；聚类结果解译，通常要解译聚类得到的每个类别的内在意义，例如，分析对应森林植被类型及其变化规律，进而分析森林演替变化规律。上述步骤可能需要多次的循环，直到得到了合理的分类结果。

(2)相似性度量方法

聚类是根据样本之间的相似性进行分类，因此如何度量样本之间的相似性是聚类的核心问题，不同的相似性度量方法将得到不同的聚类结果。描述样本之间相似性的方法有两种，一是度量样本之间的相似程度，二是度量样本之间的差异程度。实际上只要定义一个单调递减的函数就可以实现这两种度量方法的相互转化，大多数聚类算法采用样本之间的差异程度，就本质而言，描述样本之间差异程度的度量方法就是定义在特征向量集 X 上的一个函数。

不同的相似性度量蕴含着人们对数据聚类结果的不同理解或者期望，并直接影响着聚类结果。基于距离的度量具有平移不变性和旋转不变性，距离相似性度量在特征空间各向同性，所以它比较适合揭示团聚状的聚类结构。揭示其他形式的聚类结构时就需要另选相似性度量。由于两个特征向量之间的夹角不受特征向量本身与原点连线长度的影响，所以两个光谱之间差异性度量并不受增益因素的影响，采用夹角作为光谱差异性度量就可以在相当程度上克服地形变化形成的阴影对聚类结果的影响。

遥感影像如果存在多个特征分量，那么无论采用哪种相似性度量方法都需要面临一个同样的问题，即如何组合各个特征分量。假如特征向量是由同一光谱遥感影像中的各波段的波谱辐射值构成，由于具有相同的物理意义和量化机制，可以将它们直接组合在一起。但是，如果特征向量是由多源数据构成，例如，特征向量既包含波段辐射值也包括纹理或者高程等其他类型的特征值，那么这些特征分量具有不同的取值范围和物理意义。可以通过归一化让每个特征分量具有同样的取值范围，并赋予适当的权重让每个特征分量在聚类中发挥合理的作用，由此得到的聚类结果是建立在假设基础上的，其合理与否只能根据具体情况和目标加以评价。

(3)聚类算法

如果不考虑时间和计算资源的限制，聚类的最好方法就是在所有可能的聚类组合中，根据某种事先给定的评价标准选出其中的最优者，这种穷举法只适合于样本数少的情况。

①迭代最优化算法

聚类的目的是使类内相似性大于类间相似性，假如将上述目标表述成一个目标函数，那么聚类问题就转化为明确的目标函数最优化问题。采用这种策略的聚类算法虽然定义的目标函数各不相同，但却通常都采用迭代最优化的寻优方法，统称为“迭代最优化算法”。迭代最优算法存在着必须预先给定类别数目，迭代算法可能陷入局部最优值和计算量大等缺点。

②顺序聚类算法

顺序聚类法的基本思想是特征向量按照某种顺序逐一加入，如果一个新加入的特征向量与已存在的类别之间的差异性小于一定的阈值，则将其归入现有的类别，并对类别重新计算决定，否则将其作为一个新建立的类别。顺序聚类算法有两个优点，一是计算量小，二是不需要预先给定类别的数目，新的类别是在算法的不断演进过程中逐渐生成的。缺点是在具体问题中难以确定阈值，聚类结果与特征向量的输入顺序有关。

③层次聚类算法

层次聚类法是一种常用的聚类算法，该方法实现策略有合并和分裂两种。合并是一种自下而上的算法，首先令每个特征向量各成一类，然后通过合并不同的类来减少类别数目。分裂是自上而下的算法，首先将所有样本归入一类，然后通过分裂来增加类别数目。一般而言，合并算法的计算量少于分裂算法的。对于较小的遥感影像来说，层次聚类法的确是较好的选择，因为能够清晰地揭示出数据内在的聚类结构。

(4)解释和评价

聚类的完成并不是非监督分类的结束。如果聚类得到的类别和地物之间是“一对一”的关系，那么这是最理想的理论状态，但是这种情况在实际运用非常少见，“同谱异物”与“同物异谱”现象在生产中会普遍发生。通常聚类得到的类别和地物之间是“多对一”的关系，这是由于地物本身的多样性和成像条件的变化造成的。当出现“多对一”的情况时，只需要将若干个类别合并即可。但是，假如聚类得到的一个类别包含了多种需要区分的地物而呈现“一对多”的关系时，表明聚类是失败的。如果聚类后只有少量的类别出现“一对多”的情况，可以对属于这些类别的像元重新进行聚类，直到将各种地物区分开为止。

2. 监督分类

监督分类是指由人工目视解译画出典型类别的图斑，比如，调查前要对图像分出针叶林、阔叶林、灌木林、竹林和草地等类别的地物，则根据一定的先验知识分别画出植被类型对应的图斑，也称为训练样本，每类图斑数目不限定，不同类别的图斑数目也不必相等。训练完毕后计算机系统分析每类训练样本图斑内像元灰度向量的特点，用统计学的方法对图像整体进行自动分类。这种用户参与监督指导下的分类称作监督分类。

与非监督分类“由数据做主”的特点不同，监督分类体现了更多的人为主观性，优点是可以根据应用目标和区域特点，有针对性地制定分类方案，在分类结果基础上根据林学知识做进一步分析，同时，监督分类可以通过训练样本检查分类精度，通常可以避免分类中出现严重的错误。但监督分类的主观性特点同样将导致类别之间的可分性差，影响分类精度，要求分类方案必须全面。训练样本的选取常常需要耗费大量的人力物力，训练样本的有限性将影响分类精度。

(1)基本流程

监督分类的基本流程包括分类方案制定，从运用需求出发确定要将遥感影像分成哪些类别。训练样本选取：训练样本的准确度和全面性将直接影响后续的分类精度，训练样本的获取手段既可以是同步的实地调查，也可以在相同时期的土地利用矢量、高分辨率的影像或者其他信息源的辅助下从影像中提取。选取适当的分类特征：使各类的训练样本之间的可分性尽可能高。分类器训练：选取适当的分类算法，并根据基于训练样本的学习来确定分类算法中的未知参数的取值。用分类器确定影像中的所有像元的类别，并估计整个影像的分类精度。上述步骤是监督分类的基本流程，实际生产中往往需要不断地调整和反复才能得到比较满意的结果。

(2)监督分类算法

①概率密度估计分类法

概率密度估计分类法通过用概率密度函数来描述每类在特征空间中的分布，从而将分类问题纳入概率统计的框架中。概率密度函数是表征在某种条件具备的情况下发生某种事件的概率，被称为条件概率。如果每类的概率密度函数和先验概率都已知，那么未知类别的特征向量可以根据贝叶斯决策公式计算它归属于各类的概率。监督分类中，每类的概率密度函数和先验概率都是未知的，因此必须通过每类的训练样本进行估算。假定以每类的训练样本占总训练样本的比例作为各类的先验概率，那么剩下的问题就是如何通过训练样本估算类别条件概率密度。

估算类别条件概率密度是概率统计学中的核心问题，主要方法包括非参数估计法和参数估计法。非参数估计法对概率密度函数的形式不做任何限定，力图通过训练样本直接从一个非常宽泛的函数集中估计出概率密度函数，常用的方法有 Parzen 窗法和 K 近邻密度估计法。参数估计法首先根据先验知识假定概率密度函数的类型，从而将问题简化为估计概率密度函数中的未知参数，主要的参数估计方法有极大似然法、最大后验概率法、贝叶斯推理法和最大熵法。

②原型分类法

原型分类法最直接的实现方法就是将每个样本都作为原型。原型可以理解为某类训练样本即特征向量的“代表”，它既可以是从训练样本中直接选取出来的某个特征向量，也可以是由训练样本派生出来的特征向量。原型分类法的内在思想非常简单，如果在特征空间中特征向量离某类的原型最近，则将特征向量分类为某类的原型。

③判别函数分类法

为了实现多类分类问题，必须首先将问题分解为一系列的两类分类问题，然后生成一个二叉决策树，遥感图像分类解译就按照这个决策树逐次分类分下去，最后得到解译结果，分类效果受图像处理操作人员的经验及主观愿望影响较大。在基于参数估计的概率密度估计分类法中，假设各类的概率密度的参数形式已知，利用训练样本来估计概率密度函数的参数值。而判别函数法则直接假定判别函数的参数形式已知，通过训练的方法来估计判别函数的参数值。

（二）定量遥感与反演

遥感数据定量反演是指通过实验的、数学的或物理的模型将遥感数据与观测地表目标参数联系起来，将遥感数据定量地反演或推算为森林资源等观测目标参数。因此，在可测参数与目标状态参数间建立某种函数关系是实现目标参数反演的关键一步。定量遥感的核心在于反演，反演的基础是描述遥感数据与森林资源参数之间的关系模型，从有限数量的观测中提取有关时空多变要素的信息，本质上是一个观测量少于未知量的病态反演问题，除在建立前向模型时必须突出主导因子之外，反演中必须充分利用已有的先验知识。

1. 蓄积量反演

20 世纪 70 年代编制数量化航空材积表就是蓄积量反演的实际运用，蓄积量估测式中以遥感数据可得到的定量因子(波段值及其比值)为主，在定性因子中只有郁闭度起关键作用。直接利用卫星遥感数据和少量地面样地信息进行森林蓄积定量估测具有代表性的方法是多元估测方法，基本思想是用地面样地在卫星影像上对应像元的灰度值及其比值，和样地对应的树种组、坡向、坡度，海拔、地类、土壤、土壤厚度、郁闭度、林龄等作为影响蓄积估测的自变量，以现地取得的样地蓄积为因变量，采用最小二乘法建立蓄积估测线性模型，运用模型进行森林蓄积定量估测。

2. 生物量反演

森林地上生物量监测的遥感方法主要分为统计模型和物理模型，均可以实现森林地上生物量区域尺度的空间分布等监测目标。其中，统计模型是利用分树种或森林类型的异速生长模型计算出固定样地或者林分水平的森林生物量，再通过统计方法建立样地生物量数据与遥感光谱信息的回归方程，从而进行大尺度森林生物量估测，由于原理简单、操作方便、对数据源要求不高，具有更广泛的适用性。然而，实际生产中也存在一定的局限，如光学遥感数据易饱和，利用常规方法难以挖掘光学信息与生物量之间复杂的非线性关系，采用深度学习算法解决又缺乏大量的高精度样本。微波数据源较少且受地形起伏干扰较大。LiDAR 的离散属性对大范围连续监测存在限制，机载 LiDAR 大规模应用成本较高。因此，生物量反演要克服单一遥感手段的不足，构建空天地一体化对地观测网络，解决多源遥感信息一体化、快速和综合处理等关键技术。

3. 植被参数反演

(1)树高反演

树高遥感估算主要基于如植被指数等波段比值或单波段反射率、DEM 等地形遥感因子、激光点云和波形特征值等建立统计模型。由于光学遥感信号不具有穿透性，难以到达森林冠层以下的地表，利用光学遥感数据进行森林树高的反演在森林垂直结构研究作用较小。而雷达数据可以提供森林垂直结构测量数据，以激光雷达和极化干涉合成孔径雷达较为常用。其中，激光雷达能较精确地测量森林高度，如星载大光斑激光雷达 ICESat/GLAS 数据多应用于树高信息的获取，极化干涉合成孔径雷达技术可实现基于物理机理的大面积森林高度测量。

无人机遥感以其自动化、智能化、专业化快速获取空间信息，并实时处理、建模和分析的技术优势，在树高提取上得到了较好的应用。无人机技术多利用研究区的数字表面模型或单株树木的立体像对来提取树木高度，抑或利用无人机获取高分辨率正射影像，对研究区进行三维重构，将三维点云分割为树木点云及树下地面点云后进行相关处理得到树木的高度。但因其续航时间较短，易受低空天气影响等，多为中小尺度的树高反演和辅助大面积树高反演及其精度验证。

(2)冠幅反演

在森林群里中，上层的树冠也直接影响下层林木的发育及整个生态系统，树冠是树木进行光合作用的最重要的场所，进行光合作用的面积及体积反映树木的生长量，也影响树木垂直生长分配和水平生长分配。在遥感影像中最直观反映林木信息的则是树冠信息，遥感影像上树冠的大小、形状、纹理以及光谱信息等因子是提取树冠信息的重要依据。目前，最常用的方法是目视判别。

尽管目视判读方法提取树冠信息能达到一定效果，但目视判读方法既费时又费力，而且提取的精度也和操作人员的技术水平有直接联系。运用计算机识别技术自动或半自动识别提取单木树冠，将有望成为一种高效的方法来替代人工解译，并且在提取精度上也将接近甚至超过人工解译。单木树冠自动提取研究中，使用的方法主要有局部最大值法、谷底跟踪法、轮廓线扫描法、模板匹配法、阈值掩膜法、种子区域生长法等。其中，局部最大值法是指通过树冠对光谱的反射作为理论依据，寻找该树冠的最大光谱反射值的那一点作为树冠的顶点，也就是树冠中心，然后通过设置移动窗口的方式来确定最大值点，再进一步找到其边缘进行描绘边界，进而提取出树冠面积。谷地跟踪法是以光谱发射最强区域为树冠中心理论依据，而其他外沿则会阴暗些，寻找到光谱最小值后便以此为树冠的边界提取出来。

(3)郁闭度反演

森林郁闭度遥感估算主要采用统计模型法和物理模型法，目前研究以多光谱数据进行郁闭度估测居多，但多光谱数据波段数少、光谱分辨率低导致估测效果不佳，高光谱数据可以从众多的波段信息中筛选植被差异性显著波段进行植被覆盖信息提取，提高郁闭度估测精度。无人机等机载平台的激光雷达遥感监测在小尺度高精度的结构参数提取发挥了巨大作用，但相应的海量数据有效挖掘和提取及流程仍待进一步研究。

郁闭度在遥感图像上是一个比较容易提取的参数，但在空间分辨率低时，由于像元光谱混合的问题，利用宽波段遥感数据提取的郁闭度信息精度不会太高。利用高光谱数据实行的混合光谱分解方法就可以将郁闭度这个最终光谱单元信息提取出来，合理而真实地反映其在空间上的分布。如果利用宽波段遥感数据，实行这种混合像元分解技术效果不会太好，其原因是波段太宽、太少，不能代表某一成分光谱的变化特征，即由少数几个宽波段数据描述混合像元的成分光谱代表性不够。

(4)叶面积指数反演

遥感反演森林植被叶面积指数的方法由基于定位实验的经验模型逐步发展为半经验统计模型和生物物理模型方法。目前，通过统计模型反演叶面积指数应用较广，利用高光谱数据、激光雷达数据及多角度遥感数据均可进行反演。统计模型方法参数少、计算效率高、容易实现，但其基于经验关系，模型随着传感器、植被类型、时间及地理位置的变化而改变，因而建立大范围适用的统计模型非常困难，多应用于小区域的叶面积指数反演。

(三)尺度效应与转换

森林资源空间信息在时间和空间上的分辨率都有极大的跨度，在某一尺度上森林资源的特征和发生规律等在另一尺度上可能仍然有效，可能相似，也可能需要修正。尺度是指实体、模式与过程能被观察与表示的空间大小，在绝对空间内尺度具有可操作性，在相对空间内，尺度成为联结空间实体、模式、构成、功能、过程与等级的一个内在变量。尺度可分空间尺度与时间尺度，空间尺度是指所采用的空间单位，同时又可指某一现象或过程在空间上所涉及的范围；时间尺度是指森林资源的特征和发生规律在时间维度进行扩展。尺度转换是指地表参数从一个尺度转换到另一个尺度时对同一参数在不同尺度中进行描述，遥感数据和信息的尺度转换是提高遥感应用效率和实用性的关键。

随着传感器技术的发展，影像空间分辨率不断增强，从而形成了不同时间、空间分辨率的影像数据层次体系，为森林资源调查监测分析提供多种尺度选择的数据源。客观存在的景观空间异质性依赖于空间尺度，当景观空间尺度发生变化时，所量测到的空间异质性也随之变化。尺度效应和尺度转换分析一般采用的是参数化法，即定义不同的参数来描述不同尺度地表特征的空间异质性，测量实际影像的空间结构，如用空间自相关指数、尺度方差与变差图、局部方差法等地统计学方法、纹理分析法、分形几何法、小波分析法、神经网络法来测度实际影像的空间结构。

（四）影像变化检测

1. 检测方法

遥感变化信息检测是遥感瞬间视场中地表特征随时间发生的变化引起多个时相影像像元光谱响应的变化，所以遥感检测的变化信息必须考虑可能造成像元光谱响应变化的其他要素的信息，在进行变化检测时必须充分考虑遥感系统因素和环境因素。变化检测是指给定同一区域的多个时相的遥感影像检测出该区域的地物变化信息，并对这些变化信息进行定性和定量的分析。变化检测有着广泛的应用，常常用于土地利用管理监测如林地征占用、采伐和开垦等，可直接为管理人员提供科学决策的依据。

常用的变化检测方法有影像差值法、影像比值法、影像回归法、直接多时相影像分析法、主成分分析法、光谱特征变异法、假彩色合成法、分类后比较法、波段替换法、变化向量分析法、波段交叉相关分析法以及混合检测法等，在使用时应该根据检测对象和影像参数等条件的不同加以选择。这些方法要求对多个不同时期的遥感影像首先进行精确的几何和辐射校正，校正的精度将会直接影响变化检测的结果。

（1）目视判读法

在图像处理系统中将不同时相的某一波段数据分别赋以 R（红）、G（绿）、B（蓝）颜色并显示，用目视解译的方法直观地解译出相对变化的区域。这种变化检测方法得到的变化区域是由于灰度值变化引起的，可以在合成图像上清晰显示，但无法定量地提供变化的类型和大小。一般反射率变化越大，对应的灰度值变化也越大，可指示对应的土地利用和森林植被覆盖类型已发生变化，而没有变化的地表常显示为灰色调。波段替换法是通过利用某一时相的某一波段的数据替换另一时相一景影像该波段的数据，用假彩色合成的方法分析变化的区域。森林资源动态监测已经成为林业行业的常态化工作，森林资源变化检测主要依靠对比前后两期遥感影像，人工根据灰度值差异发现森林资源疑似变化区域。但遥感影像内容丰富，覆盖区域往往比较大，通过人眼识别、手工区划变化区域，不仅工作量大、效率低，而且可能存在漏划、错划的情况。

（2）像元比较法

影像相减法就是将一个时相影像各个像元的灰度值（光谱反射率值）与另一时相影像对应像元的灰度值相减或相除，也可以是变换后的 NDVI 影像相减或相除。影像相减或相除检测变化的优点是在理论上较简单，但常常不能确定区域变化的性质，还需要对变化的区域进一步分析。同一时相遥感影像的波段之间往往是互为相关的，而且两个时相影像间也是互为相关的，所以当将影像简单相减或相除时会存在很多问题，可能出现信息损失或者噪声干扰，这就需要考虑选取适当的阈值将有变化像元和无变化像元区分开来，而实际生产中阈值的选择是颇为困难的。

(3) 主成分分析法

主成分分析法的数学基础是主成分变换，是根据协方差矩阵或相关系数矩阵对多波段影像数据进行线性变换，按照方差的大小分别提取一系列不相关的主成分的方法。主成分分析是在不损失原始数据有用信息的条件下，选择部分有效特征而舍弃多余特征，去除噪声干扰的方法。主成分分析法很好地消除影像内部各波段间的相关性，可以抑制由于影像内部相关性引起的噪声，但是它仍然没有考虑不同时相的两幅影像间的相关性影响，检测的结果只能反映变化的分布和大小，仍然不能确定区域变化的性质。

(4) 分类后比较法

分类后比较法是对每一时相的多光谱影像先进行分类，然后比较不同时相分类结果的变化。先分类后比较的方法是最直观、最常用的技术，可以直接依据不同地物的波谱特性确定该区域发生了什么变化和变化特征。先分类后比较方法之所以有效是因为多个时相的遥感数据是相互独立地进行分类，因而减小了不同时间大气状态的变化、太阳角的变化、土壤湿度的变化以及传感器状态不同的影响，但变化检测的结果在很大程度上依赖于分类的精度。这种方法的精度和可靠性依赖于多个不同时相所采用不同的分类器，存在着分类误差累积现象，这就影响了变化检测结果的准确性，也就是说影像分类的可靠性影响着变化检测的准确性。

(5) 变化向量分析法

变化向量分析法是考虑到一景影像每一像元灰度值构成一个向量，不同时相的两景影像中发生对应地物的变化实际上是像元向量的变化，由通过经验法或模型表示的阈值决定发生变化的最小幅度临界值，优点是综合考虑了地物变化引起的各波段像元灰度值的变化。通过由第一时间变化到第二时间的方向、幅度的光谱变化向量描述地表覆盖变化。对于每个像元来说，其变化方向反映了该像元在每个波段的变化是正向还是负向，可根据变化的方向和变化的角度来确定。

(6) 影像匹配检测法

影像匹配的变化检测方法是利用不同时期单幅影像匹配进行的一种变化检测方法，能够检测出细微的、具体的变化。该方法首先是将用于变化检测的新影像相对于老影像做相对几何配准，然后将老影像与配准的新影像进行影像灰度匹配，找到匹配不好的影像窗口，确定待选变化的区域，再利用数学形态学方法把相邻的待选变化区域合并，除细碎的孤立区域，然后对待选变化区域内进行边缘检测，并提取直线，基于提出的直线特征对待选变化区域进行比较，确定变化了的区域。

(7) 时间序列分析法

基于遥感数据的时序分析是通过对一个区域进行一定时间段内的连续遥感观测，提取影像的有关特征，再根据相关的影像特征研究地表变化过程与趋势。时间序列分析是数理统计中的一个重要分支，又称为图谱分析法，作为一种动态分析方法，通过对同一监测项的平稳观测序列进行数据处理，找出监测项的变化特征、变化趋势。各种地表特征均随时间作连续变化，并通过相应的空间和属性特征的改变而体现出来。时间序列分析法要根据检测对象的时相变化特点来确定遥感监测的周期，从而选择合适的遥感数据，然后选择合适的分析方法，完整分析地理信息的空间、时间和属性才能揭示地理现象的特征和规律。

2. 辅助自动化

辅助区划是实现遥感影像变化检测半自动区划的有效途径，需要人工介入，自动化程度不高。自动区划算法大多是基于多线程的，能自动根据计算机内核个数进行区划，自动区划完成后，区划边界沿像素值边界前进，可能存在区划边界点过密、锯齿状明显的问题，实际应用仍然存在诸多不便，需要对图斑边界进行抽稀、修正、去除面积过小的内环。

3. 机器学习

机器学习是人工智能的核心，是一门涉及概率论、统计学、逼近论等多领域的交叉学科，其关注的重点是如何使机器模仿人类的思考方式和学习能力，在大数据的支持和以往经验的累积下，不断地获取新的知识或技能，不断地完善自身结构及改善自身性能。机器学习是基于数据驱动的方式，而非传统的基于模型驱动的方式，因此，在使用时无需考虑自变量与因变量的数据关系，不必考虑样本是否具备统计学意义上的各类假设与前提，对于解决复杂的、非线性的、不确定性较大的问题具有较大的优势。同时，因其强大的非线性逼近能力，可以通过数据训练及以往经验迅速地找到最优解，为许多复杂问题提供了一个强大而高效的解决方式，在遥感变化监测中有十分广泛的应用。

深度学习在遥感影像领域应用最多的领域是遥感影像分割，目前普遍应用的是监督学习。对图像处理而言，监督学习需要大量的训练样本，训练样本越多，效果越好，训练样本是否合理直接影响模型的运行效果。为降低训练样本制作难度，提出的弱监督学习、综合监督学习和无监督学习等方法，在降低训练样本数量的同时，试图提高模型训练精度，实现较为精准的影像处理效果。深度学习会在训练过程中不停地改进参数，提高模型运行的精确度，其模型内部主要是矩阵的加、减、乘、除运算，在运算过程中，还需要保存矩阵运算产生的参数。深度学习的模型参数是非常多的，参数数量普遍在千万以上，训练需要花费大量的时间。深度学习在遥感影像分割领域应用最多的是语义分割模型，常用的语义分割模型很多，主要有 UNet、PSPNet、SegNet、DeepLab 系列模型，最新的一些模型加入了注意力机制，如 Swin Transformer 等，在训练模型的成本提升基础上，精度上有所提升。

第四节　生物量和碳储量估测实例

森林植被生物量和碳储量不仅是研究生态系统与大气间碳循环的基本参数，也是反映森林生态系统结构和功能特征的重要指标，在应对气候变化中发挥着不可替代的重要作用，及时、准确、连续、动态的生物量和碳储量监测数据是世界各国应对气候变化的行动的重要决策依据，也是估算森林植被生态系统固碳经济价值的关键因子。随着生态产品价值实现机制的建立健全，建立生物量和碳储量动态监测制度，及时跟踪掌握生物量和碳储量数量分布、功能特点、权益归属等信息就显得尤为迫切。

采用遥感数据与地面调查数据建立反演模型是大区域尺度森林资源储量估算的有效途径。森林植被储量遥感信息提取是“3S”技术结合林学、生态学和信息科学等的一个综合应用，尤其是 MODIS、Landsat、Sentinel、GF、HJ、ZY 等系列数据在国内外林业、农业和生态等遥感方面都有广泛的应用，利用卫星遥感数据提取植被覆盖类型面积的技术相对成熟，且精度不断提高。基于时序遥感卫星数据，以连续的地面观测数据为基础，利用遥感数据融合及数据同化等方法，解决大尺度森林植被储量遥感信息提取过程中建模和校准的问题，并对影响森林植被储量信息提取精度的原因进行分析，对森林生态系统储量的连续、实时、动态监测具有现实意义。

一、研究区概况及数据来源

遥感数据根据精度要求和获取的可行性决定，高精度的影像获取受时相、成本和卫星重返周期等限制。以四川省为研究区域，为了建立时序数据的基准，降低精度选择重返周期最短的 MODIS 数据，以确保所有的影像数据均为 3 月，以消除季节变化对遥感指标 NDVI 和 NPP 的影响。遥感 NDVI 数据涵盖了 2002—2017 年共 16 幅影像，空间分辨率均为 1km；NPP 数据涵盖了 2002—2017 年共 16 幅影像，空间分辨率均为 1km。地面监测数据包括四川省第六次(2002 年)、第七次(2007 年)、第八次(2012 年)和第九次(2017 年)森林资源连续清查数据。

二、研究方法

(一)储量估算与模型构建

1. 储量估算

基于森林资源连续清查样地调查的优势树种、龄组和蓄积量，采用林木生物量扩展因子法进行蓄积-生物量转换，分优势树种和龄组计算样地生物量和碳储量，采用的 BEF 与单位面积优势树种(组)分龄组蓄积倒数方程，其参数来源于《全国林业碳汇计量监测技术指南》(试行)中的拟合结果，和相关地区的森林优势树种及树种组的生物量转换因子，竹林和灌木林采用全国林业碳汇计量监测技术方法进行估算。在 ArcGIS 10.2 中运用 Raster Calculator 工具提取 $48km^2$ 区域内的遥感指标。

2. 反演模型构建

参数模型根据遥感时序数据与地面连续观测值之间相关性与差异性，考虑各遥感因子间的交互作用和共线性关系，在分析生物量密度、碳密度与遥感指标间线性函数、多项式函数等关系的基础上，按照以下备选方程构建遥感反演模型，根据模型拟合决定系数等综合确定模型拟合结果。

$$f_{(B,C)}=a_1+a_2\cdot x_{\overline{NPP},NPP_{SD}}+a_3\cdot x_{\overline{NDVI},NDVI_{SD}}+a_4\cdot x_{\overline{NPP},NPP_{SD}}\cdot x_{\overline{NDVI},NDVI_{SD}}$$

$$f_{(B,C)}=a_1+a_2\cdot x_{\overline{NPP}}+a_3\cdot x^2_{\overline{NPP}}+a_4\cdot x_{\overline{NDVI}}+a_5\cdot x^2_{\overline{NDVI}}$$

式中：$a_{(1-5)}$ 为待求解参数，$\overline{NPP}$ 和 $\overline{NDVI}$ 为均值，NPP_{SD} 和 $NDVI_{SD}$ 为标准差。

采用 2002 年、2007 年、2012 年和 2017 年 4 期数据集为训练样本，以遥感样地代表区域内 NPP、NDVI 均值和标准差作为输入变量，以生物量密度和碳密度地面观测值为目标变量，运用 Matlab R2014b 构建不同结构 BP 人工神经网络模型。BP 人工神经网络模型神经元结构分别采用4-2-1、4-3-1、4-4-1、4-5-1、4-5-3-1、4-5-4-1、4-5-5-1、4-5-6-1的形式，输入层到隐层的传递函数均为tansig，隐层到输出层的传递函数为tansig或者purelin，训练方法为trainlm，学习率为0.01，训练的最大次数为1000。筛选结果得出4个时期生物量密度和碳密度的BP人工神经网络模型。

(二)校准与动态分析

基于建立的参数模型和BP人工神经网络模型，采用2002—2017年的NPP、NDVI遥感影像栅格数据，在ArcGIS 10.2中运用Raster Calculator工具，连接参数模型和BP人工神经网络计算模块，利用GPS精准定位，加权计算得到各年度生物量密度和碳储量密度分布图。其中，2002年模型用于2002—2004年的影像估算；2007年模型用于2005—2009年的影像估算；2012年模型用于2010—2014年的影像估算；2017年模型用于2015—2017年的影像估算，并基于基准进行计算矫正。

(三)影响遥感反演精度的因素分析

为了分析月度、季度、年度影像的时相和估算尺度对碳密度反演精度的影响，本研究采用相对误差(*RE*，Relative Error)作散点图进行各密度区间的影响因素分析，采用平均误差(*ME*，Mean Error)、平均绝对误差(*MAE*，Mean Absolute Error)和均方根误差(*RMSE*，Root Mean Square Error)进行定量各因子的影响程度，各误差的计算公式如下：

$$RE=\frac{\hat{D}-D}{D}$$

$$ME=\sum_{i=1}^{n}\frac{\hat{D}-D}{n}$$

$$MAE=\sum_{i=1}^{n}\frac{|\hat{D}-D|}{n}$$

$$RMSE=\left[\sum_{i=1}^{n}(\hat{D}-D)/n\right]^{\frac{1}{2}}$$

式中：$\hat{D}$为碳密度预测值，D为样地碳密度，n为样地数量。

三、时序数据相关性与差异性

根据生物量密度和碳密度平均值与遥感时序数据的Pearson相关性分析表明(表5-1)，2002—2017年生物量密度与NPP和NDVI的Pearson相关系数平均值分别为-0.3853和0.1120，2017年生物量密度与NPP的Pearson相关系数最小，2012年生物量密度与NDVI的Pearson相关系数最小。2002—2017年碳密度与NPP和NDVI的Pearson相关系数平均值分别为-0.3880和0.1095，2017年碳密度与NPP的Pearson相关系数最小，2012年碳密度与NDVI的Pearson相关系数最小。生物量密度和碳密度与遥感时序指标NPP和NDVI的线性相关性较弱，且生物量密度、碳密度与遥感时序指标的相关性呈现一致性规律。

表 5-1 2002—2017 年生物量密度、碳密度平均值与 NPP、NDVI 的 Pearson 相关性

变量		NPP 平均值				NDVI 平均值			
		2002 年	2007 年	2012 年	2017 年	2002 年	2007 年	2012 年	2017 年
生物量密度平均值	2002	-0.5210**	—	—	—	0.3090*	—	—	—
	2007	—	-0.5080**	—	—	—	0.0390*	—	—
	2012	—	—	-0.5080**	—	—	—	-0.0140	—
	2017	—	—	—	-0.0040	—	—	—	0.1140
碳密度平均值	2002	-0.5230**	—	—	—	0.3080*	—	—	—
	2007	—	-0.5110**	—	—	—	0.0350	—	—
	2012	—	—	-0.5110**	—	—	—	-0.0160	—
	2017	—	—	—	-0.0070	—	—	—	0.1110

注：*表示 α=0.10 水平上相关；**表示 α=0.05 水平上显著相关。

方差齐性检验表明，不同时期生物量密度、碳密度、NPP 和 NDVI 的 Levene 统计量分别为 5.3880，5.3820，400.3900 和 122.1080，显著性值均小于 0.01，不同时期各指标总体的方差存在显著差异。生物量密度、碳密度平均值、NDVI 平均值和 NPP 平均值单因素方差分析表明，2002—2017 年生物量密度、碳密度、NDVI 和 NPP 均值间存在极显著性差异($P<0.01$)，生物量密度和碳密度的均值差异呈现一致性规律(表 5-2)。

表 5-2 2002~2017 年生物量密度、碳密度平均值与 NPP、NDVI 的单因素方差分析

变量		平方和	自由度	平均值平方	*F*-值	显著性值
NPP 平均值	组间	124029494.5510	3	41343164.8500	951.4790	0.0000
	组内	620269918.6370	14275	43451.4830		
	合计	744299413.1880	14278			
NDVI 平均值	组间	17.2910	3	5.7640	1104.4390	0.0000
	组内	74.4970	14275	0.0050		
	合计	91.7880	14278			
生物量密度平均值	组间	637.1150	3	212.3720	5.8880	0.0010
	组内	514910.2400	14275	36.0710		
	合计	515547.3550	14278			
碳密度平均值	组间	161.4320	3	53.8110	5.8810	0.0010
	组内	130613.5060	14275	9.1500		
	合计	130774.9380	14278			

四、遥感反演结果及动态分析

(一)参数模型拟合结果

采用模型1,以NPP均值及标准差作为自变量,拟合不同时期生物量密度的决定系数均值为0.2287,碳密度的决定系数均值为0.2298;采用模型2,以NPP均值及标准差作为自变量,拟合不同时期生物量密度的决定系数均值为0.2210,碳密度的决定系数均值为0.2228。采用模型1,以NDVI均值及标准差作为自变量,拟合不同时期生物量密度的决定系数均值为0.1022,碳密度的决定系数均值为0.1019;采用模型2,以NDVI均值及标准差作为自变量,拟合不同时期生物量密度的决定系数均值为0.0876,碳密度的决定系数均值为0.0872。模型1相较于模型2具有更好的拟合效果,增加指标的标准差作为自变量不能有效提高模型拟合效果,NPP和NDVI对模型具有不同的解释效能,采用精度较低的遥感数据反演森林生物量密度和碳储量密度具有局限性。因此,采用模型1以NPP和NDVI均值为自变量拟合生物量密度和碳储量密度(表5-3)。

表5-3 生物量密度和碳密度遥感反演参数模型拟合结果

变量	年份	参数				拟合决定系数
		a_1	a_2	a_3	a_4	R^2
生物量密度平均值	2002	-4.5433	0.0061	21.0349	-0.0264	0.2983
	2007	2.1775	-0.0072	13.3907	-0.0114	0.2734
	2012	4.9904	-0.0164	9.8688	0.000014	0.2753
	2017	22.9960	-0.0500	-20.3728	0.0592	0.0424
碳密度平均值	2002	-2.4336	0.0034	10.8020	-0.0138	0.2999
	2007	1.4616	-0.0042	6.2293	-0.0050	0.2751
	2012	2.6713	-0.0086	4.7387	0.0004	0.2771
	2017	11.6574	-0.0253	-10.3482	0.0299	0.0421

(二)BP人工神经网络模型反演结果

根据BP人工神经网络训练结果可知(表5-4),相较于参数模型生物量密度拟合决定系数平均提高了0.0705,碳密度拟合决定系数平均提高了0.0762,差异最大的为2017年的拟合结果由不到0.05提高到0.20,采用人工神经网络能有效提高模型拟合决定系数。相较于1个隐层,2个隐层模型拟合决定系数提高了0.0099,增加隐层数和神经元数量会提高BP网络的拟合决定系数,但是也可能导致过度拟合。同时,转换函数的选择也影响着生物量密度和碳密度的遥感反演模型结果。参数模型和BP人工神经网络拟合结果综合分析表明,拟合决定系数均小于0.50,精度较低的遥感数据反演生物量和碳储量密度的信息有限,实际生产运用中应尽可能采用高精度影像辅助地面调查,从而提高遥感估测的精度。

表 5-4 生物量密度和碳密度遥感反演 BP 人工神经网络训练结果

变量	年份	结构	隐层转换函数	输出层转换函数	决定系数 R^2
生物量密度平均值	2002	4-5-3-1	tansig	purelin	0. 3359
	2007	4-5-6-1	tansig	purelin	0. 3226
	2012	4-4-1	tansig	tansig	0. 3149
	2017	4-5-3-1	tansig	purelin	0. 1979
碳密度平均值	2002	4-5-6-1	tansig	tansig	0. 3444
	2007	4-5-5-1	tansig	tansig	0. 3337
	2012	4-5-5-1	tansig	tansig	0. 3211
	2017	4-5-6-1	tansig	purelin	0. 1998

(三)生物量密度和碳密度动态演变趋势

2002—2017 年，四川省森林植被生物量密度和碳密度呈现不断增大的趋势(图 5-1)。各年间生物量密度与碳密度的 Pearson 相关性系数为 0. 9583。高碳密度主要集中于甘孜藏族自治州、阿坝藏族羌族自治州、凉山彝族自治州等盆周区域，应与天然林保护等活动有关，原始林区的天然林分得到进一步的恢复。盆地内碳密度呈现出面积不断扩大的趋势，应与大规模国土绿化等活动有关。

五、数据和尺度对反演的影响

(一)遥感数据

采用遥感数据反演生物量密度和碳密度均存在明显的高估和低估区间，其中，低估区间为生物量密度和碳密度达到光饱和点以后，遥感指标不随生物量密度和碳密度的增加而增加，导致遥感反演结果低于实际值。高估区间则是由于遥感指标不能区分不同植被覆盖类型而导致对草地、灌木林地和竹林地等非乔木林分的遥感反演结果高于实际值。不同月份数据间遥感反演的相对误差存在显著性差异，2 月[图 5-2(b)]和 3 月[图 5-2(c)]遥感数据反演的相对误差分布呈现合理的正态分布型，但仍然存在明显的光饱和区间。低密度区间相对误差由低到高的顺序为 12 月[图 5-2(l)]、1 月[图 5-2(a)]、4 月[图 5-2(d)]、5 月[图 5-2(e)]、11 月[图 5-2(k)]、10 月[图 5-2(j)]、9 月[图 5-2(i)]、6 月[图 5-2(f)]、7 月[图 5-2(g)]、8 月[图 5-2(h)]。结果表明，在未能准确区分植被覆盖类型的情况下，采用 2 月或 3 月的遥感 NDVI 指标估计生物量密度和碳密度更为合理。

采用月度数据(1—12 月)估测森林碳密度与清查样地实测值的平均误差(*ME*)分别为 −19. 8t/hm^2，−19. 6t/hm^2，−12. 1t/hm^2，−8. 5t/hm^2，−2. 2t/hm^2，8. 1t/hm^2，11. 1t/hm^2，10. 2t/hm^2，3. 8t/hm^2，0. 5t/hm^2，−9. 7t/hm^2 和−16. 2t/hm^2；平均绝对误差(*MAE*)分别为 26. 9t/hm^2，29. 0t/hm^2，32. 1t/hm^2，32. 0t/hm^2，33. 1t/hm^2，37. 0t/hm^2，38. 2t/hm^2，37. 1t/hm^2，34. 7t/hm^2，32. 2t/hm^2，29. 6t/hm^2 和 27. 0t/hm^2；均方根误差(*RMSE*)分别为

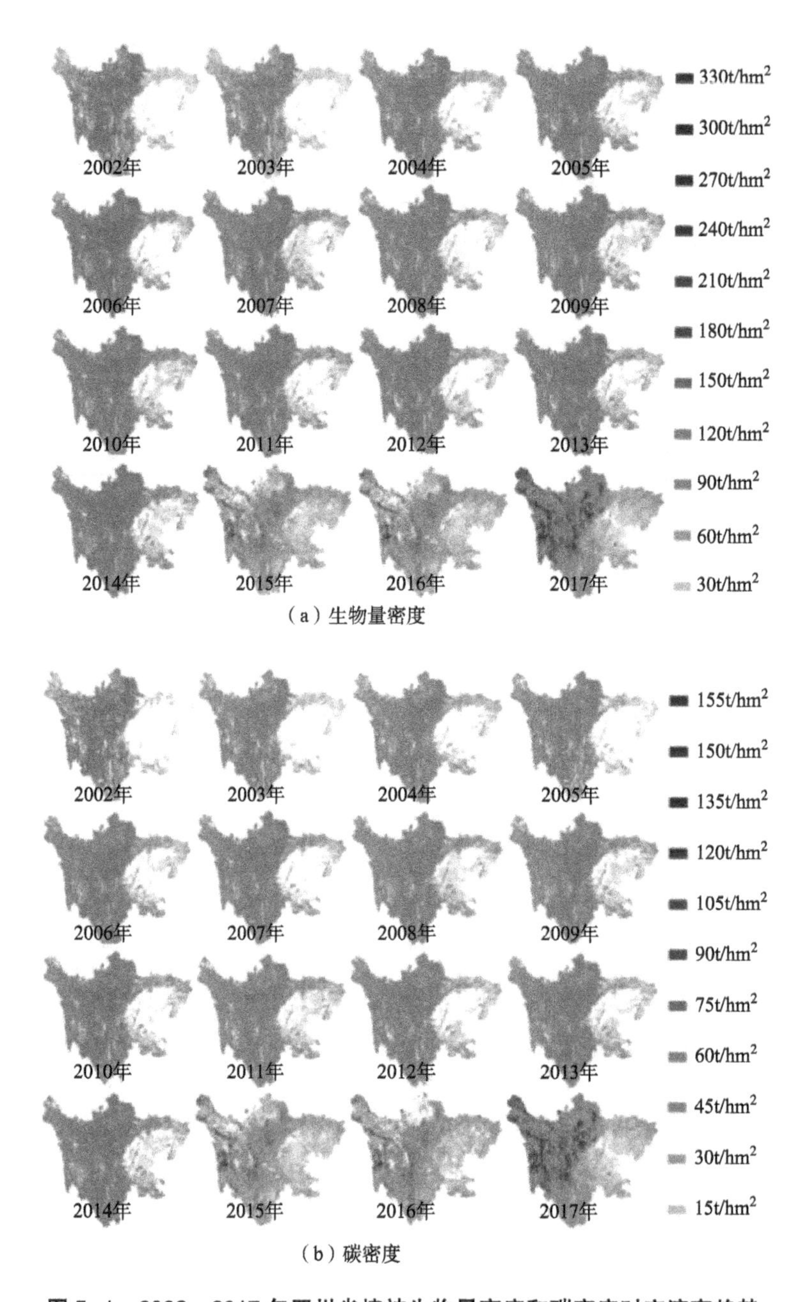

图 5-1　2002—2017 年四川省植被生物量密度和碳密度时空演变趋势

46.5t/hm^2，49.2t/hm^2，50.1t/hm^2，48.8t/hm^2，47.6t/hm^2，47.7t/hm^2，48.1t/hm^2，47.2t/hm^2，46.6t/hm^2，45.6t/hm^2，47.4t/hm^2 和 46.7t/hm^2。

不同季度数据间遥感反演的相对误差存在差异，1 季度[图 5-3(a)]遥感数据反演的相对误差分布较为合理，其次为 4 季度[图 5-3(d)]、3 季度[图 5-3(c)]和 2 季度[图 5-3(b)]。采用 1 月的遥感 NDVI 指标估计生物量密度和碳密度更为合理，但没有月度数据的估计效果好。采用季度数据(1—4 季度)估测森林碳密度与清查样地实测值的平均误差(*ME*)分别为-0.3t/hm^2，13.0t/hm^2，6.2t/hm^2 和-12.4t/hm^2；平均绝对误差(*MAE*)分别为 103.3t/hm²，141.8t/hm²，116.4t/hm² 和 55.9t/hm²；均方根误差（*RMSE*）分别为 47.9t/hm²，48.3t/hm²，45.9t/hm² 和 46.3t/hm²。

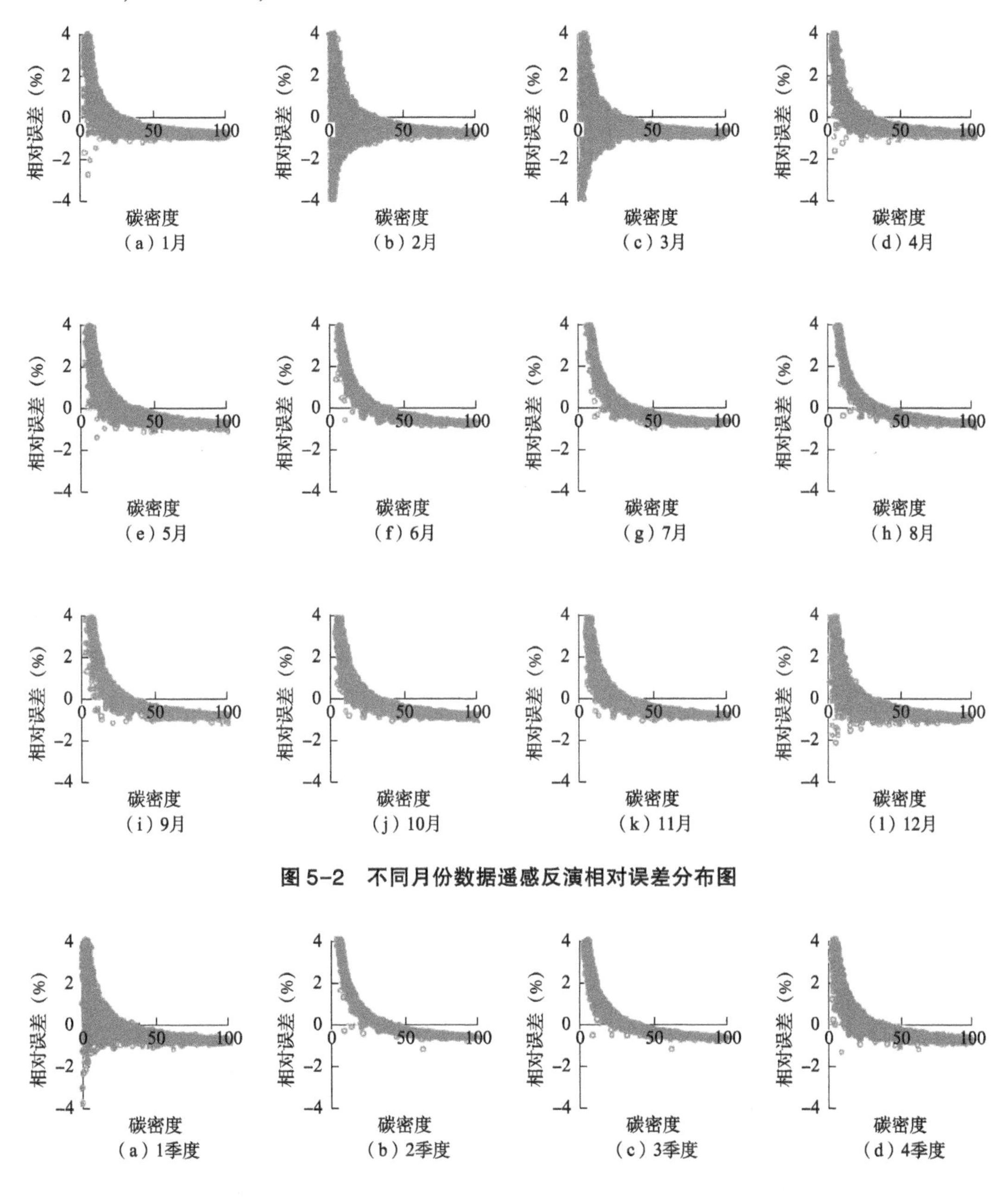

图 5-2　不同月份数据遥感反演相对误差分布图

图 5-3　不同季度数据遥感反演相对误差分布图

不同年度数据间遥感反演的相对误差无差异，但没有月度数据和季度数据的估计效果好。采用年度数据 2002 年[图 5-4(a)]、2007 年[图 5-4(b)]、2012 年[图 5-4(c)]和 2017 年[图 5-4(d)]估测森林碳密度与清查样地实测值的平均误差（*ME*）分别为 13.4t/hm²，39.3t/hm²，78.1t/hm² 和 32.1t/hm²；平均绝对误差(*MAE*)分别为 38.9t/hm²，

34.4t/hm²，36.6t/hm² 和 32.8t/hm²；均方根误差（*RMSE*）分别为 48.1t/hm²，46.2t/hm²，47.8t/hm² 和 43.8 t/hm²。

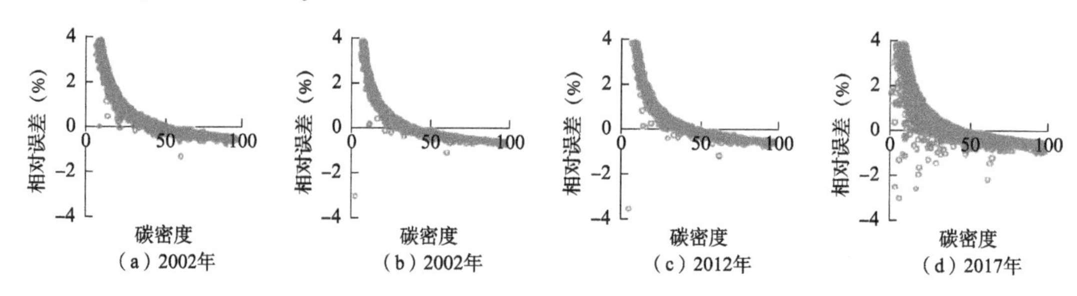

图 5-4　不同年度数据遥感反演相对误差分布图

（二）估算尺度

不同估算尺度对遥感反演的相对误差具有显著性的影响，采用清查样地估算 1km²[图 5-5(a)]的碳密度相对误差分布呈现合理的正态分布型，其次为 6km²[图 5-5(b)]、24km²[图 5-5(c)]和 48km²[图 5-5(d)]，可能与遥感影像的精度为 1km 有关。不同估算尺度（1km²，6km²，24km²，48km²）森林碳密度与清查样地实测值的平均误差（*ME*）分别为-4.4t/hm²，13.7t/hm²，10.0t/hm² 和 2.7t/hm²；平均绝对误差（*MAE*）分别为 34.6t/hm²，25.4t/hm²，24.8t/hm² 和 24.8t/hm²；均方根误差（*RMSE*）分别为 46.6t/hm²，38.8t/hm²，38.3t/hm² 和 38.5t/hm²。

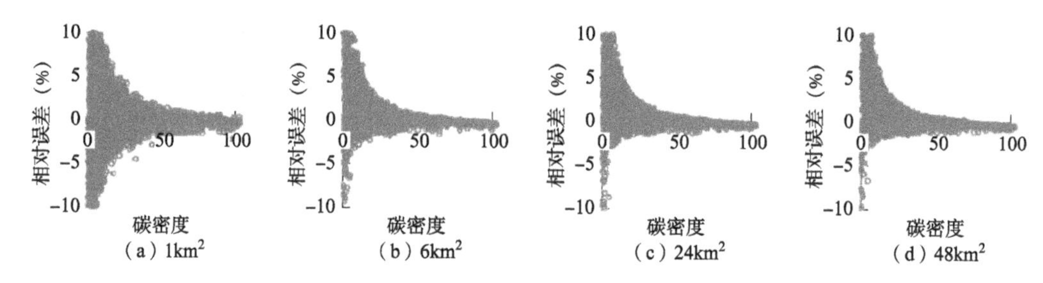

图 5-5　不同估算尺度遥感反演相对误差分布图

森林、草原、湿地等自然生态系统在增加碳汇中发挥着不可替代的重要作用，是争取实现碳达峰、碳中和的有效途径。采用精度较低的遥感数据反演森林生物量密度和碳储量密度具有局限性，遥感数据反映的信息有限。由于不同月份 NDVI 和 NPP 等差异较大，对基准矫正和年度的时序分析具有较大的影响，这要求建立时序数据校准的遥感数据的时相相对统一，确保时序数据校准实验的合理性和可行性。随着遥感数据的丰富，对比不同精度的遥感影像对生物量和碳储量估测影响是本研究后期需要改进的地方。实际生产中也应根据成本限制尽可能采用高精度影像辅助地面调查，利用 GPS 技术建立地面连续监测的基准对不同时期的遥感影像反演值进行校准，运用智能算法建立反演模型，从而提高遥感估测的精度。同时，基于遥感数据的生物量和碳储量估算具有不确定性问题，其中，光饱和点的不确定性更为突出，在实际调查监测中需要注意光饱和矫正。同时，由于遥感指标不能区分不同植被覆盖类型而导致对草地、灌木林地和竹林地等非乔木林分的遥感反演结果高于实际值，在实际生产和运用中应增加森林植被区划因子，从而提高遥感反演的精度。

生物量密度、碳密度与遥感时序指标 NPP 和 NDVI 的线性相关性较弱，不同年份间生物量密度、碳密度、NDVI、NPP 均值存在极显著性差异（$P<0.01$），NPP 和 NDVI 具有对模型不同的解释效能。相较于参数模型，采用 BP 人工神经网络，生物量密度拟合决定系数平均提高了 0.0705，碳密度拟合决定系数平均提高了 0.0762。辅助 GPS 精准定位进行时序数据校准，2002—2017 年四川省森林植被生物量密度、碳密度呈不断增大的趋势。采用遥感数据反演生物量密度和碳密度均存在明显的高估和低估区间，在生产过程中应进行矫正。在未能准确区分植被覆盖类型的情况下，采用 2 月或 3 月的遥感 NDVI 指标估计生物量密度和碳密度更为合理，季度数据和年度数据均没有月度数据的估计效果好，不同估算尺度对遥感反演的相对误差具有显著性的影响。采用“3S”技术和模型技术，结合高精度时序遥感卫星数据能为大区域尺度生物量和碳储量估算提供快速途径。

第五节　影像分析判读应用系统

一、系统简介

（一）系统介绍

影像分析判读系统（Forest Raster Artificial Intelligence System，简称 ForestAI）旨在针对高分影像自动分类、分割和影像数据处理等工作，系统具有影像渲染、影像操作、影像分析等多种功能模块。系统数据处理结果符合遥感影像图斑检测要求，具有影像数据导入导出、矢量数据导入导出、影像分类、影像判读等多种功能，为影像数据数据处理提供了快捷、简便的数据处理工具。

（二）系统特点

1. 界面友好，易于操作。
2. 系统集成深度学习模型和工具，事件处理速度快。
3. 数据处理过程流程化。
4. 功能人性化。
5. 完全独立知识产权的国产软件。

（三）系统功能

1. 影像加载与显示。
2. 传统的聚类分析算法。
3. 深度学习算法与工具。
4. 样本制作。
5. 模型训练。

二、系统安装

(一)运行环境

1. 硬件

(1)CPU

最低要求：Core i7 6700HQ 或同等性能处理器，固态硬盘剩余空间不小于 10GB。

建议配置：Core i7-11800H、AMD 5800H 或更高性能处理器。

(2)RAM

最低要求：8GB。

推荐：16GB 以上。

(3)显卡

显卡模型运行：NVIDIA GTX1060 3GB 及更高性能的显卡，推荐使用 NVIDIA RTX 2060 6GB 显卡。

显卡模型训练：NVIDIA GTX 1080TI 11GB 及更高性能显卡，推荐使用 NVIDIA RTX 3080 16GB 以上显卡。

(4)硬盘

固态硬盘，剩余空间 10GB 以上。

(5)显示器

VGA(1280×800)以上彩色显示系统，推荐使用 1920×1080 及以上分辨率，32 位色。

2. 软件运行环境

(1)64 位 Window 10、Windows 11 操作系统，推荐使用 Windows 10。

(2)64 位 Visual C++ 2019 运行时。

(3)ArcGIS Engine 或 GeoScene 运行时。

(4)Python 3. 7 及开源深度学习工具包 PyTorch 1. 8、TensorFlow 2. 5。

(5)CUDA 11. 1、CUDNN 8. 1。

(二)安装

运行安装文件中的 SetUp. exe 文件，按照安装向导进行安装。

(三)运行系统

安装完毕后，点击“影像分析判别系统软件 . exe”进入系统。

三、系统界面

系统共分成四个功能区，上部为主菜单，展示出了系统的主要工具。左侧为图层内容列表，用于图层控制，图层内容列表可以拖动。右侧为常用的工具栏，工具栏是可以手工拖动的。如下图所示。

四、软件功能

软件主要功能集成在主菜单上，在常规地理信息系统的功能基础上，增加了影像处理、影像分析、智能判读、移动端数据转换等功能(见下图)，下面逐一对以上功能进行介绍。

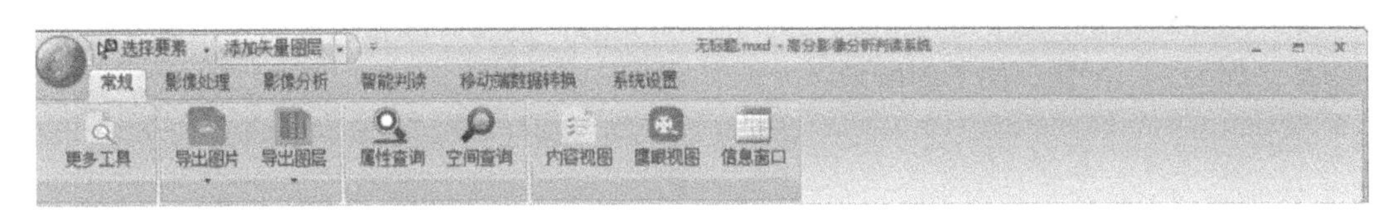

(一)常规地理信息操作

常规地理信息操作包括图形浏览、地图查看等功能，具体操作如下。

1. 更多工具

关闭和显示软件操作的工具栏。工具栏是可以关闭或拖动，当需要再次显示工具栏时，需要更多工具进行控制，具体操作如下图所示。点击主菜单上的“更多工具”按钮，系统弹出“更多工具”对话框。

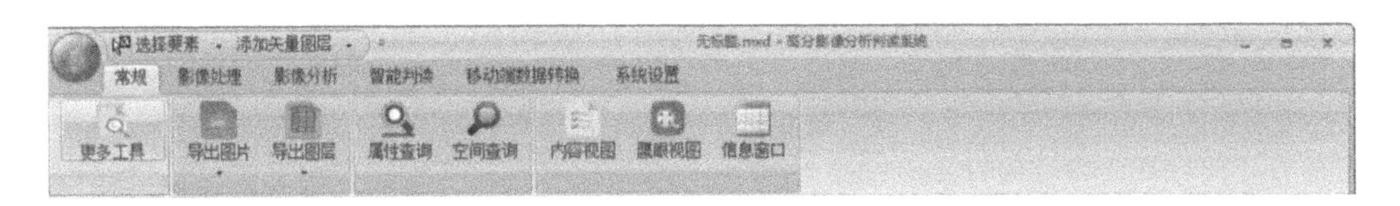

在更多工具对话框选择需要显示或关闭的工具(见下图)，完成操作。

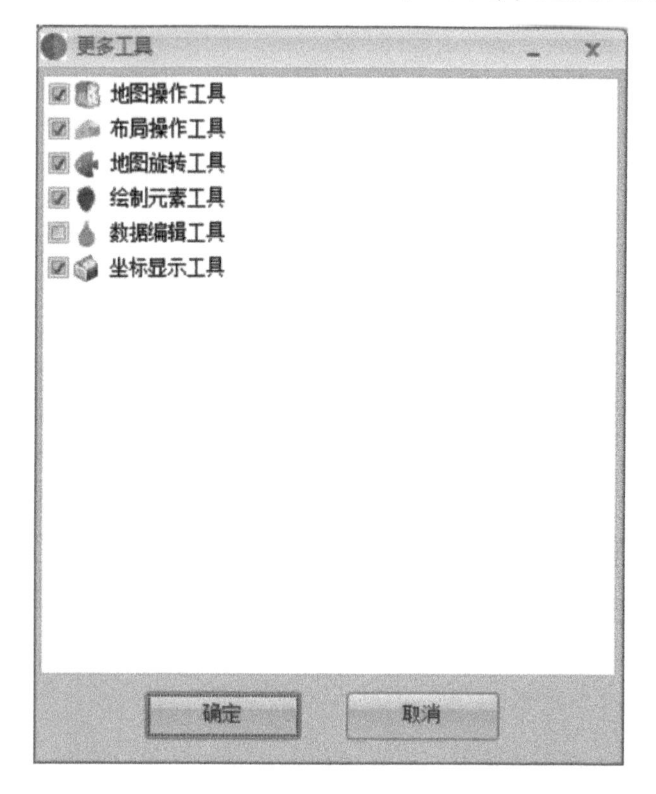

2. 导出图片

将当前地图上的内容导出成图片格式，导出图片时需要输入图片高度、宽度和分辨率、保存路径等信息，导出的图片默认是JPG格式的，更改后缀名也可以导出成其他格式的图片，如png、tif等。如下图所示。

导出图片
输出宽度： 3000
输出高度： 2000
输出分辨率： 300
保存路径： C:\Users\ecitl\Desktop\Export_output.jpg
输出 取消

3. 导出图层

也可以导出当前系统上的图层，点击“数据导出”菜单，弹出“数据导出”界面，导出的是矢量图层。导出图层过程中，需要选择保存路径、导出文件选项(见下图)。

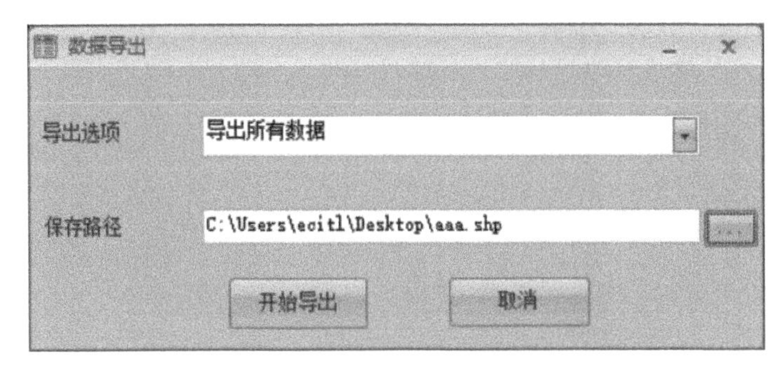

4. 属性查询

根据指定的字段属性来查询数据，点击“按属性选择”菜单，弹出“按属性选择”界面。如下图所示。

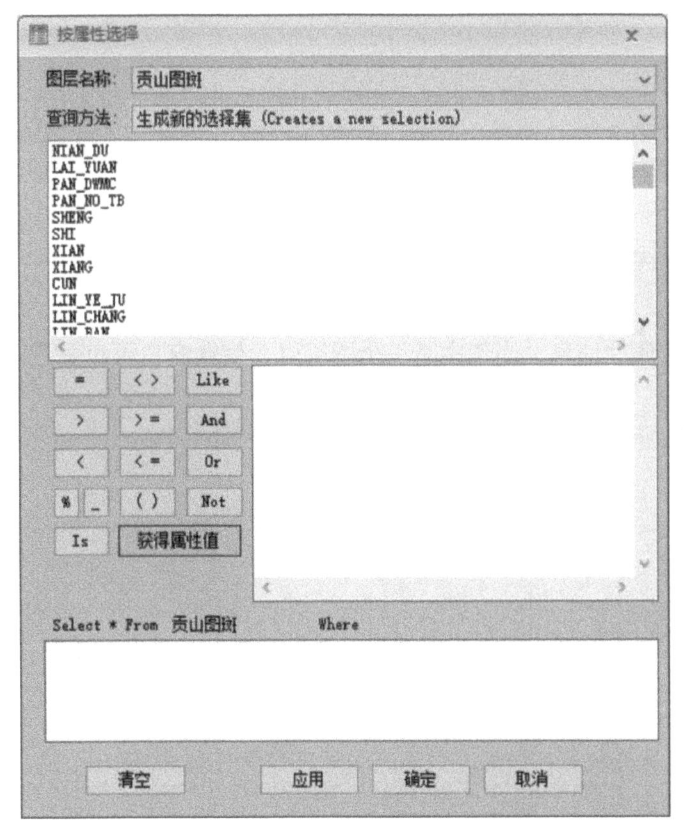

5. 空间查询

根据矢量的空间位置来查询数据。点击“根据空间位置”菜单，弹出根据空间位置界面(见下图)。注意：因浮点数误差的原因，空间查询中的相接、包含等查询需要考虑浮点数误差因素。

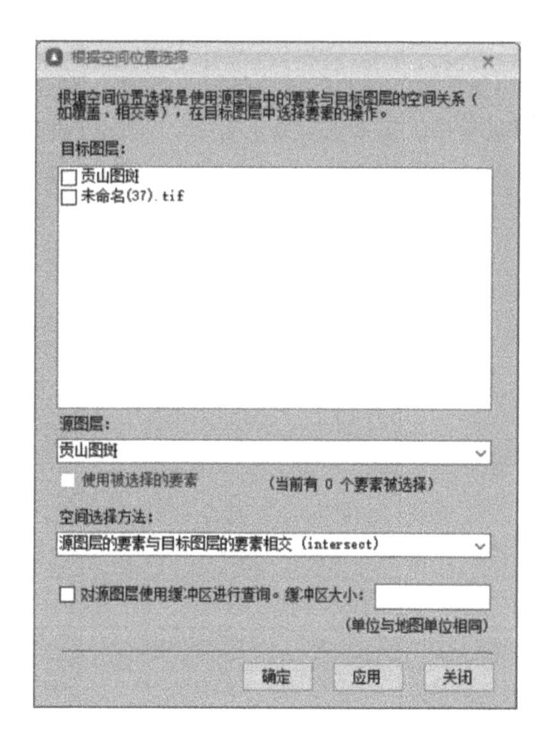

6. 内容视图

关闭或显示内容视图窗口。

7. 鹰眼视图

关闭或显示鹰眼视图。

8. 信息窗口

用于显示要素属性信息，当选中某一个图层时，信息窗口可以显示单个要素属性。如下图所示。

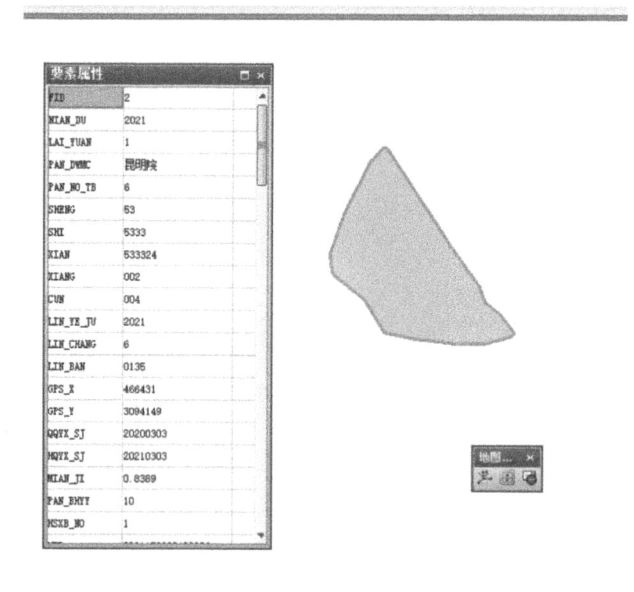

9. 其他操作

其他操作包括查看要素、添加数据等。

(1)查看要素

在内容视图上选中一个矢量图层，打开图层属性，可以查看要素属性。操作方式如下图所示。

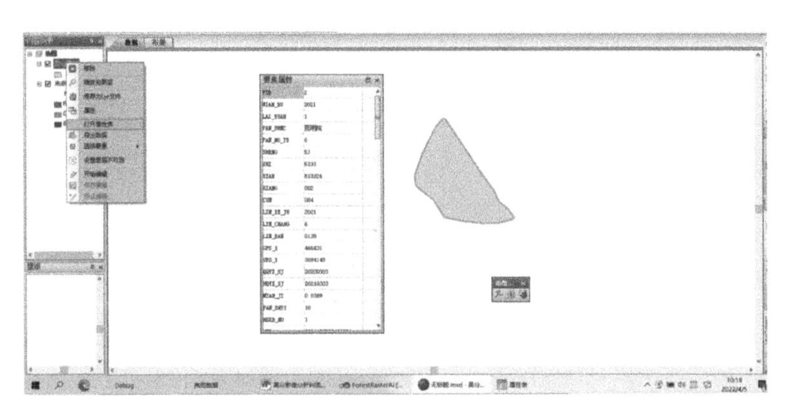

通过属性表，查看指定要素属性(见下图)。

	FID	Shape	NIAN_DU	LAI_YUAN	PAN_DWMC	PAN_NO_TB	SHENG	SHI	XIAN	XIANG
1	0	面	2021	1	昆明院	4	53	5333	533324	002
2	1	面	2021	1	昆明院	5	53	5333	533324	002
3	2	面	2021	1	昆明院	6	53	5333	533324	002
4	3	面	2021	1	昆明院	7	53	5333	533324	003
5	4	面	2021	1	昆明院	8	53	5333	533324	004
6	5	面	2021	1	昆明院	14	53	5333	533324	004
7	6	面	2021	1	昆明院	3	53	5333	533324	002
8	7	面	2021	1	昆明院	1	53	5333	533324	002

(2)添加数据

通过右键菜单添加数据，在图框右键菜单，添加矢量和影像数据(见下图)。

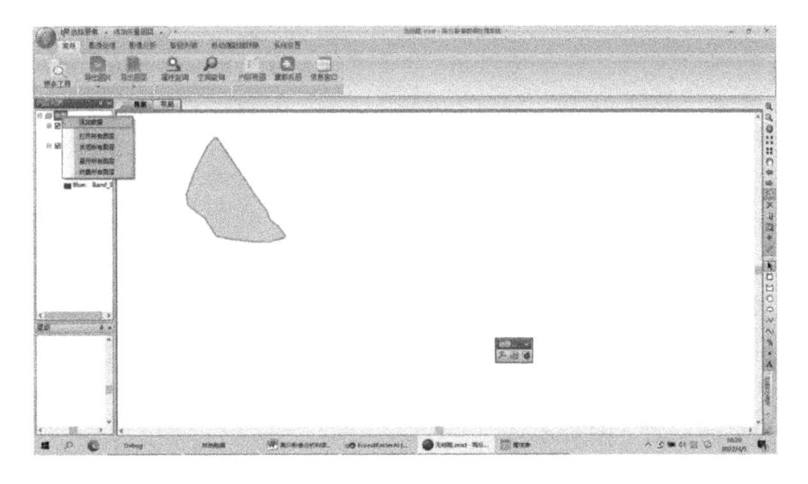

(3)要素操作

选中图层，对图层要素进行操作。操作方式如下：选中一个图层，鼠标右键打开右键菜单，可以看到很多功能操作区。如下图所示。

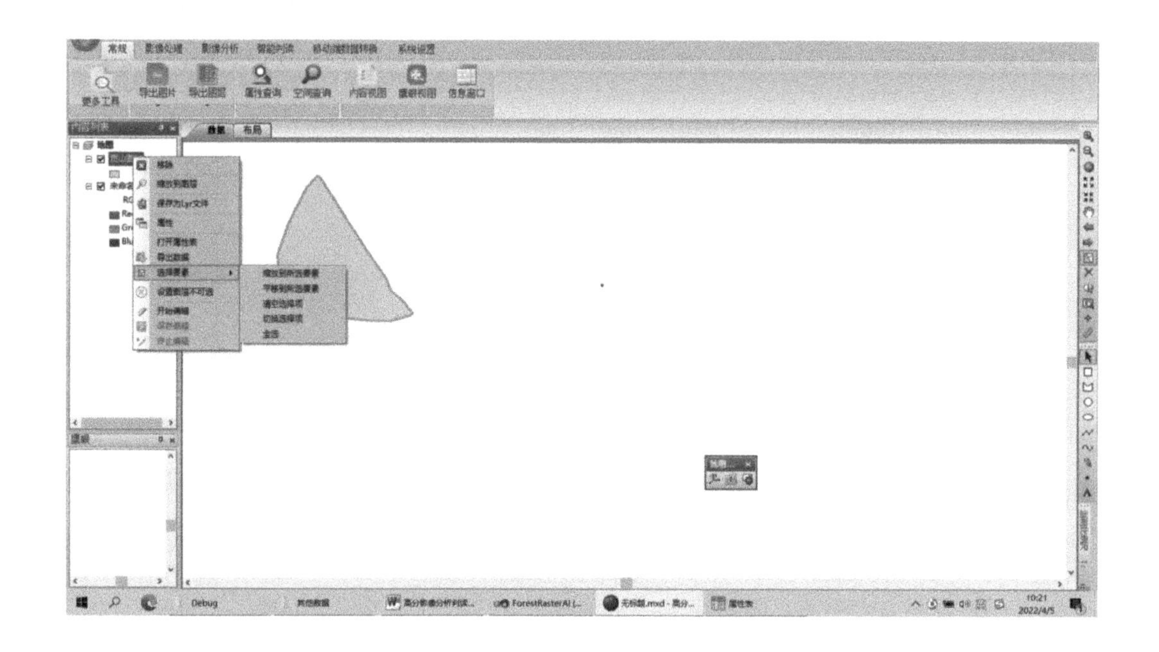

(二)影像处理

影像处理主要包含一些常规地理信息软件无法进行的操作，比如，影像检查、像素深度更改、影像背景重置等工具。如下图所示。

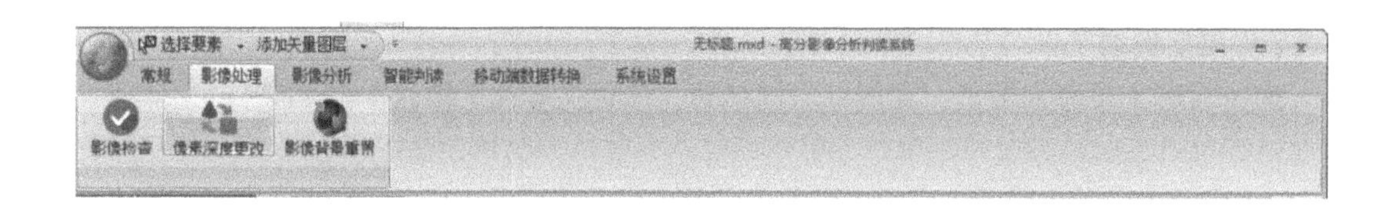

1. 影像检查

影像检查用于检查两期影像是否一致，在变化检测过程中，可能会出现前后期影像范围不一致、坐标系统不一致、像素深度不一致、波段不一致等，影像检查功能用于检查这种情况。

2. 像素深度更改

像素深度更改用于更改影像的深度，比如，有的影像可能是16位像素深度、32位像素深度，影像处理过程中，需要统一像素深度。操作过程：首先点击“像素深度更改”，弹出像素深度更改界面，如下图所示。

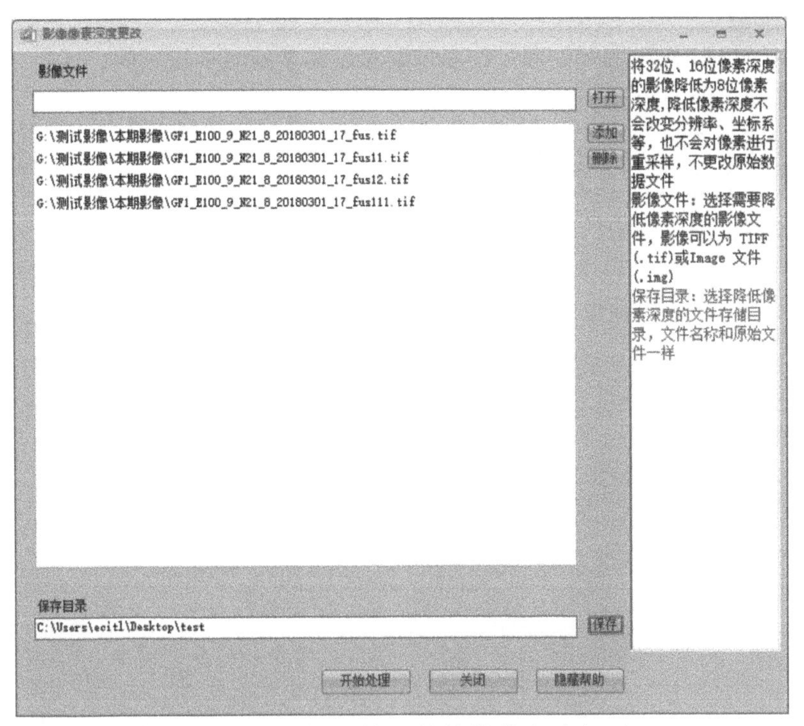

像素深度更改界面需要选择对应的文件，具体操作方式如下。

(1)选择影像文件

点击打开按钮，选择需要添加的影像文件(见下图)。

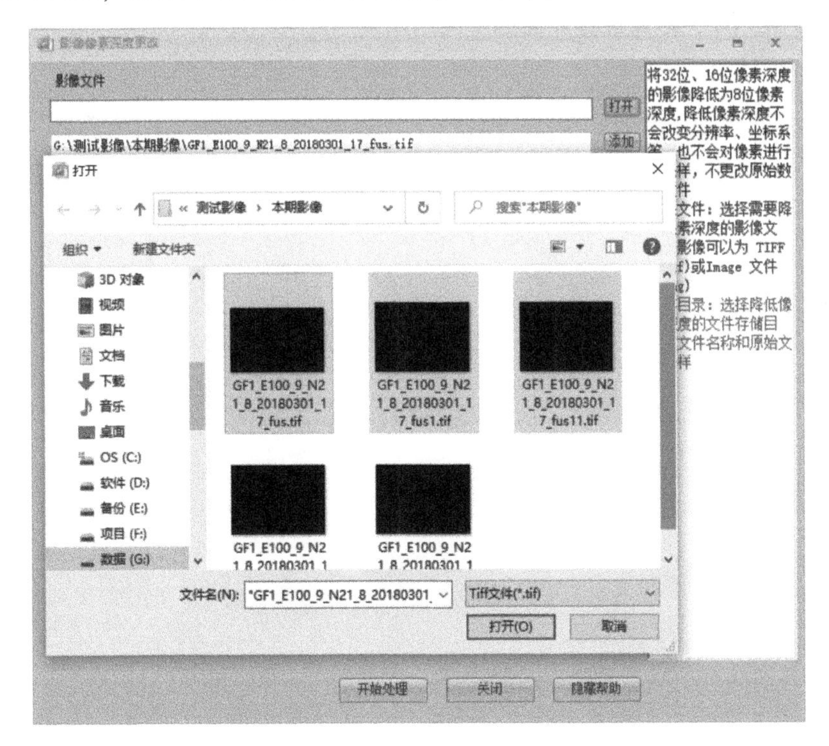

(2)开始处理

点击“开始处理”按钮就行处理。改变像素深度需要运行一段时间，运行结束后，将会得到调整好像素深度的影像。

3. 影像背景重置

常规的影像背景和前景是不一致的，比如，很多影像正常背景是 RGB，是(0，0，0)，但是因影像处理过程中的问题，导致某些影像背景完全是(0，0，0)，可能会出现诸如(0，1，0)或者(1，2，1)之类的情况。举例如下，左侧影像具有黑色背景色(RGB 为 0，0，0)，但因卫星拍摄强度和影像处理的原因，影像背景并不完全是黑色(见下图)。

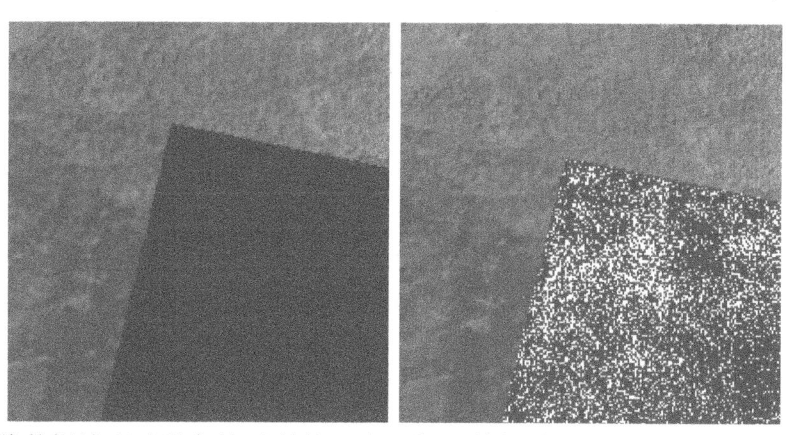

这在影像数据处理过程中是不利的。为了便于数据处理，需要对背景色进行统一设置。系统提供了统一重置背景色的功能，操作方式是点击“影像背景重置”，将影像背景重置成 RGB(0，0，0)。影像重置界面如下图所示。

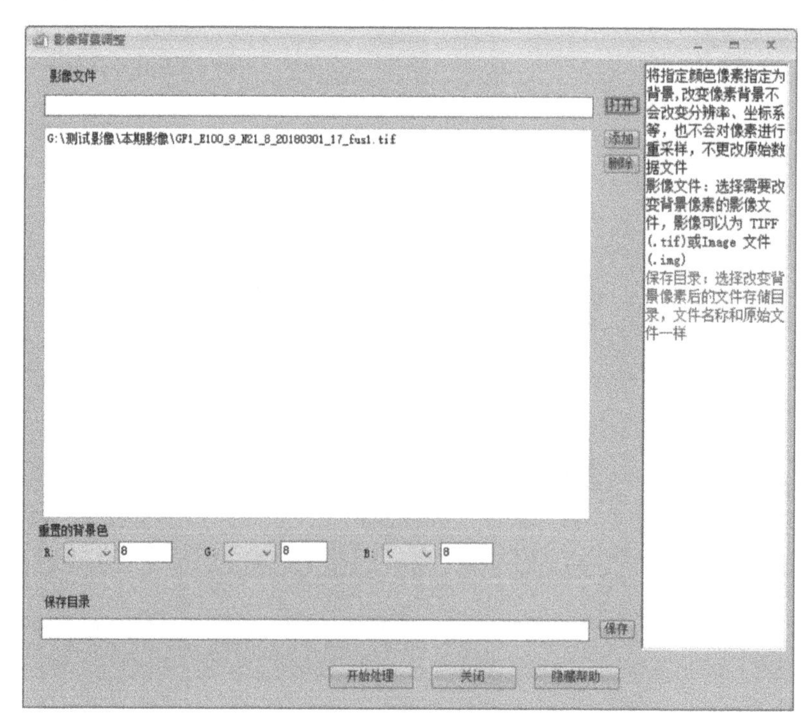

在影像背景重置界面上有一系列选项，重点需要注意的是重置的背景色，默认是 R、G、B 都小于 8 的重置成 RGB(0，0，0)，也可以根据影像的状态进行修改。

(三)影像分析

用于进行常规的影像数据聚类操作，主要包括点绘、线绘、面绘、自动分割和常用参数设置。

1. 点绘

根据一个点聚类形成周边的面状区域。

2. 线绘

绘制一条线形成周边的面状区域。

3. 面绘

绘制一个面形成周边的面状区域。

4. 自动分割

根据指定的分割算法自动分割功能区。

5. 参数设置

设置绘制参数。

(四)智能判读

利用深度学习技术进行判读，这部分需要用到 CUDA 技术，对计算机显卡配置有较高要求，需要安装 CUDA、CUDNN、Python3.7、PyTorch1.8 和 Tensorflow2.5 运行环境，软件安装包自带以上工具，安装软件时需要进行配置。

1. 模型训练

利用卷积神经网络训练模型，模型将保存到指定目录。

2. 样本制作

根据平台制作训练样本。

3. 判读预测

预测和判读结果。

(五)移动端数据转换

将现有数据导出到平板电脑格式，主要包括矢量转换、影像转换等，界面如下图所示。

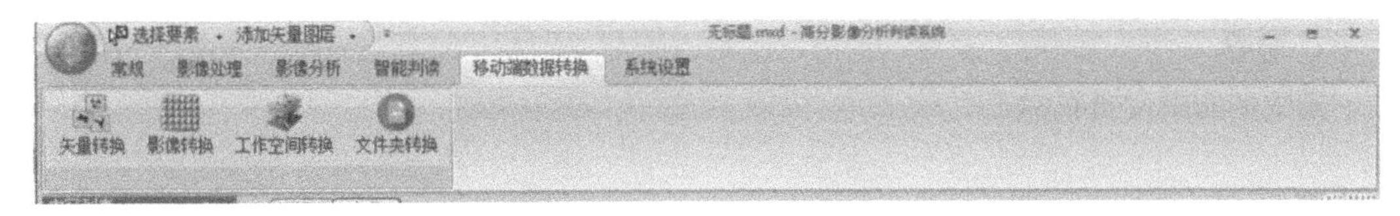

1. 矢量转换

转换矢量空间数据到移动端格式。

2. 影像转换

转换影像数据到移动端格式。

3. 工作空间转换

转换当前工作空间下的数据。

4. 文件夹转换

转换整个文件夹的数据成移动端格式。

(六) 系统设置

系统设置软件注册、关于系统和帮助信息，界面如下图所示。

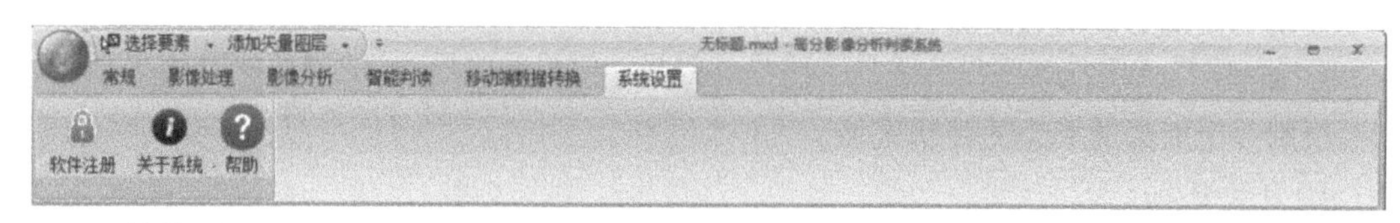

1. 软件注册

软件是需要注册的，没有注册不能使用影像分析、智能判读工具。软件注册操作过程：点击“软件注册”，系统将会弹出软件注册界面，如下图所示。

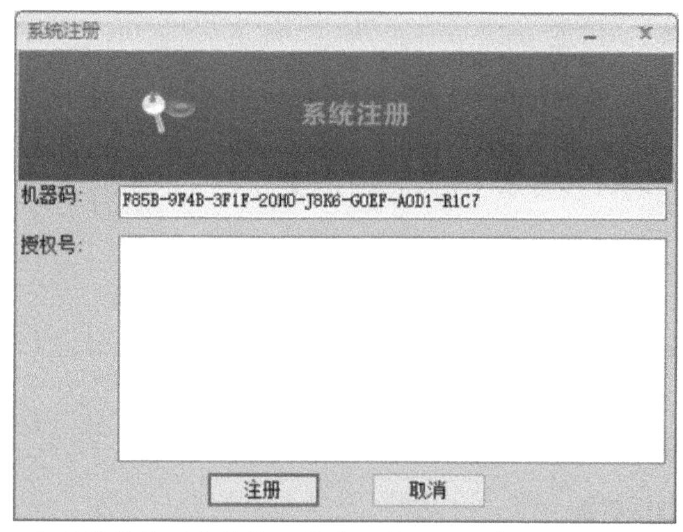

根据机器码，发送给软件开发单位，获取注册码后进行注册。

2. 关于系统

提供系统的一些基础信息，比如，版权协议、联系方式等。

3. 帮助

系统的帮助文件信息。

第六章 评价技术

第一节 多功能服务评价理论

一、森林的多功能性

多功能森林是指在以树木为主体的植物群落能发挥2种或以上功能的森林，例如，生产木材、提供非木材产品、为野生动植物提供保护和栖息地、保持水土、净化水源、旅游休闲、防风固沙、保护生物多样性、涵养水源、固碳释氧、发展森林生态旅游业等多种功能。20世纪80年代，我国的森林分类体系是将森林资源划分为“生态公益林”和“商品林”两种类型，后期结合森林生产产品的主导功能属性的不同，在“两类林”的基础上，划分为防护林、用材林、经济林、薪炭林、特种用途林等多种功能的森林类型。

（一）物质能量循环基础

森林面积广阔，结构复杂，光合效率高，光能利用率达1.6%～3.5%。森林生态系统每年固定太阳能总量的63%。森林生态系统每公顷生物的总质量为100～400t，是农田或草原的20～100倍。因此，森林的生物产量在所有植物群落中是最多的，是生物圈最大的能量基地。

（二）生物多样性的摇篮

森林是极为丰富的生物资源和基因库。在热带雨林，有200万～400万种生物生活在其中。森林一般分为乔木、灌木、草本和地被4个层次，其中生活着各类野生动物、鸟类和昆虫等。我国的西双版纳不到国土的0.2%区域内，目前已经发现的陆栖脊椎动物就有500多种。

（三）气候变化的缓冲器

森林生态系统还是控制全球变暖的缓冲器，全球变暖30%～50%的起因源于森林减少。树木每生长一个立方米蓄积量，可以吸收1.8t二氧化碳，释放1.62t氧气。同时，森林还具有吸收有害气体、杀灭菌类、净化空气的功能。在干燥的无林地每立方米空气中含有400万个病菌，而在森林中则只有几十个。

（四）水土保持的稳固剂

森林的多层次性，减轻了降雨强度和水土流失，同时又使降水储蓄起来。每公顷森林平均可储水 500~2000m^3。据非洲肯尼亚的记录，当年降水量为 500mm 时，农垦地的泥沙流失量是林区的 100 倍，放牧地的泥沙流失量是林地的 3000 倍。森林同时能防风固沙，防止土壤风蚀。

（五）最普惠的生态产品

森林释放负氧离子（城市的房子里每立方厘米只有 40~50 个，在森林里则为 1 万个）；阻滞噪音 40m 宽的林带可以降低 10~15dB 的噪声；改善小气候，提高空气湿度从而增加降雨量，因森林而增加的降水量可占陆地总降水量的 1/3 以上。

二、森林经营理论实践体系

在国外，德国林学家奥拓·冯·哈根于 1867 年提出的“森林多效益永续经营理论”，被视为最早的森林多功能经营思想。但直到 1960 年 8—9 月召开的第五届世界林业大会首次将“森林的多功能作用”作为主题交流之后，森林多功能经营思想与理论才逐渐被美国、日本、澳大利亚等国家普遍接受并推行，各国也都开展了森林多功能经营理论研究与实践探索。经过几十年的发展，形成了一些比较有影响的森林多功能经营理论与实践体系，主要包括以下 3 种。

（一）近自然森林经营体系

以德国为代表的欧洲近自然森林经营体系，以多品质产品生产为目标，以森林生态系统的稳定性、生物多样性和系统多功能等为基础，以择伐作业、天然更新及目标树经营为主要技术特征。

（二）森林生态系统经营体系

以美国为代表的森林生态系统经营体系，从森林的结构完整性和功能整体性出发，以恢复和保持森林生态系统的健康和活力并提供包括木材产品在内的各种服务为目标，综合运用生态学等多学科理论技术进行森林经营，并从森林生态系统获取各种产品与服务，实现森林的多种功能和价值。

（三）国际模式林经营体系

以加拿大为代表的国际模式林经营体系，以森林生态系统经营思想为指导，通过由社会各界代表组成的顾问团的作用及公众对森林经营的参与来充分实现森林的多种价值，共同解决当地的森林多功能经营问题。

三、森林多功能监测评价

森林资源监测可取得与森林有关的各方面内容的长期序列信息，从而对森林经营实施情况进行了解与评价，进而指导森林经营实践。森林多功能监测从本质上来说是一种多内容、多目的的森林资源综合监测，与传统的森林资源侧重于森林面积和蓄积方面的监测不同，森林多功能监测由于要体现森林的经济、生态及社会等多种功能相关的信息，因此不但要对资源的数量、质量等进行监测，同时还要对森林生态健康和环境状况等方面的因子进行监测，所要监测的因子更加多样，监测过程更为复杂，所能提供的信息也更为丰富。

(一)森林多功能监测

随着森林多功能经营理论的发展，森林多功能监测技术也受到了重视、得到了发展，世界各国都对其原有的森林监测体系进行了一系列优化和改进，使其从单一木材资源监测向多资源、多功能综合监测转变。国外的森林多功能监测多叫做多目的或可持续森林监测，开始较早且具有代表性的主要是欧美等发达国家。如美国从 20 世纪 70 年代中期开始，由于公众对生态和野生动物的关注以及法律方面的要求，其森林资源监测开始关注土壤、水质、气候等因素。从 20 世纪 90 年代开始，执行的综合森林资源清查与森林健康监测体系，其核心调查因子达到了 150 多个，其中包含了土壤条件、植被多样性与结构、林下枯落物、臭氧生物指标等许多与森林环境及生态系统健康有关的因子。德国从 20 世纪 80 年代开始，其森林资源监测内容即包含了森林健康、森林土壤和树木营养等方面的调查，并建立了研究森林致害因素及森林生态系统反应机制的固定观测样地体系。目前，通过不断完善，其森林资源综合监测已涵盖了空气质量、土壤理化性质、树木营养、大气污染物沉降、植物种类及丰富度和覆盖度等诸多方面。其他国家的森林资源监测体系也是综合性越来越强、目标越来越多、多功能方面的监测越来越丰富，但总体来说，多功能综合监测的深度还不够。

(二)森林多功能评价

森林功能评价是在人们对森林各种功能认识的基础上逐渐发展的，是适应社会发展的需要而产生的。科学计量和评价森林的多种功能和效益，对于更加全面地认识森林，发现森林经营中存在的问题与不足，进而更好地培育森林具有重要意义。在主要以薪材和原木利用为中心的森林经营时代，对森林资源的评价，主要集中在对木材实物量的计量计测研究上。19 世纪后，由于市场的内在需求，木材买卖交易逐渐普遍化，以研究森林资源经济评价问题(主要是对木材资源的经济评价)的森林评价学在德国诞生。此后，世界各国都建立了许多方法和理论从经济学的角度对森林资源的经济功能进行评价。工业革命后，在木材永续利用思想的影响下，森林的经济功能评价理论得到了进一步的发展。20 世纪 60 年代开始，世界各国掀起了森林多效益经营模式的热潮，许多国家开始提出一些森林生态功能、社会功能的评价理论和技术，在对森林单项功能评价的同时，大家也逐渐尝试对森林的综合效益进行计量和评价。

四、森林多功能经营模式构建

森林经营者采取各种森林经营措施时，必须首先要清楚不同经营对象的现实状况与培育目标。森林作为复杂生态系统，对其进行多功能服务综合评价，在林业生产实践中具有十分重要的现实意义。国内外常用的方法分为专家评价法、经济分析法、运筹学方法、数理统计方法和雷达图法等。其中，运筹学方法又可分为多目标决策法、数据包络分析法和层次分析法几种。数理统计方法又可分为聚类分析法、判别分析法、主成分分析法、因子分析法等几种。森林多功能经营应该兼顾生态效益、社会效益和经济效益，达到生态建设和资源保护发展协调，既要毫不动摇地坚持“生态优先”的方针，集中力量加强生态建设，又要坚持生态建设与资源保护发展并重。着力构建政策法规体系、基础保障体系和人才队伍体系，按照一体化的综合发展模式，分级、分区、分类实施公益性的保护发展、可持续的绿色发展、多功能的主导利用模式。

（一）生态型森林经营

生态型森林经营是随着森林生态学等研究的不断发展，全球环境保护意识的增强，由传统的以开发利用木材为主向多功能绿色发展转变的必然产物。以现代生态学、生态经济学原理为指导，运用系统工程方法及先进科学技术成果集约经营的林业保护发展模式。充分利用当地的自然条件和自然资源，通过生态与经济良性循环，为人类生存与发展创造最佳状态的环境，实现经济与生态功能高效、协调、持续发展的现代林业。通过对生态系统、农林复合生态系统、林业生态工程及人为经营等进行合理的设计和管理，极大地发挥其生态、经济和社会效益的同时突出森林生态功能。

（二）景观型森林经营

景观型森林经营通过对自然公园各景观区、景观线、景观点等组成元素的构建和优化整合，通过多层次的生态绿化工程建设，形成景观多样、层次丰富的森林景观。景观型森林经营是以森林生态系统为主体，着力改善林分、树种、树龄结构的不合理，对生态系统进行修复和改造，宜林则林、宜灌则灌、宜草则草，科学合理地配植植物。遵循自然群落的发展演替规律和统一、调和、均衡、韵律、生态原则，注重垂直层面布局，优化植物种类、季相结合布局，创造时空各异、季相韵律流畅的优美绿色景观结构，展现生态景观的多姿多彩。

（三）文化型森林经营

文化型森林经营是基于生态系统规律，体现人与自然和谐相处的生态价值观，以实现生态系统的多重价值来满足人的多重文化需求为目的，其主体思想与生态文化的核心思想一致，即“人与自然和谐相处”。主要任务是科学认识森林生态的地位和作用，倡导积极正确的生态观和发展观，实现人与自然和谐。建设文化森林是生态文明建设面临的新课题、新任务，也是繁荣生态文化、建设生态文明的积极实践。通过加快自然公园建设推进生态旅游，引领绿色消费，加大森林文化资源保护力度。通过加强生态宣传教育，增强公众环境意识，提高生态伦理道德水平，宣传森林文化，普及生态知识，弘扬绿色文明。

（四）服务型森林经营

服务型森林经营作为国民经济中的重要基础产业，对社会经济发展、生态建设均发挥着不可或缺的积极作用。服务型森林经营，一方面是指构建林产业体系，满足人民群众的多样化需求，提高林农的生活水平，协调生态建设与林农致富增收之间的矛盾；另一方面是指林业行政主管部门应进一步实现部门角色转变，即从“管理型”政府职能部门转变为“服务型”政府职能部门，推动管理体制的深入改革，为产业的发展创造良好的制度环境，推动产业可持续发展。

(五)科技型森林经营

科技型森林经营的核心是科学化，依靠科技进步是现代林业发展的本质要求。科技型林业是现代化林业的一部分，是在现代科学认识的基础上，借助于信息、数据和物联网等高新技术科学发展林业。生物技术、新材料技术、信息技术、大数据技术等高新技术的突破，对林业保护发展将产生巨大的推动作用。经济社会发展的物质产品、文化产品和生态产品等三大类产品中，生态产品已成为社会最短缺、最急需大力发展的惠民产品，提高生态产品的供给能力已成为林业发展最迫切的任务。

(六)安全型森林经营

安全型森林经营是生态安全的重要部分。国家安全关系到国家的生存与发展，也是国家利益的重要组成部分。安全型森林经营要预防和消除各种破坏和灾害，保证森林健康生长，预防和消除森林火灾和有害生物等对森林资源的损害。

第二节 经济价值评价

市场经济条件下，林业生产获得两大类产品(或服务)，一类是有价格的各种林产品，它们是可以用于交换的商品，包括木材、食用菌、茶果等。这类产品可以为经营者独占，并且可以出售、转让、租赁等从而获取利益。由于有价格信息，可以通过市场进行资源配置。而另外一种是无价格的各种产出与服务，如保持水土、涵养水源、防风固沙、改善气候、美化环境等，这些服务的占有和消费是难以排除他人的，经营者无法通过出售和交换占有其利益，也难以通过市场来实现资源配置。

一、木材安全与储备

木材是重要战略资源，与钢材、水泥长期并称为三大基础资料，是国家建设和国民经济发展必需的重要物资。木材是有利于身体健康的材料，由于自重轻、强度高、弹性韧性好、绝热性好、装饰性好等特点，是良好的建筑结构材料和装饰材料。人类生活在木制房屋(含芬多精、负离子)中对身体最有利。木材符合循环经济的发展要求，木材制品废弃后最易于处理，可以作为燃料，也可以作为人造板或纸张原料，或转化为化工原料。木材具有生态、经济、社会等多重属性，是对国计民生、经济安全和国防建设具有关键作用的重要物资，被称为战略资源。木材消费与森林保护、生态安全息息相关，而生态安全是国家安全的重要组成部分，木材作为重要战略资源，对外依存度高将危及资源安全和经济安全。我国已成为全球第二大木材消耗国、第一大木材进口国，木材消费将持续增长。

我国木材等林产品贸易面临的外部环境更加复杂多变，中美贸易摩擦存在很大不确定性，我国自非洲进口原木的前十大来源国都纷纷出台限制或禁止原木出口的规定，全球已有100多个国家不断收紧原木出口政策，我国进口木材面临新的挑战和压力，要依靠“中国材”保障国内木材长期稳定供给。二十世纪八九十年代，我国集中大规模培育了1亿亩以“松杉桉杨竹”为主的速生丰产林，缓解了木材短期紧缺问题。新时代着眼于林业高质量发展、满足人民日益增长的优质木材需要，在大力发展“松杉桉杨竹”的同时，还要大力推进“樟梓楠椆檀”等大径级用材林和珍稀树种培育。

（一）木材资源特点

1. 不可替代性

木材是绿色、可再生、可降解、可循环的环境友好型材料，木材产业已成为社会经济发展中的常青产业。欧美一些林业发达国家木材产业均在其国民经济中占有不可替代的位置。发展林业并提升其在国民经济中的地位，已成为很多国家提高国际综合竞争力的战略选择之一。随着生活水平的提高及生态环保意识的增强，人们的绿色支付意愿随之提升，发达国家大力推动“木文化”，积极提倡“以木代塑”“以木代钢”，倡导使用来自能够可持续经营森林的木材产品。木材产业具有产业链长、关联度大的特点，能直接或间接地引导和影响很多产业的发展，能创造千百万就业机会，拉动内需，促进地区经济发展，增加群众收入，在国民经济中处于不可或缺的位置。木材产业良性发展必然带动可再生森林资源的可持续经营，符合循环经济倡导的再生资源的产出和循环利用的要求。

2. 生态关联性

森林是陆地生态系统的主体，保护森林资源并发挥其生态效益是生态安全的主要特征之一。从表面上看，森林资源经济利用与生态效益之间存在此消彼长的对立关系。但从本质上看，木材产业的发展与生态保护之间实际上是一种相互依存、相互促进的关系。木材产业发达的国家如瑞典、美国、芬兰等，森林资源越采越多、越采越好，基本上做到了生态保护与木材产业发展之间的良性循环。资源再生产系统不断吐故纳新，通过政策导向转化为森林生态保护和发展森林资源的物质支撑。生态安全更应当重视木材安全，特别是正处在变革中的中国林业，要从战略上确定相应的制度和政策，确保木材安全和生态安全之间良性互动。

3. 应对气候变化

木材及其制成品有着较强的碳汇功能，对抑制全球气候变暖起着重要作用。同时，木材产业发展可以增加可再生木质生物能源的供给，从而缓解因化石能源过度利用而导致的全球气候变暖的压力。木材安全是国民经济持续、快速发展的必然要求，是实现生态安全的有力支撑，是维护国家粮食安全的重要途径，是维护国家能源安全的必要补充。木材安全在应对气候变化中具有特殊地位，因而也是改善国际政治环境的重要手段，是维护我国大国形象的重要环节。

（二）供需平衡分析

1. 供需现状

随着国内外市场对木制品需求量不断增加，以及国家相关优惠政策的鼓励，我国木材加工业迅速发展，木材消费量急速增长，使我国木材产量和原木、锯材等原材料产品进口量均大幅度增长。2000 年，我国正式启动天然林资源保护工程，国内木材供应受到影响。经过多年减伐调整，自 2003 年国内木材产量逐步增长，2003—2007 年，国内木材产量从 4759.0 万 m^3 持续增长到 6977.0 万 m^3；2008 年受雨雪冰冻影响，因清理受损林木使木材产量大幅增至 8108.0 万 m^3，2009 年木材产量正常回落，2010—2014 年木材产量恢复增长，产量稳中有增，2015 年起开始部署停止天然林商业性采伐，国内木材产量降低，2015 年产量为 7218.0 万 m^3，2016 年产量为 6683.0 万 m^3。随着国内木材需求逐年增长，为解决国内木材资源不足，我国实施了进口木材零关税、放宽木材进口权等政策，鼓励进口木材以满足国内木材不断增加的需求。从 2011—2016 年的木材进口情况来看，我国木材进口量整体呈增长趋势；2014 年以来，木材进口量已超过木材产量，尤其是 2016 年木材进口量为 9347.0 万 m^3，比木材产量多 2664.0 万 m^3。

2. 供给预测

我国人工林的单位面积蓄积量仅为天然林的 50%左右，其蓄积量比重也仅占总体的 17%左右，并且，当前来自天然林供给的木材占到 46%。我国在 2015 年全面停止内蒙古、吉林等重点国有林区商业性采伐，2016 年全面停止非天然林资源保护工程区国有林场天然林商业性采伐，2017 年实现全面停止全国天然林商业性采伐，今后我国森林资源的供给潜力将受到极大制约。我国用材林近、成、过熟林中的小径级林木越来越多，大径级越来越少，小径级比例达到 73%，大、特径级比重仅为 3%。

3. 需求预测

木材需求影响因素关联度排序为，GDP>木材综合平均价格>城镇化率>森林蓄积>居民消费水平>人口总数>用材林造林面积>林业投资完成额，表明经济因素对于木材需求的影响更大，而经济因素中 GDP 的变化对木材需求变化影响最大。原木平均弹性系数 0.565，按 GDP 年平均增速 6.5%计算，2016—2023 年原木需求增长速度为 3.67%。以 2016 年为基准数据进行推算，则到 2023 年原木需求量为 1.89 亿 m^3。

（三）木材安全态势

我国木材产业在总量及规模上取得很大的发展，但是在产业的技术水平及经营主体规模方面与发达国家相差甚远，体现在自主开发能力差，产品技术含量低，主要依靠低成本的劳动力，产业布局分散，集聚竞争能力弱，企业平均规模小。由于缺乏自主知识产权，产品档次低，产品结构不合理，高附加值产品比重少，出口产品大多是贴牌生产，许多企业沦为原料和初级产品供应者。木材产业工艺落后和设备陈旧的问题没有根本改变，加工精度低、产品合格率低、原材料消耗量大、产品使用寿命短也浪费了大量木材。长期以来，林业建设没有突出森林科学经营这一根本方针，造成森林资源总量相对不足，森林总体质量低下，生态产品和林木产品都面临极不适应需求的局面。随着生态环保意识的增强，各国政府纷纷开始限制原木出口，中国林产品对外贸易摩擦日益突出、不断演变，中国进口木材资源的难度将进一步加大。

二、森林碳汇项目开发

（一）开发条件

1. 碳汇造林项目

使用CCER（国家核证自愿减排量）林业碳汇项目方法学的碳汇造林项目活动必须满足以下条件。

（1）项目活动的土地是2005年2月16日以来的无林地，造林地权属清晰，具有县级以上人民政府核发的土地权属证书；

（2）项目活动的土地不属于湿地和有机土的范畴；

（3）项目活动不违反任何国家有关法律、法规和政策措施，且符合国家造林技术规程；

（4）项目活动对土壤的扰动符合水土保持的要求，如沿等高线进行整地、土壤扰动面积比例不超过地表面积的10%且20年内不重复扰动；

（5）项目活动不采取烧除的林地清理方式（炼山）以及其他人为火烧活动；

（6）项目活动不移除地表枯落物、树根、枯死木及采伐剩余物；

（7）项目活动不会造成项目开始前农业活动（作物种植和放牧）的转移。

2. 森林经营碳汇项目

使用CCER林业碳汇项目方法学的森林经营碳汇项目活动必须满足以下条件。

（1）实施项目活动的土地为符合国家规定的乔木林地，即郁闭度>0.20，连续分布面积≥0.0667hm^2，树高≥2m的乔木林。

（2）在项目活动开始时，拟实施项目活动的林地属人工幼、中龄林。项目参与方须基于国家森林资源连续清查技术规定、森林资源规划设计调查技术规程中的龄组划分标准，并考虑立地条件和树种，来确定是否符合该条件。

（3）项目活动符合国家和地方政府颁布的有关森林经营的法律、法规和政策措施以及相关的技术标准或规程。

（4）项目地土壤为矿质土壤。

（5）项目活动不涉及全面清林和炼山等有控制火烧。

（6）除为改善林分卫生状况而开展的森林经营活动外，不移除枯死木和地表枯落物。

（7）项目活动对土壤的扰动符合下列所有条件：①符合水土保持的实践，如沿等高线进行整地；②对土壤的扰动面积不超过地表面积的10%；③对土壤的扰动每20年不超过1次。

（二）项目期限

项目活动开始时间是指实施造林项目活动开始的日期，项目业主或其他项目参与方必须提供透明的、可核实的证据，证明项目活动最初的主要目的是为了实现温室气体减排。这些证据必须是发生在项目开始之时或之前的官方的或有法律效力的文件。计入期是指项目活动相对于基线情景所产生的额外的温室气体减排量的时间区间。计入期最短为20年，最长不超过60年。项目期是指自项目活动开始到项目活动结束的间隔时间。

(三)基线情景

识别在没有拟议的造林项目活动的情况下，项目边界内有可能会发生的各种真实可靠的土地利用情景。可以根据当地土地利用情况的记录、实地调查资料、利益相关者提供的数据和反馈信息等途径来识别可能的土地利用情景。还可以走访当地专家，调研土地所有者或使用者在拟议的项目运行期间关于土地管理或土地投资的计划。从上述识别的土地利用情景中，遴选出不违反任何现有的法律法规、其他强制性规定，以及国家或地方技术标准的土地利用情景。可以不考虑不具法律约束力或尚未强制执行的法律和规章制度，但要证明这类法律或规章制度至少覆盖了项目所在地最小行政单元(行政村、乡镇或以上)30%以上的面积，即在当地具有普适性。

(四)障碍分析

对遴选出的多个土地利用情景进行障碍分析，识别可能存在的障碍。这里的“障碍”是指至少会阻碍其中一种土地利用情景实现的障碍，主要包括：

1. 投资障碍

如缺少财政补贴或非商业性投资，没有来自国内或国际的民间资本，不能进行融资，缺少信贷的途径等。

2. 制度障碍

如国家或地方政策与法规发生变化可能带来的风险，缺乏与土地利用相关的立法与执行保障等。

3. 技术障碍

如缺少必需的材料(如种植材料)，缺少有关设备和技术，缺少法律、传统、市场条件和实践措施等相关知识，缺乏有技能的和接受过良好培训的劳动力等。

4. 生态障碍

如土地退化，存在自然或人为灾害，不利的气候条件，不利的生态演替过程放牧或饲料生产对生物需求的压力等。

5. 社会障碍

如人口增长导致的土地需求压力，当地利益团体之间的社会冲突，普遍存在非法放牧、盗砍盗伐行为，缺乏当地社区组织等。

6. 其他障碍

如不同利益相关者对公共土地所有权等级限制，缺乏土地所有权法律法规的保障，缺乏有效的市场和保险机制，项目运行期内存在产品价格波动风险，与市场服务、运输和存储相关的障碍降低了产品竞争性和项目收益等。

(五)投资分析

对遴选出的情景进行投资分析，确定其中哪一种情景最具经济吸引力或收益最高。投资分析可以采用简单成本分析、投资对比分析或基准线分析法，选择其中净收益最高的土地利用情景作为基线情景。但如果该情景就是拟议的项目活动，则项目不具有额外性。

（六）监测程序

项目参与方在编制项目设计文件时，必须制定详细的监测计划，提供监测报告和核查所有必需的相关证明材料和数据，包括证明项目符合和满足本方法学适用条件的证明材料，计算所选碳库及其碳储量变化的证明材料和数据，计算项目边界内排放和泄漏的证明材料和数据。所有数据均需按照相关标准进行监测和测定。监测过程的所有数据均需同时以纸质和电子版方式归档保存，且至少保存至计入期结束后 2 年，包括基线碳汇量的监测，项目活动的监测，项目边界的监测，林木生物质碳储量的监测，灌木生物质碳储量的监测，项目边界内枯落物、枯死木和土壤有机碳库的监测，项目边界内的温室气体排放增加量的监测等。

第三节　生态价值评价

一、生态状况评估

（一）质量评估

生态系统质量评估以遥感生态参数（植被覆盖度、叶面积指数、总初级生产力）作为指标，采取分区、分生态系统类型选取参照值的方法构建生态系统质量指数。以每个生态功能区内森林、灌丛、草地和农田四类植被类型生态系统的生态参数最大值作为参照值，依次计算分区内每个植被类型生态系统参数值与其参照值的比值，得到该分区内该生态参数的相对密度，相对密度越接近 1 代表该像元该生态参数越接近参照值。

$$RVI_{i,j,k}=F_{i,j,k}/F_{\max i,j,k}$$

式中：$RVI_{i,j,k}$ 为第 i 年第 j 分区第 k 类植被生态系统生态参数的相对密度；$F_{i,j,k}$ 为 i 年第 j 分区第 k 类植被生态系统生态参数值；$F_{\max i,j,k}$ 为第 i 年第 j 分区第 k 类植被生态系统生态参数最大值。

依照此方法，对植被覆盖度、叶面积指数、总初级生产力分区分类型选取参照值计算相对密度，将结果归一化到 0~1。生态系统质量反映区域生态系统质量整体状况，由植被覆盖度、叶面积指数和总初级生产力的相对密度来构建。

$$EQI_{i,j}=\frac{LAI_{i,j}+EVC_{i,j}+GPP_{i,j}}{3}\times 100$$

式中：$EQI_{i,j}$ 为第 i 年第 j 分区生态系统质量；$LAI_{i,j}$ 为第 i 年第 j 分区叶面积指数相对密度；$FVC_{i,j}$ 为第 i 年第 j 分区植被覆盖度相对密度；$GPP_{i,j}$ 为第 i 年第 j 分区总初级生产力相对密度。

（二）格局评估

以遥感解译结果和生态系统长期监测数据为基础，通过生态系统构成、空间格局、生态系统总体变化特征等指标的计算，定量评估各类生态系统的面积及变化、破碎化程度、变化方向、综合变化程度，明确生态系统的总体变化情况及变化关键区域，为定量评估生态系统的空间格局及其总体变化趋势提供依据。

1. 构成及变化

(1)类型构成比例

评估区内各类生态系统面积比例，代表了各生态系统类型在评估区内的组成现状。指标越大，森林生态系统类型所占面积比例越高。

(2)类型面积变化率

评估区内一定时间范围内各类生态系统的面积变化情况，代表了评估区内各类生态系统在一定时间的变化程度。指标越大，森林生态系统类型在评估期内面积变化幅度越大。

2. 空间格局特征及变化

(1)斑块数量

评估区内各类生态系统斑块的数量，反映各类生态系统在区域内分布的总体规模。指标越大，森林生态系统类型分布的规模越大或越破碎，需结合平均斑块面积指数综合分析。

(2)平均斑块面积

评估区内某类生态系统斑块面积的算术平均值，反映该类生态系统斑块规模的平均水平。指标越大，森林生态系统类型越完整，需结合斑块数量指数综合分析。

(3)边界密度

评估区内某类生态系统边界与总面积的比例，以该类边形特征描述生态系统破碎化程度。指标越大，森林生态系统类型距离边界较远的核心面积越小。

(4)聚集度指数

评估区内所有类型生态系统斑块的相邻概率，反映各类生态系统斑块的非随机性或聚集程度。指标越大，该区域各类生态系统聚集程度越高。

3. 总体变化特征

(1)森林生态系统变化方向

借助生态系统类型转移矩阵分析评估区内各类生态系统的变化方向，反映评估初期各类生态系统的流失去向以及评估末期各类生态系统的来源与构成。指标越大，生态系统之间的转换面积越大。

(2)综合生态系统动态度

评估时段内生态系统类型间的转移，反映评估区生态系统类型变化的剧烈程度，便于找出生态系统类型变化的热点区域。指标越大，该区域各类生态系统综合变化程度越高。

(三)问题评估

以土地退化(水土流失、土地沙化和石漠化)与森林生态系统退化的评估结果为基础，计算不同等级生态问题的面积及变化情况，分析各种生态问题的空间特征及变化情况，明确各种生态问题发生和变化的关键区域，结合生态系统野外观测指标，综合分析生态问题成因及驱动因素，为定量评估区域生态问题及总体变化趋势提供依据。

1. 水土流失程度

采用通用土壤流失方程计算土壤侵蚀模数，并对土壤侵蚀模数分级。

2. 土地沙化程度

采用土壤风蚀调查法，结合植被覆盖度和沙化土地状况来评估土地沙化程度。

3. 石漠化程度

在喀斯特地区范围内，根据地形、植被覆盖度和岩性等因素的综合特征进行评估。

4. 森林退化程度

根据森林生物量来评估森林的退化状况。

二、生态价值统计核算

(一)核算周期

生态产品总值核算周期通常为1年。

(二)核算流程

生态产品总值核算的主要程序包括核算区域范围确定，生态系统类型以及生态产品目录清单明确，确定核算模型方法与适用技术参数，各类生态产品实物量与价值量核算，汇总区域内生态产品总值。

(三)核算指标

生态产品核算指标包括物质供给、调节服务和文化服务3个类别，生物质供给、水源涵养、土壤保持、防风固沙、海岸带防护、洪水调蓄、空气净化、水质净化、固碳、局部气候调节、噪声消减、休闲旅游和景观增值等13项指标。

(四)核算方法

实物量核算根据确定的核算基准时间，通过统计调查、机理模型等核算各项指标的实物量。在实物量核算的基础上，选择适当的定价方法，核算森林生态产品的价值量。其中，物质供给价值主要使用市场价值法、土地租金法或残值法等进行核算，调节服务价值主要使用替代成本法进行核算，文化服务价值主要使用旅行费用法、特征价格法等进行核算。将核算区域内森林生态产品价值加总，即得到森林生态产品总值。

1. 市场价值法

市场价值法适用于能够直接在市场上进行交易的生态产品，如非木质林产品、固碳服务等。使用的是生态产品的市场价格，并扣除当中的人为投入贡献，以获得生态产品的“净”价值。

2. 土地租金法

土地租金法适用于作物物质供给类产品，土地的贡献等于其为生产作物而收到的报酬。

3. 残值法

残值法计算的是生态产品对应的产品(或行业)总产出，然后扣除其中劳动力、生产资产和中间投入等所有其他投入的成本，以此估算生态产品的价值量。

4. 替代成本法

替代成本法计算的是替代生态产品来贡献相同的惠益的成本，也被称为重置成本法。替代品可以是消费品或投入品、资本投入。在所有情况下，如果替代品提供相同的价值，则认为生态产品的价格等于通过替代品提供与一单位生态产品相同的惠益的成本。

5. 旅行费用法

旅行费用法假设人们对参观娱乐或文化场所有相似的偏好，通过观察在不同费用下前往该场所的实际出行次数，估计娱乐需求函数。旅行费用包括家庭或个人到达娱乐场所的交通支出、入场费、食宿费用等，还可能包括旅行和参观该场所的时间机会成本。

6. 特征价格法

特征价格法适用于衡量在特定地点向居民提供的便利设施的相关服务。通过估计因生态系统特征(如清洁空气、当地公园)对地产价值或租金价值(或其他复合商品)的影响而产生的差异化溢价，以此估算生态产品的价值量。

(五)森林生态产品核算

1. 实物量核算

(1)生物质实物量

生物质供给实物量采用一定时间内从森林生态系统收获的各类物质产品(木材、竹材、非木质林产品等)的数量作为森林生态系统生物质供给服务实物量核算指标。

$$E_m = \sum_{i=1}^{n} E_i$$

式中：E_m 为物质产品总收获量(根据产品的计量单位确定)，E_i 为第 i 种物质产品的收获量(根据产品的计量单位确定)，i 为第 i 类物质产品，n 为物种产品种类数量。

(2)水源涵养实物量

水源涵养实物量选用水源涵养量，作为森林生态系统水源涵养实物量的评价指标。采用水量平衡法计算，即生态系统水源涵养量是降水输入与暴雨径流和生态系统自身水分消耗量的差值。

$$Q_{wr} = \sum_{i=1}^{n} A_i \times (P_i - R_i - ET_i) \times 10^{-3}$$

式中：Q_{wr} 为森林生态系统水源涵养量；A_i 为 i 类森林生态系统的面积；P_i 为产流降雨量；R_i 为产流径流量；ET_i 为蒸散发量，是指水文循环中自降水到达地面后由液态或固态转化为水汽返回大气的过程，包括水面、土壤、冰雪的蒸发和植物的散发；i 为第 i 类森林生态系统类型；n 为森林生态系统类型数量。

其中，产流径流量由产流降雨量与地表径流系数相乘得到，地表径流系数指任意时段内的径流深度(或径流总量)与同一时段内的降水深度(或降水总量)的比值。径流系数说明了降水量转化为降水径流量的比例，它综合反映了流域内自然地理要素对降水-径流关系的影响。

(3)土壤保持实物量

土壤保持实物量选用土壤保持量，即生态系统减少的土壤侵蚀量作为生态系统土壤保持功能的评价指标。

$$Q_{sr}=A\times R\times K\times L\times S(1-C)$$

式中：Q_{sr} 为土壤保持量；A 为生态系统面积；R 为降雨侵蚀力因子，指降雨引发土壤侵蚀的潜在能力，用多年平均年降雨侵蚀力指数表示；K 为土壤可蚀性因子，指土壤颗粒被水力分离和搬运的难易程度，主要与土壤质地、有机质含量、土体结构、渗透性等土壤理化性质有关，通常用标准样方上单位降雨侵蚀力所引起的土壤流失量来表示；L 为坡长因子，反映坡长对土壤侵蚀的影响，是从坡面径流起点到径流被拦截点的水平距离；S 为坡度因子，反映坡度对土壤侵蚀的影响，是最大坡降方向的坡度值；C 为植被覆盖因子，反映生态系统对土壤侵蚀的影响，是减缓土壤侵蚀的积极因素，大小取决于生态系统类型和植被覆盖度的综合作用。

(4)防风固沙实物量

防风固沙实物量选用防风固沙量，基于修正的风力侵蚀模型(RWEQ)计算，即通过森林生态系统减少的风蚀量(潜在风蚀量与实际风蚀量的差值)，作为森林生态系统防风固沙服务的评价指标。

$$Q_{sf}=A\times 0.1699\times(WF\times EF\times SCF\times K')\times(1-C^{1.3711})$$

式中：Q_{sf} 为防风固沙量；A 为生态系统面积；WF 为气候侵蚀因子，指风速、温度及降雨等各类气象因子对风蚀综合影响的反映；EF 为土壤侵蚀因子，指一定土壤理化条件下土壤受风蚀影响大小；SCF 为土壤结皮因子，指一定土壤理化条件下土壤结皮抵抗风蚀能力的大小；K' 为地表糙度因子，由地形所引起的地表粗糙程度对风蚀影响的反映；C 为植被覆盖因子。

(5)洪水调蓄实物量

洪水调蓄实物量选用调蓄水量表征森林生态系统的洪水调蓄能力，即调节洪水的潜在能力。洪水调蓄量与暴雨降水量、暴雨地表径流量和植被覆盖类型等因素密切相关。

$$C_{vfm}=\sum_{i=1}^{n}A_i\times(P_i-R_{fi})$$

式中：C_{vfm} 为调蓄水量，P_i 为暴雨降雨量，R_{fi} 为第 i 类森林生态系统的暴雨径流量，A_i 为第 i 类森林生态系统的面积，i 为第 i 类森林生态系统类型，n 为森林生态系统类型数量。

(6)森林固碳实物量

固碳实物量选用二氧化碳固定量作为森林生态系统固碳服务的实物量评价指标。根据数据可得性，建议优先选择生物量法，其次固碳速率法，最后净生产力法(NEP)。

①生物量法

$$Q_{tco_2}=\sum_{i=1}^{n}A_i\times\frac{M_{co_2}}{M_c}\times C_{C_1}\times(B_{t2i}-B_{t1i})$$

式中：Q_{tco_2} 为森林生态系统固碳量，M_{co_2}/M_c 为 C 转化为 CO_2 的系数，A_i 为第 i 类森林生态系统面积，C_{C_i} 第 i 类森林生态系统生物量-碳转换系数，i 为第 i 类森林生态系统类型，n 为森林生态系统类型数量，B_{t2i} 为第 i 类森林生态系统第 t_2 年的生物量，B_{t1i} 第 i 类森林生态系统第 t_1 年的生物量。

②固碳速率法

$$FCS=FCSR\times SF\times(1+\beta)$$

式中：FCS 为森林生态系统的固碳总量，$FCSR$ 为森林生态系统的固碳速率，SF 为森林生态系统面积，β 为森林生态系统土壤固碳系数。

③净生产力法

净生态系统生产力是定量化分析生态系统碳源/汇的重要科学指标，森林生态系统固碳量可以用 NEP 衡量。NEP 为净生态系统生产力，广泛应用于碳循环研究中，NEP 可由净初级生产力(NPP)减去土壤异氧呼吸消耗得到，然后测算出森林生态系统固定二氧化碳量。

$$Q_{tco_2}=(NPP-RS)\times\frac{M_{co_2}}{M_c}$$

式中：Q_{tco_2} 为森林生态系统固碳量；M_{co_2}/M_c 为 C 转化为 CO_2 的系数；NPP 为净初级生产力，是指绿色植物在单位时间单位面积内积累的有机物质的总量，是由光合作用所产生的有机质总量扣除植物用于维持性呼吸和生长性呼吸消耗的部分后的剩余部分；RS 为土壤异养呼吸消耗碳量，指土壤释放二氧化碳的过程，严格意义上讲是指未扰动土壤中产生二氧化碳的所有代谢作用，包括三个生物学过程(即土壤微生物呼吸、根系呼吸、土壤动物呼吸)和一个非生物学过程，即含碳矿物质的化学氧化作用。

(7)空气净化实物量

森林生态系统空气净化实物量核算依据污染物浓度是否超过环境空气功能区质量标准而选择不同的方法。若污染物浓度未超过环境空气功能区质量标准，则采用方法 1 进行核算污染物净化量；若污染物浓度超过环境空气功能区质量标准，则采用方法 2 进行核算污染物净化量。

①方法 1

$$Q_{ap}=\sum_{i=1}^{n}Q_i$$

式中：Q_{ap} 为大气污染物排放总量，Q_i 为第 i 类大气污染物排放量，i 为第 i 类污染物类别，n 为大气污染物类别的数量。

②方法 2

$$Q_{ap}=\sum_{i=1}^{n}\sum_{j=1}^{m}Q_{ij}\times A_j$$

式中：Q_{ap} 为森林生态系统空气净化能力，Q_{ij} 为第 j 类森林生态系统单位面积对第 i 种大气污染物的净化量，i 为第 i 类污染物类别，n 为大气污染物类别的数量，j 为第 j 类森林生态系统类型，m 为森林生态系统类型的数量，A_j 为第 j 类森林生态系统面积。

(8)气候调节实物量

局部气候调节实物量选用生态系统蒸散发过程消耗的能量作为森林生态系统局部气候调节服务的评价指标。局部气候调节服务实物量可用实际测量生态系统内外温差、生态系统消耗的太阳能量和生态系统的总蒸散量进行核算，优先选择实际测量方法，其次根据数据可得性选取生态系统的总蒸散量或生态系统消耗的太阳能量方法进行核算。

①方法 1

$$E_{pt} = \sum_{i=1}^{n} \frac{EPP_i \times S_i \times D \times 10^6}{(3600 \times r)}$$

式中：E_{pt} 为生态系统植被蒸腾消耗的能量，EPP_i 为第 i 类森林生态系统单位面积蒸腾消耗热量，S_i 为第 i 类森林生态系统面积，r 为空调能效比，D 为核算期内空调开放天数，i 为第 i 类森林生态系统类型，n 为森林生态系统类型数量。

②方法 2

$$Q = \sum_{i=1}^{n} \Delta T_i \times \rho_c \times V$$

式中：Q 为吸收的大气热量，ρ_c 为空气的比热容，V 为森林生态系统内空气的体积，ΔT_i 为第 i 天生态系统内外实测温差，n 为核算期内空调开放的总天数。

③方法 3

$$CRQ = ETE - NRE$$

式中：CRQ 为森林生态系统消耗的太阳能量，ETE 为森林生态系统蒸腾作用消耗的太阳能量，NRE 为森林生态系统吸收的太阳净辐射能量。

(9)休闲旅游实物量

休闲旅游服务是指人类通过精神感受、知识获取、休闲娱乐和美学体验从生态系统获得的非物质惠益。休闲旅游实物量采用核算区域内森林自然景观的游客年旅游总人次作为森林生态系统休闲旅游服务的实物量评价指标。

$$N_t = \sum_{i=1}^{n} N_{ti}$$

式中：N_t 为游客总人数，N_{ti} 为第 i 个旅游区的人数，i 为旅游区，n 为旅游区个数。

2. 价值量核算

(1)生物质价值量

森林生态系统生物质供给价值主要是指生态系统通过初级生产、次级生产为人类提供木材(竹材)以及非木质林产品等物质产品的经济价值。对木材(竹材)和非木质林产品供给价值采用不同核算方法。

$$V_g = \sum_{i=1}^{n} E_i \times P_i$$

式中：V_g 为非木质林产品供给价值，E_i 为第 i 类非木质林产品产量，P_i 为第 i 类非木质林产品价格，为扣除人类劳动贡献调整后的价格。

(2)水源涵养价值量

水源涵养价值主要表现在蓄水保水的经济价值。可运用替代工程法，即模拟建设蓄水量与生态系统水源涵养量相当的水利设施，以建设该水利设施所需要的成本核算森林生态系统水源涵养价值。

$$V_{wr} = Q_{wr} \times C_{we} \times D_r$$

式中：V_{wr} 为水源涵养价值，Q_{wr} 为核算区内总的水源涵养量，C_{we} 为水库单位库容的工程造价及运营成本，D_r 为水库折旧率。

(3)土壤保持价值量

森林生态系统土壤保持价值主要包括减少面源污染和减少泥沙淤积两个方面的价值。根据土壤保持量，以及土壤中氮、磷的含量和淤积量，运用替代成本法(即污染物处理的成本、水库清淤工程的费用)核算森林生态系统减少面源污染和泥沙淤积的价值。

$$V_{sr}=\lambda\times\left(\frac{Q_{sr}}{\rho}\right)\times c+\sum_{i=1}^{n}Q_{sr}\times c_i\times p_i$$

式中：V_{sr} 为森林生态系统土壤保持价值，ρ 为土壤容重，c 为单位水库清淤工程费用，c_i 为土壤中污染物(如氮、磷)的纯含量，p_i 为第 i 类污染物单位处理成本，i 为土壤中污染物种类数量，n 为土壤中污染物种类总数，Q_{sr} 为土壤保持量。

(4)防风固沙价值量

首先，根据防风固沙量和土壤沙化盖沙厚度，核算出减少的沙化土地面积；然后，运用恢复成本法，根据单位面积沙化土地治理费用或单位植被恢复成本核算森林生态系统防风固沙功能的价值。

$$V_{sf}=\frac{Q_{sf}}{\rho\times h}\times c$$

式中：V_{sf} 为防风固沙价值，Q_{sf} 为防风固沙量，ρ 为土壤容重，h 为土壤沙化覆沙厚度，c 为单位治沙工程的成本或单位植被恢复成本。

(5)洪水调蓄价值量

运用替代成本法(即水库的建设和运营成本)核算森林生态系统的洪水调蓄价值。

$$V_{fm}=C_{fm}\times C_{we}\times D_r$$

式中：V_{fm} 为森林生态系统洪水调蓄价值，C_{fm} 为森林生态系统洪水调蓄量，C_{we} 为水库单位库容的工程造价及运营成本，D_r 为水库折旧率。

(6)森林固碳价值量

森林生态系统固碳价值采用市场价值法核算。

$$V_{cf}=Q_{CO_2}\times C_C$$

式中：V_{cf} 为森林生态系统固碳价值，Q_{CO_2} 为森林生态系统固碳总量，C_C 为二氧化碳价格。

(7)空气净化价值量

采用替代成本法(工业治理大气污染物成本)，核算森林生态系统空气净化价值，主要核算二氧化硫、氮氧化物、烟粉尘净化价值。

$$V_{ap}=\sum_{i=1}^{n}Q_i\times c_i$$

式中：V_{ap} 为森林生态系统空气净化的价值，Q_i 为第 i 种大气污染物的净化量，i 为第 i 类污染物类别，n 为大气污染物类别的数量，c_i 为第 i 类大气污染物的治理成本。

(8)气候调节价值量

运用替代成本法(即人工调节温度和湿度所需要的耗电量)来核算森林生态系统蒸腾调节温度价值。

$$V_{tt}=E_{pt}\times p_e$$

式中：V_{tt} 为生态系统气候调节的价值，E_{pt} 为生态系统调节温湿度消耗的总能量，P_e 为当地生活消费电价。

(9)休闲旅游价值量

$$V_r = \sum_{j=1}^{j} N_j \cdot (T_j \cdot W_j + C_{tc,j} + C_{ef,j})$$

式中：V_r 为被核算地点的休闲旅游价值；N_j 为 j 地到核算地区旅游的总人数；j 为来被核算地点旅游的游客所在区域(区域按距离核算地点的距离划同心圆)；T_j 为来自 j 地的游客用于旅途和核算旅游地点的平均时间；W_j 为来自 j 地的游客的当地平均工资；来自 j 地的游客花费的平均直接旅行费用，其中包括游客从 j 地到核算区域的交通费用 $C_{tc,j}$、门票费用 $C_{ef,j}$。

三、生态产品价值实现机制

(一)理论基础

1. 价值理论

价值理论是生态产品的价值来源。从劳动价值论来看，人类对于自然资源基本规律的认识，对于自然资源的保护与合理利用的生产生活活动，以及避免自然资源过度开发、环境破坏等所需的成本投入，这些无不直接或间接凝聚着无差别的人类活动。从效用价值论来看，自然资源能够给人类带来效用，又以其稀缺性作为条件，使得生态产品能够满足人类的多维度需求。

2. 生态系统理论

生态系统理论是生态产品开发的系统观。山、水、林、田、湖、草构成的自然生态系统，与经济社会系统具有密切的共生共存关系，共同组成了一个有机、有序的“生命共同体”。这些资源要素之间彼此影响、彼此感应，相互联系、相互依赖，甚至在一定程度上可以相互转化，既制约又协同。

3. 外部性理论

外部性理论是生态产品供给的外部性治理。外部性分为外部经济性和外部不经济性，对于前者应予以补贴，对于后者应予以征税。通过明晰产权和产权交易，将外部问题内部化，方能解决外部性问题。难以进行产权界定或者界定成本过高，通过成员间自我约定和自我执行的协议，提高生态产品的供给。

4. 公共物品理论

公共物品理论是不同类型生态产品的供给。按照竞争性与排他性划分，可以将生态产品划分为4类，一是公共物品，具有非竞争性与非排他性，通过生态补偿、加强监管、项目引导等方式供给；二是纯私人物品，具有竞争性与排他性，通过产品贸易、产权交易等方式供给；三是俱乐部类物品，具有非竞争性但是很容易排他，容易产生“拥挤”问题，如国家公园等区域，通过国土空间管制、生态溢价、生态倡议等方式供给；四是公共池塘类物品，具有非排他性与竞争性，容易产生“公地悲剧”，如共同使用的草原，通过明晰产权、社区治理方式供给。

(二)机制构建

1. 产品价格体系

森林生态产品价格的制定需要基于产品价值，森林资源资产核算体系提供的数据可以支撑多样化的森林生态产品价值定价。森林资源资产核算框架包括核算依据、主体、原则和方法，融合森林资源资产价值评估技术及森林生态系统服务价值评估技术，核算森林资源资产存量价值和生态产品与服务的流量价值。建立实物和价值核算账户，基于“等-级-价”评估体系建立森林资源资产基准价值体系，实现按年度动态更新核算。其中，基于经济基准价值，按照树种和林龄、林地类型和立地质量分别核算林木和林地资产价值；基于生态基准价值，从供给、调节和文化服务三方面核算生态服务价值。

2. 生态保护补偿

森林生态保护补偿是指政府考虑保障社会公共利益的角度，对森林生态保护中限制开发区域的森林生态保护贡献者进行补偿，按照其劳动价值和机会成本进行补偿的行为，包括生态建设投资、财政补贴补助、财政转移支付等。开展森林生态保护补偿应该是政府主导财政投入，借助市场吸引多方主体参与，引入社会资本，建立可持续的森林生态保护补偿造血机制。

3. 生态损失补偿

森林生态损失补偿是指森林资源开发和利用者履行生态环境资源有偿使用责任，对因开发利用森林造成的生物资源和生态系统服务价值损失进行资金补偿。生态产品供给需要充分调动森林生态产品供给者生产的积极性，优质生态产品供给不足与森林资源在开发利用后，生产经营者未得到有效补偿，挫伤生产积极性有密切联系。森林生态损失赔偿以森林资源开发利用地块的资源核算数据为基本依据，雇佣有资质的森林资源资产评估机构，对可开发利用森林造成的生物资源和生态系统服务价值损失进行评估和定价，获得森林生态损失补偿资金，保障森林生态产品供给者的积极性，提供更优质的生态产品。

4. 产品交易机制

森林生态产品交易机制是森林生态产品生产者与森林生态产品购买者基于平等协商原则，通过物质原料利用和精神文化开发进行森林生态产品买卖的市场机制。集体林权制度改革明晰了森林资源产权，便于森林资源作为产权明晰的资产进入市场进行交易。森林生态产品的市场交易一种是权属交易，比如碳排放权交易，是通过在虚拟市场开展权利转让；另一种是产品交易，比如木材等林产品和森林旅游等，通过直接购买或者门票付费的形式获得产品或服务。这两种生态产品价值实现路径需要以市场为主体，同时需要制度技术体系作为保障，在政府管制和监督下，强化财政政策引导，引入绿色金融支持。

5. 生态产业体系

森林优质生态产品的生产需要产业体系的支撑，把资金补偿、产业扶持、精准帮扶、技术援助、人才支持、农户专业教育、就业培训等结合起来，形成发展森林生态产业的合力。在保持森林生态系统完整性和稳定性的前提下，发展木本油料、林下经济、特色经济林、野生动物驯养繁殖等生态产业实现森林资源价值增值，发掘区域生态文化特色，将物质产品、文化产品和生态产品融合经营，发展森林康养、森林人家、休闲观光区、景观游憩区等“林业+文化+生态”的新业态，推动森林生态产业体系建设，带动林区经济转型发展。

第四节　社会价值评价

一、社会林业经营

林业发展由过去的木材生产为主向生态建设转变，成为生态文明建设旳重要基础和保障。同时，集体林权制度改革明晰了产权，国有林区改革全面停止天然林商业性采伐，林下经济作为一种新的林业生产方式受到了广泛关注。林下经济是林业发展的新亮点，是进一步巩固集体林权制度改革成果、拓宽林业经济领域、促进农民增收致富的生态型“绿色 GDP”，更是协调生态与经济关系、脱贫攻坚和康养民生的新路径。正确引导林下经济的健康发展和规范林下经济产业管理已经成为新时期林业主管部门的一项重要工作。

（一）发展历程

北魏《齐民要术・种桑柘》中“二豆良美，润泽益桑”，是林粮模式的林下经济雏形。“林下经济”是我国特有的针对森林经营生产活动的概念范畴，与国外“农林复合经营（Agroforestry）”“非木质林产品（Non-timber Wood Forest Products）”“社会林业（Social Forestry）”和“生态林业（Ecological Forestry）”具有一定的概念重合。1980 年，中共中央、国务院在《关于大力开展植树造林的指示》中指出，国营林场要走林工商综合经营的道路，坚持“以林为主、多种经营、长短结合、以短养长”的方针；1986 年，林业部、财政部、国家计委、物价局联合发出《关于搞活和改善国营林场经营问题的通知》，要求充分发挥自然资源优势，增强“以短养长”活力，有计划地开展多种经营，“以短养长、多种经营”便是“林下经济”发展的雏形。林下经济的发展历程表明，作为一种新兴的林业生产方式和经济现象，林下经济在充分利用林业资源、生态建设、促进林农增收、优化林区经济结构、巩固集体林权制度改革成果等方面都具有重大的战略意义，是今后林区发展的方向之一。

（二）内涵外延

林下经济是实现资源共享、优势互补、循环相生、协调发展的生态模式，林下经济的内涵和定义是不断发展和完善的，早期的定义更倾向于对具体生产经营活动的规定，后期的定义则更倾向于经济概念的表述。林下经济的内涵发展过程体现了行业和产业双重属性的变迁特征，从早期单一的林业，扩展到后期的农、林、牧、渔业等；产业发展由前期的国家政策允许发展到充分利用空间，实现生态与民生的有机结合。发展林下经济，对缩短林业经济周期、增加林业附加值、促进林业可持续发展、开辟农民增收渠道、发展循环经济、巩固生态建设成果，都具有重要意义。

林下经济定义和范围的界定主要有两类观点，一种观点认为林下经济是生产经营活动，另一种观点认为林下经济是经济产业。两者的主要区别在于规模，一定规模的林下经济生产经营活动形成了林下经济产业。林下经济的内涵和外延是不断丰富和完善的，主要表现在林下经济内涵从最早的经济植物资源到动植物资源，再到包含菌类等生物资源和后期的森林旅游和景观利用，实现了从一种具体的生产经营模式到一个崭新产业的变革，林下经济是对森林资源内涵和传统林业的拓展，也是推动森林资源集约化经营的途径创新。按照最新的规范性标准，林下经济是一种生态友好型经济，具体包括种植、林下养殖、相关产品采集加工、森林景观利用等内容。

林下经济内涵丰富和完善是多行业融合发展的直观表现，林业经济的科学发展必须将发展林下经济与林业产业化建设、农业产业结构调整、循环经济推进、扶贫开发和社会主义新农村建设等内容融合在一起，体现新时期“跨界”融合。

(三)模式演变

1. 模式类型不断完善

林下经济在生产实践中模式不断地丰富和完善，从最初的林下种植，到林下种植和养殖，再到林下采集和森林景观利用的兴起，都表明林下经济的模式是动态发展和不断完善的。林下经济由单一的林业、农业经济向涉及旅游、健康、医疗等产业的综合模式发展，由单一的林下空间向林下、林中、林上的林分整体空间扩展。随着林下经济与森林康养产业、旅游业的深度融合，林下经济的模式类型将更加突出行业交叉、凸显跨界经济效益，林下经济的内涵也将得到进一步的丰富。

2. 单一模式向复合模式转变

单一的林下经济模式结构简单，经济收益较低，且抗风险能力较差。如单一的林药模式更容易受病虫害侵害，且收益受药材市场价格波动影响显著。可在林药模式的基础上增加林禽模式、森林人家和生态体验，一方面适宜数量的家禽能降低森林虫害的发生概率，生态系统更完整，另一方面林下经济的收益来源由单一的药材变为畜牧产品、旅游服务，产品的多元化降低了单一产品市场价格波动造成的收益影响，提高了林下经济的抗风险能力和拓展了收益渠道。若干模式的综合形成了复合模式，复合模式的产业化仍然需要综合考虑生态系统完整性和可靠经济收益保障。

(四)形势特点

1. 生态与产业结合

习近平总书记指出“绿色发展，就其要义来讲，是要解决好人与自然和谐共生问题”，林下经济是生态学原理与产业经济充分结合的产物，充分体现了人尊重自然规律的前提下，优化配置不同资源类型，达到生态系统稳定与产业发展的双赢目标，符合习近平新时代中国特色社会主义思想。新时期，林下经济作为一种人为参与的发展方式，是生态与产业的结合，契合了“山水林田湖草沙是一个生命共同体”的理念。生态与产业的深度融合要实现从“砍树”到“看树”、从“卖山头”到“卖生态”、从“把林产品运出去”到“把城镇居民引进来”的转变。

2. 振兴与科技结合

乡村振兴是一项系统工程，也是一项艰巨的历史任务。林下经济作为一种扶贫开发的主要农业科技输出方式，在乡村振兴中的作用日益凸显，是一条切实可行的振兴新途径。林下经济依托林地资源和森林生态环境，实现了“不砍树也能致富”，提高了欠发达地区林地利用率，促进立体林业产业发展，带动贫困户通过发展林下经济脱贫致富，对拓展乡村振兴方式具有积极意义。

3. 康养与民生结合

党的十九大报告指出，中国特色社会主义进入了新时代，我国社会主要矛盾已经转化为人民日益增长的美好生活需要和不平衡不充分的发展之间的矛盾。丰富的生态产品就是民众美好生活的需要，林下经济的发展就能为民众提供更多的生态产品。优质的森林资源与优质的医疗服务有机结合，开展森林疗养、养生、康复、休闲等森林康养活动已成林下经济发展的新潮流，由走马观花的“游”，上升为以康养、休闲、体验为目的的小住或长住，民众更有“幸福感”和“获得感”，同时增加了产业附加值，扩展了林下经济的产业链，林下经济是民生经济，是“绿色 GDP”。

二、生物多样性保护

生物多样性是人类赖以生存和发展的基础，是实现绿色发展、人与自然和谐共生的重要一环。生物多样性的丧失已经成为我们面临的主要环境挑战之一。1992 年，在联合国环境与发展大会上，包括中国在内的 153 个国家签署了《生物多样性公约》。其中，第 14 条规定，每一缔约方应对可能对生物多样性产生影响的项目进行环境影响评价。2021 年，《生物多样性公约》第十五次缔约方大会(COP15)的标志性成果《昆明宣言》再次巩固了《生物多样性公约》的地位。

在全球范围内，4.24 亿 hm^2 的森林被指定主要用于生物多样性保护。自 1990 年以来，总共指定了 1.11 亿 hm^2，其中，最大一部分是在 2000—2010 年间指定的。在过去 10 年中，指定主要用于生物多样性保护的森林面积的增长速度有所减缓。我国于 20 世纪 70 年代末开始建立环境影响评价制度，迄今已有 40 余年的历史。在区域生态现状调查结果的基础上，采用定性、定量的方法在环评中进行生态影响预测与评价。在生物多样性评价方面，导则中推荐采用香农-威纳指数(Shannon- Wiener Index)对生物多样性进行表征，描述物种个体出现的紊乱和不确定性。群落的多向性指数不仅体现了物种的丰富度，还包括群落的异质性。

(一)范围对象

1. 评价范围

评价范围为全国、省级行政区域、市级行政区域或县级行政区域，以县级行政区域作为评价单元。

2. 评价对象

(1)生态系统

自然或半自然的陆地生态系统和内陆水域生态系统。

(2)野生动物

野生哺乳类、鸟类、爬行类、两栖类、淡水鱼类、蝶类等。

(3)野生植物

野生维管束植物，包括野生蕨类植物、裸子植物和被子植物。

(二)数据处理

各评价指标的数据主要来自现有文献资料和实地调查。文献资料应以近5年或10年的文献为主。数据由具有一定资质的从事生物多样性调查的专业人员采集，并由相关专家审定。实地调查数据要结合历年调查数据综合分析。

1. 野生动物和维管束植物

野生动物和维管束植物的数据按要求格式采集。外来入侵物种不在统计范围内，但外来物种中的非外来入侵物种应纳入统计范围。城市建成区中的外来植物，如果在建成区外有野生分布，则纳入统计范围；如果在建成区外没有野生分布，则不纳入统计范围。

2. 外来入侵物种

外来入侵物种包括外来入侵动物和外来入侵植物，外来入侵物种的数据采集后按入侵度式计算。

$$E_I = N_I/(N_V + N_P)$$

式中：E_I 为外来物种入侵度，N_I 为被评价区域内外来入侵物种数，N_V 为被评价区域内野生动物的种数，N_P 为被评价区域内野生维管束植物的种数。

3. 物种特有性

物种特有性按野生动植物种数计算。

$$E_D = \left(\frac{N_{EV}}{635} + \frac{N_{EP}}{3662}\right)/2$$

式中：E_D 为物种特有性，N_{EV} 为被评价区域内中国特有的野生动物的种数，N_{EP} 为被评价区域内中国特有的野生维管束植物的种数，635为一个县中野生动物种数的参考最大值，3662为一个县中野生维管束植物种数的参考最大值。

4. 受威胁物种丰富度

受威胁物种的丰富度按受威胁动植物计算。

$$R_T = \left(\frac{N_{TV}}{635} + \frac{N_{TP}}{3662}\right)/2$$

式中：R_T 为受威胁物种的丰富度，N_{TV} 为被评价区域内受威胁的野生动物的种数，N_{TP} 为被评价区域内受威胁的野生维管束植物的种数。

(三)指标权重

归一化后的评价指标上限分别为，野生维管束植物丰富度3662，野生动物丰富度635，生态系统类型多样性124，物种特有性0.3070，受威胁物种的丰富度0.1572，外来物种入侵度0.1441。归一化后的评价指标权重分别为，野生维管束植物丰富度0.20，野生动物丰富度0.20，生态系统类型多样性0.20，物种特有性0.20，受威胁物种的丰富度0.10，外来物种入侵度0.10。

（四）评价分级

县域尺度生物多样性评价按生物多样性指数计算。

$$BI = R_V' \times 0.2 + R_P' \times 0.2 + D_E' \times 0.2 + E_D' \times 0.2 + R_T' \times 0.1 + (100 - E_T') \times 0.1$$

式中：BI 为生物多样性指数，R_V'为归一化后的野生动物丰富度，R_P'为归一化后的野生维管束植物丰富度，D_E'为归一化后的生态系统类型多样性，E_D'为归一化后的物种特有性，R_T'为归一化后的受威胁物种的丰富度，E_T'为归一化后的外来物种入侵度。

$BI \geq 60$，物种高度丰富，特有属、种多，生态系统丰富多样；$30 \leq BI < 60$，物种较丰富，特有属、种较多，生态系统类型较多，局部地区生物多样性高度丰富；$20 \leq BI < 30$，物种较少，特有属、种不多，局部地区生物多样性较丰富，但生物多样性总体水平一般；$BI < 20$，物种贫乏，生态系统类型单一、脆弱，生物多样性极低。

三、森林生态系统修复

通过采取退化林修复措施，逐步使森林生产力、树种组成、年龄和空间结构等某一方面或综合得到改善，抵抗人为、自然灾害和病虫害等外部干扰的能力不断增强，天然更新和活力增加。生物多样性得到提高，碳汇能力提升，土壤质量改善，森林生态系统功能和服务得到恢复。

（一）判别标准

1. 退化天然乔木林

（1）遭受严重病虫、干旱、洪涝及风、雪、火等自然灾害或生理衰老特征明显，死亡木[含濒死木，断（枯）梢三分之二以上]比重占单位面积株数 20%以上、林木生长衰竭的林分（林带）；

（2）发生林业检疫性有害生物病害的林分；

（3）目的树种（组）的断面积或蓄积占林分比重低于 40%；

（4）林分单位面积蓄积、平均胸径、平均高低于参照林分 30%以上；

（5）树高、蓄积量任一平均生长量低于参照林分 30%以上；

（6）林分优良种质资源枯竭，自然发育退化，具有自然繁育能力的优良林木个体数量<30 株/hm^2 的林分；

（7）天然更新等级为不良，幼苗小于 3000 株/hm^2，或中苗小于 1000 株/hm^2，或大苗小于 500 株/hm^2；

（8）郁闭度<0.5 的中龄以上乔木林；

（9）林木总株数的 80%属萌生起源，缺乏高质量实生苗个体的林分；

（10）无培育前途的多代萌生林；

（11）由于过伐等导致森林结构简化、出现逆行演替的林分；

（12）商品林林分中Ⅰ级Ⅱ级木小于 30 株/hm^2，或Ⅳ级Ⅴ级木大于总株数的 30%；

（13）商品林干形差、出材率低；

（14）林木生长不良，林分结构（如树种组成、层次、密度等）差而达不到防护效果的林分。

2. 退化人工乔木林

(1)遭受严重病虫、干旱、洪涝及风、雪、火等自然灾害或生理衰老特征明显，死亡木[含濒死木，断(枯)梢三分之二以上]比重占单位面积株数20%以上、林木生长衰竭的林分(林带)；

(2)发生林业检疫性有害生物病害的林分；

(3)目的树种(组)的断面积或蓄积组成比重低于40%；

(4)林分单位面积蓄积、平均胸径、平均高低于参照林分30%以上；

(5)树高、蓄积量任一平均生长量低于参照林分30%以上；

(6)无培育前途的多代萌生林；

(7)不适地适树、林分过密缺少抚育等形成的生长非常缓慢、生长势极弱的“小老头”林；

(8)郁闭度<0.5的中龄以上乔木林；

(9)过伐等原因转变的疏林地；

(10)三代连作的针叶林；

(11)经多次破坏性采伐、林相残破、无培育前途的残次林；

(12)商品林林分中Ⅰ级Ⅱ级木小于30株/hm^2，或Ⅳ级Ⅴ级木大于总株数的30%；

(13)用材林干形差、出材率低；

(14)防护林出现多株、带(条)状死亡，疏透度增至0.6以上的林带，或者连续断带长度超林带平均树高2倍，且缺带总长度占比超20%的林带；

(15)林木生长不良、林分结构(如树种组成、层次、密度等)差而达不到防护效果的林分；

(16)以防护功能为主的针叶纯林，林下植被覆盖度小于0.2。

3. 退化灌木林

(1)盖度降至0.4以下的灌木林；

(2)发生林业检疫性有害生物病害的灌木林；

(3)平均高或盖度低于参照林分30%以上的灌木林；

(4)遭受严重病虫、干旱、洪涝及风、雪、火等自然灾害或生理衰老特征明显，死亡木[含濒死木，断(枯)梢三分之二以上]比重占单位面积株数20%以上、林木生长衰竭的灌木林；

(5)老化失去生态功能的灌木林。

(二)等级划分

退化等级分为一般退化和重度退化。

(三)修复措施

修复措施包括补植补播、人工促进天然更新、采伐修复、渐进修复、更替修复、复壮、封育和其他辅助措施林业生产实践中采取多种修复措施。

1. 补植补播

适用林分包括，由于立地、灾害、设计、人为干扰等原因造成林分密度不足或缺乏目的树种的林分；保留木株数低于参照林分的合理密度的林分；郁闭度<0.5，仅依靠天然更新难以达到合理密度要求的林分；林木分布不均匀，含有大于 25m^2 林中空地等的林分；以防护功能为主的针叶纯林。

优先采用乡土或珍贵树种，选择能与现有树种互利、相容生长，且具备从林下到主林层生长的基本耐阴能力的树种。结合抽针(阔)补阔(针)、栽针(阔)保阔(针)等交叉补植法补植 1 种或多种其他目的树种，培育复层异龄混交林，退化针叶纯林可混交固氮树种、食源树种、蜜源树种、其他阔叶树种来促进枯落物分解，增加生物多样性。以植苗方式为主，补植苗木应均匀分布或群团状分布，具体分布方式根据保留木分布特征、经营方式和种苗特性而定。为培育乔灌混交林，可人工直播灌木种子。按微立地条件配置树种，注意坡面上微立地条件的差异，实现地尽其力。补植后林分内的目的树种株数不低于 450 株/hm^2 或不低于该类型未退化林分的合理密度，且整个林分内无半径大于主林层平均高 1/2 的林窗。补植补播后，应适时开展抚育管护。

2. 人工促进天然更新

适用林分包括天然更新等级不良、林分结构简化的中龄林和近熟林(或竞争生长和质量选择阶段)。

采取松土除草、割灌割藤、浇水施肥等措施创造有利的条件保证种子萌发和幼树生长。松土除草：在天然落种且萌发能力强的母树周围，局部去除杂草和枯枝落叶层、松动表层土壤：使种子与土壤充分接触并生根发芽，促进其自然生长。割灌割藤：目的树种幼苗幼树的生长明显受到周围灌草、藤本植物的影响，应进行局部割灌除草去藤。割灌割藤施工要注意保护珍稀濒危树木、林窗处的幼树幼苗及林下有生长潜力的幼树幼苗。浇水施肥：在一些环境恶劣且经济条件允许的区域，对补植补播幼苗幼树进行浇水施肥以促进其成活和生长。

3. 采伐修复

适下林分包括，轻度退化林；灾害或生理衰退形成的退化林，需要清除受害木、病源木、枯死木等的林分；林分密度过大，需要调整林木生长空间的退化林；目的树种数量不足的退化林；多代萌生的林分。

清除受害木、病源木、枯死木，改善林分卫生状况。调整林木生长空间，促进林分生长。实施林木分类的，采伐木顺序：干扰树、(必要时)其他树。实施林木分级的，采伐木顺序：Ⅴ级木、Ⅳ级木、(必要时)Ⅲ级木。去劣留优，选择目标树，采伐干扰树，促进目的树种生长。需进一步调整林分密度、树种组成和林分结构，促进天然落种或林下幼苗幼树生长、培育更新层等情况时，可采伐其他林木或Ⅲ级及以下林木。采用群团状采伐时，每群最大采伐形成林窗的直径不应超过周围林木平均高度的 2 倍；伐后郁闭度低于 0.4 时，应及时补植。

4. 渐进修复

适用退化近、成熟人工林带。采取隔株更新，按行每隔 1~3 株伐 1~3 株，采伐后在带间空地补植，待更新苗木生长稳定后，伐除剩余林木，视林带状况再进行补植。半带更新，根据更新树种生物学特性，伐除偏阳或偏阴一侧、宽度约为整条林带宽度一半的林带，在迹地上更新造林，待更新林带生长稳定后，再伐除保留的另一半林带并进行更新。带外更新，根据更新树种生物学特性，在林带偏阳或偏阴一侧按原有林带宽度设计整地，或在相邻林地之间空地上营造新林带，待新林带生长稳定后再伐除原有林带。隔带更新，对短窄林带进行全带采伐并更新，带间保留带不少于 2 条，相邻林带的采伐时间间隔不低于 5 年，伐后及时更新。断带更新，对长林带进行断带采伐并更新，每条采伐带长度不超过 200m，保留段长度不少于采伐段长度的 2 倍、宽度不小于采伐段，相邻林带的采伐时间间隔不低于 5 年，伐后及时更新。

5. 更替修复

适用于由于灾害、设计因素、生理造成的林分生长或结构重度退化的人工林，包括不适宜种植乔木的乔木林。原则上不包括东北地区坡度≥25°、南方和东南地区坡度≥35°、其他地区坡度≥30°的区域的退化林。

(1) 皆伐更新

对坡度小于 25°的林分，将所有林木一次全部皆伐或采用带状、块状逐步伐完并及时更新，注意保留生长良好、珍稀树种林木以及母树。对不适宜种植乔木、生长停滞的乔木林，实施改乔为灌和草。在坡度>15°的地区，一般一次连续作业面积不得大于 $2hm^2$ 或间隔一定距离沿等高线带状采伐，采伐带宽应小于林分平均树高的 2 倍。在坡度≤15°的地区，一般一次连续作业面积不得大于 $5hm^2$。科学选择造林树种，鼓励选择乡土和珍贵树种更新，营造混交林。应保留目的树种的幼苗、幼树。

(2) 林冠下更新

林冠下更新只用于公益林。植苗造林为主，播种造林为辅，培育更新林层，待更新林层形成后再伐除上层非培育对象林木。应选择幼龄耐阴、能够在林冠下正常生长、与林地上已有幼苗幼树共生的树种，促进与保留的目的树种形成稳定的森林生态系统。林冠下更新造林后林分密度应达到该类林分合理密度的 85%以上。

6. 复壮

适用于灾害、人为干扰或密度过大等形成的退化灌木林。对萌生能力强的退化灌木林进行平茬。采取带状更替作业方式，相邻作业带之间保留不少于作业带宽度的保留带，等萌发幼树生长稳定后再平茬剩余部分。

7. 封育

对生态地位极端重要或生态环境极端脆弱的退化林实行全封。对具有一定天然更新能力但由于经常遭受人畜破坏导致林分生长、结构退化的天然次生林和灌木林，实行半封或轮封。

8. 其他辅助措施

修枝适用于以培育大径材为目标、需要促进干形生长的珍贵树种用材林；修去枯死枝和树冠下部 1~2 轮活枝，幼龄林阶段修枝后保留冠长不低于树高的 2/3，中龄林阶段修枝后保留冠长不低于树高的 1/2，枝桩尽量修平，剪口不能伤害树干的韧皮部和木质部。

季节性积水的林地需挖排水沟，排除过多水分；对干旱林地，在有条件的地方修建集水或引水设施，进行浇灌，或运水浇灌，满足林木生长需水的要求。除运出林外的采伐剩余物，其他剩余物应平铺林内，或按一定间距均匀放在林内，有条件时可粉碎后堆放于目标树根部。坡度较大情况下，可在目标树根部做反坡向水肥坑(鱼鳞坑)，并将采伐剩余物适当切碎堆埋于坑内。对于感染林业检疫性有害生物及林业补充检疫性有害生物的林木、采伐剩余物等，要全株清理出林分，集中烧毁或集中深埋。对于水土流失引起的退化林，可采取工程措施，并选择落叶丰富、根系发达、稳定性强的树种，形成乔灌草相结合的立体格局。对珍贵树种或其他有机质含量下降的林地，在条件允许的情况下，可在树木周围施用有机肥料、营养土或生物菌剂来改良土壤环境。

第五节　树种多样性与木材价格分析实例

一、数据来源

(一)树种多样性

数据来源于第九次森林资源清查样地调查数据，乔木林中按照数据要求筛选样地54410块，计算其 TSS 和 Mc_i 指标。通过采用植被样方调查数据，统计主要树种种类分布信息；采用乔木林样地样木位置信息，计算林木空间结构多样性和林分混交程度指数。样地 TSS 和 Mc_i 指标计算结果描述性统计分析如表6-1所示。

表6-1　样本 TSS 和 Mc_i 指标计算结果描述性统计

样本	样地 TSS 指标				样地 Mc_i 指标			
	平均值	标准差	最小值	最大值	平均值	标准差	最小值	最大值
总体	0.3724	53.6110	0.0008	1.0000	0.2941	55.9301	0.0005	1.1500
S1	0.2467	6.1558	0.0027	1.0000	0.2167	6.4625	0.0025	1.1500
S2	0.2294	2.6351	0.0094	0.8400	0.1961	2.8435	0.0041	0.9240
S3	0.3461	8.8742	0.0046	0.9558	0.2169	8.7061	0.0007	1.0971
S4	0.2533	6.3763	0.0042	1.0000	0.2204	6.8419	0.0028	1.1500
S5	0.2546	5.5377	0.0068	0.8400	0.2152	5.5688	0.0029	0.9240
S6	0.3046	6.3500	0.0049	0.8400	0.2838	6.8703	0.0008	0.9240
S7	0.4830	13.7076	0.0067	0.9913	0.4573	15.9040	0.0013	1.1323
S8	0.3062	4.8142	0.0061	0.8857	0.2313	4.8408	0.0010	0.9414
S9	0.2603	4.8449	0.0026	0.8667	0.2315	5.2981	0.0029	0.9892
S10	0.3922	8.9108	0.0048	1.0000	0.2547	9.2331	0.0008	1.1500
S11	0.3658	8.7095	0.0040	0.9429	0.3427	9.8094	0.0010	1.0442
S12	0.4582	14.6923	0.0046	1.0000	0.3041	15.9005	0.0007	1.1500
S13	0.4718	14.2195	0.0045	1.0000	0.3154	15.6600	0.0007	1.1500
S14	0.3321	6.9700	0.0031	0.8400	0.3079	7.5525	0.0008	0.9735
S15	0.2432	5.9844	0.0026	1.0000	0.2096	6.5586	0.0023	1.1294

（续）

样本	样地 TSS 指标				样地 Mc_i 指标			
	平均值	标准差	最小值	最大值	平均值	标准差	最小值	最大值
S16	0.3713	11.8896	0.0047	1.0000	0.2588	12.2596	0.0007	1.1500
S17	0.4994	11.3967	0.0055	1.0000	0.3632	13.3911	0.0009	1.1500
S18	0.4552	13.8417	0.0048	0.9613	0.3304	15.4725	0.0008	1.1193
S19	0.4688	8.9414	0.0043	0.9788	0.3208	9.8779	0.0007	1.0738
S20	0.4496	11.7760	0.0032	0.9733	0.3382	13.0862	0.0005	1.0905
S21	0.3390	5.3460	0.0115	0.9377	0.2095	5.0988	0.0018	0.8590
S22	0.4638	6.1121	0.0104	0.8750	0.4537	7.0285	0.0067	0.9683
S23	0.2789	8.9589	0.0058	1.0000	0.2473	9.6130	0.0020	1.1317
S24	0.4433	11.3525	0.0045	0.9653	0.3215	12.5864	0.0007	1.1012
S25	0.2705	9.4448	0.0029	0.9489	0.2367	9.7900	0.0012	0.8575
S26	0.5377	6.9152	0.0078	0.9621	0.1930	5.9244	0.0013	1.0555
S27	0.3360	8.1203	0.0053	0.8400	0.3094	8.9138	0.0023	0.9240
S28	0.3005	7.7390	0.0016	0.8857	0.2688	8.2757	0.0011	0.9342
S29	0.1883	2.7151	0.0075	0.6515	0.1460	2.6359	0.0012	0.6518
S30	0.3572	4.9478	0.0106	0.9765	0.2255	4.9795	0.0017	0.9936
S31	0.2078	4.1634	0.0008	0.8400	0.1703	4.1670	0.0011	0.9240

（二）木材价格分析

木材生产量、销售量和综合平均价格数据来源于《2004—2014 年中国林业统计年鉴》和《2015 年中国林业发展报告》，影响木材价格经济社会因子数据来源于《2004—2014 年国民经济和社会发展统计公报》，楚雄州社会经济指标来源于《2017 年楚雄年鉴》和《楚雄彝族自治州 2017 年国民经济和社会发展统计公报》，其余价格指标数据来源于市场调研采集。

二、研究方法

（一）多样性分析方法

1. 树种丰富度

以《中国树木志》数据库为基础，结合第九次森林资源连续清查植被样方调查数据，形成全国及各省树种种类基础数据库，采用 SPSS 进行聚类分析，以各省乔木树种科、属、种数量为变量，省份选择个案，采用 Ward 方法和 Minkowski 距离进行聚类分析。

2. 树种分布格局指数

通过计算主要乔木树种扩散系数、聚集度指标、Casste R M 指标、平均拥挤度与平均密度的比值，分析树种分布特征。

$$C=\frac{S^2}{\overline{X}}$$

$$I=C-1$$

$$C_A=\frac{S^2-\overline{X}}{\overline{X}^2}$$

$$R=\frac{\overline{X}+\frac{S^2}{\overline{X}}-1}{\overline{X}}$$

式中：S 为乔木树种样地株数标准差，$\overline{X}$ 为乔木树种样地株数平均值，C 为扩散系数，I 为聚集度指标，C_A 为 Casste R M 指标，R 为平均拥挤度与平均密度的比值。

3. 林分结构特征分析

(1)林分空间结构指数

基于相邻木空间关系分析树种组成的空间结构多样性，运用样木表中样木定位坐标信息和树种名称进行指标计算。

$$TSS=Ms_{sp_1}+Ms_{sp_2}+\cdots+Ms_{sp_n}=\sum_{sp=1}^{s}\left[\frac{1}{5N}\sum_{i=1}^{N_{sp}}(M_i\times S_i)\right]$$

式中：M_i 为结构单元中的树种混交度，其计算公式为：

$$M_i=\frac{1}{4}\sum_{j=1}^{4}v_{ij}$$

当参照树 i 与第 j 株相邻木非同种时 v_{ij} 为 1，否则 v_{ij} 为 0。Ms_{sp_n} 为各树种的平均空间状态，其计算公式为：

$$Ms_{sp_n}=\frac{1}{5N}\sum_{i=1}^{N_{sp}}(M_i\times S_i)$$

式中：N_{sp} 为树种 sp 个体数，S_i 为结构单元中的树种数，i 为以树种 sp 为参照树的结构单元数。当群落由 N 个个体、N 个物种组成，也就是说群落中每个物种个体只有 1 株时，该群落的物种多样性达最大值，等于物种丰富度(S)，即 $TSS=S$；当群落仅由 1 个物种的 N 个个体组成时，该群落的物种多样性达最小值，即 $TSS=0$。TSS 与样地大小无关。TSS 是群落中所有物种的平均空间状态的集合，是群落中物种多样性的空间测度。

(2)林分混交度指标

全混交度全面考虑对象木与最近邻木之间以及最近邻木相互之间的树种隔离关系，同时兼顾树种多样性。树种多样性不仅考虑树种数，还考虑不同树种所占比例的均匀度。采用全混交度来描述树种多样性，以提高树种混交的区分度。全混交度的计算公式为：

$$Mc_i=\frac{1}{2}\left(D_i+\frac{c_i}{n_i}\right)\times M_i$$

式中：M_i 为结构单元中的树种简单混交度，其计算公式为：

$$M_i=\frac{1}{4}\sum_{j=1}^{4}v_{ij}$$

式中：n_i 为最近邻木株数；c_i 为对象木的最近邻木中成对相邻木非同种的个数，c_i/n_i 表示最近邻木树种隔离度；D_i 为空间结构单元的 Simpson 指数，它表示树种分布均匀度，计算方法与树种多样性 Simpson 指数方法一致。

(3)树种结构指数概率分布拟合

采用全国乔木林样地数据计算的 *TSS* 指数和 Mc_i 指数计算结果，以 0.02 为间隔统计频数，计算密度概率。根据概率密度和期间中值，运用四参数高斯分布模型拟合 *TSS* 指数和 Mc_i 指数概率分布情况，采用模型拟合决定系数(R^2)和标准估计误差(*SEE*)判断模型拟合优度。R^2 等于回归平方和在总平方和中所占的比率，即回归方程所能解释的因变量变异性的百分比；*SEE* 是估计值与实际值的离差平方和，主要用来衡量回归方程的代表性。

$$P=a_4+a_1\times e^{\left[-0.5\cdot\left(\frac{I-a_3}{a_2}\right)^2\right]}$$

式中：P 为 *TSS* 指数和 Mc_i 指数概率值，$a_1 \sim a_4$ 为待拟合参数值。

(二)木材价格表编制

1. 供需建模

采用全国各省份 2004—2014 年木材生产量和销售量数据建立初始供需序列

$$x^{(0)}(t)=\{x^{(0)}(1), x^{(0)}(2), x^{(0)}(3), \cdots, x^{(0)}(n)\}$$

将初始序列累加一次得到累加序列

$$x^{(1)}(t)=\{x^{(1)}(1), x^{(1)}(2), x^{(1)}(3), \cdots, x^{(1)}(n)\}$$

序列 $x^{(1)}(t)$ 的白化微分方程如下：

$$\frac{dx^{(1)}(t)}{dt}+ax^{(1)}(t)=b$$

式中：系数 $\hat{a}$ 采用灰色系统生成理论运用 Matlab R2014b 按最小二乘法进行参数求解。

$$\hat{a}=(B^TB)^{-1}B^TY_n$$

式中：$B=\begin{bmatrix} -\frac{1}{2}[x^{(1)}(2)+x^{(1)}(1)] & 1 \\ -\frac{1}{2}[x^{(1)}(3)+x^{(1)}(2)] & 1 \\ \vdots & \vdots \\ -\frac{1}{2}[x^{(1)}(n)+x^{(1)}(n-1)] & 1 \end{bmatrix}$　$Y_n=\begin{bmatrix} x^{(0)}(2) \\ x^{(0)}(3) \\ \vdots \\ x^{(0)}(n) \end{bmatrix}$

求解出 $\hat{a}$ 的解，即可建立生成全国各省份木材产量和销售量 GM(1，1)灰色预测模型如下：

$$\hat{x}^{(1)}(t)=\left[x^{(0)}(1)-\frac{b}{a}\right]e^{-a(t-1)}+\frac{b}{a}$$

式中：$x^{(0)}$ 为木材生产量和销售量初始序列；$x^{(1)}(t)$ 为木材生产量和销售量一次累加序列；$\hat{x}^{(1)}(t)$ 为模型预测值；t 为时间序列；n 为总年份；a 和 b 为待求解参数；B 和 Y_n 为求解参数矩阵；e 为自然常数。

2. 价格建模

木材平均价格 GM(1，1)模型构建与木材产量和销售量 GM(1，1)模型一致。采用单因素方差分析方法比较 2004—2014 年不同省份间和不同年份间木材平均价格差异性。采用聚类分析方法对全国各省份木材价格一致性进行分类分析。采用 Pearson 相关系数分析各经济社会因素对木材平均价格的影响。运用 SPSS22.0 软件，采用广义线性回归模型建立木材价格影响因子与木材价格间的回归关系。

3. 价格表编制

木材价格导向曲线直接影响木材价格表编制的准确性，这就需要导向曲线既能反映木材价格随径阶变化的规律，又能对数据进行最优化拟合。木材等级分为Ⅰ级、Ⅱ级、Ⅲ级、Ⅳ级、Ⅴ级，是综合考虑树种和材种的特点确定的。本研究采用 Richard 模型的变换形式，运用 Matlab R2014b，按最小二乘法进行参数求解。

$$P=\frac{P_{\text{mod}}}{a_1}+a_2\times(1-e^{-a_3\times D})^{a_4}$$

式中：P 为各径阶木材价格，D 为径阶，P_{mod} 为木材综合平均价格修正值，$a_1 \sim a_4$ 为待求解参数。木材价格表编制选择不同等级木材价格差异较大的径阶中值作为基准径阶，本研究采用的基准径阶为 24cm。

(1)标准差调整法

各径阶木材价格标准差方程采用各径阶木材价格标准差 S_{i} 与径阶中值 D_{i} 拟合。将各径阶木材价格标准差拟合值代入调整式，编制价格表。

$$S_i=a_1+a_2\cdot\log_{10}^{D_i}$$

$$P_{ij}=P_{ik}\pm\left[\left(\frac{P_{0j}-P_{0k}}{S_0}\right)\cdot S_i\right]$$

式中：P_{ij} 为第 i 径阶第 j 等级调整后的木材价格；P_{ik} 为第 i 径阶的导向曲线木材价格；P_{0j} 为基准径阶第 j 等级的木材价格；P_{0k} 为基准径阶时导向曲线木材价格；S_0 为基准径阶所在木材价格标准差理论值；S_i 为第 i 径阶木材价格标准差理论值。

(2)变动系数调整法

各径阶木材价格变动系数等于木材价格标准差 S_i 除以导向曲线木材价格理论值 P_{ik}。将各径阶木材价格变动系数拟合值代入调整式，编制价格表。

$$C_i=\frac{S_i}{D_i}$$

$$P_{ij}=P_{ik}\cdot\left[1\pm\left(\frac{P_{0j}-P_{0k}}{P_{0k}\cdot C_0}\right)\cdot C_i\right]$$

式中：C_0 为基准径阶所在木材价格变动系数理论值；C_i 为第 i 径阶木材价格变动系数理论值。

(3)相对等级法

该方法是按照一定的比例将木材价格导向曲线平移的一种方法，将基准径阶带入导向曲线得到木材价格理论值和调整系数，编制价格表。

$$P_{ij}=P_{ik}\times\left(\frac{P_{0j}}{P_{0k}}\times 100\%\right)$$

三、乔木树种多样性分析结果

(一)乔木树种丰富度聚类分析

乔木树种丰富度聚类是分析区域尺度乔木树种分布的重要参考，也是全国乔木树种丰富度分布的直接呈现。如图 6-1 所示，聚类分析结果表明，①按照三类划分，云南、广西、广东、四川、贵州为第一类别，海南、湖南、福建、江西、湖北、浙江、陕西、西藏、甘肃、安徽、江苏、河南为第二类别，山东、辽宁、河北、山西、吉林、黑龙江、新疆、内蒙古、青海、重庆、宁夏、上海、北京、天津为第三类别；②按照四类划分，云南、广西、广东、四川、贵州为第一类别，海南、湖南、福建、江西、湖北、浙江为第二类别，陕西、西藏、甘肃、安徽、江苏、河南为第三类别，山东、辽宁、河北、山西、吉林、黑龙江、新疆、内蒙古、青海、重庆、宁夏、上海、北京、天津为第四类别；③按照五类划分，云南为第一类别，广西、广东、四川、贵州为第二类别，海南、湖南、福建、江西、湖北、浙江为第三类别，陕西、西藏、甘肃、安徽、江苏、河南为第四类别，山东、辽宁、河北、山西、吉林、黑龙江、新疆、内蒙古、青海、重庆、宁夏、上海、北京、天津为第五类别；④按照六类划分，云南为第一类别，广西、广东为第二类别，四川、贵州为第三类别，海南、湖南、福建、江西、湖北、浙江为第四类别，陕西、西藏、甘肃、安徽、江苏、河南为第五类别，山东、辽宁、河北、山西、吉林、黑龙江、新疆、内蒙古、青海、重庆、宁夏、上海、北京、天津为第六类别。

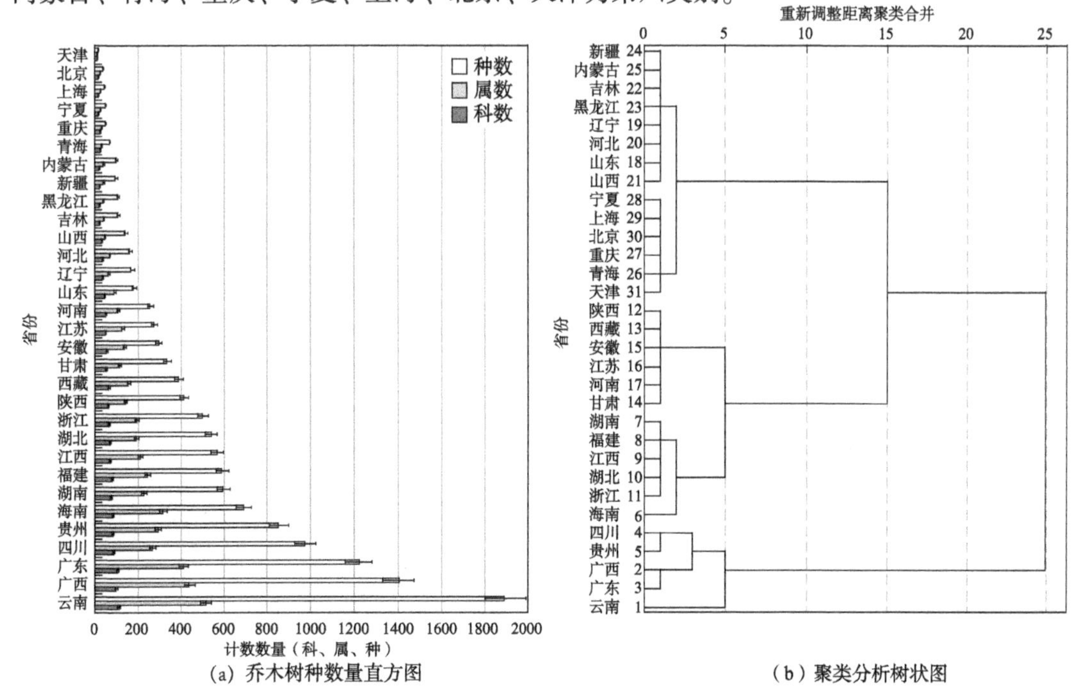

(a) 乔木树种数量直方图　　(b) 聚类分析树状图

图 6-1 各省(自治区、直辖市)乔木树种丰富度聚类分析结果

（二）主要乔木树种分布及抗性分析

乔木树种分布格局指标计算结果如表 6-2 所示，主要树种扩散系数 C 均大于 1.00，聚集度指标 I 均大于 0，Cassie R M 指标 C_A 均大于 0，平均拥挤度与平均密度的比值 R 均大于 1.00，表明主要乔木树种分布呈现聚集分布。扩散系数和聚集度指标大于 50.00 的树种包括华山松（*Pinus armandii*）、杉木（*Cunninghamia lanceolata*）、柳杉（*Cryptomeria fortunei*）、桉树（*Eucalyptus robusta*）、油松（*Pinus tabuliformis*）、栎类（*Quercus acutissima*）、云南松（*Pinus yunnanensis*），Cassie R M 指标大于 2.00 的树种包括樟木（*Cinnamomum longepaniculatum*）、华山松、柳树（*Salix babylonica*）、柳杉、桦木、榆树（*Ulmus pumila*）、刺槐（*Robinia pseudoacacia*）、木荷（*Schima superba*）、栓皮栎（*Quercus variabilis*）、楠木（*Phoebe zhennan*）、柏木（*Cupressus funebris*）、枫香（*Liquidambar formosana*），平均拥挤度与平均密度的比值大于 3.00 的树种包括樟木（*Cinnamomum camphora*）、华山松、柳树、柳杉、桦木、榆树、刺槐、木荷、栓皮栎、楠木、柏木、枫香。主要乔木树种生长习性的差异按耐瘠薄、耐酸、耐碱、耐盐、耐旱进行抗性分析。主要的耐瘠薄树种有 101 余种，主要的耐酸树种有 97 余种，主要的耐碱树种有 40 余种，主要的耐盐树种有 24 余种，主要的耐旱树种有 136 余种。

表 6-2　主要乔木树种分布格局指标计算结果

树种	扩散系数 C	聚集度指标 I	Cassie R M 指标 C_A	平均拥挤度与平均密度的比值 R
华山松	80.27	79.27	4.52	5.52
杉木	74.55	73.55	1.87	2.87
柳杉	74.41	73.41	3.24	4.24
桉树	63.43	62.43	1.29	2.29
油松	54.74	53.74	1.90	2.90
栎类	52.07	51.07	1.91	2.91
云南松	51.17	50.17	1.34	2.34
马尾松	48.93	47.93	1.99	2.99
栓皮栎	47.67	46.67	2.40	3.40
柏木	46.34	45.34	2.33	3.33
木荷	40.30	39.30	2.78	3.78
落叶松	39.29	38.29	1.37	2.37
刺槐	37.57	36.57	3.02	4.02
湿地松	36.82	35.82	1.42	2.42
桦木	34.74	33.74	3.14	4.14

（续）

树种	扩散系数 C	聚集度指标 I	Cassie R M 指标 C_A	平均拥挤度与平均密度的比值 R
白桦	33.47	32.47	1.68	2.68
杨树	31.78	30.78	1.61	2.61
云杉	31.41	30.41	1.19	2.19
樟木	31.24	30.24	4.53	5.53
冷杉	27.59	26.59	1.47	2.47
柳树	23.25	22.25	3.25	4.25
高山松	22.29	21.29	0.64	1.64
楠木	20.31	19.31	2.37	3.37
榆树	18.89	17.89	3.04	4.04
枫香	13.94	12.94	2.18	3.18

(三)乔木树种空间结构分析

乔木林树种结构指数分布拟合结果如表6-3所示，TSS 指数分布高斯模型拟合决定系数为0.81、拟合标准误差为0.01，Mc_i 指数分布高斯模型拟合决定系数为0.72、拟合标准误差为0.01。TSS 指数分布位置参数 a_3 为0.2930、分布离散程度参数 a_2 为0.2941，Mc_i 指数分布位置参数 a_3 为-0.0937、分布离散程度参数 a_2 为0.5112，说明乔木林混交度指数 Mc_i 分布中值位于树种空间结构 TSS 指数分布中值左侧，乔木林混交度指数 Mc_i 离散程度大于树种空间结构 TSS 指数。

表6-3 乔木林树种结构指数分布拟合结果

指数	参数	拟合值	标准估计误差	t 值	p 值	方差膨胀因子
TSS	a_1	0.0337	0.0045	7.4826	<0.0001	<18.8670
	a_2	0.2941	0.0474	6.2082	<0.0001	<11.8888
	a_3	0.2930	0.0175	16.7788	<0.0001	1.4208
	a_4	-0.0006	0.0049	-0.1215	0.9039	<43.4606
Mc_i	a_1	0.0469	0.0241	1.9458	0.0582	<144.9889
	a_2	0.5112	0.3662	1.3962	0.1698	<227.7854
	a_3	-0.0937	0.3697	-0.2536	0.8011	<172.8627
	a_4	-0.0047	0.0162	-0.2880	0.7748	<171.0632

TSS 指数分布呈左偏截尾正态分布(图 6-2a)，乔木林空间结构 *TSS* 指数趋向正态分布转移，*TSS* 指数大于0.60期间段变动系数小、空间结构稳定，具有较好的延续性，可能与天然林保护持续稳定有关；*TSS* 指数小于0.40期间段变动系数较大，出现较大幅度波段可能与人工造林和经营有关。Mc_i 指数分布呈倒“J”形分布(图 6-2b)，乔木林分混交度呈单一下降趋势，可能与营造林工程以纯林为主有关，Mc_i 指数大于0.60期间段变动系数小，混交结构合理，树种组成稳定，可能与天然林保护持续稳定有关；Mc_i 指数小于0.40期间段变动系数较大，出现较大幅度波段可能与营造林和人工纯林有关。全国乔木林空间结构和混交程度呈现向正态分布转移的趋势，天然林保护有效地保障了高指数混度和空间结构的持续稳定。

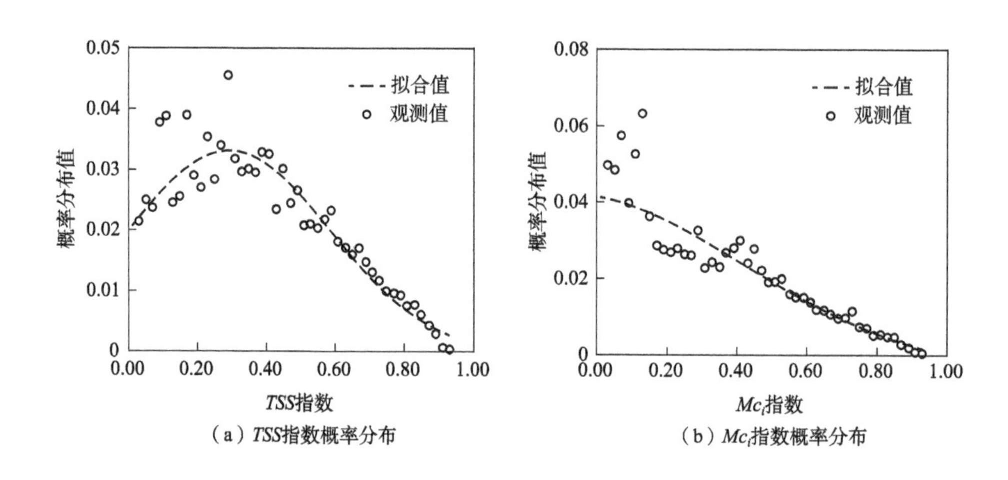

(a) *TSS*指数概率分布　(b) Mc_i指数概率分布

图 6-2　树种结构 *TSS* 和 Mc_i 指数概率分布

四、木材价格分析结果

(一)木材供需状况分析

根据全国各省份木材生产量和销售量 GM(1，1)模型拟合结果可知(表 6-4)，内蒙古、吉林、黑龙江、浙江、福建、江西、湖南、陕西、甘肃、青海和大兴安岭，共11个省或统计单位木材生产量呈现下降趋势，全国及其余省份仍然呈上升趋势；黑龙江、浙江、江西和大兴安岭，共4个省或统计单位木材销售量呈现下降趋势，全国及其余省份仍然呈上升趋势。运用 GM(1，1)模型预测 2020 年全国木材产量和销售量间差额为3482.14万 m^3，产量低于销售量的省份或统计单位差额分别为天津 53.57 万 m^3、河北276.52万 m^3、内蒙古 104.99 万 m^3、吉林 161.49 万 m^3、黑龙江 91.52 万 m^3、江西57.82万 m^3、河南106.56万 m^3、广西2483.88万 m^3、四川77.96万 m^3、贵州158.77万 m^3、云南201.26万 m^3、陕西158.15万 m^3、新疆130.5万 m^3、大兴安岭8.67万 m^3，广西省木材需求量显著大于生产量($p<0.01$)。

表 6-4 全国各省份木材供需 GM(1, 1) 模型拟合结果

省份	木材产量		木材销售量		省份	木材产量		木材销售量	
	a	*b*	*a*	*b*		*a*	*b*	*a*	*b*
全国	-0.0340	6157.2815	-0.0989	28677121.4678	湖北	-0.0396	177.8446	-0.1020	586444.2087
北京	-0.1441	4.0139	-0.0291	99019.4280	湖南	0.0286	678.1607	-0.0256	2687211.5579
天津	-0.1079	7.3501	-0.3003	35493.0194	广东	-0.0947	330.9329	-0.0716	4449647.3997
河北	-0.0664	44.1336	-0.0737	1742737.2308	广西	-0.1599	453.1107	-0.2245	2548357.6477
山西	-0.1038	4.2190	-0.1440	34135.7126	海南	-0.0599	73.0460	-0.0008	679125.9566
内蒙古	0.0773	440.9390	-0.0066	2060611.9869	重庆	-0.1255	11.5856	-0.0971	134687.9076
辽宁	-0.0050	184.6248	-0.0019	1523304.6944	四川	-0.0748	122.3065	-0.1048	1043696.6163
吉林	0.0234	463.3985	-0.0580	1819565.5276	贵州	-0.0734	106.5778	-0.1224	711581.0748
黑龙江	0.0829	681.7468	0.0235	3963609.4015	云南	-0.0359	353.1153	-0.0850	2113053.2243
江苏	-0.0897	68.6262	-0.0317	1471042.2522	西藏	-0.0187	37.1652	—	—
浙江	0.0322	224.8449	0.0856	2675045.3991	陕西	0.0444	34.9063	-0.3206	28747.2472
安徽	-0.0355	348.7336	-0.0789	1645120.9230	甘肃	0.0139	4.8428	-0.0260	19114.9583
福建	0.0211	716.5496	-0.0377	1837414.0439	青海	0.0704	2.2375	—	—
江西	0.0866	619.3529	0.0281	3287746.5325	宁夏	-0.0437	0.4080	—	—
山东	-0.1674	114.4136	-0.1483	1767706.8455	新疆	-0.0081	36.6656	-0.1949	65264.8298
河南	-0.1027	102.6465	-0.1757	710577.8491	大兴安岭	0.1274	310.6813	0.1130	3019033.1881

(二)木材价格预测模型

木材价格单因素方差分析结果表明(表 6-5)，全国不同省份间木材平均价格存在极显著性差异($p<0.01$)，2004—2014 年不同年份间木材平均价格也存在极显著性差异($p<0.01$)，但相邻年份间木材平均价格无差异($p>0.10$)。木材平均价格聚类分析结果表明(图 6-3)，按照五类划分，吉林、山东、海南分别为 3 个类别，陕西、天津、广东、湖北、北京、云南、山西、四川、新疆、甘肃、贵州和广西为第 4 类别，江苏、湖南、江西、黑龙江、河南、河北、辽宁、内蒙古、重庆、安徽、福建和浙江为第 5 类别，聚类分析树状结构图表明各省木材价格相近程度，浙江、福建和安徽较为相近，内蒙古、辽宁和

河北、河南较为相近，广西和贵州较为相近，甘肃、新疆和四川较为相近，山西、云南、北京和湖北较为相近。

表 6-5　木材价格单因素方差分析结果

因素	统计指标	平方和	自由度	平均值平方	F 值	显著性值
省份	组间	7225397.59	32	225793.68	8.17	0.00
	组内	7819980.83	283	27632.44		
	总计	15045378.42	315			
年份	组间	3467980.04	10	346798.00	9.14	0.00
	组内	11577398.38	305	37958.68		
	总计	15045378.42	315			

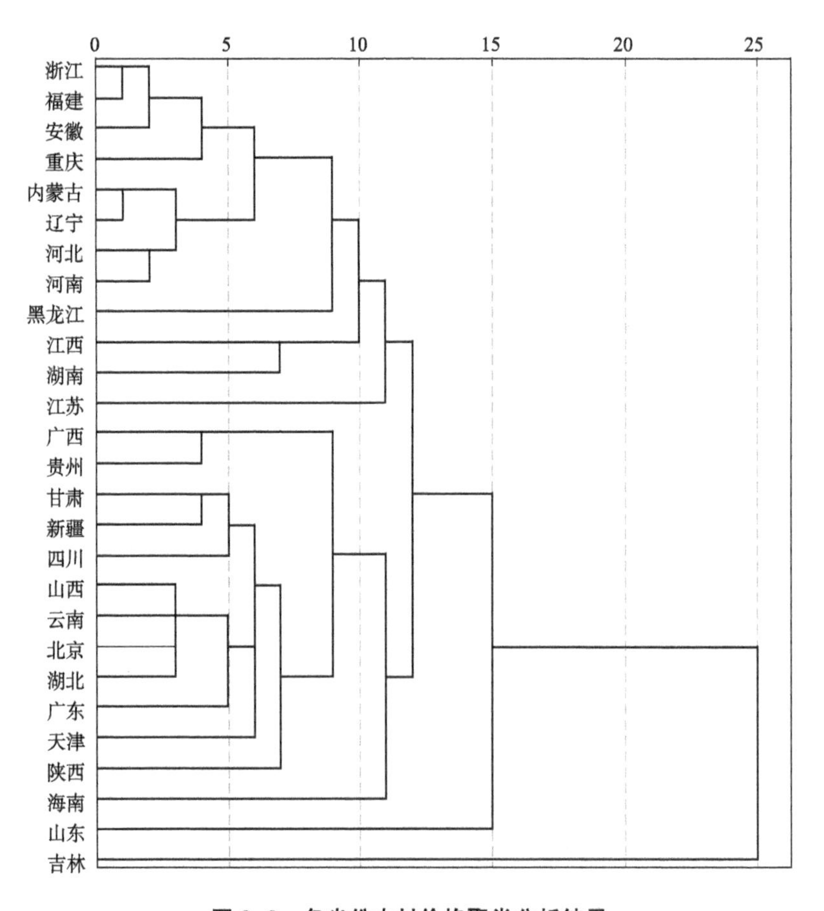

图 6-3　各省份木材价格聚类分析结果

根据全国各省份木材平均价格 GM(1，1)模型拟合结果可知(表 6-6)，北京、河南和陕西 3 个省木材平均价格呈现下降趋势，全国及其余省份呈上升趋势。模型预测结果表明，2020 年各省份木材平均价格分别为：北京 537 元/m^3、天津 1172 元/m^3、河北 664 元/m^3、山西 777 元/m^3、内蒙古 889 元/m^3、辽宁 929 元/m^3、吉林 1490 元/m^3、黑龙江 1120 元/m^3、江苏 945 元/m^3、浙江 1371 元/m^3、安徽 1198 元/m^3、福建 1219 元/m^3、江西 2017 元/m^3、山东 1515 元/m^3、河南 647 元/m^3、湖北 732 元/m^3、湖南 1640 元/m^3、广东 749 元/m^3、广西 1323 元/m^3、海南 1174 元/m^3、重庆 1154 元/m^3、四川 1297 元/m^3、贵州 1489 元/m^3、云南 571 元/m^3、陕西 573 元/m^3、甘肃 771 元/m^3、新疆 825 元/m^3。

表 6-6　全国各省份木材平均价格 GM(1，1)模型拟合结果

省份	参数		省份	参数		省份	参数	
	a	*b*		*a*	*b*		*a*	*b*
全国	-0.0414	526.0934	龙江集团	-0.0749	631.6223	广西	-0.0827	346.5846
北京	0.0025	552.5143	江苏	-0.0242	636.373	海南	-0.0622	426.2486
天津	-0.0947	485.4381	浙江	-0.0664	517.6678	重庆	-0.0483	664.3297
河北	-0.0033	636.8557	安徽	-0.0464	559.404	四川	-0.0724	415.8383
山西	-0.0507	408.8601	福建	-0.0513	526.3118	贵州	-0.0925	333.6011
内蒙古	-0.0247	595.3955	江西	-0.0883	474.2375	云南	-0.0138	455.6619
内蒙古集团	-0.0457	555.3774	山东	-0.0738	604.03	陕西	0.0117	670.5593
辽宁	-0.0237	632.3986	河南	0.0083	723.9917	甘肃	-0.0295	471.07
吉林	-0.036	828.4282	湖北	-0.0258	481.4719	新疆	-0.0363	449.9345
吉林集团	-0.0781	750.6604	湖南	-0.0825	425.7862	新疆兵团	-0.2065	411.4884
黑龙江	-0.0279	712.4582	广东	-0.0253	568.5624	大兴安岭	-0.0322	530.4732

木材平均综合价格与森林蓄积量、GDP、居民消费水平、人口总数、城镇化率、林业投资完成额和用材林造林面积 Pearson 相关系数分别为 0.92、0.92、0.84、0.92、0.93、0.79、-0.04，自然因素与木材平均价格 Pearson 相关系数均值为 0.92，经济因素与木材平均价格 Pearson 相关系数均值为 0.88，社会因素与木材平均价格 Pearson 相关系数均值为 0.92，政策因素与木材平均价格 Pearson 相关系数均值为 0.38。从因子分析木材价格广义线性回归模型拟合结果可知(表 6-7)，森林蓄积量与其他因子存在较严重的共线性，建模过程中排除了森林蓄积量自然因素，模型拟合决定系数 0.90。

表 6-7　基于因子分析的木材平均价格广义线性回归模型拟合结果

因素	因子	非标准化系数		T值	显著性值	共线性统计指标		拟合优度
		Beta	标准误差			允许差	VIF	R^2
常数		485.34	83.64	5.80	0.00			0.90
经济因素	GDP	60.07	1574.36	0.04	0.97	0.00	965.22	
	居民消费水平	-138.03	617.55	-0.22	0.83	0.01	130.64	
社会因素	人口总数	-1785.67	2605.10	-0.69	0.52	0.00	2424.55	
	城镇化率	2199.95	3646.48	0.60	0.57	0.00	4910.85	
政策因素	林业投资完成额	-27.79	335.40	-0.08	0.94	0.02	48.55	
	用材林造林面积	-87.29	85.98	-1.02	0.36	0.48	2.08	

(三)木材价格表编制

木材价格表基于 GM(1，1)模型预测综合平均价格，采用当地经济、社会和政策因素对综合平均价格进行广义线性模型修正。其中 GM(1，1)模型对综合平均价格的贡献率为 0.70，广义线性回归模型对综合平均价格的贡献率为 0.30。可采用标准差调整法、变动系数调整法和相对等级法在平均价格的基础上编制木材价格表。木材价格导向曲线拟合结果为：

$$P=\frac{P_{\mathrm{mod}}}{1.8607}+2466648.9110\cdot\left(1-e^{-0.000017634\times D}\right)^{1.0854}$$

式中：P 为各径阶木材价格，D 为径阶，P_{mod} 为木材综合平均价格修正值。

以云南省楚雄彝族自治州原木木材价格表编制为例进行说明，GM(1，1)模型预测云南省 2020 年木材综合平均价格为 571 元/m^3，根据楚雄州 GDP、居民消费水平、人口总数、城镇化率、林业投资完成额和用材林造林面积修正广义线性模型综合平均价格为 986 元/m^3，乘以贡献率木材综合平均价格修正值为 654 元/m^3。采用相对等级法基准径阶为 24cm，基准径阶时木材价格导向曲线预测值为 889 元/m^3，按照等级差分别设定Ⅰ级、Ⅱ级、Ⅳ级和Ⅴ级基准径阶时木材价格分别为 3112 元/m^3、1778 元/m^3、711 元/m^3 和 622 元/m^3。木材价格表编制结果见表 6-8，不同木材等级价格均值分别为Ⅰ级为 4020 元/m^3、Ⅱ级为 2247 元/m^3、Ⅲ级为 971 元/m^3、Ⅳ级为 684 元/m^3 和Ⅴ级为 602 元/m^3，不同径阶价格均值分别为 5cm 为 422 元/m^3、10cm 为 502 元/m^3、20cm 为 1230 元/m^3、30cm 为 1716 元/m^3、40cm 为 2216 元/m^3、50cm 为 3844 元/m^3。

表 6-8 云南省楚雄州 2020 年原木木材价格预测表

价格	指标（cm）	均值（元/m³）	木材等级				
			Ⅴ级	Ⅳ级	Ⅲ级	Ⅱ级	Ⅰ级
			602	684	971	2247	4020
木材径阶	5	422	401	417	449		
	6	438	412	431	471		
	8	470	434	461	515		
	10	502	456	491	559		
	12	856	479	521	605	1024	1653
	14	948	502	552	651	1146	1889
	16	1041	526	583	698	1270	2129
	18	1135	550	615	745	1396	2372
	20	1230	574	647	793	1522	2616
	22	1326	598	679	841	1650	2863
	24	1423	622	711	889	1778	3112
	26	1520	647	744	938	1908	3362
	28	1618	672	777	987	2038	3614
	30	1716	697	810	1036	2169	3868
	32	1815	722	843	1086	2301	4123
	34	1915	747	877	1136	2434	4380
	36	2015	772	910	1186	2567	4637
	38	2115	798	944	1237	2701	4896
	40	2216	823	978	1287	2835	5157
	42	3242			1338	2970	5418
	44	3392			1389	3106	5680
	46	3542			1441	3242	5943
	48	3693			1492	3378	6208
	50	3844			1544	3515	6473

五、多样性分析和木材价格表应用

（一）乔木树种多样性分析

主要乔木树种分布呈现聚集分布，典型代表树种包括华山松、杉木、柳杉、云南松、桉树、栎类和桦木等。全国主要的耐瘠薄树种有 101 余种，主要的耐酸树种有 97 余种，主要的耐碱树种有 40 余种，主要的耐盐树种有 24 余种，主要的耐旱树种有 136 余种。*TSS* 指数分布高斯模型拟合决定系数为 0.81，Mc_i 指数分布高斯模型拟合决定系数为 0.72。*TSS* 指数分布呈左偏截尾正态分布，*TSS* 指数大于 0.60 期间段变动系数小、空间结构稳定，具有较好的延续性。Mc_i 指数分布呈倒“J”形分布，乔木林分混交度呈单一下降趋势，Mc_i 指数大于 0.60 期间段变动系数小、混交结构合理，树种组成稳定。

生物多样性是生物与环境形成的生态复合体，以及相关的各种生态过程的综合，是生态系统稳定性的核心。基于相邻木空间关系的树种多样性测度方法——树种空间多样性指数(*TSS*)，能够反映群落功能特征，通过结构和功能间相关关系的分析，对揭示和认识乔木林的功能多样性具有重要意义。生物多样的测度包括从基因到生态系统的多个等级，在林分尺度上常用树种多样性表示生物多样性，但树种多样性没有考虑树种之间空间隔离关系的多样性。本研究采用的全混交度(Mc_i)全面考虑空间结构单元的树种隔离关系，能反映不同混交结构，对于改善林分结构和维护森林生态系统稳定性具有参考意义，是区域实施森林质量精准提升等林业生态工程的科学依据。

树种分布格局和林分空间结构受森林经营活动的影响较大，如大面积的营造人工纯林可能导致林区林分混交度降低，抚育间伐等经营人为干扰导致林分空间格局发生改变，进而导致树种空间多样性指标的波动。天然林 *TSS* 指数和 Mc_i 指数较高，并呈现出稳定和持续的趋势，可能与天然林资源保护等工程实施有关。树种空间结构逐渐趋于正态分布，可能与实施的抚育间伐等工程项目有关，但林分内的混交程度仍然呈倒“J”形分布，营造林工程应做到点状混交或者株行混交，而非块状混交或者林带混交。

(二)木材价格表运用

建立的全国各省份木材产量和销售量 GM(1，1)模型可用于各省份木材供需情况分析，其中，广西木材需求量显著大于供给量。不同省份和不同年份间木材平均价格存在极显著性差异($p<0.01$)，聚类分析表明，吉林、山东、海南分别为 3 个类别，陕西、天津、广东、湖北、北京、云南、山西、四川、新疆、甘肃、贵州和广西为第 4 类别，其余省份为第 5 类别。建立的木材平均价格 GM(1，1)模型和广义线性回归模型拟合优度均大于 0.90，可用于木材平均价格预测，木材平均价格与森林蓄积量、GDP、人口总数和城镇化率的 Pearson 相关系数大于 0.90。建立了木材价格导向曲线模型，采用相对等级法编制了木材价格表，可用于指导林业生产经营活动。

木材价格的预测可以采用历史经验数据进行趋势分析，也可以采用影响木材价格的各项社会经济指标因子进行修正，但是木材价格为市场自身决定，受供需关系影响显著。因此，木材价格的预测模型和价格表作为林业经营中的指导价格，实际生产经营活动中应充分结合市场调查的基础数据对价格表进行修正，才能既符合木材价格规律，又能体现市场波动情况。木材等级受木材种类、密度、稀缺程度等的综合影响，其中，木材等级分为Ⅰ级、Ⅱ级、Ⅲ级、Ⅳ级、Ⅴ级，是综合考虑树种和材种的特点确定的，需要一定的经验值并结合珍贵树种分类进行综合分析，应结合主要木材树种的特点和木材规格对木材等级进行量化，方能最大限度地将木材价格表标准化，也更方便其运用。

第六节　乔木树种多样性分析应用系统

一、系统简介

（一）系统介绍

森林资源连续清查树种多样性分析软件（Biodiversity Analysis Software for Tree Species Based on Continuous Forest Inventory，简称 CFI_BATS）旨在针对森林资源连续清查数据进行树种多样性分析，客观反映森林功能效益。通过计算主要乔木树种扩散系数、聚集度指标、Casste R M 指标、平均拥挤度与平均密度的比值、Shannon 指数、Simpson 指数、空间结构多样性指数和全混交度指数，分析树种分布特征。软件功能主要包含数据导入、指标选择、样地类型设置、保存计算结果、修改或删除计算结果等功能，为树种多样性分析提供了快捷、简便的计算、统计和分析工具。

（二）系统特点

1. 界面友好，易于操作。
2. 算法简洁，事件处理速度快。
3. 数据处理过程流程化。
4. 功能人性化。
5. 完全独立知识产权的国产软件。

（三）系统功能

1. 数据导入与编辑。
2. 多样性指标计算选择。
3. 样地类型设置。
4. 保存计算结果。
5. 修改或删除计算结果等。

二、系统安装

（一）运行环境

1. 硬件要求

CPU 最低要求，Core 2 以上或更高，建议配置 Core i5 以上。

RAM 最低要求，2024M，推荐 4096M 内存。

硬盘剩余空间不小于 100M。

显示器 VGA 以上彩色显示系统，推荐分辨率使用 1280×800，32 位色。

2. 操作系统

Windows 7、Windows 8 以及 Window 10，推荐使用 Windows 7，Visual C++ 2013 运行时。

(二)软件安装

运行安装文件中的 SetUp. exe 文件，按照安装向导进行安装。

(三)运行系统

安装完毕后，点击“森林资源连续清查树种多样性分析软件 . exe”进入系统。

三、系统界面

系统界面如下图所示。

四、软件功能

工具面板含对整个软件操作的按钮，主要包含文件打开或关闭、视图、数据(转换、检查、规范)、计算(数据选择、方法选择、范围选择)、统计、拟合、帮助等操作(见下图)。

1. 数据导入

原始数据经过转换、检查和规范后，开始进行数据的选择和导入。操作过程：鼠标单击 ［...］，在弹出的“查找 accdb 文件”对话框中选择导入数据，点击“打开”按钮，完成数据选择和导入操作。

2. 指标选择

针对样本和分析需求选择多样性分析指标。操作过程：在“计算指标”列表中选择需要计算的多样性指标。

计算指标
Shannon指数
Simpson指数
TSS指数
Moi混交度指数

树种多样性指标含义如下：

①Shannon 指数：$sn = -\sum_{i=1}^{s} p_i \times \ln \times p_i$

式中：s 为乔木树种种类数量，p_i 为第 i 个乔木树种的数量占全部树种数量的比例，计算每个乔木林样地 Shannon 指数。

②Simpson 指数：$Sp=1-\sum_{i=1}^{s} p_i^2$

式中：s 为乔木树种种类数量，p_i 为第 i 个乔木树种的数量占全部树种数量的比例，计算每个乔木林样地 Simpson 指数。

③TSS 指数：$TSS=Ms_{sp_1}+Ms_{sp_2}+\cdots+Ms_{sp_n}=\sum_{sp=1}^{s}\left[\frac{1}{5N}\sum_{i=1}^{N_{sp}}(M_i\times S_i)\right]$

式中：N_{sp} 为树种 sp 个体数，S_i 为结构单元中的树种数，i 为以树种 sp 为参照树的结构单元数。

④Mci 指数：$Mc_i=\frac{1}{2}\left(D_i+\frac{c_i}{n_i}\right)\times M_i$

式中：n_i 为最近邻木株数，c_i 为对象木的最近邻木中成对相邻木非同种的个数，c_i/n_i 表示最近邻木树种隔离度，D_i 为空间结构单元的 Simpson 指数。

3. 结果保存

将多样性指标计算结果以 .csv 的格式保存到文件目录中。操作过程：单击 ...，选择保存路径和文件夹，计算结果进行保存。

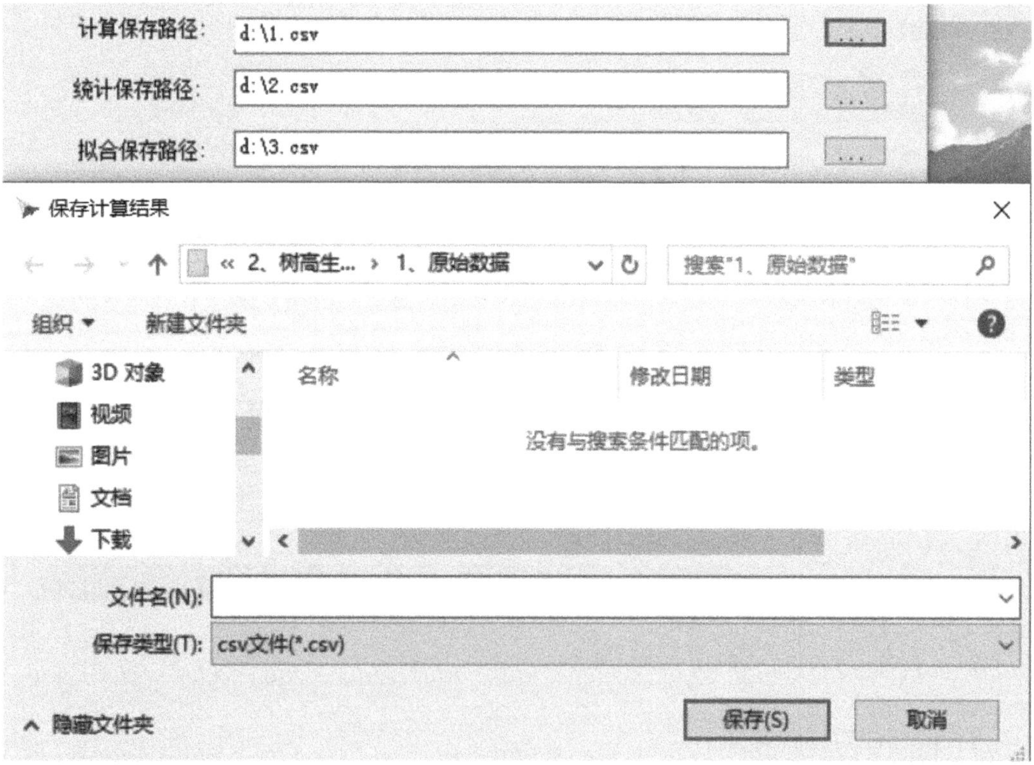

4. 指标计算

选择完成计算指标后，根据样地规格设置进行计算。操作过程：单击 计算，完成对多样性指标的计算。

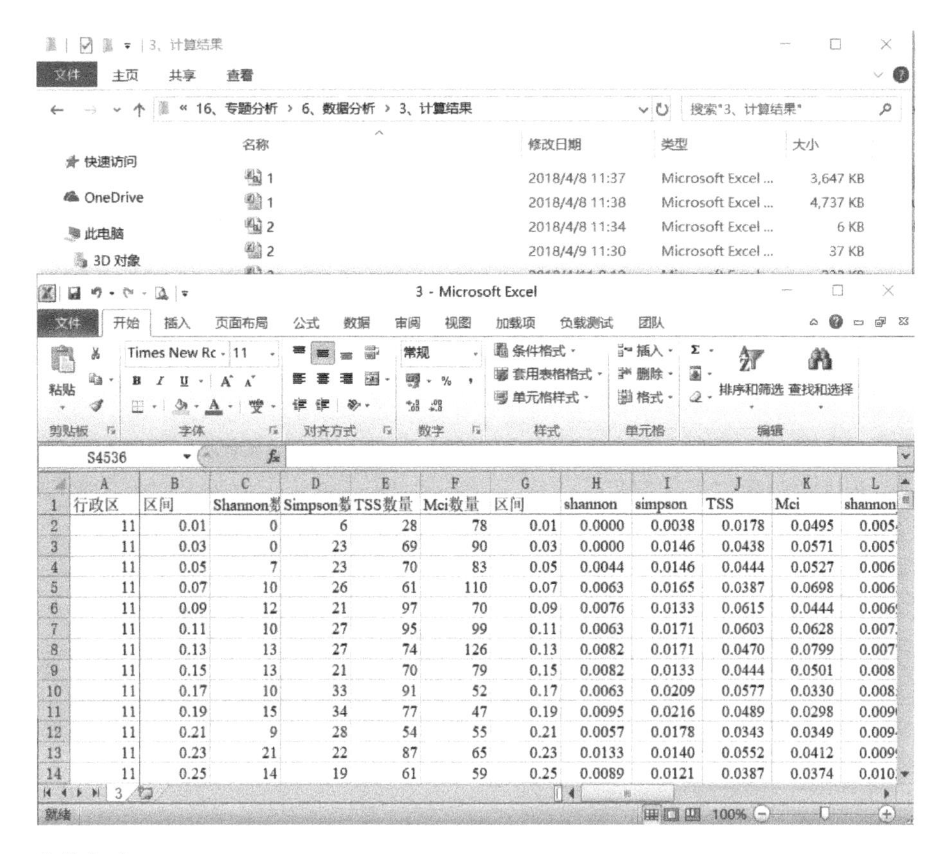

	A	B	C	D	E	F	G	H	I	J	K	L
1	行政区	区间	Shannon数	Simpson数	TSS数量	Mci数量	区间	shannon	simpson	TSS	Mci	shannon
2	11	0.01	0	6	28	78	0.01	0.0000	0.0038	0.0178	0.0495	0.005
3	11	0.03	0	23	69	90	0.03	0.0000	0.0146	0.0438	0.0571	0.005
4	11	0.05	7	23	70	83	0.05	0.0044	0.0146	0.0444	0.0527	0.006
5	11	0.07	10	26	61	110	0.07	0.0063	0.0165	0.0387	0.0698	0.006
6	11	0.09	12	21	97	70	0.09	0.0076	0.0133	0.0615	0.0444	0.006
7	11	0.11	10	27	95	99	0.11	0.0063	0.0171	0.0603	0.0628	0.007
8	11	0.13	13	27	74	126	0.13	0.0082	0.0171	0.0470	0.0799	0.007
9	11	0.15	13	21	70	79	0.15	0.0082	0.0133	0.0444	0.0501	0.008
10	11	0.17	10	33	91	52	0.17	0.0063	0.0209	0.0577	0.0330	0.008
11	11	0.19	15	34	77	47	0.19	0.0095	0.0216	0.0489	0.0298	0.009
12	11	0.21	9	28	54	55	0.21	0.0057	0.0178	0.0343	0.0349	0.009
13	11	0.23	21	22	87	65	0.23	0.0133	0.0140	0.0552	0.0412	0.009
14	11	0.25	14	19	61	59	0.25	0.0089	0.0121	0.0387	0.0374	0.010

5. 统计拟合

对已经完成多样性指标计算的结果进行统计和拟合分析。操作过程：单击“统计”，选择需要统计的指标；单击“拟合”，选择异常数据处理方法、拟合方法，完成多样性指标的统计和拟合。

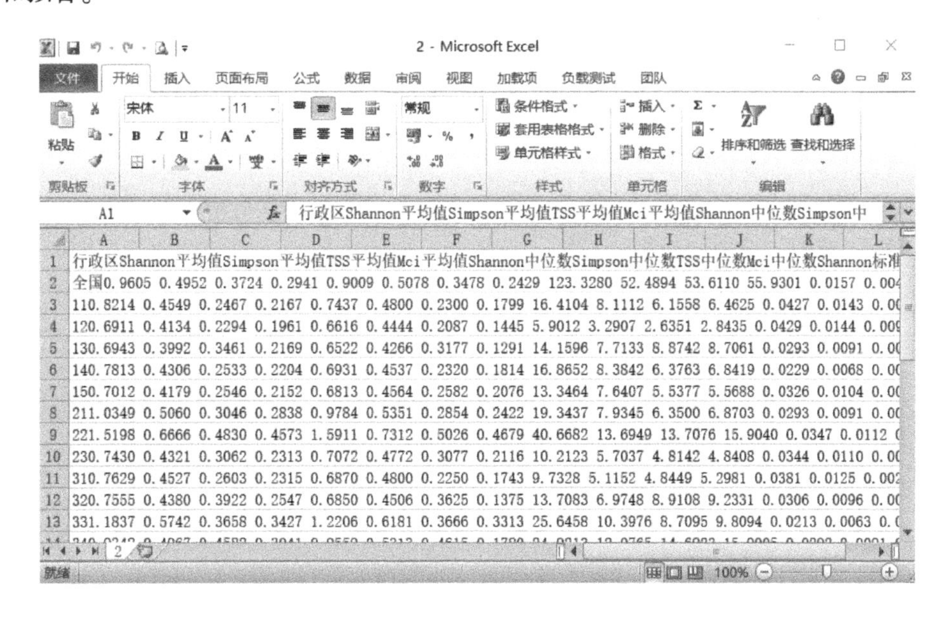

	A
1	行政区Shannon平均值Simpson平均值TSS平均值Mci平均值Shannon中位数Simpson中位数TSS中位数Mci中位数Shannon标准
2	全国0.9605 0.4952 0.3724 0.2941 0.9009 0.5078 0.3478 0.2429 123.3280 52.4894 53.6110 55.9301 0.0157 0.004
3	110.8214 0.4549 0.2467 0.2167 0.7437 0.4800 0.2300 0.1799 16.4104 8.1112 6.1558 6.4625 0.0427 0.0143 0.00
4	120.6911 0.4134 0.2294 0.1961 0.6616 0.4444 0.2087 0.1445 5.9012 3.2907 2.6351 2.8435 0.0429 0.0144 0.009
5	130.6943 0.3992 0.3461 0.2169 0.6522 0.4266 0.3177 0.1291 14.1596 7.7133 8.8742 8.7061 0.0293 0.0091 0.00
6	140.7813 0.4306 0.2533 0.2204 0.6931 0.4537 0.2320 0.1814 16.8652 8.3842 6.3763 6.8419 0.0229 0.0068 0.00
7	150.7012 0.4179 0.2546 0.2152 0.6813 0.4564 0.2582 0.2076 13.3464 7.6407 5.5377 5.5688 0.0326 0.0104 0.00
8	211.0349 0.5060 0.3046 0.2838 0.9784 0.5351 0.2854 0.2422 19.3437 7.9345 6.3500 6.8703 0.0293 0.0091 0.00
9	221.5198 0.6666 0.4830 0.4573 1.5911 0.7312 0.5026 0.4679 40.6682 13.6949 13.7076 15.9040 0.0347 0.0112 0
10	230.7430 0.4321 0.3062 0.2313 0.7072 0.4772 0.3077 0.2116 10.2123 5.7037 4.8142 4.8408 0.0344 0.0110 0.00
11	310.7629 0.4527 0.2603 0.2315 0.6870 0.4800 0.2250 0.1743 9.7328 5.1152 4.8449 5.2981 0.0381 0.0125 0.002
12	320.7555 0.4380 0.3922 0.2547 0.6850 0.4506 0.3625 0.1375 13.7083 6.9748 8.9108 9.2331 0.0306 0.0096 0.00
13	331.1837 0.5742 0.3658 0.3427 1.2206 0.6181 0.3666 0.3313 25.6458 10.3976 8.7095 9.8094 0.0213 0.0063 0.0

五、系统帮助

相关信息说明。单击“帮助”，在弹出的“信息提示”对话框显示相应的说明。

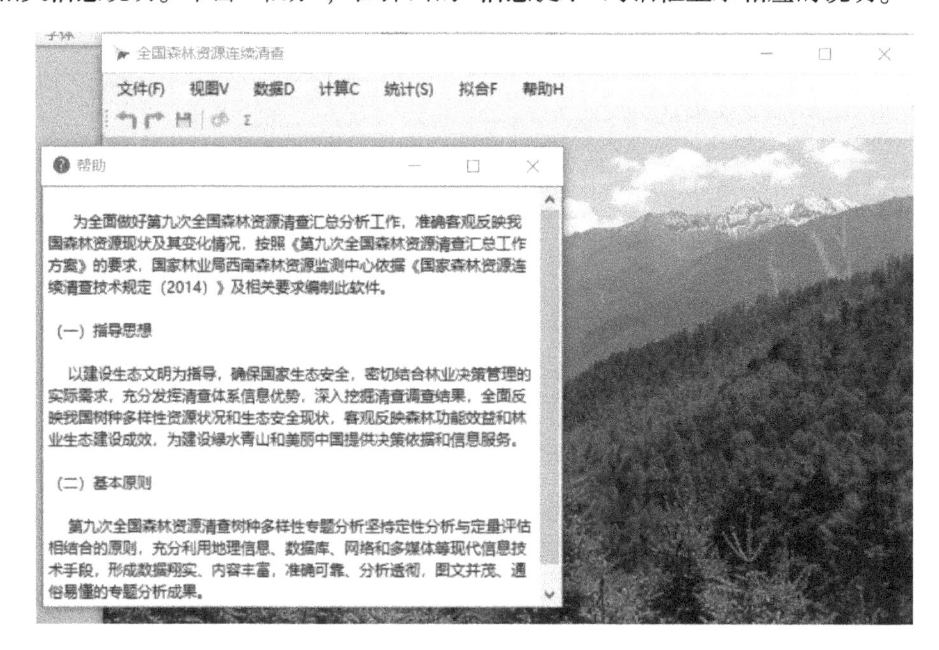

参考文献

安慧君，张智杰，常峥，等，2016. 红花尔基林业局森林生态功能评价[J]. 林业资源管理，(5)：131-137.

白育英，2000. 大青山水源涵养林生态效益的研究[J]. 内蒙古林业科技，02：16-19.

曹恭祥，郭中，王云霓，等，2020. 呼伦贝尔沙地樟子松人工林乔木层固碳速率及其对气象因子的响应[J]. 生态学杂志，39(4)：1082-1090.

陈博明，2020. 遥感技术在生态环境监测及执法中的应用进展[J]. 矿冶工程，40(4)：165-168.

陈存根，龚立群，彭鸿，1994. 秦岭林区锐齿栎林木个体生长分析[J]. 西北林学院学报，(01)：78-81.

陈存根，彭鸿，1994. 华山松林木的生长与分化[J]. 西北林学院学报，(02)：1-8.

陈存根，彭鸿，1996. 秦岭火地塘林区主要森林类型的现存量和生产力[J]. 西北林学院学报，S1：92-102.

陈光德，2017. 集体林区林权制度改革对木材供给影响的探讨[J]. 现代园艺，(10)：230-231.

陈科宇，字洪标，阿的鲁骥，等，2018. 青海省森林乔木层碳储量现状及固碳潜力[J]. 植物生态学报，42(8)：831-840.

陈文汇，刘俊昌，2014. 我国木材价格波动性分解及影响因素分析[J]. 林业经济评论，4(01)：76-84.

程光明，2006. 杉木人工林材积生长率表编制的研究[J]. 福建林业科技，33(3)：56-59.

程武学，杨存建，周介铭，等，2009. 森林蓄积量遥感定量估测研究综述[J]. 安徽农业科学，37(16)：7746-7750.

丁志丹，孙玉军，孙钊，2021. 基于 GF-2 的乔木生物量估测模型研究[J]. 北京师范大学学报(自然科学版)，57(1)：135-141.

杜纪山，洪玲霞，2000. 杉木人工林分蓄积和断面积生长率的预估模型[J]. 北京林业大学学报，22(5)：83-85.

段劼，马履一，贾黎明，等，2009. 北京低山地区油松人工林立地指数表的编制及应用. 林业科学，03：7-12.

方怀龙，1995. 现有林分密度指标的评价[J]. 东北林业大学学报，23(4)：100-105.

方精云，刘国华，徐嵩龄，1996. 我国森林植被的生物量和净生产量[J]. 生态学报，(05)：497-508.

方精云，1992. 植物种群的自然稀疏法则[J]. 农村生态环境，2(7)：12.

傅煜，雷渊才，曾伟生，2014. 区域尺度杉木生物量估计的不确定性度量[J]. 林业科学，50(12)：79-86.

傅煜，2015. 区域尺度森林地上生物量的不确定性度量研究[D]. 北京：中国林业科学研究院，18-45.

高永明，高超，2018. 利用资源三号遥感影像进行森林生物量估测[J]. 北京测绘，32(10)：1186-1191.

葛宏立，孟宪宇，唐小明，2004. 应用于森林资源连续清查的生长模型系统[J]. 林业科学研究，(04)：413-419.

葛剑平，郭海燕，仲莉娜，1995. 地统计学在生态学中的应用(Ⅰ)——基本理论和方法[J]. 东北林业大学学报，(02)：88-94.

龚直文，亢新刚，顾丽，等，2009. 天然林林分结构研究方法综述[J]. 杭州：浙江林学院学报，26(3)：434-443.

顾晓君，曹黎明，叶正文，等，2008. 林下经济模式研究及其产业发展对策[J]. 上海农业学报，(03)：21-24.

郭德龙，夏慧明，周永权，2010. 混合模拟退火-进化策略在非线性参数估计中的应用[J]. 数学的实践与认识，40(22)：91-97.

国家林业和草原局，2019. 中国森林资源报告(2014—2018)[M]. 北京：中国林业出版社：48-76.

韩锋，2015. 林下经济发展及对林农影响研究[D]. 北京：北京林业大学.

韩福利，2006. 秦岭林区森林资源保护的意义和可持续经营利用[J]. 陕西林业科技，04：69-72.

韩文轩，方精云，2008. 植物种群的自然稀疏规律——-3/2 还是-4/3？[J]. 北京大学学报(自然科学版)，44(4)：661-664.

何潇，雷渊才，薛春泉，等，2019. 广东省木荷碳密度及其不确定性估计[J]. 林业科学，55(11)：163-171.

洪玲霞，雷相东，李永慈，2012. 蒙古栎林全林整体生长模型及其应用[J]. 林业科学研究，25(2)：201-206.

洪玲霞，1993. 由全林整体生长模型推导林分密度控制图的方法[J]. 林业科学研究，(05)：510-516.

侯琳，雷瑞德，王得祥，等，2009. 秦岭火地塘林区油松群落乔木层的碳密度[J]. 东北林业大学学报，01：23-25.

胡峻嶒，黄访，铁烈华，等，2019. 四川省森林植被固碳经济价值动态[J]. 生态学报，39(1)：158-163.

胡晓龙，2003. 长白落叶松林分断面积生长模型的研究[J]. 林业科学研究，(4)：449-452.

胡志刚，花向红，2008. Levenberg—Marquarat 算法及其在测量模型参数估计中的应用[J]. 测绘工程，17(4)：31-34.

华伟平，邱宇，徐波，等，2014. 基于生长生物量模型法的福建森林碳汇估算研究

[J]. 西南林业大学学报, 34(06): 35-43.

黄焜增, 2008. 柳杉人工林单木产量货币收获表的研制[J]. 福建林业科技, (01): 29-34.

黄韵宁, 2018. 应用二类调查数据对塔林林场森林碳储量的估算[J]. 东北林业大学学报, 46(05): 12-16, 37.

惠刚盈, Klausvon, 等, 2016. 结构化森林经营原理[M]. 北京: 中国林业出版社.

惠刚盈, 胡艳波, 赵中华, 2018. 结构化森林经营研究进展[J]. 林业科学研究, 31(1): 85-93.

惠淑荣, 张国伟, 1999. Reineke 密度指数在日本落叶松林分自然稀疏模型研究中的应用[J]. 沈阳农业大学学报, 30(5): 520-522.

贾治邦, 2011. 壮大林下经济实现兴林富民全面推动集体林权制度改革深入发展[J]. 林业经济, (11): 6-10.

訾永峰, 韩泽民, 黄光体, 等, 2021. 基于高分辨率遥感影像的北亚热带森林生物量反演[J]. 生态学报, 41(6): 2161-2169.

江挺, 汤孟平, 2008. 天目山常绿阔叶林优势种群竞争的数量关系[J]. 浙江林学院学报, (04): 444-450.

江希钿, 王素萍, 杨锦昌, 2001. 马尾松人工林种群自然稀疏模型的研究[J]. 热带亚热带植物学报, 9(4): 295-300.

姜成晟, 王劲峰, 曹志冬, 2009. 地理空间抽样理论研究综述[J]. 地理学报, 64(03): 368-380.

姜秀华, 2004. 伊春市林下经济开发浅谈[J]. 统计与咨询, (01): 44.

蒋丽秀, 2014. 利用固定样地研制马尾松单木和林分生长率模型[D]. 南京: 南京林业大学.

解开宏, 2006. 广南县杉木人工林林分密度控制图的编制[J]. 林业调查规划, 31(3): 37-41.

金菊良, 储开凤, 1997. 基因算法在 Logistic 曲线参数估计中的应用[J]. 农业系统科学与综合研究, 13(3): 186-190.

金来武, 赵瑞华, 2001. 油松毛虫蛹种群简单随机抽样最适样方大小的确定方法[J]. 辽宁林业科技, (02): 42-44.

金则新, 张文标, 2004. 濒危植物七子花种内与种间竞争的数量关系[J]. 植物研究, 24(1): 53-58.

孔凡文, 何乃蕙, 1982. 对我国林价及木材理论价格的初步探讨[J]. 林业科学, (02): 177-184.

赖宝全, 李彩云, 李文, 等, 2014. 中国名贵木材价格指数编制方法与实证研究[J]. 统计与信息论坛, 29(11): 30-37.

雷相东, 李希菲, 2003. 混交林生长模型研究进展[J]. 北京林业大学学报, 03: 105-110.

雷相东, 唐守正, 2002. 林分结构多样性指标研究综述[J]. 林业科学, (3):

140-146.

雷渊才，唐守正，2007. 适应性群团抽样技术在森林资源清查中的应用[J]. 林业科学，(11)：132-137.

李崇贵，赵宪文，李春干，2006. 森林蓄积量遥感估测理论与实现[M]. 北京：科学出版社.

李春干，陈琦，谭必增，2009. 基于卫星遥感数据空中抽样的大尺度森林资源动态监测[J]. 林业资源管理，(02)：106-110，127.

李德杰，2014. 基于EMD的我国木材价格波动的影响因素分析[D]. 北京：北京林业大学.

李广宇，陈爽，张慧，等，2016. 2000—2010年长三角地区植被生物量及其空间分布特征[J]. 生态与农村环境学报，32(5)：708-715.

李海奎，法蕾，2011. 基于分级的全国主要树种树高-胸径曲线模型[J]. 林业科学，47(10)：83-90.

李金昌，2000. 抽样中不等概问题等概化研究[J]. 统计研究，(04)：54-57.

李秋娟，陈绍志，赵荣，2018. 中国锯材进口变化及影响因素的实证分析[J]. 西北林学院学报，33(04)：282-288.

李婷婷，陆元昌，姜俊，等，2015. 马尾松人工林森林经营模式评价[J]. 西北林学院学报，30(1)：164-171.

李希菲，唐守正，王松林，1988. 大岗山实验局杉木人工林可变密度收获表的编制. 林业科学研究，(04)：382-389.

李苑菱，陈宗铸，雷金睿，等，2019. 海口市森林资源调查空间平衡抽样研究[J]. 林业资源管理，(02)：47-53.

廖志云，曾伟生，2006. 西藏自治区主要树种生长率模型的研建[J]. 林业资源管理，(3)：36-38.

林国忠，温小荣，佘光辉，2009. 小班不等概抽样辅助因子的选择与分析[J]. 南京林业大学学报(自然科学版)，33(01)：121-123.

另青艳，何亮，周志翔，等，2013. 林下经济模式及其产业发展对策[J]. 湖北林业科技，(01)：38-43.

刘国华，傅伯杰，方精云，2000. 中国森林碳动态及其对全球碳平衡的贡献[J]. 生态学报，(05)：733-740.

刘海启，2001. 大尺度耕地变化监测的遥感抽样方法研究[J]. 农业工程学报，(02)：168-171.

刘华，陈永富，鞠洪波，等，2012. 美国森林资源监测技术对我国森林资源一体化监测体系建设的启示[J]. 世界林业研究，25(06)：64-68.

刘建军，雷瑞德，尚廉斌，等，1996. 火地塘林场立地分类的初步研究[J]. 西北林学院学报，11(S1)：31-36.

刘金福，王笃志，1995. 福建杉木人工林可变密度收获表编制方法的研究[J]. 林业勘察设计，2：76-81.

刘锦萍，郁金祥，2010. 基于改进的粒子群算法的多元线性回归模型参数估计[J]. 计算机工程与科学，32(4)：101-105.

刘丽娜，2016. 基于GF-1遥感影像的长宁县森林碳密度反演研究[D]. 长沙：中南林业科技大学.

刘攀，张英，2017. 基于统计的贵州林业扶贫攻坚成效分析[J]. 林业经济，39(05)：93-96.

刘球，吴际友，杨硕知，等，2018. 青冈栎解析木分析及人工林生物量调查[J]. 中南林业科技大学学报，38(12)：22-29.

刘彤，李云灵，周志强，等，2007. 天然东北红豆杉(*Taxus cuspidata*)种内和种间竞争[J]. 生态学报，3：12-15.

刘宪钊，陆元昌，马履一，等，2013. 林场级森林林木碳储量估测方法研究[J]. 北京林业大学学报，35(05)：144-149.

刘亚男，2020. 基于多源遥感数据的森林地上生物量及净初级生产力估算研究[J]. 测绘学报，49(12)：1641.

刘羿，刘安兴，张国江，2006. 森林资源数据更新研究[J]. 林业资源管理，(2)：66-70，91.

柳江，洪伟，2001. 天然更新檫木林竞争规律研究[J]. 江西农业大学学报，23(2)：240-243.

卢志伟，李清顺，2010. 用林分生长模型更新松树小班平均胸径和树高因子研究[J]. 西南林学院学报，(4)：6-10.

陆克中，方康年，2008. PSO算法在非线性回归模型参数估计中的应用[J]. 计算机技术与发展，18(12)：134-136.

罗仙仙，2010. 森林资源综合监测相关抽样技术理论与应用研究[D]. 北京：北京林业大学.

马丰丰，贾黎明，2008. 林分生长和收获模型研究进展[J]. 世界林业研究，(03)：21-27.

毛学刚，王静文，范文义，2016. 基于遥感与地统计的森林生物量时空变异分析[J]. 北京林业大学学报，38(2)：10-19.

孟繁民，徐绍春，杨晓明，1995. 随机抽样调查方法在森林资源非生产消耗量调查中应用[J]. 林业资源管理，(04)：35-37.

孟宪宇，1996. 测树学[M]. 北京：中国林业出版社.

孟祥江，周恺，2013. 基于森林资源二类调查数据的重庆市森林碳储量估算研究[J]. 安徽农业科学，41(27)：11038-11040.

孟新华，涂启玉，周年华，等，2009. 基于遗传模拟退火算法的新安江模型参数优选[J]. 水电自动化与大坝监测，33(3)：64-67.

年顺龙，负新华，邓喜庆，2014. 基于二类调查小班数据的森林资源更新思路与方法[J]. 林业资源管理，(2)：115-118.

潘金贵，1980. 坚持以短养长促进林业生产发展[J]. 林业经济，(03)：14-18.

彭念一，1998. 论整群不等概率抽样技术[J]. 统计研究，(03)：57-59.

秦立厚，张茂震，钟世红，等，2017. 森林生物量估算中模型不确定性分析[J]. 生态学报，37(23)：7912-7919.

邱瑞，侯琳，袁杰，等，2011. 秦岭火地塘林区油松生长季土壤呼吸研究[J]. 西北农林科技大学学报(自然科学版)，10：87-93.

石海金，宋铁英，1999. 适应价格的用材林主伐决策模型的研究[J]. 林业科学，(01)：17-23.

史京京，雷渊才，赵天忠，2009. 森林资源抽样调查技术方法研究进展[J]. 林业科学研究，22(01)：101-108.

史京京，2012. 海南东寨港红树林空间分布与适应性群团抽样技术的研究[D]. 北京：北京林业大学.

舒清态，唐守正，2005. 国际森林资源监测的现状与发展趋势[J]. 世界林业研究，(03)：33-37.

宋永俊，郭志坤，2002. 思茅松人工林林分密度控制图的编制与应用[J]. 林业调查规划，27(2)：1-5.

宋子炜，郭小平，赵廷宁，等，2009. 北京山区油松林光辐射特征及冠层结构参数[J]. 浙江林学院学报，01：38-43.

苏成利，徐志成，王树青，2005. PSO算法在非线性系统模型参数估计中的应用[J]. 信息与控制，34(1)：123-125.

汤孟平，娄明华，陈永刚，等，2012. 不同混交度指数的比较分析[J]. 林业科学，48(08)：46-53.

汤孟平，唐守正，雷相东，等，2004. 两种混交度的比较分析[J]. 林业资源管理，(4)：25-27.

汤孟平，唐守正，李希菲，等，2003. 树种组成指数及其应用[J]. 林业资源管理，(2)：33-36.

汤旭光，刘殿伟，王宗明，等，2012. 森林地上生物量遥感估算研究进展[J]. 生态学杂志，31(5)：1311-1318.

唐守正，杜纪山，1999. 利用树冠竞争因子确定同龄间伐林分的断面积生长过程. 林业科学，(06)：35-41.

唐守正，郎奎建，李海奎，2009. 统计和生物数学模型计算(ForStat教程)[M]. 北京：科学出版社.

唐守正，李希菲，孟昭和，1993. 林分生长模型研究的进展[J]. 林业科学研究，(6)：672-679.

唐守正，1991. 广西大青山马尾松全林整体生长模型及其应用[J]. 林业科学研究，4(8)：13.

唐守正，1993. 同龄纯林自然稀疏规律的研究[J]. 林业科学，29(3)：234-241.

唐志尧，方精云，2004. 植物物种多样性的垂直分布格局[J]. 生物多样性，12(1)：20-28.

陶惠林，2020. 基于无人机数码和成像高光谱遥感影像的冬小麦长势监测及产量估算研究[D]. 合肥：安徽理工大学.

田镐锡，1980. 编制林分密度控制图的理论依据[J]. 林业资源管理，1：005.

田玉刚，2003. 非线性最小二乘估计的遗传算法研究[D]. 武汉：武汉大学.

涂云燕，张盼盼，2015. 基于 SPOT-5 的森林蓄积量估测模型研究[J]. 林业建设，(4)：61-65.

王福生，2007. 基于 GIS 的森林资源档案数据更新方法[J]. 林业调查规划，32(1)：13-14

王海霞，2003. 谈二阶抽样调查在林业资源监测中的应用[J]. 华东森林经理，(3)：31-33.

王贺新，姚国清，1992. 天然次生林立体经营模式的研究[J]. 林业科学，(06)：502-509.

王立海，邢艳秋，2008. 基于人工神经网络的天然林生物量遥感估测[J]. 应用生态学报，19(2)：261-266.

王淑君，管东生，2007. 神经网络模型森林生物量遥感估测方法的研究[J]. 生态环境，16(1)：108-111.

王术华，田治威，2013. 我国木材价格波动影响因素的实证研究[J]. 价格理论与实践，(10)：60-61.

王效科，冯宗炜，欧阳志云，2001. 中国森林生态系统的植物碳储量和碳密度研究[J]. 应用生态学报，(01)：13-16.

王新生，姜友华，李仁东，等，2001. 模拟退火算法及其在非线性地学模型参数估计中的应用[J]. 华中师范大学学报(自然科学版)，35(1)：103-106.

王志新，2017. 林下经济内涵界定及其属性分析[J]. 吉林林业科技，46(05)：45-46.

王仲锋，2006. 森林生物量建模与精度分析[D]. 北京：北京林业大学：60-115.

魏安世，杨志刚，2010. 森林资源年度监测小班数据自动更新技术[J]. 南京林业大学学报(自然科学版)，34(4)：123-128.

吴承祯，洪伟，闫淑君，2005. 同龄纯林自然稀疏过程的经验模型研究[J]. 应用生态学报，16(2)：233-237.

吴承祯，姜志林，2001. 杉木人工林自疏过程密度变化分析方法的研究[J]. 福建林学院学报，21(1)：6-9.

吴达胜，2014. 基于多源数据和神经网络模型的森林资源蓄积量动态监测[D]. 杭州：浙江大学.

吴达胜，2014. 人工神经网络在森林资源动态监测中的应用[M]. 北京：水利水电出版社.

吴冬秀，张彤，白永飞，等，2002. -3/2 方自疏法则的机理与普适性[J]. 应用生态学报，13(9)：1081-1084.

吴恒，党坤良，田相林，等，2015. 秦岭林区天然次生林与人工林立地质量评价[J].

林业科学，51(4)：78-88.

吴恒，朱丽艳，李华，等，2018. 昆明市4个主要针叶树种林分断面积生长模型研究[J]. 西南林业大学学报(自然科学版)，38(4)：119-125.

吴建强，王懿祥，杨一，等，2015. 干扰树间伐对杉木人工林林分生长和林分结构的影响[J]. 应用生态学报，26(2)：340-348.

吴亮红，2007. 差分进化算法及应用研究[D]. 长沙：湖南大学.

吴全，杨邦杰，裴志远，等，2004. 大尺度作物面积遥感监测中小地物的影响与双重抽样[J]. 农业工程学报，(03)：130-133.

吴文跃，姚顺彬，徐志扬，2019. 基于森林资源清查数据的江西省主要森林类型净生产力研究[J]. 南京林业大学学报(自然科学版)，43(05)：193-198.

肖银松，2004. “3S”及抽样技术在森林资源动态监测中的应用[J]. 西南林学院学报，(02)：60-64.

熊伟丽，陈敏芳，张乾，等，2014. 基于改进差分进化算法的非线性系统模型参数辨识[J]. 计算机应用研究，31(1)：124-127.

徐炜，马志远，井新，等，2016. 生物多样性与生态系统多功能性：进展与展望[J]. 生物多样性，24(1)：55-71.

徐新良，曹明奎，2006. 森林生物量遥感估算与应用分析[J]. 地球信息科学，8(4)：122-128.

徐新良. 中国年度第一性生产力(NPP)空间分布数据集[EB/OL].(2018-6-6)[2021-9-26]. https：//www. resdc. cn/data. aspx？ DATAID=204.

徐新良. 中国年度植被指数(NDVI)空间分布数据集[EB/OL].(2018-6-6)[2021-9-26]. https：//www. resdc. cn/DOI/doi. aspx？ DOIid=49.

徐延鑫，李明阳，郝思宇，2018. 基于GIS的城市森林生物量抽样方法研究[J]. 林业资源管理，(05)：123-127.

徐有明，1991. 油松木材基本密度的变异[J]. 华中农业大学学报，03：281-285.

许等平，李晖，智长贵，等，2010. 基于CEBERS-WFI遥感数据的森林生物量估测方法研究[J]. 林业资源管理，(3)：104-109.

许少洪，王红春，许成东，2004. 检尺径与木材等级对木材价格影响的研究[J]. 中国林业产业，(08)：59-61.

许伍权，陈达平，1982. 木材价格理论及其计算模型的探讨[J]. 林业科学，(01)：71-79.

燕腾，彭一航，王效科，等，2016. 西南5省市区森林植被碳储量及碳密度估算[J]. 西北林学院学报，31(4)：39-43.

杨道武，1993. 森林资源二类调查总体蓄积量抽样控制最佳方法的选择[J]. 安徽林业科技，(3)：35-36.

姚爱静，朱清科，张宇清，等，2005. 林分结构研究现状与展望[J]. 林业调查规划，(2)：70-76.

尹泰龙，韩福庆，迟金城，等，1978. 林分密度控制图的编制与应用[J]. 林业科学，

14(3)：1-11.

印红群，2013. 森林资源蓄积量监测模型研究-以浙江省台州市黄岩区为例[D]. 杭州：浙江农林大学.

于璞和，1974. 薪炭林材积的简单抽样调查法[J]. 林业勘查设计，(3)：31-36.

于亦彤，王新杰，刘丽，等，2019. 基于 Voronoi 图的不同择伐强度下云冷杉林结构分析[J]. 西北农林科技大学学报(自然科学版)，47(9)：69-78.

于振良，赵士洞，1996. 长白落叶松林林分动态研究[J]. 吉林林学院学报，12(2)：73-76.

余松柏，魏安世，何开伦，2004. 森林资源档案数据更新模型和方法的探讨[J]. 林业调查规划，29(4)：99-102.

曾德慧，姜凤岐，范志平，等，2000. 沙地樟子松人工林自然稀疏规律[J]. 生态学报，20(2)：235-242.

曾伟生，陈新云，蒲莹，等，2018. 基于国家森林资源清查数据的不同生物量和碳储量估计方法的对比分析[J]. 林业科学研究，31(01)：66-71.

曾伟生，骆期邦，彭长清，1995. 两阶群团抽样在森林调查中的估计效率研究[J]. 林业科学研究，(5)：483-488.

曾伟生，骆期邦，1992. 二元材积生长率标准动态模型的研究[J]. 中南林业调查规划，(3)：1-6.

曾伟生，蒲莹，杨学云，2015. 再论全国森林资源年度出数方法[J]. 林业资源管理，(6)：10-15.

曾伟生，唐守正，2010. 国外立木生物量模型研究现状与展望[J]. 世界林业研究，(4)：30-35.

曾伟生，夏锐，2021. 全国森林资源调查年度出数统计方法探讨[J]. 林业资源管理，(02)：29-35.

曾伟生，1992. 利用连清资料编制材积生长率表[J]. 中南林业调查规划，(4)：19-22.

曾伟生，2011. 全国立木生物量方程建模方法研究[D]. 北京：中国林业科学研究院：20-80.

曾伟生，2013. 全国森林资源年度出数方法探讨[J]. 林业资源管理，(1)：26-31.

曾伟生，2008. 西藏天然云杉林兼容性材积生长率模型系统研究[J]. 北京林业大学学报，(5)：87-90.

张超，马金宝，冯杰，2011. 水文模型参数优选的改进粒子群优化算法[J]. 武汉大学学报(工学版)，44(2)：182-186.

张存旭，袁秀平，韩创举，2004. 花旗松引种试验研究[J]. 西北农林科技大学学报(自然科版)，01：66-68.

张惠光，2007. 福建柏林分密度控制图的研究[J]. 福建林业科技，33(4)：41-44.

张晶，2006. 油松、侧柏、白皮松根系径级结构及其与呼吸特性关系的研究[D]. 北京：北京林业大学.

张景慧，黄永梅，2016. 生物多样性与稳定性机制研究进展[J]. 生态学报，36(13)：3859-3870.

张黎，赵荣军，费本华，2008. 人工林木材材性预测研究进展[J]. 西北林学院学报，(02)：160-163.

张美祥，陆静娴，1990. 关于模型更新监测森林资源动态变化的研究[J]. 林业资源管理，(05)：1-6.

张少昂，1986. 兴安落叶松天然林林分生长模型和可变密度收获表的研究. 东北林业大学学报，14(3)：17-25.

张升，文彩云，赵锦勇，等，2014. 林下经济发展现状及问题研究——基于70个样本县的实地调研[J]. 林业经济，36(02)：11-14.

张松林，2003. 非线性半参数模型最小二乘估计理论及应用研究[D]. 武汉：武汉大学.

张文，赖长鸿，张诚，等，2013. 森林资源调查与林业碳汇计量耦合性的探讨[J]. 四川林业科技，34(2)：85-90.

张雄清，雷渊才，段爱国，等，2013. 林分动态变化模型研究进展[J]. 世界林业研究，26(003)：63-69.

张雄清，张建国，段爱国，2014. 基于贝叶斯法估计杉木人工林树高生长模型[J]. 林业科学，50(3)：69-75.

赵宪文，李崇贵，斯林，等，2001. 森林资源遥感估测的重要进展[J]. 中国工程科学，3(8)：19-24.

赵中华，惠刚盈，胡艳波，等，2012. 树种多样性计算方法的比较[J]. 林业科学，48(11)：1-8.

赵中华，惠刚盈，刘文桢，等，2019. 小陇山林区2种锐齿栎次生林林分的结构特征[J]. 西北农林科技大学学报(自然科学版)，47(8)：75-82.

郑小贤，1997. 德国、奥地利和法国的多目的森林资源监测述评[J]. 北京林业大学学报，(03)：80-85.

钟德军，李淑阁，杨景辉，等，2004. 落叶松树干干形的研究[J]. 河北林果研究，2：7-10.

仲崇玺，2003. 对发展林下经济开发北药种植的探讨[J]. 林业勘查设计，(01)：46-48.

周昌祥，2013. 对我国森林资源清查体系及年度出数的研究与探讨[J]. 林业资源管理，(02)：1-5.

周超，孙秋碧，2004. 分层多阶不等概抽样中样本结构性偏差产生的原因及其修正方法[J]. 统计与信息论坛，(06)：16-18.

周俊宏，王子芝，廖声熙，等，2021. 基于GF-1影像的普达措国家公园森林地上生物量遥感估算[J]. 农业工程学报，37(4)：216-223.

周律，欧光龙，王俊峰，等，2020. 基于空间回归模型的思茅松林生物量遥感估测及光饱和点确定[J]. 林业科学，56(03)：38-47.

周琪，姚顺彬，2009. 分层抽样下的森林资源清查数据年度更新探讨[J]. 林业资源管理，(6)：116-119.

AHMAD S T, HUSSAIN A, ULLAH S, et al., 2021. Change in forest biomass with altitudinal variations in dry temperate forest of Dir Kohistan, Pakistan[J]. Modeling Earth Systems and Environment, 8(8): 21-34.

AMATEIS R L, 2000. Modeling response to thinning in loblolly pine plantations. Southern Journal of Applied Forestry, 24 (1): 17-22.

ANDO T, 1968. Ecological studies on the stand density control in even-aged pure stand [J]. Tokyo Government Forest Experiment Station Bulletin, 210: 1-153.

ANDO T, 1962. Growth analysis on the natural stands of Japanese red pine (*Pinus densiflora* Sieb. et Zucc.). II. Analysis of stand density and growth[J]. Bull. For. Forest Prod. Res. Inst., 147: 45-77.

AUSTIN J M, MACKEY B G, NIEL K P V, 2003. Estimating forest biomass using satellite radar: an exploratory study in a temperate Australian *Eucalyptus* forest [J]. Forest ecology and management, 176: 575-583.

AVERY T E, BURKHART H E, 1994. Forest mensuration[M]. New York: McGraw-Hill.

BAILEY R L, BORDERS B E, WARE K D, et al., 1985. A compatible model relating slash plantation survival to density, age, site index, and type and intensity of thinning[J]. Forest Science, 31(1): 180-189.

BAILEY R L, WARE K D, 1983. Compatible basal-area growth and yield model for thinned and unthinned stands. Canadian journal of forest research, 13 (4): 563-571.

BASUKI T M, VAN LAAKE P E, SKIDMORE A K, et al., 2009. Allometric equations for estimating the above-ground biomass in tropical lowland Dipterocarp forests [J]. Forest ecology and management, 257(8): 1684-1694.

BATHO A, GARCIA O, 2006. De Perthuis and the origins of site index: a historical note [J]. FBMIS, 1: 1-10.

BAYES M, PRICE M, 1763. An essay towards solving a problem in the doctrine of chances. by the late rev. mr. bayes, frs communicated by mr. price, in a letter to john canton, amfrs. Philosophical Transactions, 53: 370-418.

BERGER J O, 2000. Bayesian analysis: a look at today and thoughts of tomorrow[J]. Journal of the American Statistical Association, 95 (452): 1269-1276.

BERGER J O, 1985. Statistical decision theory and Bayesian analysis[M]: Springer Science & Business Media.

BI H Q, TURNER J, LAMBERT M, 2004. Additive biomass equations for native eucalypt forest trees of temperate Australia [J]. Trees, 18(4): 467-479.

BIPLAB B, ARUN N Y, CHANDRAPRABHA D, et al., 2021. A critical review of forest biomass estimation equations in India[J]. Trees, Forests and People, 6(4): 15-27.

BOX G E, TIAO G C, 1973. Bayesian inference in statistical analysis[M]. Boston: Addison-Wesely Publishing Company.

BOYSEN J P, 1910. Studier over skovtraernes forhold til lyset Tidsskr[J]. Skorvaessen, 22: 11-16.

BRANDEIS T J, DELANEY M, PARRESOL B R, et al. , 2006. Development of equations for predicting Puerto Rican subtropical dry forest biomass and volume [J]. Forest ecology and management, 233: 133-142.

BRAVO F, HANN D W, MAGUIRE D A, 2001. Impact of competitor species composition on predicting diameter growth and survival rates of Douglas-fir trees in southwestern Oregon [J]. Canadian Journal of Forest Research, 31: 2237-2247.

BRAZEE R, MENDELSOHN R, 1988. Timber harvesting with fluctuating prices. [J]. Forest Science, 34(34): 359-372.

BUCHMAN R G, PEDERSON S P, WALTERS N R, 2009. A tree survival model with application to species of the Great Lakes region. Canadian Journal of Forest Research, 13: 601-608.

BULLOCK B P, BOONE E L, 2007. Deriving tree diameter distributions using Bayesian model averaging. Forest Ecology and Management, 242 (2): 127-132.

BURGER H H, BLATTMENGE Zuwachs, 1952. 12 Fichten im Planterw ald Mitteil, Schweiz, Anst. Forttl [J]. Versuchsw, (28): 109-156.

BURKHART H E, SPRINZ P T, 1984. Compatible cubic volume and basal area projection equations for thinned old-field loblolly pine plantations. Forest Science, 30 (1): 86-93.

BURKHART H E, WALTON S B, 1985. Incorporating crown ratio into taper equations for loblolly pine trees[J]. Forest Science, 31: 478-484.

CAO Q V, BURKHART H E, LEMIN Jr R, 1982. Diameter distributions and yields of thinned loblolly pine plantations. FWS-Virginia Polytechnic Institute and State University, School of Forestry and Wildlife Resources (USA).

CARREIRAS J M B, VASCONCELOS M J and LUCAS R M, 2012. Understanding the relationship between aboveground biomass and ALOS PALSAR data in the forests of Guinea-Bissau (West Africa)[J]. Remote sensing of environment, 121: 426-442.

CASE B S, HALL R J, 2008. Assessing prediction errors of generalized tree biomass and volume equations for the boreal forest region of West-central Canada [J]. Canadian journal of forest research, 38(4): 878-889.

CHIRICI G, BARBATI A, CORONA P, et al. , 2008. Non-parametric and parametric methods using satellite images for estimating growing stock volume in alpine and Mediterranean forest ecosystems[J]. Remote sensing of environment, 112(5): 2686-2700.

CHOJNACKY D C, 2002. Allometric scaling theory applied to FIA biomass estimation [R]. Minnesota: U. S. Department of Agriculture, Forest Service, North Central Research Station.

CLARK J S, WOLOSIN M, DIETZE M, et al, 2007. Tree growth inference and prediction from diameter censuses and ring widths[J]. Ecological Applications, 17 (7): 1942-1953.

COOPS N C, WARING R H, LANDSBERG J J, 2001. Estimation of potential forest productivity across the Oregon transect using satellite data and monthly weather records[J]. International Journal of Remote Sensing, 22: 3797-3812.

CORONA P, SCOTTI R, TARCHIANI N, 1998. Relationship between environmental factors and site index in Douglas-fir plantations in central Italy[J]. Forest Ecology and Management, 110(1/2/3): 195-207.

DAVIS K P, 1966. Forest management: regulation and valuation[M]. 2nd ed. New York: McGraw Hill.

DAVIS L S, JOHNSON K N, 1987. Forest management[M]. third edition. New York: McGraw Hill.

DIETZE M C, WOLOSIN M S, CLARK J S, 2008. Capturing diversity and interspecific variability in allometries: a hierarchical approach[J]. Forest Ecology and Management, 256 (11): 1939-1948.

DONALD C M, 1951. Competition among pasture plants. I. Intraspecific competition among annual pasture plants[J]. Crop and Pasture Science, 2(4): 355-376.

DONG D, JIAN-FENG W, 2009. Application of the Particle Swarm Optimization to the Parameter Identification in Theis Equation[J]. Geotechnical Investigation & Surveying, 2: 007.

DONG J, 2003. Remote sensing estimates of boreal and temperate forest woody biomass: carbon pools, sources, and sinks [J]. Remote sensing of environment, 84: 393-410.

DORADO F C, DIÉGUEZ-ARANDA U, ANTA M B, et al., 2006. A generalized height-diameter model including random components for radiata pine plantations in northwestern Spain [J]. Forest Ecology & Management, 229(1-3): 202-213.

EBERMEYR E, 1876. Die gesamte Lehre der Waldstreu mit Rucksicht auf die chemische statik des Waldbaues[M]. Berlin: Julius springer.

EID T, TUHUS E, 2001. Models for individual tree mortality in Norway[J]. Forest Ecology and Management, 154(1): 69-84.

ENGLHART S, KEUCK V, SIEGERT F, 2011. Aboveground biomass retrieval in tropical forests-The potential of combined X-and L-band SAR data use[J]. Remote sensing of environment, 115(5): 1260-1271.

FANG J Y, CHEN A P, PENG C H, et al., 2001. Changes in forest biomass carbon storage in China between 1949 and 1998 [J]. Science, 292: 2320-2322.

FAZAKAS Z, NILSSON M, OLSSON H, 1999. Regional forest biomass and wood volume estimation using satellite data and ancillary data[J]. Agricultural & Forest Meteorology, 98(1): 417-425.

FEHRMANN L, LEHTONEN A, KLEINN C, et al., 2008. Comparison of linear and mixed-effect regression models and a k-nearest neighbour approach for estimation of singletree biomass [J]. Canadian journal of forest research, 38(1): 1-9.

FOODY G M, BOYD D S, CUTLER M E J, 2003. Predictive relations of tropical forest biomass from Landsat TM data and their transferability between regions [J]. Remote sensing of environment, 85(4): 463-474.

FORTSON J C, PIENAAR L V, BRISTER G H, et al., 1983. Timber management: a quantitative approach[M]. NewYork: Wiley.

FU L Y, ZENG W S, TANG S Z, et al., 2012. Using linear mixed model and dummy variable model approaches to construct compatible single-tree biomass equations at different scales-a case study for Masson pine in Southern China [J]. Journal of forest science, 58(3): 101-115.

GADOW K V, ZHANG Chunyu, WEHENKEL C, et al., 2012. Forest structure and diversity[M]. Continuous Cover Forestry: Springer Netherlands, 29-83.

GANE M, 1995. The sythesis model in growth and simulation of stand: TIMPLAN model [J]. Lesnictivi, 41(4): 163-172.

GELFAND A E, SMITH A F, 1990. Sampling-based approaches to calculating marginal densities[J]. Journal of the American statistical association, 85 (410): 398-409.

GELMAN A, HILL J, 2006. Data analysis using regression and multilevel/hierarchical models: Cambridge University Press.

GEMMELL F M, 1995. Effects of forest cover, terrain, and scale on timber volume estimation with Thematic Mapper data in a rocky mountain site [J]. Remote Sensing of Environment, 51 (2): 291-305.

GIESE L, AUST W M, KOLKA R K, et al., 2003. Biomass and carbon pools of disturbed riparian forests [J]. Forest ecology and management, 180: 493-508.

GOOD N M, PATERSON M, BRACK C, et al., 2001. Estimating tree component biomass using variable probability sampling methods[J]. Journal of agricultural, biological, and environmental statistics, 6(2): 258-267.

GRAZ F P, 2008. The behaviour of the measure of surround in relation to the diameter and spatial structure of a forest stand[J]. European Journal of Forest Research, 127(2): 165-171.

GREEN E J, STRAWDERMAN W E, 1996. A Bayesian growth and yield model for slash pine plantations[J]. Journal of Applied Statistics, 23 (2-3): 285-300.

GROTE R, PRETZSCH H, 2002. A model for individual tree development based on physiological processes[J]. Plant Biology, 4: 167-180.

HASTINGS W K, 1970. Monte Carlo sampling methods using Markov chains and their applications[J]. Biometrika, 57 (1): 97-109.

HAWBAKER T J, KEULER N S, LESAK A A, et al., 2009. Improved estimates of forest vegetation structure and biomass with a LiDAR-optimized sampling design [J]. Journal of geophysical research: biogeosciences, 114(G2): G00E04.

HERO J M, CASTLEY J G, BUTLER S A, et al., 2013. Biomass estimation within an Australian eucalypt forest: Meso-scale spatial arrangement and the influence of sampling intensity [J]. Forest ecology and management, 310: 547-554.

HETZER J, HUTH A, WIEGAND T, et al., 2020. An analysis of forest biomass sampling strategies across scales [J]. Biogeosciences, 17(6): 1673-1683.

HOU Z, DOMKE G M, RUSSELL M B, et al., 2020. Updating annual state-and county-level forest inventory estimates with data assimilation and FIA data[J]. Forest ecology and management, 483: 1-9.

HUI Gangying, ZHAO Xiuhai, ZHAO Zhonghua, et al., 2011. Evaluating tree species spatial diversity based on neighborhood relationships[J]. Forest Science, 57(4): 292-300.

HUTCHINGS M J, BUDD C S J, 1981. Plant competition and its course through time [J]. Bioscience, 31(9): 640-645.

HUUSKONEN S, MIINA J, 2006. Stand-level growth models for young Scots pine stands in Finland[J]. Forest Ecology & Management, 241(1-3): 49-61.

HYDE P, NELSON R, DAN K, et al., 2007. Exploring LiDAR-RaDAR synergy—predicting aboveground biomass in a southwestern ponderosa pine forest using LiDAR, SAR and InSAR [J]. Remote sensing of environment, 106: 28-38.

INCE P J, KRAMP A D, SKOG K E, et al., 2011. Modeling future U.S. forest sector market and trade impacts of expansion in wood energy consumption[J]. Journal of Forest Economics, 17(2): 142-156.

JAYNES E T, 2003. Probability theory: the logic of science[M]. Cambridge: Cambridge University Press.

JEFFREYS H, 1939. Theory of Probability[M]. Oxford: Oxford University Press.

JENKINS J C, CHOJNACKY D C, HEATH L S, et al., 2003. National scale biomass estimators for United States tree species [J]. Forest Science, 49(1): 12-35.

JUTRAS S, HOKKA H, ALENIUS V, et al., 2003. Modeling mortality of individual trees in drained peatland sites in Finland[J]. Silva Fennica, 37(2): 235-251.

KASS R E, RAFTERY A E, 1995. Bayes factors[J]. Journal of the American statistical association, 90 (430): 773-795.

KAUFFMAN J B, STEELE M D, CUMMINGS D L, et al., 2003. Biomass dynamics associated with deforestation, fire, and, conversion to cattle pasture in a Mexican tropical dry forest [J]. Forest ecology and management, 176: 1-12.

KAUPI P E, MIELIKINEN K, IELIKINEN K, et al., 1992. Biomass and carbon budget of European forests1971to1990 [J]. Science, 256: 70-84.

KIMMINS J P, BLANCO J A, SEELY B, et al., 2008. Complexity in modeling forest ecosystems: how much is enough? Forest Ecology and Management, 256, 1646-1658.

KITTERGE J, 1944. Estimation of amount of foliage of trees and shrubs [J]. J Forest, 42: 905-912.

KNOKE T, MOOG M, 2005. Timber harvesting versus forest reserves—producer prices for open-use areas in German beech forests (*Fagus sylvatica* L.) [J]. Ecological Economics, 52(1): 97-110.

LABRECQUE S, FOURNIER R A, LUTHER J E, et al. , 2006. A comparison of four methods to map biomass from Landsat-TM and inventory data in western Newfoundland [J]. Forest ecology and management, 266: 129-144.

LANDSBERG J J, WARING R H, 1997. A generalized model of forest productivity using simplified concepts of radiation-use efficiency, carbon balance and partitioning. Forest Ecology and Management, 95: 209-228.

LEE Y, 1971. Predicting mortality for even-aged stands of lodge pole pine[J]. The Forestry Chronicle, 47(1): 29-32.

LEFSKY M A, HARDING D J, KELLER M, et al. , 2005. Estimates of forest canopy height and aboveground biomass using ICESat [J]. Geophysical research letters, 32 (22): L22S02.

LEHTONEN A, MKIP R, HEIKKINEN J, et al. , 2004. Biomass expansion factors (BEFs) for Scots pine, Norway spruce and birch according to stand age for boreal forests [J]. Forest ecology and management, 188: 211-224.

LEXER D N L, EID T, 2006. An evaluation of different diameter diversity indices based on criteria related to forest management planning[J]. Forest Ecology and Management, 222(1-3): 17-28.

LI R, STEWART B, WEISKITTEL A, 2012. A Bayesian approach for modelling non-linear longitudinal/hierarchical data with random effects in forestry. Forestry, 85 (1): 17-25.

LIU Q N, OUYANG Z Y, LI A N, et al. , 2016. Spatial Distribution Characteristics of Biomass and Carbon Storage in Forest Vegetation in Chongqing Based on RS and GIS[J]. Nature Environment & Polution Technology, 15(4): 1381-1388.

LONG J N, DANIEL T W, 1990. Assessment of growing stock in uneven-aged stands [J]. Western Journal of Applied Forestry, 5(3): 93-96.

LONG J N, SMITH F W, 1984. Relation between size and density in developing stands: a description and possible mechanisms[J]. Forest Ecology and Management, 7(3): 191-206.

LU D, 2005. Aboveground Biomass Estimation Using Landsat TM Data in the Brazilian Amazon [J]. International journal of remote sensing, 26(12): 2 509-2 525.

MATNEY T G, SULLIVAN A D, 1982. Compatible stand and stock tables for thinned and unthinned loblolly pine stands. Forest Science, 28 (1): 161-171.

MCROBERTS R E, NÆSSET E, GOBAKKEN T, 2013. Inference for lidar-assisted estimation of forest growing stock volume[J]. Remote sensing of environment, 128: 268-275.

MEANS J E, ACKER S A, FITT B J, et al. , 2000. Predicting forest stand characteristics with airborne scanning lidar [J]. Photogrammetric Engineering & Remote Sensing, 66 (11): 1367-1371.

METCALF C J E, MCMAHON S M, CLARK J S, 2009. Overcoming data sparseness and parametric constraints in modeling of tree mortality: a new nonparametric Bayesian model [J]. Canadian Journal of forest research, 39 (9): 1677-1687.

METROPOLIS N, ROSENBLUTH A W, ROSENBLUTH M N, et al., 1953. Equation of state calculations by fast computing machines. The journal of chemical physics, 21 (6): 1087-1092.

MONSERUD R A, 1985. Comparison of Douglas-fir site index and height growth curves in the Pacific Northwest[J]. Canadian Journal of Forest Research. 15(4): 673-679.

MONSERUD R A, 2003. Evaluating forest models in a sustainable forest management context[J]. Forest Biometry, Modelling and Information Sciences, 1: 35-47.

MONTES N, GAUQUELIN T, BADRI W, et al., 2000. A non-destructive method for estimating above-ground forest biomass in threatened woodlands [J]. Forest ecology and management, 130: 37-46.

MONTESANO P M, ROSETTE J, SUN G, et al., 2015. The uncertainty of biomass estimates from modeled ICESat-2 returns across a boreal forest gradient [J]. Remote sensing of environment, 158: 95-109.

MUUKKONEN P, 2007. Forest inventory-based large-scale forest biomass and carbon budget assessment: new enhanced methods and use of remote sensing for verification [D]. Helsinki: University of Helsinki.

MÄKELÄ A, MAKINEN H, 2003. Generating 3D sawlogs with a process-based growth model. Forest Ecology and Management, 184: 337-354.

MÄKELÄ A, 1997. A carbon balance model of growth and self-pruning in trees based on structural relationships[J]. Forest Science, 43: 7-24.

MÄKELÄ A, 2002. Derivation of stem taper from the pipe theory in a carbon balance framework[J]. Tree Physiology, 22: 891-905.

NASCIMENTO H, LAURANCE W F, 2002. Total aboveground biomass in central Amazonian rainforests: a landscape-scale study [J]. Forest ecology and management, 168: 311-321.

NEUMANN M, STARLINGER F, 2001. The significance of different indices for stand structure and diversity in forests[J]. Forest Ecology and Management, 145(1-2): 91-106.

NÆSSET E, 1997. Estimating timber volume of forest stands using airborne laser scanner data [J]. Remote Sensing of Environment, 61(2): 246-253.

OGLE K, 2009. Hierarchical Bayesian statistics: merging experimental and modeling approaches in ecology. Ecological Applications, 19 (3): 577-581.

ONAINDIA M, DOMINGUEZ I , ALBIZU I , et al., 2004. Vegetation diversity and vertical structure as indicators of forest disturbance [J]. Forest Ecology and Management, 195 (3): 341-354.

PALOSUO T, PELTONIEMI M, MIKHAILOV A, et al., 2008. Projecting effects of intensified biomass extraction with alternative modelling approaches[J]. Forest Ecology and Management, 255 (5): 1423-1433.

PARRESOL B R, 1999. Assessing tree and stand biomass: a review with examples and critical comparisons [J]. Forest science, 45(4): 573-593.

PENG C, LIU J, DANG Q, et al., 2002. TRIPLEX: a generic hybrid model for predicting forest growth and carbon and nitrogen dynamics[J]. Ecological Modelling, 153, 109-130.

PENG C, 2000. Growth and yield models for uneven-aged stands: past, present and future [J]. Forest Ecology and Management, 132(2): 259-279.

PIENAAR L V, PAGE H H, RHENEY J W, 1990. Yield prediction for mechanically site-prepared slash pine plantations[J]. Southern Journal of Applied Forestry, 14 (3): 104-109.

PIENAAR L V, SHIVER B D, 1986. Basal area prediction and projection equations for pine plantations. Forest Science, 32 (3): 626-633.

PIENAAR L, RHENEY J, 1993. Yield prediction for mechanically site-prepared slash pine plantations in the southeastern coastal plain[J]. Southern Journal of Applied Forestry, 17 (4): 163-173.

POMMERENING A, 2006. Evaluating structural indices by reversing forest structural analysis[J]. Forest Ecology and Management, 224(3): 266-277.

POPESCU S C, ZHAO K, 2008. A voxel-based lidar method for estimating crown base height for deciduous and pine trees[J]. Remote Sensing of Environment, 112(3): 767-781.

POUDEL K P, TEMESGEN H, Gray A N, 2015. Evaluation of sampling strategies to estimate crown biomass[J]. Forest ecosystems, 2(1): 1-11.

PRETZSCH H, GROTE R, REINEKING B, et al., 2008. Models for forest ecosystem management: a European perspective[J]. Annals of botany, 101 (8): 1065-1087.

PRETZSCH H, 2010. Forest dynamics, growth, and yield[M]. Berlin Heidelberg: Springer.

RADTKE P J, ROBINSON A P, 2006. A Bayesian strategy for combining predictions from empirical and process-based models[J]. Ecological Modelling, 190 (3): 287-298.

RAN R J, 2021. Land use decisions under REDD+ incentives when warming temperatures affect crop productivity and forest biomass growth rates[J]. Land Use Policy, 108(6): 105-117.

REINEKE L H, 1933. Perfecting a stand-density index for even-aged forests[M]. Washington: US Government Printing Office.

RICHARD M, LUCAS, NATASHA C, et al., 2006. Empirical relationships between AIRSAR backscatter and LiDAR-derived forest biomass, Queensland, Australia [J]. Remote Sensing of Environment, 100: 407-425.

RUNNING S W, 1994. Testing FOREST-BGC ecosystem process simulations across a climatic gradient in Oregon[J]. Ecological Applications, 4: 238-247.

SHAARAWI A, PIEGORSCH W, 2002. Encyclopedia of Environmetrics[M]. NewYork: Wiley: 811-812.

SHAW J D, 2000. Application of stand density index to irregularly structured stands [J]. Western Journal of Applied Forestry, 15(1): 40-42.

SHIMATANI K, 2001. Multivariate point processes and spatial variation of species diversity [J]. Forest Ecology and Management, 142(1-3): 215-229.

SHORT III E A, BURKHART H E, 1992. Predicting crown-height increment for thinned and unthinned loblolly pine plantations. Forest Science, 38 (3): 594-610.

SIVIA D, 2006. Data analysis: a Bayesian tutorial, 2nd edition[M]. Oxford: Oxford University Press.

STAGE A R, SALAS C, 2007. Interactions of elevation, aspect, and slope in models of forest species composition and productivity[J]. Forest Science, 53(4): 486-492.

STAGE A R, 1997. A tree-by-tree measure of site utilization for grand fir related to stand density index[J]. Forest Ecology and Management, 98(3): 251-265.

STEININGER M K, 2000. Satellite Estimation of Tropical Secondary Forest Above-Ground Biomass: Data from Brazil and Bolivia [J]. International journal of remote sensing, 21(6/7): 1139-1157.

SUGANUMA, ABE, TANIGUCHI, et al., 2006. Stand biomass estimation method by canopy coverage for application to remote sensing in an arid area of Western Australia [J]. Forest ecology and management, 222: 75-87.

SULLIVAN A D, CLUTTER J L, 1972. A simultaneous growth and yield model for Loblolly Pine[J]. Forest Science, 18(1): 76-86.

TAYLOR A R, CHEN H Y, VAMDAMME L, 2009. A review of forest succession models and their suitability for forest management planning[J]. Forest Science, 55 (1): 23-36.

THOMPSON S K, 1991. Adaptive cluster sampling: designs with primary and secondary units [J]. Biometrics, 47(3): 1103-1115.

TOMPPO E, NILSSON M, ROSENGREN M, et al., 2002. Simultaneous use of Landsat-TM and IRS-1C WiFS data in estimating large area tree stem volume and aboveground biomass [J]. Remote Sensing of Environment, 82(1): 156-171.

TRASOBARES A, TOMÉ M, MIINA J, 2004. Growth and yield model for Pinus halepensis Mill. in Catalonia, north-east Spain[J]. Forest Ecology & Management, 203(1-3): 49-62.

TUOMINEN S, EERIKAINEN K, SCHIBALSKI A, et al., 2010. Mapping biomass variables with a multi-source forest inventory technique [J]. Silva Fennica, 44(1): 109-119.

TURNER D P, KOEPPER G J, HARMON M E, et al., 1995. A carbon budget for forests of the conterminous United States [J]. Ecology application, 5(2): 421-436.

VALENTINE H T, 1997. Height growth, site index, and carbon metabolism[J]. Silva Fennica, 31: 251-263.

VALLET P, DHÔTE J, MOGUÉDEC G L, et al., 2006. Development of total aboveground volume equations for seven important forest tree species in France [J]. Forest ecology and management, 229: 98-110.

VANCLAY J K, HENRY N B, 1988. Assessing site productivity of indigenous cypress pine forest in southern Queensland. Commonwealth Forestry Review, 67(1): 53.

VANCLAY J K, 1994. Modelling forest growth and yield: applications to mixed tropical forests[M]. Wallingford, UK: CAB International.

WEISKITTEL A R, HANN D W, KERSHAW Jr J A, 2011. Forest Growth and Yield Modeling[M]. Oxford: Wiley.

WELLER D E, 1987. A reevaluation of the-3/2 power rule of plantself-thinning[J]. Ecological Monographs, 57(1): 23-43.

WENK G, 1994. The prediction models of harvesting in single stand and mixed stand [J]. For Ecol Manage, 69(1/3): 259-258.

WESTOBY M, 1984. The self-thinning rule[J]. Advances in Ecological Research, 14: 167-226.

WIT H, PALOSUO T, HYLEN G, et al., 2006. A carbon budget of forest biomass and soils in southeast Norway calculated using a widely applicable method [J]. Forest Ecology and Management, 255: 15-26.

WOOLLONS R C, 1998. Even-aged stand mortality estimation through a two-step regression process. Forest Ecology and Management, 105: 189-195.

WYKOFF W R, CROOKSTON N L, STAGE A R, 1982. User's guide to the stand prognosis model[M]. Ogden, UT: Forest Service, United States Department of Agriculture.

XU X L, CAO M K, 2006. An analysis of the applications of remote sensing method to the forest biomass estimation [J]. Geo-information science, 8(4): 122-128.

XU X, DU H, ZHOU G, et al., 2011. Estimation of aboveground carbon stock of Moso bamboo (*Phyllostachys heterocycla* var. *pubescens*) forest with a Landsat Thematic Mapper image [J]. International journal of remote sensing, 32(5): 1431-1448.

YODA K, 1963. Self-thinning in over-crowded pure stands under cultivated and naturalconditions (in-traspecific competition among higher plants. XI.) [J]. J Biol Osaka City Univ, 14: 107-129.

ZEIDE B, 1987. Analysis of the 3/2 power law of self-thinning[J]. Forest Science, 33(2): 517-537.

ZEIDE B, 2010. Comparison of self-thinning models: an exercise in reasoning[J]. Trees, 24(6): 1117-1126.

ZENG W S, TANG S Z, 2012. Modeling compatible single-tree aboveground biomass equations for Masson pine (Pinus massoniana) in southern China [J]. Journal of forestry research, 23(4): 593-598.

ZHAO J, ZHAO L, CHEN E, et al., 2022. An improved generalized hierarchical estimation framework with geostatistics for mapping forest parameters and its uncertainty: a case study of forest canopy height[J]. Remote Sensing, 14: 568.

ZHU Y, FENG Z K, LU J, et al., 2020. Estimation of forest biomass in Beijing (China) using multisource remote sensing and forest inventory data [J]. Forests, 11(2): 163.